绿地草坪（北京）

生态工程中的草坪（成都）

屋顶草坪（昆明）

艺术造型草坪（广州）

居民小区草坪（北京）

广场草坪
（大连）

园林中的草坪（上海）

园林小品中的草坪（昆明）

钟盘草坪（深圳）

高尔夫球场草坪
（日本东京）

高速公路护坡草坪（昆明）

赛马场草坪(广州)

室内草坪(日本札幌)

高盐分地草坪建植试验(兰州)

无土草皮生产试验现场(南京)

草坪草室内人工控制生长试验(北京)

草坪生态保护试验(敦煌)

草坪草根量测定(兰州)

狼尾草用于公路护坡(云南)

草坪草抗逆试验(美国)

草坪草引种试验（北京）

草地早熟禾扩展性试验（兰州）

网草皮生产技术研究（成都）

屋顶植草试验

草坪科技人员在草皮农场调研(日本北海道)

草坪质量专家评定(兰州)

绿化工程施工——
原土过筛（兰州）

绿化工程施工——
回填客土（兰州）

绿化工程施工——
坪床粗平整（兰州）

绿化工程施工——坪床施入农家肥（兰州）

绿化工程施工——坪床灌水沉降（兰州）

绿化工程施工——坪床旋耕（沈阳）

绿化工程施工——坪床细平整（兰州）

绿化工程施工——喷播草种（云南）

绿化工程施工——播种后覆盖与喷灌（兰州）

草坪绿地实用技术指南

主 编
孙吉雄
副主编
韩烈保 朱玉奇 李正平
编著者
孙吉雄 韩烈保 朱玉奇 李正平
李秀兰 安 渊 解亚林 毕玉芬
常根柱 行胜志 金 芳 尹淑霞

金盾出版社

内 容 提 要

本书由甘肃农业大学草业专家编著。书中系统地介绍了草坪建植与养护技术的发展历史及现状。内容包括:草坪草的种子生产,园林植物的培育与栽培,草坪的建植、养护和病虫草害防治,运动场草坪的建植,公路绿化工程,园林及街道绿地的设计与施工,草坪绿地的灌溉,草坪绿地工程质量监理,草坪绿地工程质量评价等。这是一本理论与实践相结合的科普专著,适于园林科技工作者和草业生产经营人员阅读。

图书在版编目(CIP)数据

草坪绿地实用技术指南/孙吉雄主编.—北京:金盾出版社,2002.12
ISBN 7-5082-2184-2

Ⅰ.草… Ⅱ.孙… Ⅲ.草坪-观赏园艺 Ⅳ.S688.4

中国版本图书馆 CIP 数据核字(2002)第 073564 号

金盾出版社出版、总发行
北京太平路 5 号(地铁万寿路站往南)
邮政编码:100036 电话:68214039 66882412
传真:68276683 电挂:0234
彩色印刷:北京外文印刷厂
黑白印刷:北京金盾印刷厂
各地新华书店经销
开本:850×1168 1/32 印张:18.625 彩页:12 字数:489 千字
2003 年 3 月第 1 版第 2 次印刷
印数:11001—22000 册 定价:24.00 元
(凡购买金盾出版社的图书,如有缺页、
倒页、脱页者,本社发行部负责调换)

前　言

　　草坪绿地是自人类诞生就在身侧的绿色,开阔的萨旺纳(Savannah)草原中的奔跑狩猎活动,促进了人类四肢的分化,完成了由四肢行走到直立行走的变化,实现了从猿到人的飞跃。草原丰富的植物与栖居的草食动物,改变了人类单一植物性食物构成,增加了肉食的比重。畜牧业和种植业的产生,提高了生产力,形成了人类社会,并促进了社会进化。总之,草原为人类生活提供了极大方便,为社会的产生与发展提供了必要条件。从远古起,草坪绿地就与人类结下了不解之缘,这就是现代人类离不开草坪绿色的渊源所在。

　　草坪绿地的产生、利用和研究有悠久的历史,而世界草坪业发展也因地域和民族的不同而有差异。就总体而论,大体上经历着同一发展过程。草坪绿地最初起源于天然放牧地,放牧后低矮的草地被用作生活娱乐等活动的场所,这时的草坪绿地处于全自然状态。随着人类由游牧发展到定居生活,建筑业萌生,草坪绿地随之被用于庭园美化,进而成为城镇绿地建设的主体,产生了草坪绿地的人工建植、管理技术,实现了草坪绿地与城镇物业联姻,使草坪绿地建植人工化、形态美学化、结构系统化,达到了较高的景观学境界。随着社会经济的发展,物质的丰富,时间的富余,户外运动逐渐成为保健、娱乐、消费的一种方式。草坪绿地跨越庭院的高墙,进入户外的广阔空间,在草坪上打高尔夫球、踢足球、滑草、骑乘、娱乐、游憩,成为人们的高雅时尚活动。运动对草坪特性的要求,促进了草坪科技及产业经济的发展。

　　但人类的生产活动在极大程度上干扰了地球环境,对资源的盲目利用与掠夺式经营,导致了大自然生态失衡,生态环境的恶化威胁到人类的生存。草坪绿地作为环境的卫士,担负起恢复失调的生态、建造和谐环境的任务。尽管草坪绿地又回归到了大自然,然而,这是人类利用先进的科学技术再创造的自然环境。它以高科技为基础,大量经济投入为前提,人工建植为手段,与原始的草坪绿地有着本质的区别。

人类社会对草坪绿地的需求是草坪绿地存在与发展的前提。使草坪绿地为社会多做贡献是这一产业的发展与科学研究追求的目标。就我国经济现状和草坪绿地发展而论,应在草业科学的大系统中,突现出自身的特色,向多元、综合、适用的方向发展,实现草坪建植过程工程化、城镇草坪绿地配置美学化、草坪环境生态化、草坪风格文化化、草坪建植经营产业化,达到全方位为满足人民生活需要服务的目标。

近10年来,我国草坪业的内容得到了极大的丰富。草坪绿地的传统的以建植和养护管理为中心、以生产技艺为基本手段、以美化环境为目的的模式,已不能适应现代对草坪多功能、综合应用多学科、技术建坪与养护及其丰富内涵及扩展的需求了。因而,普及应用成熟的现代科学技术,以形成自然生态系统、美化环境、健体强身、文化娱乐、发展经济等的草坪绿地建植和养护管理的理念与知识,结合实际,创建高效、持久的多功能草坪绿地,为提高人民生活质量服务,始终是草坪绿地工作者的奋斗目标。这也就是编写这本《草坪绿地实用技术指南》的目的。

本书的出版,是全体编写人员团结协作、热情奉献的结果。参加编写的专家学者,以他们渊博的知识,丰富的实践经验,严谨的治学态度,奋发向上的工作干劲,协作攻关的团队精神,使《指南》得以在短期内完成。对他们的辛勤劳动和真诚合作表示感谢。

在《指南》的编写中,尽管有着明确的目的和良好的追求,尽管笔者在这方面进行了努力的求索,现在看来与既定目标和编写要求之间还有差距,在此请同行专家和广大读者予以斧正。

2002.7.10

目 录

第一篇 基础理论

第一章 草坪概述 …………………………………………（1）
  第一节 草坪的概念 ………………………………………（1）
    一、草坪 …………………………………………………（1）
    二、草坪草 ………………………………………………（1）
    三、草坪业 ………………………………………………（2）
  第二节 草坪对人类社会的贡献 …………………………（3）
    一、美化生活环境 ………………………………………（3）
    二、调节小气候 …………………………………………（3）
    三、减少噪声 ……………………………………………（4）
    四、净化大气 ……………………………………………（4）
    五、作运动场所 …………………………………………（5）
    六、保持水土 ……………………………………………（5）
    七、提供饲料 ……………………………………………（5）
  第三节 草坪利用的发展过程 ……………………………（6）
    一、草坪的自然形成 ……………………………………（6）
    二、人类利用草坪的历史 ………………………………（7）
    三、草坪与公共空间 ……………………………………（9）

第二章 草坪与环境 ………………………………………（10）
  第一节 气候对草坪的影响 ………………………………（10）
    一、太阳辐射和日照对草坪的影响 ……………………（11）
    二、气温对草坪的影响 …………………………………（12）
    三、空气湿度对草坪的影响 ……………………………（13）
    四、降水量对草坪的影响 ………………………………（14）
    五、风对草坪的影响 ……………………………………（14）

第二节　土壤对草坪的影响 ………………………………(15)
     一、土壤对草坪的作用………………………………(15)
     二、土壤构造对草坪的影响…………………………(15)
     三、土壤酸碱度对草坪的影响………………………(17)
     四、盐碱土对草坪的影响……………………………(18)
     五、土壤水分对草坪的影响…………………………(19)
     六、土壤空气对草坪的影响…………………………(19)
   第三节　生物对草坪的影响 ………………………………(21)
     一、高等植物对草坪的影响…………………………(21)
     二、昆虫对草坪的影响………………………………(22)
     三、线虫对草坪的影响………………………………(22)
     四、微生物对草坪的影响……………………………(22)
     五、人的活动对草坪的影响…………………………(23)
第三章　草坪建植与养护技术名词选释 ………………………(25)
   第一节　有关草坪学基础的名词选释 ……………………(25)
     一、草坪土壤…………………………………………(25)
     二、草坪、草坪草及其生长发育……………………(27)
     三、草坪草的组织器官………………………………(30)
   第二节　有关草坪建植的名词选释 ………………………(33)
     一、草坪类型与床土处理……………………………(33)
     二、草坪草的种子、播种和栽植……………………(34)
   第三节　有关草坪养护管理的名词选释 …………………(36)
     一、草坪的土、肥、水管理…………………………(36)
     二、草坪的修剪、整理………………………………(39)
   第四节　有关草坪保护的名词选释 ………………………(41)
     一、草坪的除莠………………………………………(41)
     二、草坪的病虫防治…………………………………(42)
   第五节　有关草坪类型的名词选释 ………………………(43)
   第六节　有关绿化工程施工的名词选释 …………………(47)

一、绿化工程施工……………………………………………(47)
　　二、苗木管理………………………………………………(48)
　　三、苗木栽植………………………………………………(49)
第四章　草坪绿地植物营养与施肥………………………………(49)
　第一节　草坪绿地植物施肥原理………………………………(49)
　　一、草坪绿地植物的营养成分……………………………(50)
　　二、草坪绿地植物对养分的吸收…………………………(52)
　　三、影响草坪绿地植物吸收养分的环境因素……………(53)
　　四、植物的营养特性………………………………………(56)
　第二节　草坪绿地肥料与应用…………………………………(58)
　　一、草坪绿地常用的无机肥料……………………………(58)
　　二、草坪绿地常用的菌肥…………………………………(71)
　　三、草坪绿地常用的有机肥料……………………………(72)
　　四、草坪绿地土壤改良剂…………………………………(73)
第五章　草坪草与地被植物………………………………………(76)
　第一节　草坪草…………………………………………………(76)
　　一、草坪草的一般特性……………………………………(76)
　　二、草坪草应具备的条件…………………………………(77)
　　三、草坪草的一般分类……………………………………(77)
　　四、禾本科草坪草及其特征………………………………(78)
　　五、主要草坪草种…………………………………………(81)
　第二节　常用地被植物…………………………………………(108)

第二篇　应用技术

第六章　草坪植物种子生产与加工………………………………(123)
　第一节　草坪植物种子生产……………………………………(123)
　　一、种子田的选择与耕作…………………………………(123)
　　二、种子田的播种…………………………………………(124)
　　三、种子田的田间管理……………………………………(126)

    四、种子的收获 ································ (129)
  第二节 草坪植物种子的加工 ···················· (129)
    一、草坪草种子的清选与分级 ···················· (129)
    二、草坪草种子的干燥与包装 ···················· (132)
    三、草坪草种子的丸粒化及包衣处理 ············· (135)

第七章 园林绿地植物及栽培 ························ (136)
  第一节 园林绿地植物的类型及应用 ··············· (136)
    一、园林绿地植物的类型 ························ (136)
    二、园林绿地植物的应用 ························ (140)
  第二节 园林绿地植物的引种驯化及繁殖技术 ······ (144)
    一、园林绿地植物的引种驯化技术 ··············· (144)
    二、园林绿地植物繁殖的基本方法 ··············· (146)
    三、园林绿地植物的种子繁殖技术 ··············· (147)
    四、园林绿地植物的营养繁殖技术 ··············· (152)
  第三节 园林绿地植物的栽培技术 ·················· (161)
    一、园林绿地树木的栽培技术 ···················· (161)
    二、园林绿地露地花草的栽培技术 ··············· (169)
    三、盆栽花卉的栽培技术 ························ (175)
    四、花卉的无土栽培技术 ························ (179)

第八章 草坪建植 ···································· (182)
  第一节 建坪地的基况调查 ························ (182)
    一、建坪地基况调查程序 ························ (183)
    二、建坪地基况调查内容 ························ (183)
    三、建坪地基况调查结果的资料处理 ············· (183)
  第二节 草种的选择与组合 ························ (185)
    一、选择草种的要点 ···························· (185)
    二、选择草种的方法 ···························· (185)
    三、草种的组合 ································ (189)
  第三节 坪床的制备 ································ (195)

一、坪床的清理 ………………………………………… (195)
二、坪床的翻耕 ………………………………………… (197)
三、坪床面的平整 ……………………………………… (198)
四、坪床的土壤改良 …………………………………… (199)
五、坪床的排灌系统 …………………………………… (200)
六、坪床的施肥 ………………………………………… (201)
第四节 草坪草的栽植 …………………………………… (203)
一、草坪的栽植材料 …………………………………… (203)
二、草坪草的播种繁殖 ………………………………… (204)
三、草坪草的营养体栽植 ……………………………… (207)
第九章 草坪养护管理 ……………………………………… (210)
第一节 草坪的养护管理技术 …………………………… (210)
一、草坪覆盖 …………………………………………… (210)
二、草坪修剪 …………………………………………… (211)
三、草坪灌水 …………………………………………… (217)
四、草坪施肥 …………………………………………… (223)
五、草坪表施细土 ……………………………………… (227)
六、草坪碾压 …………………………………………… (228)
七、草坪通气 …………………………………………… (229)
八、草坪拖平 …………………………………………… (231)
九、添加湿润剂 ………………………………………… (232)
十、草坪着色 …………………………………………… (233)
十一、损坏草坪的修补 ………………………………… (233)
十二、退化草坪的更新修复 …………………………… (234)
十三、草坪交播 ………………………………………… (235)
十四、草坪封育 ………………………………………… (235)
十五、草坪保护体的设置 ……………………………… (236)
第二节 草坪的养护管理 ………………………………… (237)
一、草坪景观的管理 …………………………………… (237)

二、草坪的计划管理 …………………………………(241)
三、草坪的业务管理 …………………………………(241)
第三节　特殊草坪的养护管理……………………………(257)
一、蔽荫草坪的养护 …………………………………(257)
二、坡地草坪的养护 …………………………………(259)
三、退化草坪的更新 …………………………………(260)
四、临时草坪的栽植 …………………………………(262)

第十章　草坪绿地杂草与防除………………………………(263)
第一节　草坪绿地杂草概述………………………………(263)
一、草坪绿地杂草的概念 ……………………………(263)
二、草坪杂草的危害 …………………………………(264)
三、草坪绿地杂草的生物特性 ………………………(266)
第二节　草坪绿地杂草的种类……………………………(268)
第三节　草坪绿地杂草的防除技术………………………(273)
一、草坪杂草的防除原理 ……………………………(273)
二、草坪杂草防除的基本方法 ………………………(274)
三、草坪杂草防除的程序 ……………………………(275)
四、草坪杂草的化学防除 ……………………………(276)

第十一章　草坪绿地病害及防治……………………………(293)
第一节　草坪绿地病害概述………………………………(293)
一、草坪绿地病害的概念 ……………………………(293)
二、草坪绿地病害的症状 ……………………………(293)
三、草坪绿地病害的分类 ……………………………(295)
四、草坪绿地病害的发生机制 ………………………(296)
五、草坪绿地传染性病害的发生过程 ………………(297)
第二节　草坪绿地常见病害………………………………(297)
第三节　草坪绿地病害的防治……………………………(304)
一、草坪绿地病害的一般防治方法 …………………(304)
二、草坪绿地常见病害的防治方法 …………………(310)

第十二章 草坪绿地虫害及防治 (318)
第一节 草坪绿地害虫 (318)
一、线虫 (318)
二、害虫 (322)
第二节 草坪绿地虫害防治 (324)
一、草坪绿地虫害防治的基本途径 (324)
二、建植防治 (325)
三、生物防治 (328)
四、物理防治 (331)
五、化学防治 (332)
第三节 草坪绿地害虫综合防治技术规程 (334)
一、种子检验 (334)
二、整地及建植防治 (334)
三、春季防治害虫工作要点 (335)
四、夏季防治害虫工作要点 (336)
五、秋季防治害虫工作要点 (337)

第十三章 草坪绿化工程质量评价 (344)
第一节 草坪质量评定 (344)
一、草坪质量评定的项目和确定方法 (345)
二、草坪质量目测评定分级法 (348)
三、草坪足球场质量标准及测定方法 (349)
四、草坪质量综合评定举例 (351)
第二节 草坪生态学评价 (354)
一、草坪生态评价的原则 (354)
二、草坪生态评价的步骤 (355)
三、不同类型草坪生态评价方法 (355)
四、草坪生态评价举例 (358)

第三篇　生产实践

第十四章　运动场草坪 (360)
第一节　运动场草坪概述 (360)
一、运动场草坪的位置 (360)
二、运动场草坪的面积 (360)
三、运动场草坪的活动空间 (360)
四、运动场草坪的规划要点 (361)
五、运动场草坪的平面标准 (361)
第二节　各类运动场草坪的设计与建植 (362)
一、羽毛球场 (362)
二、草地滚木球（草地保龄球）场 (364)
三、草地网球场 (367)
四、棒球场 (368)
五、垒球场 (369)
六、曲棍球场 (369)
七、木球场 (371)
八、槌球场 (371)
九、足球场 (372)
十、橄榄球场 (376)
十一、田径运动场 (376)
十二、赛马场 (377)
十三、射箭场 (380)
十四、高尔夫球场 (380)

第十五章　公路绿化 (398)
第一节　公路绿化概述 (398)
一、普通公路绿化 (398)
二、高等级公路绿化 (399)
第二节　普通公路绿化工程 (399)

一、树种选择 …………………………………… （399）
　　二、路树栽植 …………………………………… （403）
　　三、养护管理 …………………………………… （409）
　　四、草坪绿地建植 ……………………………… （416）
　第三节　高等级公路绿化工程…………………… （416）
　　一、高速公路绿化工程的特点 ………………… （416）
　　二、高速公路绿化工程的设计与施工 ………… （419）
　　三、高速公路绿地的养护管理 ………………… （433）
第十六章　草坪绿地工程质量监理………………… （437）
　第一节　草坪绿地工程质量监理的作用………… （437）
　第二节　草坪绿地工程质量监理的内容及方法… （438）
　　一、施工图的管理 ……………………………… （438）
　　二、审查施工组织设计 ………………………… （438）
　　三、工程质量监理 ……………………………… （439）
　第三节　草坪绿地工程质量监理标准…………… （441）
　　一、草坪绿地工程质量监理实例 ……………… （442）
　　二、草坪绿地建植技术规程举例 ……………… （443）
第十七章　园林绿地工程施工……………………… （447）
　第一节　园林植物的配植方法…………………… （447）
　　一、园林植物的配植原则 ……………………… （447）
　　二、园林植物的配植方法 ……………………… （448）
　第二节　城镇街道绿地…………………………… （450）
　　一、街道绿地种植设计中的几个问题 ………… （450）
　　二、街道绿地树种的选择 ……………………… （451）
　　三、街道绿地的几种布置形式 ………………… （451）
　第三节　工矿区及居住区绿地…………………… （452）
　　一、工矿区绿地 ………………………………… （452）
　　二、学校及医院绿地 …………………………… （453）
　　三、居住区绿地 ………………………………… （454）

第四节　园林种植图的识别 (454)
一、图纸的幅面与规格 (454)
二、图纸的标题栏 (455)
三、比例关系 (455)
四、标高的注写方法 (455)
五、指北针及图例 (455)
六、图纸上植物的表示 (456)

第五节　城市绿地工程施工与养护 (458)
一、树木栽植技术 (458)
二、大树移植技术 (460)
三、花坛及立体绿化工程的施工技术 (465)
四、园林树木的养护管理 (467)

第十八章　草坪绿地灌溉排水设计与施工 (478)

第一节　草坪绿地需水量 (478)

第二节　草坪绿地喷灌设备及系统组成 (479)
一、草坪绿地喷灌系统类型 (479)
二、喷头 (480)
三、喷灌管道与管件 (482)
四、水源处理设备 (489)
五、系统加压设备 (490)

第三节　草坪喷灌系统规划设计需要收集的资料 (495)
一、地形资料 (495)
二、水文气象资料 (495)
三、土壤资料 (497)
四、园林规划资料 (498)

第四节　喷头与管道布置 (499)
一、喷头的水力特性 (499)
二、草坪喷灌喷头布置形式 (501)
三、草坪喷灌单元管道布置形式 (503)

四、草坪喷灌单元流量推算 ……………………………(506)
　　五、草坪喷灌系统管网布置 ……………………………(508)
　第五节　草坪绿地喷灌系统施工注意事项与喷头安装
　　　　………………………………………………………(508)
　　一、喷灌系统施工注意事项 ……………………………(509)
　　二、地埋式草坪喷头的安装 ……………………………(511)
　第六节　草坪用水的管理………………………………………(512)
　　一、制定灌水计划 ………………………………………(512)
　　二、建立系统运行档案 …………………………………(513)
　　三、灌水效果评价 ………………………………………(514)
　第七节　草坪绿地排水…………………………………………(514)
　　一、草坪绿地排水的类型与特点 ………………………(514)
　　二、草坪绿地的地表排水系统 …………………………(514)
　　三、草坪绿地的地下排水系统 …………………………(516)
第十九章　草坪绿地基况判定………………………………………(520)
　第一节　草坪植物的识别………………………………………(520)
　　一、禾本科植物 …………………………………………(520)
　　二、豆科植物 ……………………………………………(535)
　第二节　草坪植物群落特性测定………………………………(536)
　　一、草坪群落植被调查方法 ……………………………(537)
　　二、调查的内容和项目 …………………………………(539)
　　三、调查结果的分析与总结 ……………………………(542)
　第三节　草坪绿地杂草危害判定………………………………(546)
　　一、草坪绿地杂草种类分布调查 ………………………(546)
　　二、草坪绿地杂草危害的判定 …………………………(548)
　　三、草坪绿地杂草危害发生及消长规律的判定 ………(549)
　第四节　草坪绿地病害的判定…………………………………(550)
　附　　录………………………………………………………………(553)
　　附录一　温度与草坪作业…………………………………(553)

附录二 常见草坪绿地植物名录……………………（554）
附录三 草坪草生产特性一览表……………………（558）
附录四 主要运动场草坪建植的要求一览表………（560）
附录五 有关草坪方面的部分信息网站……………（564）
主要参考文献……………………………………………（566）

第一篇　基础理论

第一章　草坪概述

第一节　草坪的概念

一、草　坪

草坪在《辞海》中有这样的注释:"园林中用人工铺植草皮或播种草籽培养形成的整片绿色地面。"当然,现代的草坪不只局限于园林,它有着像运动场、水土保持地、公路旁、飞机场、工厂等那样的广阔天地,但这在一定意义上道出了草坪为人工植被的基本含义。严格地讲,草坪即草坪植被,通常是指以禾本科草或其他质地纤细的植被为覆盖,并以它们大量的根或匍匐茎充满土壤表层的地被,是由草坪草的地上部分以及根系和表土层构成的整体。当它处于自然或原材料状态时一般称草皮,在具一定设计、建造结构和使用目的(庭院、公园、公共场所的美化、环境保护、运动场地等)时称草坪。

二、草 坪 草

人们通常把构成草坪的植物叫草坪草。草坪草大多是质地纤细、株体低矮的禾本科草类。具体而言,草坪草是指能够形成草皮或草坪,并能耐受定期修剪和使用的一些草本植物种类。草坪草大多数是具有扩散生长特性的根茎型和匍匐型禾本科植物,也有一些是非禾本科草类,如马蹄金、白三叶等。

三、草 坪 业

草坪业(Turfgrass industry)是第二次世界大战后在世界兴起的一门新兴产业。"产业"最初是财产的称谓,后用于工业生产,并作为生产部门的定语,因此《辞源》将产业定义为"各种生产的事业,如工业产业、农业产业、或简称为某产业"。

草坪业是以农学、耕作学、园艺学、土壤学、植物学、林学、肥料学、农田灌溉学、农业工程学、生态学、环境学、草坪学及运动体育、娱乐休闲等多种科学技术为基础,以草坪草与地被植物为材料,以人类美学为前提的生产产业。

由"设施概念"来认识草坪业,人们可以认为草坪是一种服务于人类的"设施",而不是大农业观念上的那种以收获产品为主要目的的产业。因此,草坪业是指为使用、美化、娱乐、环保等目的,而采用专用禾草及其他地被植物建植草坪绿地的管理、开发和养护工作的总称。早在1965年Nutter就已将草坪产业定义为:"包含草坪科学和技术、商业管理、人力开发及草坪产品的制造和销售,以及服务活动等的产业。"

由上述定义不难看出,草坪业不仅包含草坪的利用、美化、运动健身及娱乐设施的建造、管理,而且要求草坪草和其他地被的生产和保护相结合,采用草坪科学技术、业务管理、人才资源开发、草坪产品的生产及养护管理一系列措施,实现草坪产业的商品化。因此,庭园美化、娱乐休闲地建设,运动竞技场地、家庭住宅及基地绿化,道路、坡面保护等都是草坪业的内容。草坪业是一门综合产业,其机构由如下几个部门组成。①施工部门。运动场、公园、工厂、住宅、机场、路坡等的建设及绿化。②制造销售部门。草皮、种子、化肥、农药、土壤改良剂、沙、机具等的制作及出售。③维护保养部门。草坪绿地的管理、草坪的经营。④教育科研部门。主要进行草坪产业的专门人才的培养,进行有关草坪建植与开发、优良草种的改良等。

草坪业是一门社会产业,它以完备的草坪科学理论为基础;草坪业是一门应用产业,它以先进的草坪技术为生产手段;草坪业也是一门经济产业,它必须遵循市场经济规律。总之,草坪业是一门涉及科学理论、生产技术和经济规律的综合性产业。

第二节 草坪对人类社会的贡献

草坪深入人类的生产和生活,对人类赖以生存的环境起着美化、保护和改善的良好作用。堪称"文明生活的象征,游览休闲的乐园,生态环境的卫士,运动健儿的摇篮",为人类物质文明和精神文明的一个组成部分。在人类栖身的生态系统中,草坪的作用大体包括维护自然的生态平衡、美化人类生活、工作、运动、休闲地环境和保持水土等方面。

一、美化生活环境

有人曾说:"草坪的美不仅是外形的美,而这种美能传到人类的内心,使之心灵美。"这就是说翠绿如茵的草坪,能给人一种静谧的感觉,能开阔人的心胸,陶冶人的情操,激发人的志趣。绿色毯状的草坪上,开放着五彩缤纷的鲜花,掩映于红墙、黄瓦、白屋之间,显示出欣欣向荣的城市田园风貌,使人忘记工作的疲劳、生活中的忧伤,从而精神饱满,奋发向上。绿色草坪可对人的精神世界予以积极的影响。

均匀一致的绿色草坪,给人提供一个舒适的娱乐活动和休息场所。一个凉爽、松软的草坪能引起孩子们游戏的兴趣。在广阔的绿地上闲游、家庭聚会将给人以美的享受。

二、调节小气候

在住宅的空地上建植草坪,能改善小环境的空间结构,优化建筑物的通风透光状况。与裸地相比,草坪还能显著地增加环境的湿度和减缓地表温度的变幅(表1-1)。炎热的夏天,当水泥地面温度高达38℃时,草坪表面温度仍可保持在24℃左右,太阳光射到地面的热量,50%被草坪所吸收。

表1-1 北京市夏日不同地表面温度的状况

地面类型	草 坪	裸 地	沥青地面
温度(℃)	31.8	40.00	55.00
温度比	1.0	1.26	1.73

三、减少噪声

草坪草的叶和直立茎具有良好的吸音效果,能在一定程度上吸收和减弱125～8 000赫(兹)的噪声。乔、灌、草结合,宽40米的多层绿地,能减低噪声10～15分贝。根据北京市园林科学研究所测定,2米宽的草坪,可减噪声2分贝左右。杭州植物园一块面积250平方米,四周为2～3米高的多层桂花树的草坪,测定结果与同面积的石板地面相比,噪声减量为10分贝。在国外不少飞机场用草坪铺盖地面,既可减少机场的扬尘,又能减弱噪声和延长发动机寿命。因此,在校园、住宅间为减少噪声,可适当提高草坪的修剪高度,以增强吸音效果。在公园外侧、道路和工厂区,建立缓冲绿带,一方面能覆盖地表,另一方面也有减弱噪声的作用。

四、净化大气

草坪对大气的净化作用主要表现在草坪草能稀释、分解、吸收、固定大气中的有害、有毒气体。能把有毒的硝酸盐氧化成有用的盐类,将二氧化碳转化为氧气。据测定,每千克羊胡子草叶(干重),每月能吸收4.5克二氧化硫。据计算,15米×15米面积的草坪,释放的氧气足够满足4人的呼吸需要。茂密低矮的草坪,其叶面积约为相应地表面积的20～80倍。大片草坪好像一座庞大的天然"吸尘器",连续不断地接收、吸附、过滤着空气中的尘埃。据北京市环境保护科学研究所于1975～1976年的测定,在3～4级风下,裸地上空气中的粉尘浓度约为草坪地上的13倍。草坪足球场近地面的粉尘含量仅为黄土场的1/3~1/6。

有的草坪草能分泌特殊的杀菌素,杀死某些细菌。据测定,草坪上空的细菌含量,仅为公共场所的三万分之一。可见草坪是空气的天然净化器。此外,某些草坪草还能起到环境污染的报警作用,如羊茅能指示空气被锌、铅、铜和镍等污染的程度。因此,草坪还是人类生态环境的清洁员和卫士。

五、作运动场所

管理良好的草坪具有良好的地面覆盖,质地均一并具弹性,因此,可作高尔夫球场、曲棍球场、板球场、足球场、橄榄球场、马球场等,作健身运动和比赛场地,也可作赛马等大型竞赛场地。在这种场地上不仅观众和竞赛者感觉良好,还能提高竞技成绩和减少比赛者受伤的机会。

六、保持水土

草坪因具致密的地表覆盖和在表土中有絮结的草根层,因而具有良好的防止土壤侵蚀作用。据试验,在30°坡,200毫米/时的人工降雨强度下,当盖度为100%,91%,60%,31%时,土壤的侵蚀度相应为0,11%,49%,100%,土壤的侵蚀度依草坪密度的增加而锐减。据研究,不同土地的表层20厘米厚的土层,被雨水冲刷净尽所需要的时间,草地为3.2万年,而裸地仅为18年。

草坪能明显地减少地表的日温差,因而有效地减轻土壤因"冻胀"而引起的土壤崩落作用。因此,草皮也常用于梯田、堤岸护坡,并收到良好的效果。

七、提供饲料

草坪要定期修剪才能保持其美丽的外观和良好的弹性,草坪草又大多为优良的禾本科牧草,因而修剪下的青草是家畜的良好饲料。发展草坪业可和都市畜牧业生产结合起来,这在国外已有先例,在国内也有人开始进行这方面的试验。

第三节 草坪利用的发展过程

草坪的利用始于天然放牧地,最初被用于庭院美化环境,后来,随着社会的进步,草坪伴随户外运动、娱乐、休闲设施的发展而兴起,至今天已广泛地渗入到人们生活的方方面面,成为与现代化社会活动紧密相联的良好场所,使研究草坪的科学成为一门专门的学科——草坪学,使有关草坪生产的行业成为一门欣欣向荣的社会产业——草坪业。草坪业的发展大体上是与草坪的利用和科学研究,同步发展、相辅相成的。

草坪草作为景观生态系统的基本组成部分,是宝贵的自然资源,它以草坪的形式与其他景观植物一道,通过提高环境的质量和改善自然的面貌,为人们提供一种新的生活环境,以服务于人类。

一、草坪的自然形成

在自然界中,草坪是以草原的形态而存在的。其基本形态是草高一致,低矮密生,均一整齐。

在世界各地都可以见到自然状态的草原。这些草原的形成,占据了陆地的广大面积,在欧亚大陆从戈壁沙漠延伸至咸海东面的狭长地带和从中央向南至雷朗高原的地区,非洲大陆从撒哈拉沙漠周边经东南埃塞俄比亚至南非地区,北美洲大陆从中心地区南下至墨西哥的连绵地区,南美洲大陆的阿根廷、巴西、智利等广大地区,澳洲大陆包围中央沙漠地带的地区,均有草原的分布。这是与这些地区干燥、亚干燥以及低温的气候带有对应关系。萨旺纳(Savannah)、斯太普(Steppe)等具有代表性的以禾本科草本植物为主体的草原,都处在干燥至亚干燥气候带。降水稀少是形成干燥状态的最主要原因,其他如低温及土壤保水力弱等也与草原的形成有关。由于这些都是植物生长发育的抑制因素,因而在这种状态下进化的植物消失,而出现了沙漠。相反的,从矮茎草原到高茎草原,进而进展到出现树木,逐渐形成森林,而森林又从落叶林演变到常绿林,最终的形态是常绿森林。很早以前采用植被相结合的干燥指标,来推断地面植被状态,称干湿度指数,用 P/T＋K 来表示。式中 P 是年降水量,T 是年平均温度,K 是常数(夏雨＝14,年中＝7,冬雨＝0)。按此公式计算得出的数值,如 0～10 是沙漠,10～20 是草原,20 以上是森林。另外,还有一种 PE 指数法(Precipitation Effective Index),它是分别求出各个月份的降水量/蒸发量之比,再将 12 个月份合计求得 PE。PE 指数 16～32 为干燥气候下的草原,植被基本上都是矮茎;32～64 是干燥气候下的植被从矮茎至高秆都有的草原;64 以上的地区的植被则可形成森林。但是土壤透水性好的地区 PE 指数高,也能形成草原。

二、人类利用草坪的历史

草坪是自人类诞生就在身侧的绿色。有人认为,原始人类就是在萨旺纳(Savannah)草原上开始直立行走的。人们想象,最初人类舍弃树上生活方式而下到地面行走的原因是森林减少,而草原不断扩展,越来越多的地方呈现出萨旺纳草原的景象。由于狩猎机会的增多,人类的日常饮食也从草类和动物类混合的杂类食物中稍稍增加了肉食的比重。草食动物多栖息在萨旺纳草原上,那里成为狩猎的绝好场所。由于视野开阔,人类能够很方便地察知弱小动物存在的地点以及危险的大型肉食动物的接近等,同时,这里还是进行狩猎训练以及游戏的场所。总之,草原为人类生活提供了极大方便。草原就是被称作草坪原型的地方,从远古起草坪就与人类结下了不解之缘。

随着时代的变迁,人类为寻求适宜的生活场所而不断在世界各地扩张势力。新的领土仍然是草原与森林共同存在的场所,也就是说仍然是在多种环境下各种各样的生物生息繁衍的地域。由现今仍然过着原始生活的人们的生活方式类推可以得知,人们总是寻求比森林狩猎容易而且有较强安全感的草原。另外,一度出现的冰川期森林的退化,也对人类与草原的共存产生了很大的影响。为此,人类与草原的亲密关系就把今天人们对草坪的亲近连结起来,这大概就是这种关系的渊源。

随着动物饲养和种植植物的出现,人类由狩猎时代发展到农耕牧畜时代,这次进行革命的舞台仍然是草原。草原适于放牧草食动物以及栽培作物,尤其是后者促进了人类采用定居的生活方式,为人类的发展做出了极大贡献。追溯农业的起源,可以看到在很多萨旺纳草原比较发达的地域,由于森林地带的放火烧田等一系列草原化行为使得农业开始出现。关于这段时期,众说纷纭。农业与畜牧业同时出现学说认为,大约在一万年前,农业与畜牧业同时出现,这进一步表明草原,进而草坪,与人类有着不可分割的联系。

随着农业的进步,粮食产量的增加和人们生活的稳定,出现了剩余产品。这以后的时期,农业实现了惊人的发展,这就是大约发生在五千年前的所谓的第一次农业革命。这一时期,灌溉等农业技术不断进步,古代文明在人们生活之中扎根,便形成了古代国家,出现了人们创造出的新的社会形态——氏族,形成了新的社会文化。由于人们生活的显著改善,出现了趣味爱好和娱乐的领域,又因人类与周围草原的密切结合,便出现了草原利用的新方式即草坪的利用。草坪利用的中心是运动和娱乐。

与人类历来关系密切的草坪,因其易于被广泛利用的特性而成为人们特别好的运动娱乐场所。运动的最初形式是狩猎,推、拉、踢、跑、投掷、射击等狩猎活动很快成为运动活动,后来又增加了骑马等乘骑运动。其中,人们综合了多种动作的格斗、骑马等运动形式很早就在草坪上进行了。也就在那时,球类运动产生了。其中起源于古代中国、在各地流传甚广的用脚踢的球是足球的原型。古代希腊、罗马等国家也有类似的球类比赛运动。除了足球,与草坪关系密切的球类运动还有高尔夫球,是在 14 世纪中期左右形成的。14 世纪以后,各种球类比赛活动成为正式的运动,为了建造竞技场地,于是进行了草坪的建植与管理。

人们利用草坪进行娱乐和运动的历史因国家和地域而各不相同。在较早广泛利用草坪的欧洲,草坪利用是从草原开始的。在人工围起的天然草地进行土地改良,同时进行放牧和割草。由于人工管理提高了草地的质量,草地的用途又扩展到运动、娱乐等领域,直至不久前出现了整齐美观的高尔夫球场、装饰庭园的草坪。

三、草坪与公共空间

公共空间是指有很多人聚集的场所,如城市等人们集中生活的地方,有广场、公园等公共空间。在这种为了各种各样的目的而设计的、供多数人聚集、进行各种活动的公共场所里,草坪要求具有多种功能,主要是装点风景、娱乐、运动及保护环境等,并成为人们喜爱的公共绿地。

人们都希望公共空间能成为大多数人容易集中、便于活动的场所,因此,公共空间不仅要广阔,使人处身其中会感到轻松愉快,还要具有实用性,美观舒适,这样草坪就被作为最佳设置而正式出现在公共空间中。

草坪有多种用途,主要为:①点缀风景、装饰、观赏;②活动(运动);③保健;④保护与改善环境;⑤防止灾害;⑥其他多种用途等。在公共空间中其利用价值更高,那就是安全、能改善环境、美化风景等,这些作用能创造出具有综合用途的良好的公共空间。公共绿地的草坪,养护较容易,利用效果极好。特别是被视为公共绿地代表的公园绿地、运动场等,若是缺少了草坪,绿地就不存在了。在这些地方,草坪占据了这些设施的中心位置,可对其进行集中利用。在人群集中、利用频繁的场所,草坪是极其重要的设施,这更加提高了草坪利用的效益。

公园绿地的草坪能发挥多种功能。首先,草坪能形成广阔明朗的空间,人们可在草坪上轻松地活动,有的人在休息,有的人轻轻走动,还有各种的娱乐、运动,人们都能充分享用这美好空间。公园绿地的很多重要作用是由草坪来实现的。广场建植草坪又增加了广场的功能,使多种利用成为可能,能作为集会场地、野外剧场以及在非常情况下的避难场所来使用。广场集会、演出,草坪是最佳的观众席和休憩席,草坪那葱绿光洁如绒缎丝绸般的景观能给人甜美安逸的感觉,再加上池水花坛,周围的树木和建筑物的协调,便能创造出良好的氛围。草坪保护环境和改善环境的作用不及森林,但在都市中对净化空气、调节气候方面却起着很大的作用。自古以来,人们对于运动场中草坪的作用就有清楚的认识。草坪那柔软的触感和缓冲作用不仅能进行舒适畅快的运动,而且提高了剧烈运动的安全性,在滑倒时能减少意外伤残事故,能保持场地清洁,还可以防止对地面的破坏以及抑制沙尘的飞扬,在这样的运动场草坪上,使运动员能获得极大的益处。

综上所述,在公共空间中,建植草坪是很有必要的,具有极高的利用价值。建植公共空间草坪需要选择合适的草种,提高建植和维护管理水平,使其利用效益和安全性方面达到较高的标准。

第二章 草坪与环境

草坪群落与环境有着密切的关系,所有自然的或人工诱导的环境因素均影响草坪的品质和持久性。环境是由有系列、非常全面和动态的力所组成,这些力合起来决定植物种的适应性及生长发育。下面将从气候、土壤和生物三个截然不同但又是相互作用的方面来考虑环境的作用。

第一节 气候对草坪的影响

气候对草坪的影响是由天气的季节性变化和每日气温的波动而产生的。诸如光照、气温、风等是影响草坪质量的直接因素。这些因素是随太阳对地球大气层的影响而发生的。太阳发出的光照亮了地球,给万物以生机。太阳辐射对地球表面及周围大气发生加温反应。湿度是水从江河湖海、地表及其他物体中蒸发的结果,并对气压、温度和风产生影响。风是地球表面不均匀加热的结果,风因受地球的自转运动及地带性气压系统的制约而丰富多彩。

一、太阳辐射和日照对草坪的影响

草坪草依靠从太阳光中获得的能量来维持生长发育。太阳光照射到草坪表面的状态对草坪草的品质、活力和色彩产生极大的影响。

太阳辐射是指单位水平面积上所承受的太阳辐射量。通常把太阳辐射在传递过程中无吸收损失,垂直照射到1平方厘米面积上的太阳辐射量叫太阳常数,约为每平方厘米1分钟8.148焦,一般采用1.37千瓦/平方米来表示。

草坪表面接受的辐射量是由直射光和散射光两部分组成,且光线可一直透射到草层的下部。

日照是指太阳不受云雾遮盖直接照射到地表的现象。人们把实际的日照时数与可照时数之比叫日照率。另一个表示日照长短的量叫光照期,即白天的长短。在中纬地带,短日照发生在生长季节的初期和末期,长日照发生在生长季节的中期。光照条件影响草坪草的营养生长和生殖生长。短日照下的草坪草与长日照下的草坪草相比较,短日照草坪草明显地表现出密度和分蘖增加,叶、枝条、根状茎、匍匐枝变短,表现出较平卧生长的习性。如早熟禾在长日照下是直立型的,而在短日照下其匍匐性增加。又如冷地型草坪草只在长日照下开花、结实。

草坪环境中的许多因素,如云彩、高大建筑物、树木及其他自然物还能通过遮荫改变光照强度而对草坪产生影响。草坪草对光照强度的反应是不同的。叶片角较水平的草坪草在很低的光照强度下也能生存。适度的遮荫,能使草坪草叶片角度变小,表现出直立生长的趋势。光照强度的减弱将促使草坪草叶片变长、变薄,植物体内碳水化合物贮量降低。因此,遮荫导致草坪娇嫩,耐磨性、抗病性及对外界不良环境条件的抗性减弱。

二、气温对草坪的影响

气温也是影响草坪草生长发育的重要因素,是决定具体场地适宜种植何种类型草坪草的重要因素。通常草坪草与自生地的气温变化规律有密切的关系。

气温与地表日辐射量的收支有关。气温依地域不同而有差异。气温除因纬度不同、日辐射量不同而有差异外,还受海拔高度、地形地势、水陆分布、气流、洋流等的影响,也依与太阳的相对位置的规律变化而产生周期变化,即包括年变化和月变化。

气温通常用温度来度量,温度的实质是可测定的太阳辐射的热量,是地球物体吸收热能转移运动的结果。其运动转化方式主要包括蒸散、辐射、传导、对流和平流。

(一)**蒸散** 是水分由液态转化为气态的一个物理过程。物质与大气中的热可用温度来测量,为可觉察的表向热。不易度量的被水吸收并使水从液态变为气态,但水的温度不变所消耗的热为内向热。水是热能的仓库,并通过状态的变化有效地缓和气温的波动。植物通过蒸腾把体内水分转化为气体,经气孔释放到大气中。这种转化每克水约需 2 394 焦热量,因此,草坪可通过草的蒸腾作用而降温。

(二)**辐射** 草坪草可将吸收的太阳能以释放长波光(红外线)的方式再反射到大气中。这个过程将热从草坪草转移到周围的大气中,结果提高了气温。

(三)**传导** 热能可以通过彼此接触物体的分子传导而转移。草坪吸收的热量可由毗邻的土壤颗粒向下转移,空气的分子也能将草坪的热量传导到周围的空气中。然而,空气是热的不良导体,传导时对草坪的冷却作用是小的。

(四)**对流** 当一缕缕热空气从草坪表面升起时,就产生了对流。对流是将草坪热量传给大气的重要方式。热量随气流的水平传递叫平流。这两种作用对草坪温度的改变起一定的作用。

上述诸作用的结果,使草坪的温度接近其周围空气的温度,它们对草坪的影响程度是辐射大于对流,对流大于蒸散,蒸散大于传导和平流。其中可控制的是蒸散、对流和平流。

气温制约着草坪草的营养生长与生殖生长。第一是最高、最低、最适温度。主要是指超过一定值的温度持续时间的长短。每一种草坪草种和品种均用最高、最低、最适生长温度来表示其特性。这三个温度规定了该草坪草种生长温度的范围。此外,也明确规定了温度的极限,超出了这个极限草坪草将不能生存。月平均最低温度和最高温度、气温和地温,与暖地型或冷地型草坪草能否正常生长发育有关,特别是对有害昆虫、微生物的发生状态有极密切的关系,并对草坪产生间接或直接的影响。它也是决定原产地草坪草在其他地区栽培分布的重要因素。第二是积温。积温是为保持植物正常生长发育所需要的有效的热量。积温是针对具体的植物而提出来的,因此,在草坪生产中,把冷地型草坪草日平均温度在 0℃以上、暖地型草坪草在 5℃以上时间内温度的总和称积温。

根据积温就可以大致确定草坪草的适宜种植范围。在寒冷地 5~9 月份的积温是确定冷地型草坪草播种时期的重要依据。若积温较小,为了确保越冬就应适当提前播种。如上所述,气温制约着草坪草的自生和栽培分布,与异地草坪草种的引入及其确定草坪建立方法有极大关系,特别是对病虫害、冻害、草坪的管理方式产生很大的影响。

气温影响地表温度,反过来地表温度也影响气温。草坪与裸地相比较,其表面温度差较小,因此,近地面的气温也因受到这种影响而使温度差变小。

三、空气湿度对草坪的影响

空气湿度对草坪的影响没有太阳辐射和气温那样明显,但空气湿度与温度相结合则会对草坪产生重大影响。

(一)**空气湿度的表示方法** 空气湿度是指大气中含有水蒸气的量,通常用绝对湿度或相对湿度来表示。绝对湿度是指1立方米的空气中含水蒸气的克数。而相对湿度是指在某一温度下单位体积空气中可含的最大水蒸气量与实际水蒸气含量的比值。在实践中,通常用相对湿度来表示空气的湿度。

(二)**空气湿度的变化** 湿度与降水量密切相关,湿度的年变化与降水的年分布相关,但相对湿度的日变化通常与温度的高低相反,一般太阳强的天气,气温高,空气相对湿度降低。此外,空气湿度晴天比雨天低,风速高比风速低时低。

湿度受地表状态的影响较小,草坪因草的叶片具蒸腾作用,其湿度比裸地高。地表湿度高时往往土壤水分也高,土壤微生物的活动也变旺盛。在这样的情况下,草坪的病害发生率升高,因此,在抗病性较差的草坪上要特别注意湿度的变化。

四、降水量对草坪的影响

降水与气温一样是决定土壤类型和植被分布的重要环境因素,也是决定采用草坪草种类及管理方式等的重要依据。

降水是植物生长所必需的,但降水过多或过少对植物的生长都是不利的。降水一方面有助于植物吸收肥料,但是,水中的养分也会随降水而流失。多量的降水往往是病害发生的诱导因素。过高的土壤湿度,也不利于根系生长。在草坪的建植和养护中应该考虑降水的时期及水量等。

五、风对草坪的影响

风对草坪的影响主要表现在草坪草的生理变化上。

炎热多雨的夏天,风能促进草坪面上高温高湿空气转移,降低草坪的湿度与温度,进而可减少草坪褐斑病、腐霉病和长蠕孢菌病的发生和蔓延。携带尘埃灰土的风,因草坪粗糙面的阻挡,而使部分较粗重的尘粒沉降下来,给草坪带来污染等不良影响。冬季凛冽的寒风穿过无雪覆盖的草坪,能导致草坪草脱水。风还是杂草种子、真菌孢子、盐雾和有害气体的运送者,也常会给草坪造成直接与间接危害。特别是大风会引起植物机械性和生理性损害。就总体而论,草坪草植株较低,本身又多具有对干旱环境的适应能力,因此,受风害的程度较小。

第二节 土壤对草坪的影响

草坪绿地建成后一般都要保持多年,并在此期间内草坪草应能良好地生长和发育,为此,需要一个良好的土壤环境,使草坪草的根系能很好地生长。

一、土壤对草坪的作用

场地播种草坪草种后,种子不久就发芽萌生,根系开始伸入土中,标志着草坪草生活的开始。新生的草坪草能否良好地生长,在很大程度上取决于土壤的质地与类型。

土壤是草坪草生长的基础物质。土壤供给草坪草根系呼吸作用所必需的氧气、供给草坪草生育所必需的水分和养分,土壤结构特性决定草坪的耐践踏性。土壤是草坪草的立地条件之一,了解土壤在草坪草生长发育过程中的作用,掌握土壤类型及理化性状等,是草坪建植的前提条件。

二、土壤构造对草坪的影响

土壤是由矿物质、有机质、空气和水等四部分构成。其中矿物质是构成土壤的基本物质,其颗粒的大小,构成的比例(土壤质地)决定着土壤性质,它直接影响土壤中的空气、水分和温度,也影响土壤肥力和土壤中有机质的活性。

(一)土壤的三相分布 土壤是由不同粒径的土粒组合而成的,在不同粒径的土粒间存在着一定的空隙,这些空隙被水分或空气所占据。这样在土壤中就存在固体、液体和气体三种物相,简称为土壤的三相,即固相、液相和气相。

通常土壤的三相比例依土壤类型不同而异,无机质土壤固相约占50%,液相和气相约各占25%。此外,气相和液相还依天气的变化而变动,雨后液相增多而气相减少。土壤三相的分布从根本上决定了土壤的性质与草坪草的生长发育的盛衰。土壤三相的理想分布如图2-1。

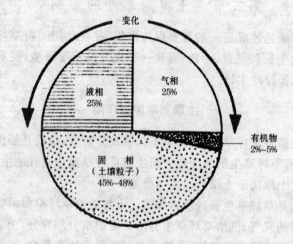

图 2-1 土壤三相的理想分布图

固相由有机物与无机物组成。无机物中含有粒径各异的砾、砂、粉沙和粘土等。通常细粒相对密度增高,其有机质含量相对增大。

适于草坪草生长的土壤三相比例以固相约占50%,液相和气相各占25%为佳。在实际建植草坪时能达到这种比例的土壤较少。因此,在建坪前对床土应进行必要的改良。通常自然土壤中粘土含量较高,固相所占比重偏大,对此应混入适量砂或珍珠岩等土壤改良剂,以调整三相的比例。

(二)**土壤的构造** 是指构成土壤主体的矿物质颗粒结合和比例的状态。土壤构造的分类有多种方法,常用的方法是按土壤粒级分类。该法首先是将土壤用机械分析法(沉淀法)将土粒区分为五个等级(表 2-1),然后根据土壤中粘土的百分含量来分类(表 2-2)。

表 2-1 土壤粒子的分级

粒径(毫米)	名称
<0.002	粘土
0.002~0.02	粉沙
0.02~0.2	细沙
0.2~2.0	粗沙
>2.0	砾

表 2-2 土壤质地分类

粘土含量(%)	名称
0.0~12.5	砂土
12.5~25.0	砂壤土
25.0~37.5	壤土
37.5~50.0	粘壤土
50.0~100.0	粘土

三、土壤酸碱度对草坪的影响

土壤的酸碱度一般用 pH 值来表示。土壤 pH 值实际上是氢离子(H^+)浓度的负对数。pH 值范围从 0 到 14,每一个整数数位反映氢离子或羟基离子(OH^-)浓度的一个量值变化。当 pH 值等于 7 时,氢离子和羟离子的浓度均为 10^2 摩尔/升(10^7 mol/L),土壤溶液呈中性。当 pH 值下降到 6 时,氢离子的浓度增加到 10^{-6},土壤呈酸性。当 pH 值大于 7 时,羟离子的浓度大于氢离子浓度,溶液呈碱性。

土壤 pH 值可用酸度计测定,实际上测定的是土壤溶液中氢离子浓度,称为活性酸度(表 2-3)。

表 2-3 pH 值与酸碱度对照表

pH 值	5.5	6.0	6.5	7.0	7.5	8.0	8.5
酸碱度	强酸	中酸	微酸	轻微酸 中性 轻微碱	微碱	中碱	强碱

土壤的正常 pH 值范围是 4~8。在有充分降水并能淋洗可溶性碱式盐的地方,土壤 pH 值趋于下降;频繁地灌溉,在除去水中

含有碱式盐的情况下,也常导致同样的结果。在干旱条件下,当蒸发、蒸腾量大于降水量的地区,土壤 pH 值由于碱式盐在表土的积累而使 pH 值增高,钠质土 pH 值可高达 8.5~10。在自然状态下,影响土壤 pH 值的主要因素是降水。钙盐和镁盐能中和酸性而提高 pH 值,而暴雨则能将土壤中大部分钙和镁淋失,因此,少雨地区易产生碱性土壤,湿润地区则易产生酸性土壤。此外,形成土壤母质的成分也影响土壤 pH 值。由石灰岩母质形成的土壤,含有大量的钙,即使降水丰富,pH 值也不会降低。有机质含量高的土壤,有机质能产生酸,草坪草根部也能释放酸性物质,因此,能使土壤 pH 值降低。增施氮肥也能使土壤变酸。

草坪草能适应较大的 pH 值范围,而最适宜的 pH 值是中性到弱酸性(6~7)。草坪草对 pH 值的适应性依草种而异,主要草坪草最适宜的 pH 值范围见表 2-4。

表 2-4 主要草坪草种的最适 pH 值

草 种	pH 值	草 种	pH 值
巴哈雀稗	6.5~7.5	羊 茅	5.5~6.8
细弱翦股颖	5.5~6.5	高羊茅	5.5~7.0
匍茎翦股颖	5.5~6.5	格兰马草	6.5~8.5
狗牙根	5.7~7.0	意大利黑麦草	6.0~7.0
草地早熟禾	6.0~7.0	多年生黑麦草	6.0~7.0
早熟禾	5.5~6.5	钝叶草	6.5~7.5
普通早熟禾	6.0~7.0	冰 草	6.0~8.0
野牛草	6.0~7.5	结缕草	5.5~7.5
地毯草	5.0~6.0	沟叶结缕草	5.5~7.5
假俭草	4.5~5.5		

四、盐碱土对草坪的影响

土壤盐渍化是地球表面盐类重新分配的产物,其结果产生盐碱土。由于盐碱土含有多量可溶性盐分,对草坪草的生长易造成危害。通常用水洗法减少土壤中可溶性盐类浓度,这是改良盐碱土的方法之一,但在水源不足或水质不良的条件下,选择耐盐碱的草坪草种,也可在盐碱地上建植草坪,如狗牙根、结缕草、钝叶草是耐盐性强的暖地型草,匍茎翦股颖、苇状羊茅和多年生黑麦草、碱茅等,则是耐盐性强的冷地型草坪草种。

五、土壤水分对草坪的影响

土壤所含的水分可分为由土粒表面紧密吸附的吸湿水、被胶体吸着的结合水、由孔隙表面张力保持的毛管水和在无吸附力的情况下存于空隙内部的重力水四种类型。而对草坪草起决定影响的是土壤湿度。土壤湿度又称土壤含水量。土壤水分是草坪草吸收水分的主要来源。土壤湿度过低,草吸水困难,甚至凋萎;湿度过高又会发生渍害。保持土壤湿度适宜,是草坪草正常生长的基本条件。土壤质地对其水分含量也有影响(表2-5)。

表2-5　土壤质地对水分含量的影响　(单位:%)

土壤质地	田间持水量	凋萎系数	有效含水范围
松砂土	4.5	1.8	2.7
中壤土	20.7	7.8	12.9
轻粘土	23.8	17.4	6.4

(据《中国土壤》)

六、土壤空气对草坪的影响

土壤空气的数量取决于土壤的孔隙度、含水量和通气作用的强度。土壤的孔隙通常由水分或空气所占据,在孔隙相对固定的前提下,土壤中的水分和空气间存在相反的消长关系。土壤质地、结构、耕作状况均影响土壤孔隙的体积和水分状况,进而影响到土壤空气的数量。土壤质地与水分、空气的关系见表2-6。

表 2-6　土壤质地与水分、空气的关系

土壤质地	总孔隙度 （体积%）	田间持水量 （占总孔隙度的%）	空气孔隙度 （占总孔隙度的%）
粘　土	50～60	85～90	15～10
重壤土	45～50	70～80	30～20
中壤土	45～50	60～70	40～30
轻壤土	40～45	50～60	50～40
砂壤土	40～45	40～50	60～50
砂　土	30～35	25～35	75～65

（引自北京林业大学主编《土壤学》）

　　土壤空气被大气置换的过程叫土壤通气现象。土壤空气与大气是不同的，大气中氧占 20.95%，二氧化碳占 0.03%，而土壤空气中含有较高浓度的二氧化碳和水蒸气，而氧气较为缺乏。这些差异是由于土壤生物呼吸作用的结果，而差异的大小则取决于大气和土壤气体交换的速度。通气是气体的扩散运动和质流运动的合运动，扩散是气体通过充满气体的小孔从气体浓度高的地方向浓度低的地方的运动，并与充气孔隙度成比例。坚实的土壤一方面缩小了空隙和减少了孔隙数量，另一方面使土壤缺乏或减少了充气空隙，又加上空气在水中的扩散速度很低，所以使空气的扩散能力降低。质流与土壤的通气性密切相关，产生质流的原因主要是：①由于温度和气压的变化而引起的土壤空气的膨胀和收缩；②由于降水或灌溉排掉了土壤中的空气，当排水或因植物的利用及蒸发使水分丧失后，空气重新回到土壤空隙中来；③由于风的作用迫使空气进入土壤的某一部分或使某部分的空气从土壤中被抽出来。

　　植物的根系在不停地进行呼吸作用，吸入氧气，放出二氧化碳。在通气不良的土壤中，常因植物根和其他生物的呼吸消耗而产生缺氧现象，使植物呼吸作用减弱，从而又降低了其对养分和水分的吸收能力。另一方面,由于缺氧也将导致土壤微生物活动降低,以至造成可供给养分丧失或缺乏。由于土壤对根系氧气的供给是由大气向土壤孔隙侵入的扩散作用而完成的。因此,氧气的供给取决于土壤中非毛管孔隙的数量。非毛管孔隙量与土壤的团粒结构有关,因此,对结构不良的土壤,在建坪时应适当施入客土和有机物质。

第三节 生物对草坪的影响

草坪是一个完备的生态系统,在其生物组成中,包括高等动物区系、高等植物区系及微生物(原生动物、线虫等)区系。这些生物因素以草坪为舞台,相互交织,相互影响,构成了一个错综复杂的作用网络,给草坪以巨大的影响。

一、高等植物对草坪的影响

当把高等植物当作草坪的环境来看时,其形态有很重要的关系。首先树木和草本植物有明显的区别,树木和草坪无论是地上部分或地下部分的分布范围是不同的,因此,生长时相互间的竞争较小。问题在于树木的枝叶占据了上层的空间,遮挡了草坪的日照,阻碍了草坪草的生长,结果使树冠下的草坪草生长不良,甚至枯死。这种情况与树木类型(常绿、落叶)、树高、分枝、种植密度等因素有关。

在草坪草中生长的非草坪草统称杂草。杂草与草坪草激烈地争水和争肥,导致草坪草生长发育受阻。高大的草本杂草直接覆盖在草坪之上,抑制草坪草的生长,对这类杂草可用刈割法来防除。攀援型和匍匐型杂草,用刈割法则不易达到防除的目的,要考虑使用化学除草剂防除。贫瘠、过于干旱的土壤环境不利于高大杂草的生长,杂草种类也较单一,较易防除。

二、昆虫对草坪的影响

　　天然草地和人工草地中的昆虫种类比较丰富。在草坪中从地上到地下都有大量的昆虫栖生和活动,附近森林、耕地、荒地栖生的昆虫也常常在草坪中出现。在这些昆虫中,有危害草坪的害虫、捕食害虫的益虫和无害的一般昆虫。

　　直接危害草坪的害虫多属鳞翅目、鞘翅目、半翅目等类昆虫的成虫和幼虫,它们在地下吃食草坪草的根系,在地上吸取汁液或采食茎叶,传播疾病,损害草坪。

三、线虫对草坪的影响

　　土壤中栖生着多种线虫,其中大半是自生的,部分是在动植物体上寄生的。寄生性线虫与草坪的关系密切,它们多分布于地表以下5～10厘米的根层土壤中。寄生性线虫包括草食性(外寄生性)线虫和侵入草坪草体内寄生的(内寄生性)线虫,还有肉食性线虫和腐生性线虫四类。线虫的活动一般在18℃～23℃时旺盛,对草坪的危害在3～6月份和9～10月份较严重。

四、微生物对草坪的影响

　　大气和土壤中存在着多种多样的微生物,土壤微生物包括细菌类、放线菌类、丝状菌类、担子菌类、酵母菌类、藻类、原生动物等许多种类。其中细菌的数量最大,细菌依营养方式,可分为自养和异养两种类型。

　　自养型细菌是以二氧化碳为营养源,通过自养过程获得能量,所以自养型细菌对草坪草是有利的。它们能把铵氧化成亚硝酸盐,然后再氧化成硝酸盐,也可以把硫、铁、锰等元素氧化成可为草坪草吸收利用的形态,从而为草坪草提供有效养分。

　　异养型细菌是从有机物中获得碳素营养,它包括大多数的土壤细菌。它们是分解有机物质的主要微生物种类,对草坪土壤中营养物质的循环起着重要作用。有些寄生细菌具有固定空气氮素的功能,它们侵袭宿主植物的根毛,形成保护性的根瘤,造就一个互惠的共生体系,植物给细菌供给有机物和无机物,而细菌将固定的氮素供给寄主植物,对维持草坪土壤的氮平衡有积极的作用。

真菌依其营养过程可分为寄生性、腐生性和共生性三大类。寄生性真菌会引起草坪病害,腐生性真菌则具有分解草坪土壤中有机物质的功能,尤其是对其他类型生物不易分解的纤维素、木质素有独特的分解能力。

放线菌能产生抗生素,在土壤中对有机残体,特别像纤维素之类不易分解的有机物的分解能力较强。

藻类是含有叶绿素的微生物,是草坪生态系统中的有机物源之一。有些类型的藻类具有固氮作用,在发生严重病害后的草坪地段,有可能发育成藻毡,干燥后形成一个硬壳,使地表面几乎不透气、渗水。

原生动物是泛指单细胞动物,它们主要吞食细菌。

微生物在土壤中的分布与土壤中的水分状况有关。当水分少时好气性的丝状菌、放线菌增多;当水分多时,嫌气性细菌增加,土壤变酸时丝状菌增多。

五、人的活动对草坪的影响

草坪环境的生物组成中,还包括人类的利用和培育等实践活动对草坪的影响。

人的活动常使草坪草遭受机械损伤,引起草坪退化,如过多的践踏而产生的草坪损害等。

草坪由于外力作用,常引起草坪草茎叶破碎造成磨损,尤其在草坪草受霜冻或萎蔫、组织变硬、变脆时,外力引起的草坪磨损更加严重。

各种草坪均能承受一定大小外力而不会遭受损害,这个力的大小即所谓践踏的临界水平。草坪养护管理的任务之一就是通过草坪的合理利用,将践踏强度控制在临界水平之内。如高尔夫球场的践踏大体遵循入口→退场跑道→发球台的模式,因此,人们通常用改变标桩和发球人的位置的方法,来避免人在同一地段的多次践踏。足球运动中也常用训练场与比赛场交叉使用的方法来减轻场地的践踏强度。此外,也可以通过提高草坪草活力的方法来增强草坪的耐磨性。如适当地提高修剪高度,以保存较多数量有活力的茎叶,通过合理施肥和灌溉以促使茎叶和根系的发育,在冬季休眠和土壤潮湿时避免使用,而使践踏伤害降低到最低水平。

草坪土壤的紧实度以中等程度较有利,这不仅能提供有弹性的草坪表面,同时也有利于土壤颗粒与草坪草根系的接触。过度紧实将减少土壤的孔隙度,导致土壤通气、透水状况的恶化,使草坪草的正常生长发育受到不良影响。在践踏过重的地段,土壤的颗粒被压在一起,增加了土壤容重,降低了孔隙度,减弱了土壤的呼吸功能,使土壤中二氧化碳积累和氧不足,从而限制了草坪草根系生长。由于根系的生长障碍而引起的吸水和吸收养分功能的变弱,而使茎叶的生长受到抑制,从而降低了对热和干旱等不良环境的耐受性,增加了草坪对灼伤和低温伤害的易感性。在紧实土壤上建植的草坪,随着高湿度持续时间的延长,常常导致草坪草发病率增高。在践踏过度的草坪地段,草坪草减少,杂草增多,是草坪草群体对践踏影响的生态学反应。

紧实的草坪需要更为频繁的施肥和灌溉,以补偿根系功能下降。为改善土壤的通气透水性,定期进行适宜的耕作(打孔、松耙、划破)是必要的。当土壤紧实度较高时,要及时喷施农药,以预防草坪病害的发生。

草坪草还具有忍受牛、马、绵羊等大型家畜放牧和践踏的能力,因此,家畜的放牧对草坪草能起到除去大型杂草、扩散草坪草种子的有利作用。鸟类捕食害虫,采食杂草种子,对草坪产生有利影响,但是,鸟类在建坪时捡食草坪草种子,破坏土壤表面,剥露出草坪草的营养繁殖体,这对草坪是有害的。鼹鼠往往将草坪的深层土推出地面,形成土丘,破坏平整的草坪。蚯蚓在草坪上的出入给人们造成恶感,但它吞食植物的残体,排出有肥力的粪便,又对草坪生长有益。因此,在谈到某种因素对草坪的影响时,要充分考虑到有利和有害的两个侧面,关键是看哪一方面占主导地位。

第三章 草坪建植与养护技术名词选释

草坪业是一门涉及科学理论、生产技术和经营管理的一门综合性产业。它涉及诸多领域,较为复杂和庞大。为便于讲述,现以名词术语选释的方式,将有关的理论与技术领域,归纳为草坪学基础、草坪建植、草坪养护管理、草坪养护和草坪类型5个方面进行诠释,以便读者阅读和应用。

第一节 有关草坪学基础的名词选释

一、草坪土壤

(一)**土壤酸碱度** 土壤的酸碱度通常用 pH 值表示。pH 值为土壤所含氢离子(H^+)浓度的负对数。草坪草能适宜的 pH 值为 6~7,从即中性到弱酸性。

(二)**土壤有机质** 土壤中动物和植物体不完全分解所形成的特殊有机物,这类有机物质可通过土壤颗粒周围团聚体的作用重新分解。

(三)**土壤质地** 是指土壤基本颗粒的粗细程度及其组合状况所表现出的外部(手感)特征,即土壤的砂粘性。根据湿润时人的手感,土壤质地可分为六级:①砂土。能攥成团,但不能揉,一揉就散。②砂壤土。只能揉成"香肠状的粗短条"。③轻壤土。能够搓成较细的长条,但长条放在地上捡不起来,易折断。④中壤土。搓成的细长条能捡起来,若弯成环即断裂。⑤重壤土。可弯成环,环上有裂缝。⑥粘土。可揉成细条,粘着力大,能弯成完整的无裂缝的环。

根据国际制土壤质地分类,可根据土壤的机械组成(砂粒、粉粒和粘粒)将土壤的质地分为砂土类、壤土类、粘壤和粘土类四大类,十二种质地型。

(四)土壤阳离子代换量(CEC) 阳离子代换量是指土壤胶体表面所能吸附的各种交换性阳离子的总量,以每千克干土所吸附的全部代换性阳离子的厘摩[尔]数来表示,单位$cmol^{(+)}/kg$。土壤的阳离子代换量也称阳离子吸附量,通常以此来衡量土壤吸附离子的能力,是鉴定土壤保肥能力强弱的主要参数。通常,CEC 大于 20 厘摩阳离子/千克干土时保肥能力强,在 10~20 厘摩阳离子/千克干土时保肥能力中等,小于 10 厘摩阳离子/千克干土时保肥能力弱。

(五)土壤紧实度 表示土壤紧实或疏松的程度,其大小通常可用专用土壤紧实度仪测定。土壤紧实度对床土耕作的难易、水分状况、植物根系的发育和分布均有重要影响。野外可用刀试法分级,比较土壤的紧实度,分成五级:①极坚实。用较大力也不能把刀插入土壤。②坚实。用较大力可以把刀插入土壤中 1~3 厘米。③紧实。用较大力可以把刀插入土壤中 4~5 厘米。④较紧实。用较小力就能把刀插入土壤中,土体易脱落。⑤疏松。用很小力就可以把刀插入土壤中,刀经过之处,土壤很易脱落。

(六)土壤容重 是指单位体积的土壤在自然状态下的烘干重量,单位是克/立方厘米。

(七)土壤湿度 又称土壤含水量,是对土壤含水量的量度,是土壤的形态特征之一,一般以百分数或克/千克表示。土壤湿度可根据手感而分为五级:①干。放在手中无水分感,碎后不能用手捏在一起。②潮。用手能捏在一起,用手摸时有凉的感觉。③湿。用手捏时,可在手指上留有印痕。④重湿。用手捏时使手湿润。⑤极湿。用手捏时有泥水挤出。

(八)**土壤酸性** 可用土壤颗粒周围一薄层水膜中酸性物质的数量,也可用水冲洗土壤颗粒表面所释放出的酸性物质的数量表示。酸性是氢离子(H^+)所致,这种离子不能用钙或镁离子很快中和,但可用施石灰的方法来改善。酸性土壤常形成于降水量过大的潮湿地区。

(九)**土壤碱性** 土壤水膜中碱性物质的数量,或为土壤颗粒释放出碱性离子的数量,如可溶性的钾和钠。碱性离子(OH^-)可反映碱性状况。

(十)**碱性土** pH值高于7的土壤。

(十一)**泥炭** 又称草炭,是由沼泽植物残体在长年积水、缺氧条件下经过不完全分解而形成。呈棕色、褐色或暗褐色,酸性至中性反应。疏松多孔,孔隙率高达70%~80%,容重仅为0.2~0.3克/立方厘米。持水能力极强,持水量可达本身重量的2~10倍。含氮量为1%~2.5%,但速效氮含量很低。钾养分状况在不同类型泥炭中差异很大,一般在0.1%~0.5%左右。泥炭是用途广泛的改土材料。

(十二)**盐基饱和度** 是衡量盐基离子和酸性离子相对数量关系的一个指标,它是指代换性盐基离子(总量)占全部代换性阳离子的百分率:

$$盐基饱和度(\%) = \frac{代换性盐基总量}{阳离子代换量} \times 100$$

二、草坪、草坪草及其生长发育

(一)**草坪** 通常指天然或人工栽培的成片草地。一般以禾本科草或质地纤细的植被为覆盖,并以植被的大量根系或匍匐茎充满土壤表层的地被。是由草坪草的枝条系统、根系和土壤最上层(约10厘米)构成的整体。

(二)**暖地型草坪草** 对一年中暖热时期(27℃~35℃)最能适

应并生长最好的一类草坪草,如结缕草、钝叶草、画眉草等。

(三)**冷地型草坪草** 能在凉爽时期(15℃～20℃)生长良好的草坪草。

(四)**短寿多年生草坪草** 一般要求生存2～4年的草坪草。

(五)**休眠的草坪草** 由于干旱、高温或寒冷而使草坪的生育暂时停止,一旦条件改善后,又可恢复生长的草坪草状态。

(六)**地被植物** 用于保护、美化环境的地上植被。通常为草本、灌木、乔木及其结合体。

(七)**多年生植物** 可以不从种子开始,也可以不结种子,需要多于二年时间去完成整个生命周期的植物。

(八)**二年生植物** 从种子发芽开始,需要2年才能完成全生活周期(从种子到新种子产生)的植物。

(九)**单子叶植物** 种子的胚只含有一枚子叶的植物。其特点是:茎的有限外韧维管束多为星散排列,平行叶脉。花的各部以三为基数。

(十)**草本植物** 茎的木质化程度低、木质化细胞少,地上部分冬季通常枯死的植物。

(十一)**丛状禾草** 以疏丛或密丛方式进行分蘖生长的禾本科草。

(十二)**光周期现象** 太阳在一天中对植物的照射时间有长有短,对植物花芽的形成和开花产生影响。

(十三)**日照率** 草坪的实际日照时数与可照时数之比。

(十四)**绝对湿度** 单位体积空气中所含水汽的质量以1立方米的空气中含水汽的克数(克/立方米)来表示。

(十五)**积温** 为满足植物正常生长发育而需要的一定量的有效热量。

(十六)**过渡气候带** 是指冷凉与暖热气候或温带与亚热带之间的气候区域。在该地域冷地型(喜冷)和暖地型(喜暖)的草坪草均可生长。

(十七)**种** 具有一定形态和生理特征及一定自然分布区的生物类群,是分类的基本单位。一个物种中的个体一般不与它物种中的个体交配,或交配后一般不能产生有生殖能力的后代。

(十八)**变种** 种之下的分类单位。在特征上与原种有一定区别,并有一定的地理分布限制。

(十九)**杂种** 基因结构不同的两个个体杂交产生的后代。

(二十)**生物量** 在一定面积以内草坪产生的有机物质的总量。

(二十一)**初生苗** 在籽苗期产生的单个枝条。

(二十二)**融合** 一种草坪草的两个或更多品种的结合。

(二十三)**生育型** 是描述草坪草枝条生长的指标。草坪草的枝条可分丛生型、根茎型和匍匐型三种类型。丛生型又可分为密丛型和疏丛型两类,其与根茎型相结合,又可产生根茎-疏丛型和根茎-密丛型两个复合型。

(二十四)**花期** 花朵开放并具花机能的持续期。

(二十五)**枝条密度** 单位面积上枝条的数量。

(二十六)**鞘内生长** 枝条不穿透叶鞘,而是从包裹的叶鞘中长出的生长。这种枝条称鞘内枝。

(二十七)**鞘外生长** 枝条穿出紧包叶鞘的基部形成伸展型生长。这种枝条叫鞘外枝。

(二十八)**无融合生殖** 植物囊中的细胞不经过雌、雄配子结合性过程,直接由具生命力的胚形成新个体的繁殖。

(二十九)**营养循环** 是指植物在生长过程中从土中吸收营养物质,生长发育,死亡、腐烂分解,形成营养物质被其他植物重新利用的过程。施肥可增加循环中营养物质的量,而捡走植物地上部物质则将减少循环中营养物质的量。

(三十)**开花盛期** 是指群体中有75%个体已开花的时期,为花序、植株或枝条上最大数量的单花散放花粉的时期。

(三十一)**最大叶面积指数** 在一个生长季内,草坪草长出的最大叶面积。

(三十二)**匍匐生长习性** 植物在地表或地表附近的枝条以鞘外生长的方式,最终形成侧生的根茎或匍匐茎的分布。

(三十三)**耐阴性** 草坪草对日照不足的适应性。

(三十四)**栽植品种(品系)** 是指按一定的要求、培育繁成的栽培物品种,其在形态学、生理学、细胞学等特征上均有别于原始栽培植物的一个集合体。当其进行繁殖时,仍保持着原始分类学的相同特征。

(三十五)**草坪学** 研究各类草坪草、草坪建植、管理、维持的理论及技术的一门应用学科。

(三十六)**草坪草** 是指能形成草皮或草坪,并能耐受定期修剪和人、畜等踩踏的一些草本植物种类。草坪草大多数是有扩散生长特性的根茎型或匍匐型禾本科植物,也包括部分符合草坪性状的其他科植物。

草坪草应具备的特性:①地上部生长点低位,并有坚韧叶鞘的多重保护。②叶小型、多数、细长、直立。③低矮的丛生型或匍匐型,具较强的覆盖力。④适应性强,能适应各类环境,分布地域广。⑤繁殖力强,易建成大面积草坪。⑥具强的再生能力,损坏后易恢复。

三、草坪草的组织器官

(一)**子房** 植物雌蕊藏有胚珠的部分,位于雌蕊下部,略膨大,内含一至多室,每室含一至多个胚珠。

(二)**心皮** 心皮是组成被子植物雌蕊的基本单位,为一变态叶。

(三)**分生组织** 指植物体内具有显著细胞分裂活动特性的组织。由于它的活动,可以使器官生长和更新。它主要位于草坪草的根、茎的顶端及节间、叶鞘基部和纵贯于根、茎等器官。

(四)**中胚轴** 禾本科植物胚中位于胚芽鞘和盾片节之间的中央部分。

（五）**分蘖枝** 由分蘖节上的分蘖芽或叶鞘内的腋芽发育成的次生枝条，这种枝条通常直立生长。

（六）**不定根** 从植物初生根或种子根以外任何器官上发出的根。

（七）**叶** 是高等植物茎上按一定次序侧生的营养器官。单子叶禾本科植物的叶由叶片、叶舌和叶鞘构成；双子叶的阔叶植物的叶则由叶片、叶柄和托叶构成。

（八）**叶片** 指叶的平正部分，禾本科草叶鞘以上部分。

（九）**叶耳** 位于叶片基部或叶鞘顶端成对分布的角状或爪状体。是草坪草识别的重要特征。

（十）**叶舌** 禾本科植物在叶鞘最高处向外延伸出的薄膜状组织，可为干膜状、毛状，为重要的分类特征。

（十一）**节间** 茎或花茎相邻两个节之间的部分。

（十二）**叶脉** 由维管束构成，在叶片以上可见的脉纹，起输导水分、养分和支持叶片的作用。叶脉通过叶柄与茎内的维管束相通。叶脉按级序和粗细可分为主脉、侧脉和细脉三级。

（十三）**外稃** 禾本科植物小花外的两个苞片中大而明显的一片，通常顶端或背面具芒。

（十四）**外颖** 禾本科植物小穗基部两个苞片中位于下方或外方的一片。外颖有时退化，如地毯草、雀稗等。

（十五）**叶鞘** 叶子包围着茎的呈管状的扩大部分。

（十六）**芒** 是禾本科植物由小花中脉延伸出的毛状凸出物。

（十七）**苞片** 花或花序外围或下方的变态叶；产生在营养芽上的芽鳞。

（十八）**泡状细胞** 位于叶脉间具有薄壁、液泡及透明表皮的大细胞。

（十九）**花序** 多个花着生在花轴上的序列称花序，泛指植物的开花部分。

（二十）**花药** 是指草坪草花中雄蕊带有花粉的部分。

（二十一）**秆** 指禾本科植物具节（不包括叶）的空心茎。

(二十二)脉间区 位于维管束(叶脉)之间的叶片组织范围。

(二十三)侧枝 由叶腋的营养芽、茎节、根茎或匍匐枝产生的枝条。

(二十四)顶端分生组织 是指草坪草根、茎等顶端的生长点。

(二十五)胚 植物的原始体。种子植物的胚由胚芽、胚根、胚轴和子叶四部分组成。

(二十六)种子 胚珠受精后发育而成的繁殖体,或为成熟的胚珠。

(二十七)居间分生组织 指幼小禾本科植物茎节基部具细胞分裂功能的组织。

(二十八)胚芽鞘 包覆在禾本科植物胚芽外的锥形套状物。种子萌发时,胚芽鞘首先出土,对胚芽起到保护作用。

(二十九)须根 由茎基部生出的不定根及其侧根,外观呈须状,大小约相等、长而纤细,故称须根。

(三十)胚根鞘 禾本科植物胚根的外套,对刚露出的初生根具保护作用。

(三十一)胚珠 种子植物的大孢子囊,即受精后发育成种子的结构,或包于子房中未成熟的种子。

(三十二)胚轴 又称胚茎,是种子植物胚的组成部分。由子叶着生点到第一片真叶之间的部分叫上胚轴,子叶着生点到胚根之间的部分叫下胚轴。

(三十三)种根 由下胚轴茎部发生的根、初生根和其他全部发自盾片节以下胚组织的根。

(三十四)匍匐茎 匍匐于地表生长的有节茎。它可以从每个节上产生不定根和新枝,也可从分蘖的主茎上以鞘外枝的形式产生枝条。

(三十五)根茎 具节的地下茎,它可在每个节上发出根和枝条,可产生主枝或分蘖枝。

(三十六)根颈 下胚轴与胚根的交界处。双子叶植物根和根茎连接处膨大的部分,在其上可产生新的枝条。

（三十七）腋　由草坪草叶或小穗与茎轴形成位于上部的夹角。

（三十八）混合枝条　是指初生枝与一个乃至数个次生根枝条的混合。

（三十九）腋芽　由叶和茎的连接处产生的营养芽。

第二节　有关草坪建植的名词选释

一、草坪类型与床土处理

（一）**人造草坪**　以塑料化纤产品等为原料,用人工方法制作的拟草坪。

（二）**草坪运动场**　通常是指用于运动、竞技及娱乐的草坪场地。

（三）**建坪**　草坪建植的简称,是利用人工方法建立草坪植被的综合技术总称。

（四）**土壤加热**　冬季为了防止土壤冻结和维持草坪的绿色,对床土进行人工加热。通常用地下热管道或电热线加热。

（五）**土壤改良**　为改善床土的物理性状,在床土中加入土壤改良剂的作业。

（六）**泥炭土壤**　有机物质含量超过50%以上的一种土壤。

（七）**煅烘粘土**　一种草坪土壤改良剂。是在高温下煅烘过的粘土,含有具吸收性、稳定性的粒状体。

（八）**平整**　为建植草坪使坪床表面平整的作业。平整可用手耙或刮平机进行。平整一般分粗平整和细平整。粗平整是对床土面进行等高处理,主要是挖高填低;细平整是使坪床表面平滑为草坪草播种或栽植作业做准备。

（九）**异地混合**　为了改良坪床的土壤结构,将原床土移出,在异地与土壤改良剂混合,尔后回填到原床土中的作业。

（十）床土定植层　在铺植草皮前,通过耕作、挖填、镇压而形成利于草坪草生长的疏松、平整的表土层。

（十一）坪床　为建植草坪准备的土壤,包括用种子或营养体建坪的床土。

二、草坪草的种子、播种和栽植

（一）原原种　亦指核心种子,是育种者培育的最原始的种子。

（二）育种者种子　是原原种子扩繁的第一代种子。

（三）基础种子　用基础种子之前的亲本材料繁殖的后代,其代数有严格限制。

（四）无性系栽植　用一共同的细胞或营养器官繁殖得到的单一基因型的草坪草进行的草坪建植。通常在小面积上进行。

（五）营养繁殖　用草坪草的部分器官(含两个以上节)或小部分草皮进行草坪草的无性繁殖。

（六）匍匐枝苗圃　指繁殖专门用于草坪建植的草坪草匍匐枝的草圃。是生产营养繁殖体的场所。

（七）生活力　种子发芽及产生幼苗的能力,通常用在实验室的标准条件下活的以及将萌发种子占总种子的比例来表示。

（八）种子纯净度　被鉴定种或品种的纯种子占总量的比例。

（九）出苗　植物种子发芽后第一片叶露出土表的时间。

（十）水植　将含有草坪草繁殖营养体(如匍匐茎、茎段)的混合液,通过泵和喷嘴喷洒到坪床上完成栽植的作业。

（十一）休眠播种　是一种用种子建坪的方法。晚秋或早冬播种,翌年春天种子发芽,形成草坪。

（十二）交播(冬季重叠播种)　在草坪草临近或开始冬眠时,在现存的暖地型草坪中播入临时的冷地型草坪草种,以便在原来草坪草休眠期间形成有活力的绿色草坪。

（十三）补播　为改善草坪的密度或改变草坪草的品种组成,在草坪间进行的再播种。

(十四)**草坪草的混合播种** 是指用于同一草坪的草种内以不同的品种混合进行播种。

(十五)**草坪草的单播** 在一个草坪中用一个品种的草坪草种子进行播种。

(十六)**喷播** 将种子混入水、肥料和覆盖物的溶液中,然后利用喷播机将含种子的混合液均匀喷洒到坪床上的播种作业。

(十七)**休眠栽植草皮** 营养体建坪的一种方法。晚秋或早冬栽植休眠状态的草皮,到翌年春季草坪草返青后形成草坪。

(十八)**条状插植** 将植物的茎段、匍匐枝、根茎等营养体插植于床沟中或床垄上的一种草坪栽植方法。

(十九)**钉植的草皮块** 在坡地或排水道上用木桩或竹钉将草皮块固定,使移植的草皮生长出根来自己固定。

(二十)**草皮块发热** 当草皮块密集堆放时,由于草皮块自身热量的积累,有时温度可升高至使草坪草死亡的程度。

(二十一)**草皮块采收** 在草皮上用起草皮机切取成熟草皮块的作业。通常草皮切取深度为 0.6~3.8 厘米,面积约为 0.25~1 平方米。

(二十二)**草皮块强度** 草皮采收时,草皮块抵抗拉伸与撕裂的相对能力,或为草皮块在无撕裂和最低限度的张力条件下保持原状的能力。

(二十三)**草皮移植** 将草皮块转送并栽植在草坪上的作业。

(二十四)**草塞** 草坪塞植时使用的具有一定规格的草皮柱。

(二十五)**预基础种子** 品种持有者用育种者种子繁殖的种子。

(二十六)**催芽(预萌种子)** 种子在播种前,在湿润、具氧气和适宜的温度条件下使部分种子萌发,以便播后较快地出苗。

(二十七)**铺植** 用草皮块栽植草坪。

(二十八)**塞植** 是草坪建植的一种方法。其做法是将预先准备好直径约 6~18 毫米,长约 70 毫米的圆柱状草塞,填入预先在坪床上打好的、大小相同的洞内,以达到建坪目的。

(二十九)滚压 草坪用营养繁殖的草坪草材料栽植时,当营养繁殖体周围为坚硬的土块时,为了将茎段或匍匐茎压入土中而使用的机械栽植技术。

第三节 有关草坪养护管理的名词选释

一、草坪的土、肥、水管理

(一)草坪定植 草坪播种或栽植后,其根系和枝条的生长使草坪达到成熟和坚固的过程。

(二)草坪追播(重播) 为成功建坪,在上次播种失败后立即进行的再次播种。

(三)草坪重建 指草坪的根本改良,它包括原有草坪草的完全清除、床土的耕作与改良、新草坪草的播种或栽植、新草坪的定植等一整套建造过程。

(四)草坪改良 是指已建草坪的改造、养护管理等措施的总和。

(五)草坪养护 对正在生长草坪的综合培育管理。

(六)土壤呼吸 土壤与大气进行气体交换的过程。呼吸作用弱的土壤,其二氧化碳的含量较高,氧的含量较低。土壤的呼吸作用与土壤结构(孔隙度)、温度变化、风作用的等因素有关。

(七)表施土壤 为了平滑草坪床面、加速芜枝层的分解、在采用营养体建坪时为覆盖匍匐枝或小枝叶等目的,将预先准备好的土壤混合物施入草坪表面的作业。

(八)打孔 是一种草坪改良技术,通过在坚实坪床上打孔,将芯土取出,在床土表层形成中空的垂直孔洞,孔洞的深度一般不超过7.5厘米。其目的是穿透过于紧实的床土表层的草皮层,有利于水分和养分向床土深层渗入和土壤空气的交换。

(九)芜枝层 是指床土表面由草坪草的凋落物、地表的活组织及与表土混合构成的床土有机层,当它与表土紧密结合时则形成草皮。芜枝层厚不超过 1.3 厘米是有利的,它可以增加草坪的弹性,防止水土流失;当厚度超过 2.5 厘米时,则会减弱床土的通气、透水性,导致草坪退化,并增加病虫害发生的可能性。

(十)**松土** 通过机械的方式将床土表层疏松的作业。

(十一)**拖平** 是用金属刷在草坪表施土壤的同时拖过草坪表面,使草坪表面平滑的作业。拖平亦可用于建坪时破碎土块。

(十二)**耙** 用钉齿耙、圆盘耙或尖齿耙较浅地穿透和耙过草坪或表土的作业。

(十三)**穿刺** 是一种在草坪上产生空气通道的技术。用草坪穿孔机在床土表面穿刺孔洞。孔洞的深度为 7~10 厘米,目的是为了降低床土紧实度,提高床土排水能力和刺激草坪草的新根生长。

(十四)**紧实度** 践踏和机具作业时的碾压引起床土颗粒密度增加、床土紧实的现象,使土壤空气减少而导致根窒息。床土紧实层的厚度很少超过 8 厘米。床土紧实度可用下法测得:如果能很容易地用大拇指将一根火柴棍压入床土中,则表示所测草坪床土尚未达到紧实的程度。

(十五)**假芜枝** 在草坪芜枝层之上相对未分解的叶片残余和剪草时的脱落物。

(十六)**湿凋萎** 草坪草的根具有正常吸水能力,地上部分蒸散过快时,在土壤具有自由水的情况下产生的草坪草凋萎现象。

(十七)**草坪沙** 一种用于改良草坪床土物理性状、防除草坪杂草的含沙表施物质。

(十八)**腐殖质** 土壤中分解得已不能辨认其原来形态的有机质碎片。

(十九)**无机肥料** 含有植物营养元素的化学物质。草坪中常用的无机肥有硝酸盐、氨化物、用酸处理后的磷矿石及钾的氯化物等。

(二十)**有机肥料** 一般称农家肥,为植物和动物的生活产物及原生体,如厩肥、淤泥、鸟类粪便、动物粪便、绿肥等。

(二十一)**肥料释放速度** 施肥后,营养元素从肥料体中释放时间的长短。

(二十二)**肥料灼伤** 草坪草枝条与高浓度的化学肥料接触面产生的组织脱水而造成的伤害。

(二十三)**撒施** 将肥料撒布在草坪面上的施用方法。

(二十四)**自动灌溉** 根据草坪对水分的需要而采用的液压或电动控制的灌溉系统。

(二十五)**肥水灌溉** 一种灌水方式。是先将肥料溶于水中而后进行的灌溉。

(二十六)**蒸发蒸腾量** 草坪草通过蒸发和蒸腾作用损失的水分总量。

(二十七)**湿润剂** 是一种能使不溶于水或不为水湿润的固体被水浸湿的物质,为农药助剂,它可减小水的表面张力,提高水的湿润能力。

(二十八)**氮素活度指数** 是指可溶于热水、不溶于冷水氮的百分数。用下列公式计算:

氮素活度指数=(冷水不溶性氮-热水不溶性氮)×100/冷水不溶性氮。

(二十九)**裂隙沟式排水** 草坪的一种简易的地表或半地下排水方式。它是在狭窄的小排水沟(宽5~10厘米)内填入砂石、卵石、碎石块等渗水材料,通过沟中的裂隙进行排水。

(三十)**田间持水量** 重力排水后,土壤中所含水分的总量。

(三十一)**肥料后效** 草坪草施肥后对肥料表现出的迁延性或连续性效应。

(三十二)**冬季保护覆盖** 冬季在草坪上放置的屏障物,以保温和模拟早春返青的生长条件,可预防草坪草冬枯。

(三十三)**冬枯** 草坪草冬季休眠期间由于干燥而使叶子或植株死亡的现象。

（三十四）**低温褪色** 是指草坪草在低温威胁下叶绿素及其绿色减退及消失的现象。

（三十五）**损斑处理** 对受损害的草坪小块进行局部施肥或洒农药的作业。目的在于加速草坪的更新与恢复。

二、草坪的修剪、整理

（一）**再生能力** 草坪草恢复被损伤部分的能力。

（二）**回弹力** 物体撞击或踏压草坪表面时，草坪对其的回弹能力，使草坪对外力具缓冲作用。

（三）**均一性** 是对草坪平坦表面的估价。高品质的草坪应是高度均一，无裸地、杂草、病虫害污点、生育型一致。

（四）**坪面波浪状** 在草坪修剪时，由于草坪草过高或剪草机选择不当，在修剪后使草坪表面出现波浪状或洗衣板状的起伏，是草坪修剪质量不高的表现。

（五）**质地** 是对草坪草叶宽度和触感的好差的判断，通常认为草坪草的叶片愈窄，质地愈优。一般以叶宽1.5～3.3毫米为优等。叶宽可分为极细、细、中等、宽、极宽五个等级。

（六）**草坪风枯** 因空气干燥而使草坪草枯死的现象，最常见于草坪最上层的叶片。

（七）**草坪纹理** 草坪草的叶、茎和匍匐枝向同一个方向生长的现象，这对于运动场草坪来说，将使球的运动方向偏转，是草坪利用性状不良的一个标志。

（八）**夏季休眠** 多年生草坪草由于夏季高温和水分不足而引起的生长停止和叶片死亡现象。

（九）**草坪草质量** 是对草坪植被性状和草坪利用性能的综合评价。如草坪的均一性、密度、结构、生长习性、光滑性、耐磨性、再生力、色泽等。

（十）**草坪培育** 特指不破坏草坪床土表面和草坪草而进行的一系列栽培、养护工作。

(十一)密度　单位面积草坪中具有草坪草地上部枝条或叶的数量,是草坪质量的重要指标。

(十二)盖度　草坪草覆盖地面的面积与草坪总面积的比。通常盖度越大,草坪品质越高。

(十三)粗糙　指草坪表面疏密不匀、高低不平或外观、手触感粗糙的性状。是草坪品质的标准之一。

(十四)叶面积指数　单位地面面积与绿叶面积的比值。

(十五)修剪　为维持优质草坪,定期剪去草坪草上部部分茎叶的作业。修剪的目的在于保持草坪草顶端生长整齐,控制不理想的营养生长,维持草坪的使用功能,或发展草坪作物生产。

(十六)草坪修剪的 1/3 原则　草坪修剪时,被剪去的部分一定要控制在草坪草地上部高度的 1/3 之内,或为被修剪去的草叶量不得超过总叶量的 1/3。

(十七)修饰修剪　对草坪进行边界式或镶边式修剪,目的在于使草坪形成明显装饰性的边界。

(十八)修剪频率　在草坪草生长季内,草坪在单位时间内修剪的次数。

(十九)化学修剪　利用除草剂或植物生长调节剂控制草坪草的生长,达到减少草坪修剪次数的目的。

(二十)有效修剪高度　草坪修剪后,草坪修剪面与土表的实际距离。

(二十一)方剪　以正方形的形式修剪草坪。

(二十二)树根修剪　为保障草坪草的正常生长,对其床土中着生的树根定期进行适当修剪,以降低其与草坪草的竞争能力的作业。

(二十三)垂直修剪　借助安装在高速旋转水平轴上的刀片进行近地表垂直刈剪或划破草皮,以清除草皮表面积累的芜枝层、改进草皮通透性为目的的一种培育措施。作业一般在秋季进行,也可用来除去坪床上的苔藓等。

(二十四)梳耙　是用耙或类似的工具耙去草坪表面落叶和碎片的作业。目的在于防止有机物的聚集,将杂草的叶片梳起以便修剪。

(二十五)绿渣　草坪修剪后,在坪面上残留下的绿色植物组织(茎、叶等)构成的层面。

(二十六)去芜　除去草坪中过度积累的枯枝落叶和过密活枝的作业。

(二十七)划缝　用垂直刈割机耕作草坪,将土壤、芜草等旋出表层,在草坪上留下一条条划缝,使草坪通气透水的作业。

(二十八)刷　在草坪修剪前,为使草叶或匍匐茎直立,利于修剪,用刷子刷拭草坪表面的作业。

(二十九)染色剂　通常是指可给褪色或枯黄草坪染色的颜料或色素。

(三十)集草器　剪草机上用以集放修剪下草屑的容器,可从剪草机上分离。依形状可称为集草袋、盒、篮等。

(三十一)剥顶　草坪修剪中由于留茬过低,剪去了过量的绿色枝叶,使茎、匍匐茎和枯枝暴露,而形成茬状的褐色表面。

(三十二)球痕　运动场草坪中,由于球体的撞击或摩擦而使草坪褪绿、表面下陷或破裂的部分。

(三十三)覆盖草　为保护草坪幼苗,短时间内在草坪上覆盖的草。

(三十四)草坪干斑　在平整均一的草坪中出现的干燥斑块。通常是因芜枝层过厚、真菌感染、局部土壤保水性差、局部坪床稍高或土壤过于紧实所引起。

第四节　有关草坪保护的名词选释

一、草坪的除莠

(一)人工除草　人工使用草铲在土壤下层切断杂草根系,达到根除杂草的作业。

(二)杂草 指在草坪中除草坪草外生长的其他植物。

(三)萌后除莠剂 在杂草萌发出土后对其叶丛施用的化学除草物质。

(四)除莠剂 用于杀灭或抑制有害植物生长的农药。

(五)萌前除莠剂 在杂草出土前预先施于土壤中的化学除草物质。

(六)根除杂草 在一定范围内将杂草活体彻底清除掉。

(七)土壤消毒剂 施入土壤后,可在一定时间内抑制草木及微生物生长的一类化学物质。

(八)叶烧伤 由于草叶接触高浓度的化学物质,如肥料、杀虫剂、除草剂而使组织脱水而形成的损伤。

(九)叶焦病 由于干燥、盐分或杀虫剂的积累,引起叶尖枯死。

(十)灼焦 强烈的日光晒热草坪表面现存的较浅的积水,使水温达到能使草致死温度,造成草坪草枝条烫伤、衰落而变成褐色的现象。

(十一)草坪危害物 指引起草坪品质、艺术价值或功能等方面显著退化的任何有机物。如杂草、致病生物、某些昆虫及具危害作用的动物。

(十二)践踏的临界水平 指草坪能承受、不会发生质的变化的外力的大小。

(十三)霜脚印 在有霜而草坪草叶片未干枯的草坪上行走后,使叶片死亡形成的褪绿脚印。

二、草坪的病虫防治

(一)草坪病害 由于生理障碍或被病原微生物感染而引起草坪草生理过程和形态学发生改变的现象。

(二)病原体 导致病害的微生物,如真菌、细菌、放线菌和病毒等。

（三）植物流行病 能在植物中短时间内突然大面积发生,而造成重大损失的破坏性病害。

（四）抗生素 为一种微生物的生活产物,在一定浓度下,能杀死或抑制某种生物体生长的物质。

（五）表面活性剂 能使农药乳化、分散、湿润和消散等的化学物质。其作用在于促进草坪草对化学制剂的固着与吸收。

（六）生物防治 利用天敌防治草坪病虫杂草危害的方法。

（七）土壤熏蒸剂 利用加热后产生的气体杀死床土中大多数害虫及有害微生物的制剂。常用的土壤熏蒸剂有棉隆、威百亩、溴甲烷、氯化苦等。

第五节 有关草坪类型的名词选释

草坪是指由人工建植或人工养护,起绿化、美化、水土保持作用和供运动、娱乐用的草地。随着草坪利用的发展,草坪功能向多元化发展。就我国草坪现状而论,大体上可分为以下几个类型（表3-1）。

表3-1 常见草坪类型

分类依据	类型	一 般 说 明
植被组成	单一草坪	是草坪铺设的一种高级形式。一般指由同一种草坪草构成的草坪,具有高度的均一性,是高级草坪和专用草坪（如高尔夫球的发球台和球盘）的一种特有形式。在我国北方通常用野牛草、瓦巴斯、匍茎翦股颖来建坪,在南方多用天鹅绒、天堂草,假俭草等建坪。草种多用无性繁殖的方法来取得,而最好是用高纯度的种子播种建坪

续表 3-1

分类依据	类型	一般说明
植被组成	混合草坪	是指由同一草种中的几个品种构成的草坪,具有较高的一致性和均一性,同时比单一草坪具有较高的环境适宜性和抗性,是高级草坪中养护管理可稍为粗放,而草坪品质也不会降低的较实用草坪类型,如用匍匐型草种和直立型剪股颖混合建植的草坪
	混播草坪	是指两种以上草坪草混合播种构成的草坪,它可以根据草坪草的生物学特性及功能和人们的需要进行合理搭配。如用夏季生长良好和冬季抗寒性强的草种混播,延长草坪绿期。用宽叶草种和细叶草种混播,以提高草坪的弹性。用耐践踏性强和耐修剪的草种混播,以提高草坪的耐磨性。用速生草种(一年生)和缓生草种(多年生)混播,以提高建植草坪的速度和延长草坪的使用年限。几个草种混合播种,可使草坪适应差异较大的环境条件,更快地形成草坪和延长草坪使用年限,其缺点是不易获得颜色纯一的草坪
	绿化草坪	是草坪铺设的一种形式。通常是以草坪为背景,间以多年生、观花地被植物。如在草坪上自然地点缀种植水仙、鸢尾、石蒜、韭兰、马蔺、点地梅、紫花地丁等草本植物及球根地被,这些宿根性花卉的种植数量一般不超过草坪总面积的1/3,分布有疏有密,自然交错,使草坪绿中有艳,时花时草,别具情趣
	疏林草坪	是指大面积自然式草坪。多由天然林草地改造而成。即在以草地为主体的地段内,少量散生部分林木。其多利用地形排水,管理粗放,造价低。通常见于城市近郊旅游休闲地、工矿区周围、疗养区、风景区、森林公园或与防护林带相结合。其特点是林木夏季可以蔽荫,冬天有充足阳光,是户外活动的良好场所

续表 3-1

分类依据	类　型	一　般　说　明
用　途	游憩草坪	该类草坪无固定形状，一般面积较大，管理粗放，人可在坪内滞留活动。这种草坪要求为游人提供一个美好环境。因此，可以在草坪内配置孤立树、点缀石景，栽植树群和设施。周围边缘配以半灌木花带、丛林，中间留有大的空闲空地，可容纳较多的人流。多设于医院、疗养地、住宅区、机关、学校等处
	观赏草坪	设于园林绿地中，为专供景色欣赏的草坪，也称装饰性草坪或造型草坪。如设雕像、喷泉，建筑纪念物等处用作装饰和陪衬的草坪。如用草皮和花卉等材料构成图案、标牌等。这类草坪不允许入内践踏，栽培管理极为精细，草坪品质极高，是作为艺术品供人观赏的高档草坪。此种草坪面积不宜过大，草以低矮、茎叶密集、平整、艳绿、绿期长的草种为宜
	运动场草坪	是专供竞技和体育活动的草坪，如赛马草坪跑道、足球、网球、滚木球、曲棍球、马球、高尔夫球、橄榄球、射击、垒球、板球草坪场及儿童游戏活动草坪等。各类体育活动特点各异，因而各类运动场地草坪宜选用适于本项目特点的草坪草类。通常运动场草坪应用具耐频繁刈剪、根系发达、再生能力强的特点的草种，一般应以多种草坪草组成混播草地，有些运动如高尔夫球等，也要求高度均一的单一草坪用作球盘和发球台等
	水土保持草坪	主要建立在坡地和水岸地，如公路、水库、堤岸、陡坡等处，用以防止水土流失。这类草坪管理粗放，但建坪的难度较大，通常可用播种、铺装草皮和铺植带营养土草皮的方法建坪。有时在坡度较大的地段，亦可采用强制绿化的方法建坪。草种应选用适应性强、根系发达、草丛繁茂、耐寒、抗旱、抗病、覆盖地面力强的草坪草种，如结缕草、假俭草等

续表 3-1

分类依据	类型	一般说明
用途	环境保护草坪	主要建立在有污染物质产生的地方,用以转化有害物质,降低空气中的粉尘量,减弱噪声,调节空气温度、湿度,保护环境,提高产品质量
	放牧地草坪	以放牧草食动物为主,结合用于园林游息、休闲和野游的草坪。它以放牧型(下繁草)牧草为主,养护管理粗放,面积较大,利用地形排水。一般宜在人口不多的城镇郊区、森林公园、疗养地、休假地、旅游风景区中设立
设置位置	庭园草坪	与人类关系最为密切,多与树、花、山石、水造型建筑物等相配合。主要用于观赏和美化生活环境,给人创造一个舒适、优美的生活环境。主要设于住宅、医院、疗养院等处,依功能还可分为观赏用庭园草坪、兼用庭园草坪(观赏与活动兼用)多种
	公园草坪	城市公园主要为游人提供休息、观赏、散步、游戏、运动和户外娱乐的场地,此外也还具有防灾、避难、改善环境、美化城市的作用。公园草坪是公园组成的主要部分,并占相当的比重
	高尔夫场草坪	是人工精细草坪(发球台、球盘)和半人工天然草坪(球道)用于打高尔夫球。由于高尔夫球对草坪物理性状要求很高,因而是品质高、管理极精细的草坪
	竞赛场草坪	是指用于体育比赛的草坪,如赛马、赛球、射击等草坪,其设置依运动项目不同而异,一般应与运动设施相结合
	校园草坪	多为兼用型草坪,其占校园的比重应以每人平均 20 平方米为佳,最少也不宜低于 4 平方米
	道旁草坪	设于公路两侧的边坡,不仅可保护路面,也可起到保护坡面、减少尘埃、降低噪声,调节驾驶人员情绪,以减少交通事故的作用。通常管理粗放,宜选抗寒、耐旱、覆盖力强、耐践踏的草种

续表 3-1

分类依据	类 型	一 般 说 明
设置位置	飞机场草坪	设于飞机场主要施设之外的空地上,约占总面积的5%,有的则将机场设于草坪之上,称之谓草原机场。这种机场造价低、视野开阔、噪声低、尘埃少

第六节 有关绿化工程施工的名词选释

一、绿化工程施工

（一）**绿化工程** 树木、花卉、草坪、地被植物等的种植工程。

（二）**园林景观路** 在城市重点路段,沿线布设景观,能体现城市风貌、绿化特色的道路。

（三）**风景线** 也称景线。由一连串相关景点所构成的线性风景形态或系列。

（四）**景观** 指可引起视觉感受的景象,或一定区域内具有特征的景象。

（五）**景点** 由若干相互关联的景物所构成,有相对独立性和完整性,并有审美特征的基本境域单位。

（六）**景群** 由若干相关景点所构成的景点群落或群体。

（七）**装饰绿地** 以装点、美化街景为主,不让行人进入的绿地。

（八）**道路红线** 城市道路(含居住区道路)用地的规划控制线,即规划道路的路幅边界线。

（九）**道路绿地** 道路及广场用地范围内可进行绿化的用地。道路绿地分为道路绿带(道路红线范围内的带状绿地)、交通岛绿地(可绿化的交通岛用地)、广场绿地和停车场绿地。

（十）**道路绿地率** 道路红线范围内各种绿带宽度之和占总宽度的百分比。

（十一）通透式配置　绿地上配置的树木,控制在高出机动车道路面的0.9~3米之的范围内,使树冠不遮挡驾驶视线的配置方式。

二、苗木管理

（一）苗木类型　按苗木树种的自然形态,分为常绿针叶乔木、落叶针叶乔木、常绿阔叶乔木、落叶阔叶乔木、常绿针叶灌木、常绿阔叶灌木、落叶阔叶灌木、常绿藤木、落叶藤木、竹类、棕榈类等,亦可根据株丛类型分为丛生型、匍匐型、蔓生型、单干型等类型。

（二）苗龄　苗木的年龄。以经历一年生长周期作为1个苗龄单位。

（三）土球　挖掘苗木时,按一定规格在根部保留圆球状的土壤,并加以捆绑包裹,以保护苗木根部。

（四）裸根苗木　挖掘苗木时根部不带土或带宿土(即起苗后轻抖根系后仍未脱落的土壤)。

（五）假植　苗木不能及时种植时,将苗木根系用湿润土壤临时性填埋的作业。

（六）苗木修剪　苗木在种植前对枝干和根系进行疏枝和短截。对枝干的修剪称修枝,对根的修剪叫修根。

（七）移植次数　苗木在苗圃培育的全过程中经过移栽的次数。

（八）地径　即树木的地际直径,指位于栽培基质表面处苗木的粗度。

（九）干径　指苗木主干离地表面130厘米处的直径。适用于大乔木(成龄树高15米以上的乔木)和中乔木(成龄树高在8~15米的乔木)。

（十）分枝点高　指乔木主干从地表至分枝处的垂直高度。

（十一）定干高度　按要求使树木的主干长至离地面一定的距离时,才长出第一个分枝的高度。

（十二）基径　指苗木主干离地表面10厘米处基部直径。适用于小乔木(成龄树高在3~8米的乔木)和单干型灌木(经过人工整形后具主干的灌木)。

(十三)**冠径** 指乔木树冠垂直投影地面的直径。

(十四)**树高** 指乔木从地表至树木顶端的垂直高度。

(十五)**灌高** 灌木从地表面至灌丛正常生长顶端的垂直高度。

(十六)**蓬径** 指灌木灌丛垂直投影地面的直径。

三、苗木栽植

(一)**自然式种植** 树木的株行距不等,采用不对称的方法配置栽植树木位置的形式。

(二)**规则式种植** 按有规则的形式,安排树木的种植位置。如圆形对称配植,或排列整齐成行的种植等。

(三)**基质** 无土栽培中用来固定植株的材料。常采用的基质有椰糠、草炭、苔藓、珍珠岩、蛭石、岩棉等。

(四)**种植土** 理化性状好,结构疏松、通气、保水、保肥能力强,适宜于园林植物生长的土壤。

(五)**客土** 植树时将种植穴中的原土取出,更换成宜于树木生长的土壤,或拌入某种土壤,以改善原土理化性状。

(六)**鱼鳞穴(坑)** 为防止水土流失,在山坡地进行栽树时,在栽植坑的下缘筑成土堰,许多土堰排列呈鱼鳞状。

(七)**种植穴(槽)** 为栽种植物而挖掘的坑穴。坑穴为圆形或长方形称种植穴,长条形称种植槽。

(八)**种植土层厚度** 适于植物根系正常生长发育的土壤深度。

(九)**浸穴** 种植前的树穴灌水。

第四章 草坪绿地植物营养与施肥

第一节 草坪绿地植物施肥原理

草坪绿地植物主要是禾本科植物,也有部分豆科植物等。草坪草多为没有块茎、块根等贮藏养分的器官。栽植绿地植物的目的在于让叶和茎紧密地覆盖地表,充分保持叶的绿度,在一年内保持尽可能长的绿期,并要具有耐机械损伤,受机械损伤后能迅速恢复。绿地植物在耐旱性、耐热性、耐阴性、耐践踏性及对各类环境的适应性等方面比各种作物有更高的要求,特别是用于足球、高尔夫球等运动的草坪和坡面保护、美化庄园的绿地,其要求更高。因此,在施肥等方面要有合理的安排。

一、草坪绿地植物的营养成分

草坪绿地植物的营养成分是指其自身的组成成分。植物的组成颇为复杂,这些组成可分为几个层次(图4-1)。

草坪绿地植物的必需与非必需营养元素见表4-1。草坪植物的必需营养元素及其在体内的含量见表4-2。

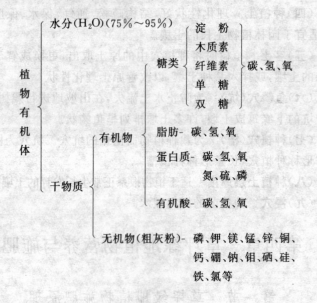

图 4-1 植物的组成成分

表 4-1 草坪植物必需元素与非必需元素

营养元素	高等植物	藻类
碳(C),氢(H),氧(O),氮(N),磷(P),硫(S),钾(K),镁(Mg),铁(Fe),锰(Mn),锌(Zn),铜(Cu)	+	+
钙(Ca)	+	+
硼(B)	+	±
氯(Cl)	+	+
钼(Mo)	+	+
钠(Na)	±	±
硒(Se)	+	—
钴(Co)	—*	±
碘(I),钒(V)	—	±
硅(Si)	±	±

注:"+"为必需元素,"—"为非必需元素,"±"为部分植物为必需,*豆科固氮时必需

表 4-2 草坪植物的必需营养元素及其含量

营养元素		植物可利用的形态	在干组织中的含量	
			%	毫克/千克
大量元素	碳(C)	CO_2	45	450000
	氧(O)	O_2,H_2O	45	450000
	氢(H)	H_2O	6	60000
	氮(N)	NO_3^-,NH_4^+	1.5	15000
	钾(K)	K^+	1.0	10000
中量元素	钙(Ca)	Ca^{2+}	0.5	5000
	镁(Mg)	Mg^{2+}	0.2	2000
	磷(P)	$H_2PO_4^-$,HPO_4^{2-}	0.2	2000
	硫(S)	SO_4^{2-}	0.1	1000
微量元素	氯(Cl)	Cl^-	0.01	100
	铁(Fe)	Fe^{3+},Fe^{2+}	0.01	100
	锰(Mn)	Mn^{2+}	0.005	50
	硼(B)	BO_3^{3-},$B_4O_7^{2-}$	0.002	20
	锌(Zn)	Zn^{2+}	0.002	20
	铜(Cu)	Cu^{2+},Cu^+	0.0006	6
	钼(Mo)	MoO_4^{2-}	0.00001	0.1

二、草坪绿地植物对养分的吸收

草坪绿地植物吸收养分是一个很复杂的过程,通常养分离子从土壤转入植物体内包括两个过程,即养分离子向根迁移和根对养分离子的吸收。

(一)养分离子向植物根部迁移 养分离子可通过截获、扩散和质流 3 个途径向根部迁移(图 4-2)。

1. 截获 植物根与土粒密切接触,当粘粒表面所吸附的阳离子与根表面所吸附的氢离子两者水膜相互重叠时,就能发生离子交换,即将营养元素截获。靠接触交换,即截获吸收的离子态养分是微不足道的,但有些离子如钙离子,通过截获吸收的较多。

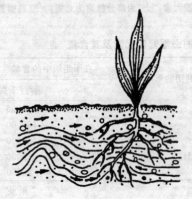

图 4-2 养分截获、质流、扩散示意图
○表示被植物根系直接截获的养分
●表示质流、扩散获得的养分
(引自黄必志)

2. 质流 当气温较高,植物蒸腾作用较大,失水较多,使根际周围水分不断地流入根表,土中离子态养分随水流达到根表时,而被根系吸收。当土壤中离子态的养分含量较多,供应根表的养分也随着增加。氮和钙、镁主要是由质流供给。

3. 扩散 即植物营养元素在土壤中从浓度高处向低浓度处迁移的过程。当根对养分的吸收大于养分由集流迁移到根表的速率,这时根表面养分离子浓度下降,同时根周围土壤中养分也有不同程度的减少,出现根际某些养分亏缺时,土壤中养分则通过扩散向根表迁移。

截获取决于根表与土壤粘粒接触面积的大小,质流取决于根表与其周围水势的大小,扩散取决于根表与其周围养分浓度梯度的高低，它们都与根系活力有密切的关系。

（二）**植物对离子态养分的吸收** 离子态养分无论是截获、质流、扩散都能进入植物细胞内。养分进入根细胞内需要消耗能量的称主动吸收，不需要供给能量的称被动吸收。

1. *被动吸收* 离子态养分由截获、质流或扩散先进入根中的"自由空间"（细胞壁、原生质膜、细胞间隙）。因细胞壁带负电荷，所以阳离子进入根的较阴离子多，并在很短时间内就与外界溶液达到平衡。在最初阶段根对阴、阳离子的吸收属被动吸收。

2. *主动吸收* 植物体内离子态养分的浓度比土壤溶液的浓度高时，有的可高达数十倍甚至数百倍，此时根仍能逆浓度选择性吸收营养元素离子，这种现象称主动吸收。

（三）**植物对有机态养分的吸收** 植物细胞具有"胞饮"作用，当细胞进行"胞饮"时，原生质膜先内陷，把许多大分子如球蛋白、核糖核酸，甚至病毒等连同水分和无机盐类一起包围起来，形成水囊泡，使这些大分子有机营养物逐渐向细胞内部移动，最后进入细胞质中。

（四）**叶部吸收（根外营养）** 植物叶子也能吸收养分，这一现象称为根外营养。叶部吸收养分一般是从叶片角质层和气孔进入，最后通过原生质膜而进入细胞内。

三、影响草坪绿地植物吸收养分的环境因素

草坪绿地植物吸收养分情况因环境不同而不同，影响其吸收养分的因素很多，主要有光照、温度、水分及土壤通气、酸碱度、养分浓度与离子间相互作用等。

（一）**光照** 绿色植物可以通过光合作用将二氧化碳和水同化为有机物，并释放出氧气，其反应式为：

$$CO_2 + H_2O \xrightarrow[\text{叶绿体}]{\text{光}} (CH_2O) + O_2$$

光合作用形成植物干重的 90%～95%，其余 5%～10% 为根

部吸收的各种矿物质,而根吸收养分时也需光能转化的能量。因此,光照对营养元素的吸收影响很大。

光合作用必需有碳、氢、氧、氮、磷、钾、镁、硫、铁、锰、锌、铜、硼、氯的参与。此外,钙能稳定细胞膜的结构,钼是硝酸盐还原酶的成分,有利于植物对氮的同化。所以16种必需营养元素直接或间接都与光合作用有联系。

有机肥料如厩肥、堆肥的施用,也能促进光合作用的进行。因为这些有机肥料在土壤中分解能产生大量二氧化碳,可供作物进行碳的同化,同时还能改善土壤结构,供给有效硅,而硅能增强叶片的硬度,改善叶片的受光势,增加群体的透光率,有利于群体对光能的利用。

(二)**温度** 在一定温度范围内,温度增加,呼吸作用加强,植物吸收养分的能力也随之增加。

在草坪植物中,雀稗、结缕草、狗牙根属暖地型草,需较高温度才能较好吸收养分,而冷地型草如黑麦草、六月禾、剪股颖、羊茅等在较低温度下吸收较好。

(三)**水分** 水分对植物吸收养分有两方面作用:一方面可加速肥料的溶解和有机肥料的矿化,促进养分的释放;另一方面稀释土壤中养分的浓度,并加速养分的流失。

(四)**土壤通气** 通气有利于有氧呼吸,所以也有利于养分的吸收。

(五)**土壤酸碱度** 溶液中的酸碱度常影响植物吸收养分的能力。通常在酸性环境中,根系吸收阴离子多于阳离子;在碱性环境中,吸收阳离子多于阴离子。当溶液中氢离子浓度过高时,钙离子为氢离子所代替,质膜上的蛋白质和磷脂即分开,因而膜的通透性增大,致使离子态的养分如钾离子等容易外渗,影响作物生长。所以在强酸性土壤中施用石灰,即或施用少量也会产生良好效果。

土壤酸碱度还直接影响土壤微生物的活动(生物的作用)和土中矿物质的溶解或沉淀(化学的作用),因而间接影响土中有效养料的浓度。

1. **氮** 土壤中氮的形态一般是以有机形态为主,微生物活动可加速其分解,固氮菌也能增加土中的氮素。而这些微生物的生命活动与土壤的酸碱度都有着密切的关系。

2. **磷** 在土中以pH值6.5～7时磷最易被植物吸收。一般情况,磷大多与钙结合生成磷酸一钙〔$Ca(H_2PO_4)_2$〕或磷酸二钙(Ca_2HPO_4),在水溶液呈$H_2PO_4^-$和HPO_4^{2-}状态,能被作物吸收利用。石灰性土壤为碱性,磷酸二钙能够进一步转变为磷酸八钙〔$Ca_8H_2(PO_4)_6 \cdot 5H_2O$〕,作物不易吸收。在酸性红、黄壤,磷易与土壤中的铁、铝化合,形成磷酸铁($FePO_4$)、磷酸铝($AlPO_4$),作物难吸收。

3. **钾、钙、镁** 土壤中钾、钙、镁的主要存在形态为水溶性、交换性和不溶于水的三种。他们彼此间经常保持着动态平衡的关系。水溶性和交换性属于速效性,而有机态和水不溶性的被认为是属于迟效的。土壤酸度愈高,即土壤溶液中氢离子浓度愈大,则土壤胶体上的交换性钾、钙、镁由于盐基交换作用的结果,大多为氢离子所代替。一旦遇到雨水,这些被交换出的钾、钙、镁离子就会流失掉。所以土壤酸度愈高,有效钾、钙、镁的含量往往愈少。土壤pH值在6以上时,其钾、钙、镁的含量会增加。

4. **硫** 土壤中的硫可以有机和无机态存在。有机态硫须经微生物(如硫黄细菌)分解,生成硫酸盐,才能很好地被植物吸收利用。不过硫酸根(SO_4^{2-})在土中不能经常保存,在多雨的区域也会流失。因此,在红、黄壤等酸性土壤中也往往缺硫。

5. **铁和微量元素** 酸性土壤中铁、锰、锌、铜、钴有效含量较多。当土壤pH值小于5时,不仅铁离子含量均高,铝离子也能游离出来,植物常因铁、铝离子浓度过高而会受到伤害。反之,在石灰性或碱性土壤中,铁和以上微量元素的含量都会显著减少,易引起植物缺绿症。在强酸性土壤中,由于土中游离铁、铝的增加,致使钼酸与铁、铝化合而沉淀。酸性土中施用石灰,当pH值超过6时,土中有效钼的含量就可增高。硼的情况比较复杂一些。施用石灰,一方面促进了土壤微生物的繁殖,引起与作物竞争养分,包括硼;另一方面,当土壤中含有过量石灰,常影响作物对硼的吸收,因为作物体中含有过量钙时,常影响体内硼的代谢作用。

6. 铝　呈酸性的红壤中,常有铝离子的存在。如铝离子浓度较高,植物就会产生铝中毒。铝离子有三种形态:Al^{3+},$AlOH^{2+}$和$Al(OH)_2^+$,其中以$AlOH^{2+}$毒性最高。

(六)养分浓度　植物不断吸收养分,使植物根际离子态营养元素不断减少,植物根系对土壤溶液必然产生电位势差。施肥后,由于离子态养分浓度增高,必然要影响根的负电位势。所以化肥施用不宜过多,宜分次施肥。如果离子浓度过度,吸收会变得极为缓慢。

(七)营养元素离子间的相互作用　离子间有的有拮抗作用,有的有协助作用。所谓离子间的拮抗作用是指某一离子的存在,能抑制另一离子的吸收。相反,某一离子的存在能促进另一离子的吸收,称为离子间的协助作用。

离子间的拮抗作用主要表现在阳离子与阳离子之间或阴离子与阴离子之间。一般地讲,一价离子的吸收比二价离子快,而二价离子与一价离子之间的拮抗作用比一价离子与一价离子之间所表现的要复杂。如氯离子(Cl^-)与溴离子(Br^-)之间,磷二氢根离子($H_2PO_4^-$)、硝酸根离子(NO_3^-)和氯离子(Cl^-)之间,都有不同程度的拮抗作用。

离子间不仅有拮抗作用,还有协助作用。如溶液中钙离子(Ca^{2+})、镁离子(Mg^{2+})、铝离子(Al^{3+})等二价、三价离子,能促进钾离子(K^+)及溴离子(Br^-)的吸收。

四、植物的营养特性

植物各生育期的营养有不同的特点,其中包括植物营养临界期和最大效率期。

(一)植物营养临界期 是指营养元素过多、过少或营养元素间不平衡,对于植物生长发育起着明显不良作用的那段时间。

植物生长初期对外界环境条件较敏感。这段时期如养分不足或过多,都会显著影响植物的生长。大多数植物的磷营养临界期出现在幼苗期,小粒种子植物更为明显。禾本科草在分蘖始期缺磷,根系变弱,分蘖少,甚至不分蘖,从而影响产量。生产上常用磷肥作种肥。氮的营养临界期,一般在分蘖期和幼穗分化期。钾的营养临界期,在分蘖初期和幼穗形成期。

(二)植物营养最大效率期 是指营养能产生最高效率的那段时间。草坪绿地植物营养最大效率期,氮肥是在分蘖期。

绿地草坪业与农业相比,还有其不同的特点。它一般建植于城市,建植后可多年利用,因此对草坪绿地的施肥应与一般作物有不同的操作方法:①在建坪时要将有机肥和化肥配合施用,因为有机肥有改善土壤团粒结构的作用。每个团粒结构都是植物的营养钵,它不但可给植物提供养分,而且还可保持水分、空气等,从而提高土壤肥力。另外,有机肥与化肥配合使用,能促进有机肥的矿化,延长化肥的供肥性能,活化土壤中的磷,减少无机磷的固定,增加微量元素的有效性。有机肥与化肥配合施用,其营养效果在养分含量相同的条件下,超过单施化肥或有机肥。②按土施肥,要根据土壤结构、种类及所含养分和土壤的化学性质来确定施肥种类、数量及施肥方法,做到土壤缺什么肥补施什么肥。对酸性土壤选用中性或碱性肥料,如尿素、碳酸氢铵、氨水、磷酸二氢钾等。对碱性土壤应施用酸性肥料,如硫酸氢铵、硝酸铵等。对保水保肥能力差的土壤要控制施肥数量,采取少施勤施的方法。③按不同植物和不同生育期施肥,禾本科植物以氮肥为主,配合磷、钾肥和其他肥类。豆科植物除刚建植的外一般不施氮肥。另外,一般植物生育期初期吸收养分少,开花结果期吸收养分多,以后又减少,因此,施肥要按不同时期施用不同的肥料。

第二节 草坪绿地肥料与应用

肥料是植物生长的必要营养物质,合理地施用肥料,对草坪的维护有着重要的作用。肥料不仅能供给植物养分,促进植物健康生长,还能调节土壤酸碱度,改善土壤结构,协调土壤中水、肥、气、热的综合利用,提高土壤肥力,使草坪能长期保持优良状态。

一、草坪绿地常用的无机肥料

(一)**草坪绿地常用氮、磷、钾肥的种类、性状及施用方法** 见表4-3,表4-4,表4-5。

(二)**草坪绿地常用的微量元素肥料** 微量元素一般有两种含义,一是泛指土壤中含量很低的化学元素,一是专指在草坪植物体内含量虽然极少,但对草坪植物正常生长发育却是不可缺少的元素。目前已证实,草坪植物的必需微量元素有铁(Fe)、硼(B)、锰(Mn)、铜(Cu)、锌(Zn)、钼(Mo)、氯(Cl)、钴(Co)等。

1. **铁肥** 土壤中铁元素的含量为 $1\%\sim6\%$,平均 3%,含量较高,一般草坪植物不会缺铁。但在pH值较高的碱性土、石灰性土壤上,有效铁含量较低,尤其在夏季高温多雨、土壤湿润的条件下,生长时可能出现短暂的缺铁现象。

铁肥的成分及性质见表4-6。

表4-6 铁肥的成分与性质

名 称	分子式	含铁(%)	溶解性(在水中)	说 明
硫酸亚铁	$FeSO_4 \cdot 7H_2O$	19~20	易 溶	常用铁肥
硫酸亚铁铵	$(NH_4)_2SO_4 \cdot FeSO_4 \cdot 6H_2O$	14	易 溶	
螯合态铁	例如 FeEDTA	5~14	易 溶	

在缺铁土壤上,直接施用无机态铁肥,不易收到良好的效果。一般是将铁肥与有机肥料混合施用,以减少被土壤固定,增进肥

表 4-3 草坪绿地常用氮肥的种类、性状及施用方法

类型	肥料名称	分子式	含氮量(N%)	酸碱性	溶解性	物理性状	在土壤中的变化	施用方法
铵态氮肥	氨水	NH_4OH	12～16	碱性	液态	有挥发性,腐蚀性	施入土壤后,部分存在于土壤溶液中,可被草坪植物直接吸收利用,一部分被土壤胶体所吸附,铵离子可不断地释放出来供草坪植物吸收利用。土壤中的铵离子还可通过土壤硝化细菌作用,转变为硝酸态氮。硝酸态氮也可以直接被草坪植物吸收利用	可作基肥,用于草坪建植时,可结合坪床整理将氨水施到坪床下部深层土壤中,随即覆土
	碳酸化氨水	$NH_4OH \cdot (NH_4)_2CO_3 NH_4HCO_3$	15～17	碱性较弱	液态	挥发性弱,有腐蚀性	为速效性液体氮肥,在土壤中的变化与普通氨水相同	主要用作基肥,适用于各种草坪植物
	液态氨	NH_3	82	碱性	液态	沸点低,蒸汽压高	施入土壤后,很快就变为氧化态,再和土壤发生反应。一部分氨可以直接被土壤胶体吸附,土壤中的变化与氨水相同	施用液体肥时需有特别的施肥机,在高压下将液体氨直接施到20厘米以下的土层中,以免氨的挥发和损失

续表 4-3

类型	肥料名称	分子式	含氮量(N%)	酸碱性	溶解性	物理性状	在土壤中的变化	施用方法
铵态氮肥	碳酸氢铵	NH_4HCO_3	17	弱碱性	水溶性	易潮解、挥发	是一种不稳定的化合物，在一定的条件下，能分解为氨、二氧化碳和水，造成氮素的挥发损失	施入土壤中能很快溶于水，生成氨和二氧化碳。适用于各种土壤和各种草坪植物，可作基肥或追肥，但不应做成草坪建植肥，以免影响出苗
	硫酸铵	$(NH_4)_2SO_4$	20~21	弱碱性	水溶性	吸湿性弱	属生理酸性肥料	可作基肥，用量 50~100 克/平方米。最好作追肥用，用量应视草坪生长情况而定，一般 50~80 克/平方米较为经济。追施硫酸铵时也应深施后覆土，以避免氨挥发损失。播种禾本科草坪种时，用硫酸铵拌种（用量 20~30 克/千克为宜）是一种经济有效的施肥方法

续表 4-3

类型	肥料名称	分子式	含氮量 (N%)	酸碱性	溶解性	物理性状	在土壤中的变化	施用方法
铵态氮肥	氯化铵	NH_4Cl	24～25	弱酸性	水溶性	吸湿性弱	生理酸性肥料，适用于酸性土壤和石灰性土壤而不宜用于盐碱地	在禾本科草坪植物上施用，效果较好。作基肥施用时，应在坪床整理时施用，施后应采取重墒水措施。作追肥的用量，一般以 20～35 克/平方米较为经济，不宜用作种肥
硝态氮肥	硝酸铵	NH_4NO_3	34～35	弱酸性	水溶性	吸湿性弱，易结块	硝酸铵易溶于水，是一种速效氮肥，生理中性肥料	适用于各类土壤和各种草坪植物，作基肥时，草坪浇水不要过多。作追肥时，提倡分期施用，以 20 克/平方米左右较为经济合理，一般不宜作种肥
酰铵态氮肥	尿素	$CO(NH_2)_2$	44～46	中性	水溶性	稍有吸湿性	中性肥料，长期施用对土壤无破坏作用	肥效较其他氮肥晚 3～4 天，应适当提前使用。适用于各种土壤和各类草坪植物，适合作追肥，施量 20～35 克/平方米较为经济，不宜用作种肥

续表 4-3

类型	肥料名称	分子式	含氮量(N%)	酸碱性	溶解性	物理性状	在土壤中的变化	施用方法
氰氨态氮肥	石灰氮	$CaCN_2$	20	碱性	非水溶性	吸湿性强,结块	是碱性肥料,适用于酸性土壤。经土壤微生物作用转变为碳酸钙后方能被草坪植物吸收利用	只能作基肥,应在播种前7~10天施下

表 4-4 草坪绿地常用磷肥的种类、性状及施用方法

类型	肥料名称	分子式	养分含量(P_2O_5%)	酸碱性	溶解性	物理性状	在土壤中的变化	施用方法
水溶性磷肥	过磷酸钙(普钙)	$Ca(H_2PO_4)_2·H_2O$	12~18	酸性	水溶性	有吸湿性、腐蚀性	过磷酸钙中主要为水溶性磷酸一钙[$Ca(H_2PO_4)_2$],少量为弱酸溶性磷酸二钙($CaHPO_4·2H_2O$)。这两部分的磷酸盐均能被草坪植物直接吸收利用,统称为有效磷	速效磷肥,可作基肥、追肥和种肥,在磷肥充足(100克/平方米左右)的情况下,可在坪床整理时将一半磷肥均匀撒施混合作基肥,另一半磷肥在播种前结合整地浅施入土。作追肥时,要早施,用量一般以80~100克/平方米优质磷肥较为经济
	重过磷酸钙	$Ca(H_2PO_4)_2·H_2O$	45左右	弱酸性	水溶性	吸湿性强,易结块		是高效磷肥,施用法与普通磷酸钙相同,只是施用量应减少一半

续表 4-4

类型	肥料名称	分子式	养分含量 (P_2O_5%)	酸碱性	溶解性	物理性状	在土壤中的变化	施用方法
弱酸溶性磷肥	磷酸氢钙（沉淀磷酸钙）	$CaHPO_4 \cdot 2H_2O$	18～30	中性	弱酸溶性	—	易被土壤酸性溶液和草坪植物根分泌的酸所分解，而为草坪植物吸收利用，是可溶性的迟效肥料	宜作基肥，在酸性红壤上使用，在中性和石灰性土壤中，沉淀磷酸钙能够保持磷酸二钙的形态，供草坪植物直接吸收利用，其肥效与过磷酸钙相似或稍差
	钙镁磷肥	$\alpha\text{-}Ca_3(PO_4)_2$	12～20	弱碱性	弱酸溶性	吸湿性弱	属枸溶性磷肥，施入土壤后，移动性较小，不易流失。施入酸性土壤中，易被土壤溶液中的酸和草坪植物根系分泌的酸逐渐分解后吸收利用	最适宜在酸性土壤、中性土壤以及缺磷的砂质土壤上施用。宜作基肥，可预先与有机肥料混合或共同堆腐后，在坪床整理时施用。施用量为100 克/平方米左右
	钢渣磷肥	$Ca_4P_2O_9 \cdot CaSiO_3$	8～14	碱性	弱酸溶性	—	钢渣磷肥中的磷酸四钙（$Ca_4P_2O_9$）为弱酸溶性磷酸盐，施入土壤后经碳酸的作用，逐渐分解，变成磷酸三钙和碳酸氢钙	是一种碱性肥料，在碱性土壤上施用肥效较差，在酸性草坪土壤上施用肥效较好，甚至不低于过磷酸钙。钢渣磷肥只能用作基肥，用于生长期较长的草坪植物更为适宜

续表 4-4

类型	肥料名称	分子式	养分含量 ($P_2O_5\%$)	酸碱性	溶解性	物理性状	在土壤中的变化	施用方法
弱酸溶性磷肥	脱氟磷肥	$2Ca_3(PO_4)_2 \cdot CaF_4$	14～18	碱性	弱酸溶性	—	不易吸湿结块,属弱酸溶性磷肥	施用方法与钢渣磷肥、钙镁磷肥等相似,在酸性土壤环境下作基肥施用效果较好。有效磷不易被土壤中铁、铝离子所固定,并对土壤酸性有一定的中和作用
弱酸溶性磷肥	偏磷酸钙	$P_2O_9 \cdot H_2O \cdot Ca(PO_3)$	60～70	中性	易水解	易潮解结块	能溶于中性柠檬酸钙溶液中,易为草坪植物吸收利用	施用技术基本上与过磷酸钙相同,施用量比过磷酸钙要少
酸溶性磷肥	磷矿粉	$Ca_5(PO_4)_3 \cdot F$ 及其同晶置换物	>14	中性	弱酸溶性	—	是迟效性磷肥	只应作基肥施用,一般用量约为150～200克/平方米,施用时,先将矿粉均匀撒于坪床,使磷矿粉与坪床土壤充分混合,并将矿粉翻到根系主要分布层的深度

续表 4-4

类型	肥料名称	分子式	养分含量 ($P_2O_5\%$)	酸碱性	溶解性	物理性状	在土壤中的变化	施用方法
酸溶性磷肥	骨粉	$Ca_3(PO_4)_2$	20~40	中性	弱酸溶性	—	是各种动物骨头经过蒸煮或烙烧后粉碎而成的一类肥料	适宜施用于酸性土壤，可作基肥，不宜作追肥。为了提高骨粉的肥效，可将骨粉与生理酸性肥料或酸性肥料混合施用
	含磷风化物	$Ca_5(PO_4)_3 \cdot F$ 及其同晶置换物	0.4~3.0	中性	弱酸溶性	—	主要以氟磷酸钙为主，还含有少量弱酸溶性的磷酸盐($CaHPO_4$)。一般全磷含量较低，其中有效磷约 50 微克/克	作草坪建植的基肥施用。每平方米施用量视风化物的含磷量而定。含磷风化物施于酸性或微酸性土壤，效果较好

表 4-5 草坪绿地常用钾肥的种类、性状及施用方法

类型	肥料名称	分子式	养分含量 ($K_2O\%$)	酸碱性	溶解性	物理性状	在土壤中的变化	施用方法
钾肥	硫酸钾	K_2SO_4	48~52	中性	易溶于水	吸湿性弱	属生理酸性肥料,施入土壤后,增加土壤酸性	适用于一般草坪植物,可作基肥或追肥,施量以10~20克/平方米为宜
	氯化钾	KCl	50~60	中性	全溶于水	有吸湿性	属生理酸性肥料	除盐碱土外,一般草坪均可施用。在酸性土壤上,长期施用氯化钾应配合施用有机肥料和石灰。主要用作基肥,一般用量为30~50克/平方米
	硝酸钾	KNO_3	46.58	中性	极易溶于水	易燃、易爆	是强氧化剂,加热分解放出氧,属易燃、为易爆品	宜作草坪追肥,浸种肥和根外追肥,不宜作基肥。施用量为60~80克/平方米。草坪叶面喷施效果很好,能在很短时间内恢复草坪的优美景观

续表 4-5

类型	肥料名称	分子式	养分含量($K_2O\%$)	酸碱性	溶解性	物理性状	在土壤中的变化	施用方法
钾肥	磷酸二氢钾	KH_2PO_4	34.63	中性	易溶于水	吸湿性小	具有良好的化学稳定性,是目前含盐指数最低的化学肥料	适宜于各种土壤和各种草坪植物。价格高,在高档草坪上使用,常用作浸种或叶面施肥,喷施浓度为0.3%~0.5%。喷施后可提高草坪植物的抗旱性
	硫酸钾镁		>22	中性	易溶	吸湿性强,易潮解	含有硫酸钾和硫酸镁的复盐,能同时提供钾镁硫3种营养元素	钾镁肥应与其他钾肥配合施用,施用量一般为60~70克/平方米

效。施用量为 0.5 克/平方米。

2. **硼肥** 我国土壤中硼的含量为 0~500 毫克/千克，平均为 64 毫克/千克。土壤含硼量与成土母质及土壤类型有关。一般由沉积岩（尤其是海相沉积物）发育的土壤含硼量高于火成岩发育的土壤，干旱或浇水较少草坪建植区土壤含硼量高于湿润地区的土壤，滨海地区土壤含硼量高于内陆地区土壤。盐土一般含硼量较高。对一般草坪植物来说，土壤水溶性硼小于或等于 0.5 毫克/千克时，可能缺硼。

我国容易缺硼的土壤是南方的红壤和砖红壤，尤其是由花岗岩和片麻岩等母质发育成的红壤，由黄土、黄土性物质发育成的各种土壤，其中包括长江中下游由下蜀系黄土发育成的土壤，以及华中由第四纪红色粘土发育成的土壤。

硼肥的品种有硼砂（$Na_2B_4O_7 \cdot 10H_2O$）、硼酸（H_3BO_3）及硼泥等。

易溶性硼肥施用量较少，追肥一般用易溶性的硼砂，施用量 0.5~0.6 克/平方米，最好和有机肥料或大量元素肥料混合均匀后施用。

3. **钼肥** 我国土壤中钼的含量 0.1~6 毫克/千克，平均 1.7 毫克/千克。黑钙土、草甸土等含钼量较高。

常用钼肥有钼酸铵〔$(NH_4)_6Mo_7 \cdot 4H_2O$〕，钼酸钠（$Na_2MoO_4 \cdot 2H_2O$），三氧化钼（MoO_3）及含钼废水与废渣等。

钼与其他微量元素相反，其有效性随土壤 pH 值上升而增加。当土壤有效钼含量小于 0.15 毫克/千克时，可能缺钼。

钼肥可作基肥、追肥、种肥或根外追肥。钼肥的施用量，一般为 0.1~0.2 克/平方米钼酸铵。钼肥和磷肥配合施用效果较好。

4. **锌肥** 我国土壤中锌的含量 3~790 毫克/千克，平均值为 100 毫克/千克。黑钙土、栗钙土等含锌量较多，红壤、紫色土和各种砂质土壤含锌量较少。当有效锌含量小于是 1 毫克/千克时，草坪植物可能缺锌。在石灰性土壤上，有效锌含量小于 0.5 毫克/千克时,草坪植物可能缺锌肥。

常用的锌肥有硫酸锌($ZnSO_4$),氯化锌($ZnCl$),氧化锌(ZnO)等。

锌肥可作基肥、追肥、种肥或根外追肥。难溶性锌肥只适宜作基肥。锌肥一般施用量0.6~0.8克/平方米硫酸锌。锌肥最好与有机肥料或生理酸性肥料混合均匀后再施用,但不能和磷肥混合。一般每隔1~2年施用1次即可。

锌肥可以作根外追肥,使用浓度一般为0.05%~0.1%硫酸锌溶液,对某些草坪植物喷施浓度可高达0.4%~0.5%,但高浓度易产生药害,可加入0.25%的熟石灰加以消除。

5. 铜肥 我国土壤中铜的含量为3~300毫克/千克,平均为22毫克/千克。一般土壤并不缺铜。

酸性或中性土壤中,当有效铜小于或等于1.9毫克/千克时,可能缺铜。石灰性土壤或有机质含量高的土壤,当有效铜小于或等于1毫克/千克时,施铜肥可能有效。

铜肥的品种有硫酸铜($CuSO_4 \cdot 5H_2O$),氧化铜(CuO),氧化亚铜(Cu_2O),碱式硫酸铜〔$CuSO_4 \cdot 3Cu(OH)_2 \cdot nH_2O$〕及铜矿渣等。

易溶性铜肥可以作基肥、追肥、种肥或根外追肥。难溶性铜肥只适宜作基肥。铜肥施用量,一般为0.5~0.8克/平方米硫酸铜,每隔1~2年施1次即可。种植时,施用硫酸铜0.5~0.6克/平方米拌种,或用0.01%~0.05%的溶液浸种,一般浸泡种子12小时。根外追肥一般使用0.02%~0.4%浓度的硫酸铜溶液。

6. 锰肥 我国土壤中锰的含量为42~3 000毫克/千克,个别高达5 000毫克/千克,平均为710毫克/千克。我国施锰肥可能有效的地区,主要是北方(例如黄淮平原、黄土高原等)的中性土壤和石灰性土壤。

锰肥的品种有硫酸锰($MnSO_4 \cdot H_2O$),氧化锰(MnO),碳酸锰($MnCO_3$),硫酸铵锰〔$3MnSO_4(NH_4)_2SO_4$〕,氯化锰($MnCl_2 \cdot H_2O$)

及硝酸锰〔$Mn(NO_3)_2·4H_2O$〕等。

易溶性锰肥可作基肥、追肥、种肥或根外追肥，难溶性锰肥只宜作基肥。锰肥的土壤施用量，一般为 0.2~0.5 克/平方米硫酸锰，最好与生理酸性肥料或有机肥料混合施用有利于提高肥效。

拌种用量为 4~6 克/千克硫酸锰，拌种前先用少量水将硫酸锰溶解，然后均匀地喷洒在种子上，拌匀，阴干后播种。浸种浓度为 0.05%~0.1%硫酸锰溶液，一般浸泡 12~24 小时。根外追肥使用浓度为 0.05%~0.1%硫酸锰溶液，以 10~15 毫升/平方米溶液喷施。

(三) 草坪绿地常用的其他矿质肥料

1. **石灰** 石灰是一种钙质肥料，主要成分是碳酸钙（$CaCO_3$）。常用生石灰（CaO），熟石灰〔$Ca(OH)_2$〕。

石灰为白色粉末，呈碱性反应。生石灰吸湿性很强，遇水即转变成熟石灰，并放出大量热能。石灰富含钙质，适用于酸性土壤。在南方红壤、黄壤和东北白浆土上用石灰作肥料的效果很好。石灰的用量，一般可根据土壤酸度的大小来估算，草坪建植一般用石灰作基肥。使用的注意事项：①对酸性较强的土壤和对酸性反应最敏感的草坪植物应优先考虑施用石灰，改土后建坪效果较好。②过量施用石灰，易加速土壤有机质分解，消耗土壤肥力，致使草坪过早出现缺肥现象，因此，应配有机肥料和氮、磷肥施用。③石灰与铵态氮肥混存或混用，易使磷肥降低肥效。

2. **石膏** 分子式为 $CaSO_4·2H_2O$，一般石膏含硫酸钙达 80%以上。含磷石膏约含 64%左右的磷酸，以及少量游离酸和铁、锰等杂质。

石膏含有钙、硫两种营养品元素，主要作用是改良碱土。土壤 pH 值 9 以上时，必须施用石膏。土壤交换性钠占土壤阳离子交换量如在 10%~20%之间，即应该施用石膏，如在 20%以上，更需要施用石膏。施用数量一般可根据交换性钠的含量算出，以石膏的当量计。

改良碱土,石膏多作基肥施用,用量一般为 100~150 克/平方米,施用含磷石膏,用量可酌情增加。作追肥时,用量应适当减少。注意事项:①石膏溶解度小,后效时间长,一般每年只需施用 1 次,不需重施。②为了增进改土效果,施用石膏必须与其他措施相配合。③为了减少碱害,施用石膏还应与适时灌溉、排水相结合,以便冲洗生成的硫酸钠,提高施用效果。

二、草坪绿地常用的菌肥

菌肥是一种辅助性肥料,它本身并不含有植物需要的营养元素,而是通过菌肥中微生物的活动,改善草坪植物的营养条件,如固定空气中的氮素,参与养分的转化,促进草坪植物对养分的吸收,分泌各种激素刺激草坪植物根系发育,抑制有害微生物的活动等。因此,菌肥不能单施,一定要与化肥和有机肥配合施用,才能充分发挥它的效能。

(一)**根瘤菌肥** 根瘤菌能通过豆科草坪植物的根毛侵入根内,形成根瘤。能固定大气中游离的分子态氮,将其转化成草坪植物可利用的含氮化合物,而豆科草坪植物制造的碳水化合物,则为根瘤菌生命活动的能源,他们之间形成一种互相依赖的共生关系。三叶草根瘤菌每年从空气中固定的氮素,可达 10 克/平方米。

(二)**固氮菌肥** 固氮菌肥含有大量好气性自生固氮菌。此菌生存于土壤中,能固定空气中游离的分子态氮,并能将其转化成植物可利用的化合态氮素。

适于固氮菌生存的土壤 pH 值为 7.4~7.6,土壤的湿度达 25%~40%时开始生长发育,达 60%时生长最旺盛。固氮菌属中温性细菌,一般在 25℃~30℃的条件下生长最好,低于 10℃或高于 40℃时,生长受到抑制。

固氮菌肥适用于各种草坪植物,对禾本科草坪植物,有一定的促进生长效果。土壤施用固氮菌肥后,一般可以固定 1~3 克氮素/平方米·年。固氮菌还可以合成维生素一类物质,刺激草坪植物的生长和发育。菌肥可做基肥和种肥使用,使用时应结合其他肥料,在坪床整理时施入土壤中。用作追肥时,先用水调成稀泥浆状,结合打孔松土,施于草坪植物根部。注意事项:①过酸、过碱的肥料或有杀菌作用的农药(如 1059、赛力散、过磷酸钙等),不宜与固氮菌肥混施,以免发生强烈的抑制作用。②土壤中施用大量氮肥后,应隔 10 天左右再施固氮菌肥,否则会降低固氮能力。而固氮菌肥与有机肥及磷、钾肥、微量元素肥配合施用,对固氮菌的活性有促进作用,在砂壤土中促进作用尤其明显。③在酸性土(pH 值>6)中,固氮菌活性受到显著抑制。施用菌肥前要施用石灰,调节土壤酸度。

三、草坪绿地常用的有机肥料

(一)**有机肥料及特点** 有机肥料一般称农家肥,是由有机物质组成的,其特点是含有大量有机质和营养元素,肥料来源广,使用方便,种类多。

1. **养分完全、肥效长** 有机肥料含有草坪植物生长必需的大量元素和微量元素。其所含营养物质多为有机状态,必须经过微生物的分解,才能转化成能被草坪植物吸收利用的养分。有机肥料中的养分分解缓慢,肥效长,不仅种植草坪的当年有效,而且还有较长的后效。

2. **有保肥和缓冲作用** 有机肥料中含有大量有机胶体,具有较强的吸附土壤阳离子的能力,以吸附土壤中钾、钙、镁、铁等营养元素,使这些养分不被水淋失。有机肥料中的腐殖酸和腐殖酸盐可以形成缓冲溶液,减少由于施无机肥而引起的土壤酸碱变化,保持植物有正常的生长环境条件。

3. **能改良土壤物理性状** 有机肥料所形成的腐殖质,可改善土壤的团粒结构。良好的团粒结构具有大小适宜的孔隙,提高土壤的保水性能和通气状况,提高土温,改善土壤特性。因此,有机肥料在草坪建植和长期维护过程中有举足轻重的作用,特别是草坪维护方面,有机肥料的不断施用,可以长期保持坪床土壤的良好结构,使草坪草生长稳定。

(二)有机肥料的种类及施用　按有机肥料的来源和调制方法可分为4类:

1. 牲畜粪尿类肥料　此类有机肥料是草坪坪床施肥的主要肥料。牲畜粪尿通过长时间的腐熟后,配以各种化学肥料,形成粗细均匀的复合肥。这类肥料用作基肥,可以直接施用,施用量可根据坪床土壤状况而定,通常用量为0.5～1千克/平方米。作追肥每年施用1～2次,施用量根据草坪草长势而定,一般150～300克/平方米。

2. 泥肥、草炭类及腐殖酸肥料　此类肥料来源具有地区性,营养成分受当地环境的制约,使用时要就地取材,施于坪床,可为草坪草创造良好的生长条件。由于此类有机肥料营养成分含量差异较大,使用前最好先进行成分分析,依所含养分量再搭配其他肥料的施用。此类肥料属长效肥,对草坪的维护有很好的作用。

3. 生活垃圾及污水　生活垃圾通过垃圾处理厂分筛处理,可制成具有丰富营养成分的垃圾有机肥。此类肥料营养成分含量不高,而营养全面,是城市绿化和绿地改造较理想的有机肥料。垃圾肥料可作基肥,在整坪时拌入坪床土中,或在坪床整理完毕后铺撒在坪床表面,施用量为0.5～1千克/平方米。作追肥用时只需均匀地撒于草坪表面或结合草坪平整,作填料施于低洼部位。施用量可根据具体情况而定,一般0.5～1千克/平方米。

四、草坪绿地土壤改良剂

土壤改良剂的功效是通过改善土壤结构,提高肥料的利用率,改善土壤与植物之间的关系,促进草坪草向人们希望的方向生长发育。

(一)有机土壤改良剂　泥炭是改良土壤性状最常用的有机改良剂。使用时,应考虑泥炭的水分含量和有机质含量、灰分含量、分解程度、pH值与保水性等。泥炭可以改良细质地和粗质地的土壤,即用很少有分解现象的粗质地泥炭改良细质地土壤,用细质地、易分解的泥炭改良粗质地土壤。泥炭一般的施用量为土壤体积的10%～20%,有机质就可支配土壤的物理性状和化学性质。泥炭能增加砂土的持水能力,增加细质地土壤的渗透性,使土壤更疏松,透气性更好,容重降低,提高草坪草根系的穿透能力,增加土壤的缓冲能力,增加微生物活性和养分的释放,提高铁和氮的可利用性。

锯屑是用于改良土壤的另一种有机物质。施用锯屑后,可增加土壤的腐殖质,改善土壤团粒结构,提高保水能力和透气性等。锯屑也有不良影响,可能引起土壤氮和磷缺乏。有些新鲜锯屑能降低草坪草的萌发和幼苗的生长速度,因此,锯屑应使用经风化或腐熟的,尽量不用新鲜的。

(二)无机土壤改良剂 一些无机物可作为改善土壤物理性状的改良剂,许多无机土壤改良剂被称作"粗"改良剂,能提高细质地和中度质地土壤的渗透性,增加保持水分的能力,降低粗糙土壤的透气性和渗透性。无机改良剂有以下几种。

1. **沙子** 沙子是最常用的粗糙改良剂。用沙子改良土壤时,能增加土壤孔隙度和透水性,降低水分保持能力。沙子对土壤改良的有效性很大程度上取决于沙粒大小。

2. **煅烧粘土** 粘土材料在700℃以上的温度下加热就形成了煅烧粘土。这类材料用于土壤改良,要求质地坚硬,不易破碎,并能按大小筛选分级,较细的一级用作绿地的表面施肥。煅烧粘土的容重约为0.56克/立方厘米。施用煅烧粘土能有效地增加土壤孔隙度和渗透性,但当施到某些沙土上时则起相反作用。煅烧粘土具多孔性,能保蓄大量水分。

3. **硅藻土** 硅藻土经煅烧能形成稳定、轻质的颗粒。这种土是一种来自硅藻残体的水合硅矿物,能有效地增加土壤孔隙度和渗透性。其容重为0.39克/立方厘米,这种多孔物质能保蓄许多水分,但不能供植物利用。

4. 蛭石　在700℃下加热云母、绿泥石形成的膨胀颗粒。蛭石孔隙多,有较高的保水能力,容重为0.7～0.12克/立方厘米。用于非紧实细质地的土壤中,它能增加渗水性和透气性。作粗质地土壤的改良剂,能降低土壤孔隙度和渗水性。在草坪土壤中易因挤压而破碎。有些未膨胀蛭石有利于改良沙性土壤。

5. 膨胀珍珠岩　为在980℃的温度下加热珍珠岩而形成的质轻、膨化多孔材料。不易风化,但在压力作用下很容易破碎,容重为0.10～0.14克/立方厘米,它在增加细质地土壤的渗透性方面不如其他粗改良剂有效,在有些沙地中施用会降低渗透性。细碎珍珠岩能增加所改良土壤的总孔隙度和可利用水分含量,而较粗的珍珠岩能提高总孔隙度。

6. 膨胀页岩　锻烧页岩能形成膨化颗粒,筛选出大小合适的颗粒,可用作土壤改良剂,能增加气孔率和渗透率,膨胀页岩容重约为0.95克/立方厘米。

7. 浮石　浮石是一种约含70%氧化硅(SiO_2)的多孔火山岩,作为土壤改良剂能增加保水性、气孔率和渗透性。细质地浮石可增加土壤的可利用水分,粗质地浮石能增加土壤的总孔隙度和气孔率。

8. 炉渣　淬火鼓风炉的炉渣是炼钢工业的副产品,是熔化的炉渣泼水形成的一种含钙和铝的多孔性聚合物,可用作改良剂来增加土壤气孔率和水分运动,容重约为0.75克/立方厘米。炉渣呈碱性,可作为石灰性物质来增加土壤pH值。

9. 烧结飞灰　飞灰是发电厂烧煤产生的一种固体废物,其质地类似细质砂壤土。在1 080℃～1 650℃高温下使之熔结后,筛出的较粗颗料可用作土壤改良剂。施用烧结飞灰能增加土壤的渗透率,降低保水性。

第五章　草坪草与地被植物

第一节　草坪草

草坪草是指经栽植或自然生长能形成草皮或草坪，并能耐受定期修剪和人、物的踩踏和冲击的一些草本植物种及其品种。草坪草是建造草坪最重要的基础材料。草坪草大多数为具扩散生长特性的根茎型或匍匐型禾本科植物，也包括部分符合草坪性状的其他科植物。

一、草坪草的一般特性

草坪草种类极其丰富，据估计有八千至一万种。其中禾本科草坪草，适应温暖、寒冷和干燥的自然环境，并具备以下特性：

（一）**地上部生长点低位，并有坚韧叶鞘的多重保护**　因而修剪时受到的机械损伤较小，能减轻踏压引起的危害。

（二）**叶小型多数、细长、直立**　细而密生的叶是形成地毯状草坪的必要条件。直立、细长的叶有利于光线射入草坪下层，使下层的叶很少有黄化和枯死现象，草坪修剪后不会出现影响草坪外观的色斑。

（三）**低矮丛生型或匍匐型**　覆盖力极强，易形成毯状的覆盖层。

（四）**适应性强**　能适应各类环境而广泛分布，特别是在贫瘠地、干燥地、多盐分地仍能正常生长，因而较易选育出能适应各类土地条件的种类。

（五）**繁殖力强**　禾本科草通常结子量大，发芽力强，适于群生。其中匍匐茎型种类还具有迅速向四周空间扩展的能力，易建成大面积草坪。部分具再生力强、有匍匐茎、耐瘠薄的豆科植物及具植株低矮、丛生或匍匐生长特性的其他草类亦可做草坪草。

二、草坪草应具备的条件

草坪有观赏、运动、休闲活动等多种用途。草坪草能适应草坪各种用途的要求,具备如下条件。①有一定的柔软度,叶低而细,密生,使草坪具有一定的弹性和良好的触感。②匍匐型和丛生型生长,能密盖地表,使草坪整体颜色均一,形成美丽的草毯。③生长旺盛,再生能力强,修剪后恢复快,密度增加。④对气候、土壤条件适应性广,对强风、土壤干旱等不良环境有极强的适应能力。⑤对踏压有极强的适应性。⑥结实率较高,易收获,种子发芽性强,易于直播建坪。能进行营养繁殖,易于建造大面积的草坪。⑦无刺器官,无毒,无不良气味和无弄脏衣服的汁液。

三、草坪草的一般分类

草坪草是根据草类生产属性而区分的一个特殊经济类群,其分类方法多样,分类体系也不严格,一般是在经济类群的基础上,借助植物分类学或对环境条件的适应性等规律进行分类的(表5-1)。

表 5-1 草坪草的一般分类

分类依据	分 类	一 般 说 明
气候与地域分布	暖地型草坪草	最适生长温度26℃～32℃,主要分布于长江流域及其以南地区
	冷地型草坪草	最适生长温度15℃～25℃,主要分布于华北、东北、西北等地区
植物种类	禾本科草坪草	是草坪草的主体,分属于羊茅亚科、黍亚科和画眉草亚科,约几十个种
	禾本科以外的草坪草	是具有发达匍匐枝和耐践踏、易形成草皮的草类。如白三叶、多变小冠花、匍匐马蹄金、沿阶草等

续表 5-1

分类依据	分 类	一 般 说 明
草叶宽度	宽叶草坪草	叶宽茎粗,生长强健,适应性强,适用于较大面积的草坪地,如结缕草、地毯草、假俭草、竹节草等
	细叶草坪草	茎叶纤细,可形成致密的草坪。生长势较弱,要求光照充足,土质好,如小糠草、细叶结缕草、早熟禾等
草坪草高低	低矮草坪草	株高一般在 20 厘米以下,可形成低矮致密草坪。具发达的匍匐茎和根茎,耐践踏,管理方便,大多数种类适应于我国夏季高温多雨的气候条件。多行无性繁殖,形成草坪所需时间长,铺装建坪成本较高,不适于大面积和短期形成草坪。常见种有结缕草、细叶结缕草、狗牙根、野牛草、地毯草、假俭草等
	高型草坪草	株高通常为 20～100 厘米,一般行播种繁殖,速生,在短期内可形成草坪,适用于大面积草坪建植。经常修剪方能形成平整的草坪。多为密丛型草类,无匍匐茎和根茎,补植和恢复较困难。常见草种有早熟禾、鹅股颖、黑麦草等
特殊用途	观赏型草坪草	指具有特殊优美叶丛或叶面以及叶面具有美丽条纹的一些草种,如块茎燕麦草、兰草、匍匐委陵菜等

四、禾本科草坪草及其特征

禾本科草类是一个大家族,约有 25 族,600 多属,10 000 余种,据报道,能用于草坪建植,即耐践踏、耐修剪,能形成密生草群的在千种之内。常见禾本科草坪草有 18 个属(表 5-2)。

(一)**常见禾本科各亚科草坪草的基本特性** 禾本科中的草坪草,主要分属于羊茅亚科、画眉草亚科和黍亚科。其各自的特性是:

1. **羊茅亚科** 属冷地型禾草,绝大多数分布于温带和副极带气候地区,亚热带地区偶有分布。一般为长日照植物,花的产生必须具备春化作用和凉爽的夜晚。花序有 1~12 个小穗,小花脱落后两个小花之间的颖片仍附着在株体上。圆锥花序,偶有总状花序和穗状花序。花的苞片纵生而折叠,花序侧向压缩。光合作用中碳的固定主要通过 C_3 途径。共有 8 个族,其中有 3 个族含草坪草。

表 5-2 常见禾本科草坪草

类型	属	种
暖地型草坪草	结缕草属	日本结缕草、沟叶结缕草、细叶结缕草
	狗牙根属	布拉德雷氏狗牙根、非洲狗牙根、狗牙根
	画眉草属	弯叶画眉草
	地毯草属	地毯草、近缘地毯草
	假俭草属	假俭草
	雀稗属	斑点雀稗
	洋狗尾草属	洋狗尾草
	野牛草属	野牛草
	狼尾草属	狼尾草
冷地型草坪草	翦股颖属	小糠草、细弱翦股颖、匍茎翦股颖、绒毛翦股颖
	早熟禾属	草地早熟禾、加拿大早熟禾、粗茎早熟禾、一年生早熟禾、林地早熟禾
	羊茅属	匍匐紫羊茅、紫羊茅、羊茅、硬羊茅、高羊茅(苇状羊茅)、草地羊茅
	黑麦草属	多年生黑麦草、一年生黑麦草
	雀麦属	无芒雀麦
	碱茅属	碱茅、纳托尔氏碱茅、莱蒙氏碱茅
	冰草属	冰草、兰茎冰草、沙生冰草
	格兰马草属	格兰马草、垂穗草

2. 画眉草亚科 属暖地型禾草,主要分布于热带、亚热带和

暖温带,有些种能适应这些气候带的半干旱地区。一般为短日照和中日照植物,必须通过春化作用和温暖夜晚的条件才能形成花。大多数的小穗类似羊茅亚科,而染色体数量、大小和大部分的胚、根、茎和叶的特征与黍亚科相近。光合作用中碳的固定主要是C_4途径。共有8个族,其中虎尾草族和结缕草族的部分草类可用于草坪。

3. 黍亚科　为暖地型禾草,大多数生长在热带和亚热带。常为短日照或中日照植物,花形成需温暖的夜晚,不需春化作用。为典型的单花小穗植物,小花脱落时,脱节发生在颖片之下,整个小穗(除颖片)脱落。一般为圆锥花序,偶见小穗近轴压缩的总状花序。光合作用中碳固定主要通过C_4途径,黍族和须芒草族中的部分草种可用作草坪草。

(二)禾本科草坪草植株的结构特征　禾本科草坪草都具有典型的基本结构,各属中在结构和功能上有一些差异(图5-1)。

1. 茎　呈狭长的筒状或管状,间隔一定距离由胀大的关节或节分段。营养生长时,植株产生普通茎枝,开花期(大多数种在春末至夏季)产生花茎,花茎在适当的位置上产生花序。部分禾本科草坪草能产生地下茎或根茎,还有一些能沿地面产生伏生茎,称长匍匐枝或匍匐茎。这些结构是草坪草的迅速生长及安全越冬的重要条件。新产生的枝条或茎生长发育有两种方式:一是从枝条包裹的叶鞘中长出来,呈丛生型生长,称鞘内生长;二是枝条穿过叶鞘的基部长出,呈伸展型生长,称鞘外生长。

2. 叶　叶片狭长,交互排列在茎的两侧。每个叶由叶片和叶鞘组成。草坪草叶鞘与叶片连接点处有些有爪状或突起抱茎结构,称为叶耳。有的呈膜状组织或为一排细茸毛,这种结构叫叶舌。叶耳和叶舌是识别草坪草种类的重要结构之一。

3. 花　通常以小穗形式出现。这些小穗包含有雌蕊和雄蕊,授粉和受精后产生种子。花序常为圆锥花序和穗状花序。

4. 根系　由大量细小的单独须根组成,为须根性。根仅在基

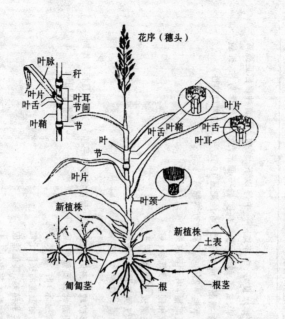

图 5-1 禾本科草坪草的结构模式

（据 D. M. 鲍尔）

部和匍匐枝的节上产生,能吸收氨态氮,为气态氨或液态氢氧化铵肥直接喷射施入或覆盖施肥提供了可能。

五、主要草坪草种

（一）禾本科主要草坪草种的形态特征及利用　见表 5-3。

表 5-3 禾本科主要草坪草种的形态特征及利用

名 称	形 态 特 征	适应性和利用	培育强度	品 种
一、羊茅属（Festuca L.）				
匍匐紫羊茅 (F. rubra sp. rubra)	强匍匐性；56条染色体，幼叶折叠。叶舌膜状，无叶耳。根茎狭窄，连续，长0.15毫米，形平截，不具茸毛，叶片宽1.5～3毫米，近轴面有深脊状，近轴面和边缘光滑。具收缩的圆锥花序	适应排水良好、中等遮阴而干旱、贫瘠、酸性的土壤，不耐潮湿环境和高肥力。与草地早熟禾或细弱剪股颖混播，用于较凉爽的温带和副极带气候；与多年生黑麦草混播，用于亚热带气候冬天运动场和暖地带观赏草坪	中等以下，修剪高度4～5厘米，最小施肥量10克/平方米纯氮	育种目标是提高耐低修剪性、抗病性和抗热性
紫羊茅 (F. rubra L.)	非匍匐型疏丛禾草，其他特征与匍匐紫羊茅相似	可形成较稠密的草皮，在欧洲西北部低修剪（留茬2.5厘米）时，效果很好。忍耐温度的极限比匍匐紫羊茅稍差，其他适应性与匍匐紫羊茅相似。大陆性气候条件下的适宜修剪高度为4～5厘米	与匍匐紫羊茅相同	育种目标与匍匐紫羊茅相同

续表 5-3

名　称	形态特征	适应性利用	培育强度	品种
羊茅 (F. ovirna L.)	非匍匐疏丛型,叶挺直,淡蓝绿色。幼叶折叠;叶舌膜状,长 0.3 毫米或圆形;无叶耳,无茎毛;茎基部宽,叶片宽 1~2 毫米,叶片分裂,近轴面有脊,近轴面和边缘光滑。收缩的圆锥花序	适应排水良好,干旱,沙质,贫瘠,酸性的土壤。宜用作水土保持	很低,不适宜高度培育	—
硬羊茅 [F. ovina var. duriuslula (L.)Koch]	与羊茅相似,非匍匐的疏丛型,叶质较粗糙,叶片较宽	抗旱性弱于羊茅,较耐水肥,主要用于水土保持	较低,与羊茅相似	—
高羊茅(苇状羊茅) (F. arundinacea Schreb.)	质地十分粗糙,疏丛型。幼叶折叠,叶片膜状,长 0.4~1.2 毫米,平截形,叶耳短而钝,有短柔毛,茎基部宽,有短柔毛的边缘,叶片宽 5~10 毫米,扁平,挺直,具龙骨,稍粗糙,边缘光滑,近轴面有脊,稍粗糙,有鳞,收缩的圆锥花序	适应广泛的土壤条件,耐热性和抗旱性很强,耐寒性较差。在暖温带和凉爽的亚热带气候地区广泛用作实用草坪	低到中等,修剪留茬在 4 厘米以上,春季需少量肥料,半干旱的条件下需要灌溉	育种目标是细叶、矮型、抗热、耐旱和耐低修剪

· 83 ·

续表 5-3

名 称	形态特征	适应性利用	培育强度	品 种
草地羊茅 (*F. elatiorl* L.)	一般形态特征与高羊茅相近。幼叶折叠,叶舌膜状,长 0.2~0.5 毫米,平截形,叶耳短而钝,无茸毛,茎基宽而连续,叶片宽 3~8 毫米,扁平,近轴面有脊目光滑,边缘具鳞片,收缩的圆锥花序	与高羊茅相似,在干旱和炎热的不良条件下持久性差,欧洲利用广泛	与高羊茅相似	
二、早熟禾属 (*Poa* L.)				
草地早熟禾 (*P. pratensis* L.)	幼叶对叠,叶舌膜状,很短,长 0.2~0.6 毫米,平截形,无叶耳,茎基宽、全裂,叶片"V"形或扁平,背、腹面光滑,两条浅色线在中心叶脉的两侧,叶尖船形。开放圆锥状花序	适宜于排水良好、潮湿、中性到微酸性肥沃的土壤和阳光充足或微度遮荫地上栽植。广泛用于副极带和温带气候地区及热带、亚热带气候及高海拔地区的绿地草坪、高尔夫球场草坪和运动场草坪	依品质品种而异,修剪留茬高度 1.9~6.3 厘米。施肥量每年 1~3 克/平方米,纯氮或更高。为防止萎蔫和保持密度,需要经常灌溉	培育不同培养条件下的抗病品种

· 84 ·

续表 5-3

名 称	形 态 特 征	适应性和利用	培育强度	品 种
加拿大早熟禾 (P. compressa L.)	幼叶折叠；叶舌膜状，长 0.2~1.2 毫米，形平截，全裂，无叶耳，茎基狭窄；叶片扁平或"V"形，两面光滑，船形叶尖渐变细，暗淡灰绿色，偶尔出现红色边缘；叶宽 1~3 毫米，两条浅色线位于中心叶脉两侧，狭窄的圆锥花序	适应冷温带和副极带气候；酸性、干旱和贫瘠的土壤，用于水土保持	一般到中等	加拿大早熟禾有比一般类型较为抗病，多叶，抗寒和春季返青早的品种
普通早熟禾 (P. trivialis L.)	幼叶折叠；叶舌膜状，长 2~6 毫米，具尖或缺刻，全裂，叶片扁平，茎基宽，宽 1~4 毫米，船形叶尖轻微地逐渐变尖；上下表面光滑，近轴面具光泽，浅色线不基明显。疏松的圆锥花序	适应潮湿、贫瘠的土壤和中度到重度遮荫，仲夏在强光照下变黄变稀疏，通常不适用于混播，抗寒性强，耐热和抗旱性差	施纯氮量为1~2 克/平方米，干旱期需要灌溉，对 2,4-D 和有关的除草剂敏感	有一批试验选择系正在评价之中，有推广价值的品种是 Sabre

续表 5-3

名称	形态特征	适应性利用	培育强度	品种
一年生早熟禾 (P. annua L.)	幼叶折叠,叶舌膜状,长 0.8～3 毫米,光滑,无叶耳,茎基宽,光滑,叶片扁平或"V"形,宽 2～3 毫米,叶边平行或朝船形叶尖逐渐变细,两面光滑,生长季或冬季为浅绿色。具小而疏松的圆锥花序,整个生长季均显花序,早春和仲春花序特别多	不耐热,冷和干旱的不良环境,在温带地区的春秋、亚热带地区的凉爽时期能茁壮生长。最适宜湿、贫瘠,中性到微酸性和排水良好的土壤。很少用米播种或建植草坪,常侵入高度培育的草坪中成为草坪群落的主要成分	高强度,最适宜的修剪留茬高度 2.5 厘米或更低,施肥量每年 10～27/平方米纯氮。干旱季节常需每天灌溉,炎热天的中午需短期喷水降温。易染菌核病、腐霉病、褐斑病、雪霉病、炭疽病等霉病及其他病害,应使用杀菌剂	—

续表 5-3

名　称	形态特征	适应性和利用	培育强度	品　种
三、黑麦草属（*Lolium* L.）				
多年生黑麦草（*L. perenne* L.）	幼叶折叠，叶舌膜状，长 0.5~2 毫米，平截到圆形，叶耳形小质软，茎基宽，全裂，叶片扁平，宽 2~5 毫米，近轴面有脊，光泽。有龙骨，具无芒小穗的扁穗花序	适应潮湿，无严寒和酷夏的凉爽环境。在中性到微酸性，中度肥沃到肥沃的潮湿土壤上生长好。常作为冷地型混播草坪先锋（保护）草种，与暖地早熟禾混用建植耐践踏的足球场草坪。为提高运动草坪的耐磨性，早返青（暖地型草坪冬季变黄），常作为补播和交播材料	中等，适宜修剪留茬高度 3~5 厘米，叶片具坚韧切的维管束，对剪机性能要求较高，需肥量为 1~3 克/平方米纯氮，持续干旱时需灌溉	改良黑麦草坪型多年生黑麦草比普通型质地好，草丛稠密，持久性强，具有较高的修剪质量
一年生黑麦草（*L. maloiforam* L.）	幼叶旋转状。叶鞘状，长 0.5~2 毫米，圆形，叶舌尖，似爪状，茎基宽，连续，叶片扁平，宽 3~7 毫米，近轴面有脊，光滑，光泽。有芒小穗构成扁平穗状花序	与多年生黑麦草相似，对极端温度的忍耐性小，广泛用于亚热带地区运动场草坪的交播，也可作为温带地区建植临时性草坪的草种	与多年生黑麦草相似	—

续表 5-3

名称	形态特征	适应性和利用	培育强度	品种
四、雀麦属（*Bromus* L.）				
无芒雀麦 (*B. inermis* L.)	幼叶旋转叶舌膜状，长1毫米，平截或圆形。茎基宽，分裂，叶片扁平，宽8~12毫米，两面光滑。收缩的圆锥花序，分枝轮生	具良好的抗旱性、耐热性和抗寒性，能适应温带半干旱地区的各类环境条件。仅能形成质粗糙不耐重踏和修剪的草坪，一般用做公路绿化和水土保持	极为粗放	有北方型（非常抗寒）和南方型（耐热抗旱）两个亚种，侵袭性很强
五、洋狗尾草属（*Cytosarus* L.）				
洋狗尾草 (*C. ctistatus*)	与多年生黑麦草相似	作为足球场草坪混播组合	—	—
六、碱茅属（*Puccinellia* Par L.）				
碱茅 (*P. distans*)		温带盐碱地区建坪时使用	粗放	常用的高品种是 Fukts

续表 5-3

名 称	形态特征	适应性和利用	培育强度	品 种
七、剪股颖属（Agrostis L.）				
匍茎剪股颖 (A. stolonifera L.)	幼叶旋卷。叶舌膜状,长 0.6～3 毫米,细齿状或圆形,无叶耳,茎基狭到宽,倾斜,叶片扁平,宽 2～3 毫米,近轴面有脊且光滑,边缘具鳞片。具收缩的圆锥花序,灰白或紫色	适应潮湿、肥沃、酸性到微酸性的土壤,用于绿化草坪、低修剪的林地草坪,高尔夫球道和观赏草坪	需高水平集约的管理,适宜的修剪留茬高度 0.5～1.25厘米,施肥量每年 2～4 克/平方米纯氮。经常灌溉和施表肥可控制草坪基部有机层的形成。浅垂直刈割和刷洗可控制种子的产生。除芯土,打孔,可改善床土渗透性和紧实性。适当使用杀菌剂	

续表 5-3

名 称	形 态 特 征	适应性和利用	培育强度	品 种
细弱剪股颖 (A. tenusi Sibth)	幼叶旋卷,无叶耳,叶舌膜状,0.3～1.2毫米,平截形,叶片扁平,宽1～3毫米,近轴面有脊且光滑。具疏松的花序	适应排水良好、沙质、酸性到微酸性的中等肥力土壤。耐热性和抗旱性较差。最适于温带海洋性气候。主要种植于太平洋沿岸和新英格兰、欧洲西北部、新西兰、美国的西部及条件类似的地区	中到高,修剪留茬高度0.75～2厘米,施肥量每年0.5～3克/平方米纯氮。干旱季节需经常灌溉,比剪胶颖需水量少	—
普通剪股颖 (A. canina L.)	幼叶旋卷,叶舌膜状,长0.4～0.8毫米,尖状,无叶耳,茎基宽,叶片扁平,宽1毫米,在近轴面有细长的脊,近轴面光滑,边缘具鳞片。带红色的松散圆锥花序	适应排水良好、酸性到微酸性中等肥力的沙质土,比其他剪股颖耐阴;在阴凉的地段可形成特别稠密的草坪,是所有草坪中最美丽的一种	高度集约培育,适宜的修剪留茬高度0.5～1厘米,施肥量每年1～2克/平方米纯氮,需经常灌溉和使用保护性杀菌剂控制病虫	育种方向是提高草坪草的抗病性、再生能力和加深颜色

续表 5-3

名　称	形态特征	适应性和利用	培育强度	品　种
小糠草 (A. alba L.)	幼叶旋卷，叶舌膜状，长1.5～5毫米，圆形，无叶耳，茎基宽，分裂，叶片扁平，向前端逐渐变尖，宽3～10毫米，近轴面有脊，远轴面光滑，边缘具鳞片。红色松散的圆锥花序	适应广泛的土壤条件。有时作为混播组合，用于潮湿、排水不良的贫瘠处建坪，幼苗具强的竞争力，常作为保护草种和利用于受损草坪的更新	低到中等，不耐修剪，修剪留茬高度不宜低于3.5～5厘米，耐瘠薄和抗旱，对施肥和灌溉有良好反应	尚无优秀的草坪型品种
八、猫尾草属(*Phleum* L.)				
普通猫尾草 (*P. pratense* L.)	幼叶旋卷，叶舌膜状，长3～6毫米，在两边明显缺刻，中部变尖，无叶耳，茎基宽，连续一边没有少量茸毛，叶片扁平，宽4～8毫米，近轴面具脊，远轴面光滑，边缘具鳞片。紧缩的圆锥花序，圆筒形	质地细嫩，适应于潮湿、排水良好、微酸性的肥沃土壤，耐磨损，抗寒和具良好的冬色，在北欧被视为有价值的草坪草，不耐热、不抗旱，使用受到限制，国一般视为草坪杂草，为重要的牧草	中到高，修剪高度不低于2.5厘米，施肥量每年1.5～3克/平方米纯氮，旱季需灌溉	北欧的育种目标是培育质地更为细嫩，持久性的品种。已育成质地较普通猫尾草更为细嫩的二倍体品种

续表 5-3

名 称	形 态 特 征	适应性和利用	培育强度	品 种
九、冰草属（Agropyron Gaerth.）				
冰　　草 (A. cristatum L. Gaerth)	质地粗糙疏丛型，幼叶旋卷。叶舌膜状，长 0.1～0.5 毫米，具短革毛和平截形的边缘，有叶耳，形狭窄，爪状，茎基宽，分裂，叶片扁平，挺直，宽 2～5 毫米，近轴面具脊，有短柔毛，远轴面光滑。扁平穗状花序，颖具芒	适应广泛的土壤条件，抗寒抗旱，美国大平原北部，加拿大高原和中亚的极端恶劣条件下均能生存。在无灌溉条件下，可用作公路绿地和一般绿地草坪	低到中等，忍受度的修剪留茬高度 3.5～6 厘米，施肥量为每年 0.5～1.5 克/平方米纯氮，需少量灌溉以防草坪退化	无改良品种。蓝茎冰草是具根茎的品种，较适应温暖和较潮湿的气候。沙生冰草质地粗糙疏处型，比冰草有更强的生活力，但不适于干旱地区建坪
十、狗牙根属（Cynodo Richard）				
狗 牙 根 [C. dactylon (L.) Rers]	幼叶折叠。叶边具革毛，长 2～5 毫米，无叶耳，茎基狭平，连鞘，边缘具革毛，叶片扁平，宽 1.5～4 毫米，两面光滑或具革毛，向叶尖渐变尖。花序具 4～5 个穗状分枝	适应性较强，耐寒性较差，喜光，已培育出许多耐寒、耐阴、抗病性强的品种，并广泛用于运动场草坪和绿地草坪	粗放到精细管理	育种方向是改善抗病虫性，减少结子穗和草层密度，保持低温下的绿色和提高抗寒性

续表 5-3

名　称	形态特征	适应性和利用	培育强度	品　种
十一、野牛草属(*Buchloe* Engelm.)				
野牛草 〔*B. dactyloides* (Nutt.) Engil. M〕	质地细嫩，灰绿色，具匍匐茎。幼苗旋卷。叶舌边缘具茸毛，长0.5～1.0毫米，无叶耳，茎基宽，连续，具长茸毛，叶片扁平，宽1～3毫米，近轴面有脊，两边部分为藏在叶中的雌性子穗组成。具有2～3个短穗的雄穗在细长的茎上突出于叶子之上	适应广泛的土壤条件，特别适宜质地良好的碱性土壤，具良好的抗旱性和抗极端温度，完全适应温带和亚热带半干旱条件，也用于干旱地区无灌条件的草坪	低而粗放，地上部生长缓慢，修剪时间较长，适宜的修剪留茬高度1.25～3厘米，施肥量每年0.3～1公斤/平方米纯氮，少量灌溉或不需灌溉	尚无有价值的草坪用的品种
十二、垂穗草属(*Boateloua* Lagasca)				
格兰马草 〔*B. gracilis* (H. B. K)Lag.〕	质地细嫩，灰绿色，具细弱根茎，幼苗折叠。叶舌具稠密茸毛，边缘长0.1～0.5毫米，无叶耳，茎基宽，连续，具长茸毛，叶片扁平或卷曲，宽1～2毫米，边轴面具脊，基部附近具短柔毛，近轴面光滑。边缘具鳞片。花序具1～3个卷曲的穗	适应广泛的土壤条件，最适宜质地良好的碱性土壤。耐热性和抗旱性强，用于半干旱半低质量的多用途草坪	粗放	没有高品质的草坪草品种，而有许多牧草品种

续表 5-3

名称	形态特征	适应性和利用	培育强度	品种
十三、结缕草属（Zoysia Willd.）				
日本结缕草 (Z. Japonica Stend)	幼叶旋卷,叶舌具革毛,无叶耳,茎基长0.2毫米,连续,具长的革毛,叶片扁平,宽2~4毫米,挺直,近轴面光滑并布有长革毛。短小收缩的总状花序,小穗两侧压缩	对土壤的适应性强,在排水良好、弱酸性、质地中等、中度肥力的土壤上生长最好,十分耐旱、耐热和抗寒,春季返青很慢,气温低于10℃时开始褪绿,冬季大部分时间呈枯黄色。生长速度缓慢,在温带与亚热带过渡带,某些冷地型草坪或暖地型草坪生长受到限制时,可用结缕草成功建坪	中等,具高的枝条密度和坚韧的特性,修剪时适宜用滚筒式剪草机,保持坪面均一性,适宜的修剪留茬高度1.3~2.5厘米,肥料施量为每年7~15克/平方米纯氮,干旱时期应适当灌溉	利用最广泛的栽培品种有Meyer,Emerald是日本结缕草与细叶结缕草的杂交种,高度稠密,深绿色,可形成美丽的草坪。不具抗寒性,较冷的地区不宜使用
沟叶结缕草 [Z. matrella (L.) Merr]	秆直立,高5~20厘米,叶鞘长于节间,鞘口具长柔毛,叶舌短而不明显,顶端撕裂为短柔毛,叶片内卷,上面具柔毛,无毛,长达3厘米,宽1~2毫米。总状花序,呈细柱状	耐寒性介于日本结缕草与细叶结缕草之间,其他生态适应性基本与细叶结缕草相同	与细叶结缕草相同	—

续表 5-3

名称	形态特征	适应性和利用	培育强度	品种
细叶结缕草 (Z. tenuifolia)	秆直立而纤细，高 5～10 厘米。叶鞘无毛，叶舌膜质，长约 0.3 毫米，叶片丝状，内折，长 2～7 厘米，宽 0.5～1.0 毫米。小穗窄狭，黄绿色，有时略带紫色	喜光，耐温，不耐阴。与杂草的竞争力极强	利用营养体建坪。幼穗期不适重踏。春夏每月应各施氮肥 1 次，施纯氮 1～3 克/平方米	—

十四、地毯草属 (Axonopus Beauv.)

| 近缘地毯草
(A. affinis Chase) | 叶子对折，叶舌毛簇状，在基部融合，长 1 毫米，无叶耳，根茎粗，连续，偶具丛毛，叶片宽 4～8 毫米，近顶端边缘具丛毛。具 3 个小穗组成的总状花序，扁平花轴两侧排列间隔宽的两行小穗 | 适应潮湿，沙质，酸性的低肥力土壤，通常用于路边和公共绿地。播种后能迅速定植，粗放管理。十分适宜陡坡的水土保持 | 低，最适修剪留茬高度 2.5～5 厘米。夏天可用旋转式剪草机割掉穗，肥料施量每年 1 克/平方米纯氮，排水良好的土壤上需要灌溉 | 尚无十分突出的品种 |
| 地毯草
(A. Compresus (Swartz) Beaduv.) | 秆压扁，高 8～60 厘米。秆扁平，质地柔薄，近基部边缘疏生纤毛，叶舌长约 0.5 毫米。总状花序 2～5 枚，长 4～8 厘米 | 适于潮湿，沙质，低肥土壤。最适宜 pH 值为 4.5～5.5 | 耐低养护，留茬高度 2.5～5.0 厘米。生长期的纯氮施量为 1～2 克/平方米 | — |

续表 5-3

名 称	形 态 特 征	适应性利利用	培育强度	品 种
十五、雀稗属（Paspalum L.）				
斑点雀稗 (P. metation)	叶子卷曲,叶舌膜状,长1毫米,平截,无叶耳,茎基宽,叶片扁平到折叠,宽4~8毫米,朝基部边缘丛生毛减少。具 2~3 个单侧穗状分枝的总状花序	适应广泛的土壤条件,在沙质、弱酸性、贫瘠的土地上生长良好,能形成坚韧、耐磨、稀疏的草坪,尤其适用于道路和其他多用途草坪	低,适宜的修剪留在高度 4~7 厘米,夏季应用旋转式割草机割掉杂乱不雅观的穗,需施肥量每年 5~10 克/平方米纯氮,需少量灌溉	质地较细嫩的品种 Pensacola,美国佛罗里达州广泛用于路旁草坪。Argentine 为另一优良品种,具优秀的颜色、密度、抗病性和对肥料的反应,广泛用于庭园草坪
十六、狼尾草属（Pennisetum Rich.）				
狼尾草 [P. clandestinum (L.) Spreng]	子叶对折,叶舌毛缘状,长 2 毫米,无叶耳,茎基宽、连续,叶片扁平,具龙骨状突起,两表面具有稀疏的毛。具刚毛的圆锥花序,稠密	适应潮湿、中等质地的高肥力土壤。在墨西哥潮湿热带和非洲中部海拔 1 800 米的高地适应温暖、潮湿的地,不甚适应低地,表现出严重感热带低地、病及不持久。美国加州南部沿海地区,在育的草坪中被视为杂草	耐粗放管理	—

续表 5-3

名 称	形 态 特 征	适应性和利用	培育强度	品 种
十七、钝叶草属(Stenotaphrum Trin.)				
钝 叶 草 (S. helferi Munro)	质地粗糙,侵占性强,具匍匐茎,长0.3毫米,无叶毛簇状,幼株对折。叶舌毛耳,茎基宽,连续,在叶片基部变狭形成短的柄,叶片扁平,宽4~10毫米,两表面光滑,具圆钝的顶端,拟穗状的总状花序,短、单侧	适宜广泛的土壤条件,在潮湿、排水良好、沙质、中等到高肥力的弱酸性土壤上生长良好,抗寒力较差,仅适应冬天暖和几种锈海地区,对长蜡病的危害非常敏感	中等,修剪留茬高度2.5~7厘米,需肥量每年8~16克/平方米纯氮,干旱时需经常灌溉,尤其在土壤线虫密度高的地方	—
十八、假俭草属(Eremochloa Bease.)				
假 俭 草 [E. ophiuroides (Munro) Hacd.]	质地中等,生长缓慢,具匍匐茎。子叶对折,叶舌膜状,顶部无丛毛,长0.5毫米,无叶耳,茎基宽,连续,被融合的压缩龙骨背,下面被短绒毛,叶片扁平,宽3~5毫米,光滑,基部边缘具柔毛。单一穗状的总状花序	适应广泛的土壤条件,特别适宜潮湿、酸性、低肥力的沙质土壤,一般用于水土保持和一般绿地草坪	低,剪留茬高度2.5~5厘米。施肥量每年4~8克/平方米纯氮。为矫正褪绿症,可适量施铁肥。干旱时需灌溉,尤其是在土壤线虫密度高的地方	普通假俭草是广泛使用的品种,Oklw是较为耐旱和极端气温的品种

(二)豆科、旋花科、百合科、莎草科主要草坪草的形态特征及利用 这些草类具有发达的匍匐茎,耐践踏,颜色美,易形成草皮,也可作草坪草,如白三叶、匍匐马蹄金、细叶薹草、白颖薹草、沿阶草等。

1. 白三叶(*Trifolium repens* L.) 别名白车轴草、荷兰翘摇。属豆科三叶草属多年生草本植物。约360余种,我国现有7种,其中用作草坪草的主要是白三叶。白三叶形成的草坪有很好的观赏价值。白三叶原产欧洲,现广泛分布于温带及亚热带高海拔地区。我国黑龙江、吉林、辽宁、新疆、四川、云南、贵州、湖北、江西、江苏、浙江和内蒙古等地均有分布,是一种重要的栽培牧草(图5-2)。

(1)形态特征 多年生草本植物,植株低矮。侧根发达,集中分布于15厘米以内的土层中。主茎短,由茎节上长出匍匐茎,长30~60厘米以内;节上向下产生不定根,向上长茎叶,茎光滑细软,叶腋又可长出新的匍匐茎向四周蔓延,因而侵占性强,成坪快,单株占地面积可达1平方米以上。叶为掌状三出复叶,互生,叶柄细长直立,长15~20厘米,小叶倒卵形或心脏形,叶缘有细齿,叶面中央有"V"形白斑,托叶小,膜质包茎。全株光滑无毛。腋生头形总状花序,花小,白色或略带粉红色。荚果细小,包藏于宿存的花被内,每荚含种子3~4粒,黄褐色,有光泽,千粒重0.5~0.7克,硬实较多。

图5-2 白三叶

(2)生态习性 白三叶喜温凉湿润气候,生长适宜的温度为19℃~24℃,适应性强,耐热、抗寒、耐阴、耐瘠、耐酸,幼苗和成株能忍受-5℃~-6℃的寒霜,在-7℃~-8℃时仅叶尖受害,转暖时仍可恢复生长。在有积雪覆盖的条件下,最低温度达－40℃仍能安全越冬。在南京炎热的盛夏,生长虽已停止,但并不枯萎,基本无夏枯现象。在遮荫的林园下也能生长。对土壤要求不严,只要排水良好,各种土壤皆能生长,尤喜富于钙质及腐殖质粘质土壤。适宜的土壤pH值为6~7,在土壤pH值4.5时也能生长,但不耐盐碱。

白三叶需水量和需肥量均较大,不仅生长盛期要供给充足的水肥,在越冬和种子发芽时亦需要充足的水分。水肥不足时,生长缓慢,叶小而稀疏,匍匐枝减少,颜色不绿。

(3)培育特点 白三叶应选择水分充足而肥沃的土壤栽种。主要采用种子繁殖。由于种子较小,要求整地精细、平整。春秋均可播种。秋播宜早,迟则难以越冬;春播稍迟时易受杂草侵害。种子播量3~4.5克/平方米,播深1~2厘米,田间管理要保持一定土壤湿度,以利出苗。生长期需供给充足的水肥。苗期生长缓慢,应注意除草。白三叶能用根瘤菌固定空气中的氮素,成株可不施或少施氮素,应以施磷、钾肥为主。白三叶不耐践踏,应以观赏为主。白三叶开花结实时间不一致,种子边熟边落,在果球变黑褐色时就应及时采摘,种子产量6~7.5克/平方米。

(4)使用特点 白三叶繁殖力强,叶片大,成坪快,绿期长。在哈尔滨市绿期可达200天以上,在北京可达230天。白三叶多汁,易污染衣物,白花色,有的人不喜欢这种颜色。

白三叶也常用于坡面、路旁的绿地,以防水土流失。在疏林下绿化效果也较好。

2. 百脉根(*Lotus corniculatus* L.) 别名牛角花、五叶草(图5-3)。属豆科百脉根属多年生草本植物。原产欧、亚两洲的温暖地带,19世纪后期开始栽培,现分布于欧洲、美洲、印度、澳大利亚及新西兰等地,我国华南、西南、西北、华北等地均有分布,是一种优良的栽培牧草、水土保持和缀花草坪植物。

(1)形态特征 多年生草本植物。主根深长,侧根多而发达。主茎不明显,多分枝,长30～80厘米,光滑半直立或匍匐。三出复叶,托叶较大,故又名五叶草。花黄色,蝶形花冠,顶生成伞形花序,有小花4～8朵。荚果长角状,聚生于花梗顶端,散开,状如鸟足,故又有鸟中豆之称。每荚含种子10～15粒。种子小,橄榄色、棕色或墨绿色,千粒重1～1.2克。

图5-3 百脉根

(2)生态习性 喜温暖湿润气候,耐寒,在新疆乌鲁木齐引入当地野生种栽培,在有积雪覆盖下,-30℃仍能安全越冬。耐热性较苜蓿强。不耐阴,弱光下地上部分和根的生长均受到抑制。宜在肥沃、有灌溉条件的粘壤土中生长。在砂壤土,土质瘠薄、微酸或微碱性土也能生长。百脉根抗旱性较白三叶好,也能在排水不良的土壤中生长。百脉根耐践踏、耐修剪,再生力中等。每年可修剪2～3次。

(3)培育特点 百脉根以种子繁殖为主。种子小,整地应精细,覆土不宜过深(1～1.5厘米)。种子硬实率高,播前应进行种子处理,用专性根瘤菌接种后方可播种。寒冷地区宜春播,温暖的地区可夏播或秋播。播种量撒播为1.5～2.25克/平方米,条播为0.75克/平方米左右。百脉根苗期生长慢,应注意除草。百脉根除用种子繁殖外,还可用根和茎切成小段进行扦插繁殖。该草对磷、钾需要量与苜蓿相似,高磷可促进根的发育。

(4)使用特点 百脉根寿命长,由于匍匐茎和根系发达,覆盖性好,花色艳丽,花期长,叶色嫩绿,是很好的缀花草坪和水土保持植物。

3. 小冠花(*Cornilla varia* L.) 别名多变小冠花(图 5-4)。属豆科小冠花属多年生草本植物。原产欧洲南部及东地中海地区。在美国、加拿大、亚洲西部和非洲北部都有栽种。我国 1973 年引进，在南京、山西、陕西、甘肃和北京等地栽培生长良好。

(1) 形态特征 根系粗壮，侧根发达，根及侧根上生有许多不定芽，可形成新植株和地下茎。根上有较大的棒状根瘤，有固氮能力。茎柔软，中空，外有条棱，半匍匐生长，草层高 30～50 厘米。奇数羽状复叶。伞形花序腋生，花色多变，初呈粉红色，后逐渐变成紫蓝色，花期较长。荚果细长，多节，节易断，每节 1 粒种子，紫褐色，种皮坚硬，多硬实，千粒重 4.1 克(图 5-4)。

(2) 生态习性 小冠花先由前一年的越冬苗或不定芽于春季萌生，称第一次苗。第一次苗进入盛花期后，地下茎上的不定芽再次萌发出土，称为第二次苗。气温高水分充足时第二次苗出土较多，但多不能开花。因此，应加强第一次苗的管理，采收第一批花的种子。

图 5-4 小冠花

该草根系入土深，抗旱性强，抗寒性较好，新疆乌鲁木齐市种植，积雪覆盖下，在 -30℃ 亦能安全越冬。小冠花抗瘠薄，对土壤要求不严，以中性或微碱性土生长发育较好。耐湿性差，水淹根部易腐烂。

(3) 培育特点 种子繁殖和扦插繁殖均可，天气温暖时，插后 5～10 天不定芽即可生根，成活率达 80%～100%。种子繁殖时，因种子硬实率高(70%～80%)，播前应擦破种皮以利吸水发芽。播前也可进行根瘤菌接种。

(4)使用特点 小冠花根系发达,繁殖率高,覆盖度大,能迅速形成草坪,是一种较好的草坪和很好的水土保持植物。

4. 马蹄金(*Dichondra repens* G. Forst) 别名马蹄草、黄胆草、金钱草等(图 5-5)。属旋花科马蹄金属多年生匍匐型草本植物。世界各地均有生长,主产于美洲。在我国主要分布于南方各地。

(1)形态特征 株体低矮,茎纤细,匍匐,被白色柔毛,节上生根。叶小,全缘,心形,叶柄细长。花 1 朵,稀有 2 朵,生于叶腋,花梗纤细,短于叶柄,花冠阔钟状,5 深裂,淡黄色。子房密被白色长柔白毛,蒴果,分离成两个直立果瓣,果皮薄,被柔毛。种子 1 粒,少有 2 粒,近球形,光滑,黄色至褐色。

图 5-5 马蹄金

(2)生态习性 喜温暖湿润气候,适应性广,扩展性强,耐阴性强,耐轻微践踏,绿期短。可用根蘖或茎扦插的方式繁殖,也可进行根瘤菌接种。温暖天气扦插后 5~10 天不定芽即可生根,成活率达 80%~100%。多生于山坡、林边或田间阴湿处,在美国加利福尼亚南部的温暖潮湿地带有野生种。

(3)培育特点 种子繁殖和扦插繁殖均可。宜低修剪,适宜的留茬高度为 1.3~3.3 厘米。由于草坪床面易形成有机质层,适当增加修剪强度可起到调节的作用。

(4)使用特点 适宜用于多种草坪。既可用于花坛内作低层的覆盖材料,也可作盆栽花卉或盆景盆面的覆盖层。在美国南部、欧洲和新西兰均被广泛利用,主要用于观赏草坪,如建筑物周围、道路中央的分离带等。

5. 沿阶草(*Ophiopgon japonicus* (L. F.) Ker-Gawl.) 别名

麦冬,属百合科(图5-6)。但它与分类学上的麦冬(*Ophiopgon bodinieri* Lévl.)并不是一个种,在实际应用中应注意区分。分布于东南亚诸国、印度和日本。我国的华中、华南、西南各地均有分布。

(1)形态特征 多年生草本,根粗壮,常膨大呈椭圆形、纺锤形的小块根。茎短缩,地下根茎细长。叶基生,呈密丛的禾叶状,长10~15厘米,宽1.5~3.5毫米,具3~7脉,弯垂,常绿。花葶长6~15厘米。总状花序,具8~10朵花,常1~2朵生于苞片腋内,苞片披针形,顶端急尖或钝,花白色或淡紫色。种子球形,直径7~8毫米。

(2)生态习性 常绿暖季型草坪草。喜温暖气候条件,有一定的抗寒能力,但在-15℃以下不能安全越冬。该草耐热性强,在南京市持续达2周的炎热天气(最高气温为37.6℃)仍表现良好。沿阶草需水较多,适宜生长在年降水量800毫米以上的地区种植,以900~1 000毫米最为适宜。

图5-6 沿阶草

沿阶草耐旱、耐阴和耐瘠性也较强,故各种土壤均可种植。

(3)培育特点 种子和营养体繁殖均可。种子繁殖易受杂草侵害,要注意除杂草。沿阶草适于育苗移栽,移栽后应注意灌水,保持土壤湿润,以迅速恢复生长。该草耐修剪性强,修剪后要随即追肥和灌水。

(4)使用特点 沿阶草应用较广,园林价值较高,主要供草坪、花圃和园林镶边等用;该草还能滞尘、抗有害气体,并可作药用。

6. 细叶薹(*Carex callitrichos*) 又名羊胡子草。莎草科、薹草属。广泛分布于北半球较寒冷地带。我国华北、东北及西北地区均有野生。

(1)形态特征 多年生草本植物。株体矮小,细长的根状茎。高5~18厘米,三棱形,无节。叶基生狭细,长8~18厘米,宽约2毫米,光滑无毛。花穗单生于茎顶,长圆形或卵形,由多数小穗组成,长1~2厘米。雌、雄同穗,雄花在上,柱头2裂。瘦果卵圆形,有小尖头,长约3毫米。

(2)生态习性 细叶薹耐干旱,常生于山坡、河畔、树荫和路旁等处,常成单纯群落。在湿润肥沃的地方生长尤茂。在祁连山东段海拔2 700米的河滩地,常有以细叶薹占优势的草群。春天返青早,一般3月上旬返青,夏季进入半休眠状态。该草耐践踏和低修剪,是优良的草坪植物。

(3)培育特点 该草以营养体繁殖为主,也可用种子繁殖。进行营养体繁殖,可将地下根状茎剪成小段,埋入5厘米左右深的沟内,覆土后随即灌水,保持土壤湿度,促进恢复生长。生长季节应注意修剪,以保持均一整齐、色泽优美的外观。

(4)使用特点 可用于护坡和一般草坪。

7. 异穗薹草(*Carex heterostachya* Bge.) 别名黑穗薹草、大羊胡子草(图5-7)。属莎草科薹草属多年生草本植物。分布于我国东北、华北、西北等地,朝鲜半岛也有分布。常见于干燥的草原、山坡、路旁和水边,是我国北方应用较广的一种草坪植物。常用作绿地草皮。

(1)形态特征 具长横走根茎,茎高15~30厘米,三棱柱形,纤细。基生叶,线形,长5~35厘米,宽2~3毫米,叶缘常卷折,具细锯齿,基部具褐色叶鞘。穗状花序,卵形,小穗3~4个。雄性小穗顶生,线型;雌性小穗侧生,长卵型或卵球型。果囊卵形至椭圆形,稍长于鳞片,无脉,革质,有光泽,上部急缩成短喙,喙顶具2短小齿。小坚果倒卵状三棱形,长2.5~3.6毫米。

(2)生态习性 冷季型草坪植物。适应性较强,既抗寒又耐热,既喜光又耐阴。抗旱和抗盐碱能力均较强。能在正常日光照的1/5

弱光下生长,幼苗和成株均能忍受－4℃～－5℃的霜冻。在含盐量高达1.36%,pH值7.5的土壤上生长良好。春季土温7℃～8℃时返青,在北京绿色期200天以上。最适气温为18℃～22℃。该草适宜在年降水量500～700毫米的地区生长,水分充足时,其叶多而细长,色绿,干旱时叶短而色

图5-7 异穗薹

黄。过分干旱时则停止生长,进入休眠状态,遇充足水分时便又迅速恢复生长。

(3)培育特点 种子和营养繁殖均可,多以营养繁殖(穴植或根茎压埋)为主,春秋两季均可进行。匍匐茎生长缓慢,使成坪速度受到一定影响。种子繁殖生产成本低。为使异穗薹草颜色鲜绿,草层厚密,应根据其颜色变化适时追肥和灌水,每年追肥2～3次,每次可追施尿素4.5～6克/平方米,不仅使颜色变绿,还可延长绿期。由于该草叶片较长且生长较快,为维持整齐美观的坪面,需经常修剪。

(4)使用特点 该草适应性强,伸展蔓延快,利用时间长,在草坪建植中用途广。在北京市的颐和园、北京大学、中国农业科学院等游乐草地、校园和机关大院均栽有此类草坪植物,可形成较大面积的绿草地。如与草地早熟禾混播,经修剪成坪后的草坪可形成美观的毯状草层。该草根茎发达,能形成坚实的草皮,又为重要的水土保持植物。异穗薹在城镇、工矿区具很好的防尘作用。

8. 卵穗薹草(*Carex duriuscula* C. A. Mey) 别名寸草薹(图5-8)。属莎草科薹草属多年生草本植物。分布于北半球的温带和寒温带。

(1)形态特征 多年生草本植物,具节间很短的根状茎。株高5~20厘米,茎直立、纤细,质柔,基部具灰黑色纤维状分裂的旧叶鞘。叶纤细、深绿色,长5~10厘米,宽1毫米左右,卷折。穗状花序,卵形或宽卵形,褐色,长7~12毫米,直径5~8毫米,褐色。小穗3~6个,密生,卵形,长约5毫米,花少数。果囊宽卵形或近圆形,革质。小坚果宽卵形。

(2)生态习性 喜冷凉而稍干燥的气候。适应性强,耐旱、耐寒、喜光、耐阴。刚生长幼苗能抗-5℃~-6℃的霜冻,以18℃~22℃最适宜生长。卵穗薹草不耐热,夏季高温期进入休眠状态。该草对土壤要求不严,肥沃、瘠薄、酸性土壤或碱性土壤都能生长。在水分充足、土壤肥沃、杂草较少的情况下,颜色翠绿,绿色期也长。

卵穗薹草春季返青早,秋季枯黄期较晚,在哈尔滨市绿色期140~150天。

(3)培育特点 种子繁殖和分根繁殖均可。生产中通常用分根繁殖。该草根茎细弱,根入土较浅,为促进根茎良好发育,应精细整地,创造疏松的土壤耕层。为使草层厚密、颜色鲜绿,要用优质的基肥,生育期间茎叶发黄时还应追肥,每年

图5-8 卵穗薹草

追肥2~3次,每次施尿素7.5~9克/平方米,过磷酸钙15~22.5克/平方米,均匀撒施后配合灌水。

卵穗薹草竞争力弱,不耐杂草,尤其出苗后到成坪期应注意除杂草。该草茎叶细软,草层低矮,一般不必修剪,杂草较多、生长过茂时则应适当修剪,以形成良好的覆盖层。

(4)使用特点 该草在北方干旱区为较好的细叶观赏草坪草

类,也是干旱坡地理想的护坡植物。

9. 白颖薹草[*Carex rigescens* (Franch.) V. Krocz.] 别名小羊胡子草(图5-9)。属莎草科薹草属多年生草本植物。产于俄罗斯、日本、蒙古人民共和国。我国的东北、西北、华北和内蒙古等地均有分布,常见于温带和寒温带的干燥坡地、丘陵岗地、河边及草地。与卵穗薹草相似,是我国应用最早、园林价值颇高的草坪植物。

(1)形态特征 具细长的根状茎,其末端成束状密生成丛。茎为不明显的三棱形,株高10~15厘米。叶狭窄,长5~15厘米,宽0.5~1.5毫米,叶色浓绿,属细叶草类。花雌、雄同穗,颖大,具宽的白色膜质边缘,穗状花序,灰白色。

(2)生态习性 该草耐寒性和抗旱性均强,耐瘠薄。在干燥无灌溉、年降水不足500毫米的地区仍能正常生长,在内蒙古呼和浩特和包头地区越冬率100%。不耐热,夏季生长不良,36℃以上的高温达1周以上时停止生长,并出现夏枯现象。该草无匍匐枝,覆盖性较差,不耐践踏。

白颖薹草绿期较长,在承德避暑山庄3月中下旬返青,10月上中旬枯萎,绿期160~170天。

(3)培育特点 与异穗薹相似。该草苗期生长缓慢,覆盖性差,成坪时间长,需勤除草。生长期内应注意修剪以增加美观。

(4)使用特点 该草耐阴性强,是很好的疏林游乐草坪植物。我国著名的承德避暑山庄的草坪绿地就是用此草建植而成的。由于外观优美,叶细,色绿,北京及其他北方城市均用它作观

图5-9 白颖薹草

赏和装饰性草坪,也可作小型庭园绿化之用。

第二节　常用地被植物

草坪绿地中常用的地被植物包括一年生花卉、多年生宿根花卉、藤本和攀援植物等。这些以其繁多的种类、美丽的外观、较强的适应性与草坪配置在一起,形成丰富多彩的草坪绿地园林景观,成为现代草坪绿地的有机组分(表5-4)。

表 5-4　草坪绿地常用地被植物的形态特征及利用

名称与图示	分　布	形态特征	用　途	繁殖与栽培要点
薜荔 1.果实 2.分枝	属桑科常绿攀援或简匍藤本。分布于我国中部和南部	茎粗壮，多分枝，小枝被棕黄色绒毛。幼时以不定根攀于墙面或树上。叶互生，厚革质，大小形状变异很大。幼枝上的叶稍小、卵形或心形卵状；老枝上的叶稍大、卵状椭圆形的叶背面有凸出的网眼，构成明显的小蜂窝状，被柔毛。花单性，雌雄同株。果实卵形或梨形，青色，内含多细粒种子。10～11月果实成熟	为阴湿环境下的重要垂直绿化材料。耐阴性强，可作阴性或半阴性地被及山石、墙垣陡坡等绿化覆盖植物。食用及入药	采用扦插、压条、分株等法均可繁殖。养护管理粗放
蛇莓 1.小花 2.果实 3.匍匐茎	属蔷薇科多年生草本。分布于我国辽宁以南各地区，常野生于山坡、杂草丛及林下	植株具匍长匍枝，矮生，高仅5～10厘米，节处能生出不定根及新幼苗。三出复叶，中间叶较大，两侧叶较小，小叶菱状卵形或倒卵形，边缘具钝锯齿，两面均有柔毛散生。托叶为卵状披针形，全缘。花单生于叶腋，黄色，5瓣，具长柄。花托扁平，膨大成半球形、鲜红色，表面布满细小柔软的棕红色瘦果	在阴湿环境处能自成群落，覆盖效果显著，为优良的林间地面覆盖植物	繁殖容易，分株或播种均可，其匍枝节处不定根能形成新株。一般不需人工管理，枝叶低矮，茂密成片。瘦果鲜红色具观赏价值

· 109 ·

续表 5-4

名称与图示	分布	形态特征	用途	繁殖与栽培要点
紫茉莉 1.喇叭形花冠 2.叶对生卵形 3.花枝一部分	属紫茉莉科多年生草本植物。原产热带美洲,早年引入我国作一年生花卉栽培。近年各地广泛用它作一年生花卉覆盖植物	茎直立,多分枝,节部明显膨大。单叶对生,卵状心形。花芳香,漏斗状,数朵簇生于枝端,傍晚开放,翌晨凋萎,有黄、白、樱红及黄白、黄红及红黄条纹等色。7月下旬至11月中旬,边开花边结籽,瘦果呈球形,有棱,成熟后黑色	喜阴光及温暖气候,半阴处亦能生长。一般种子直播后,栽培管理粗放,不需要施用过多的肥料,能自成群落。覆盖效果明显。并对二氧化硫及氯化氢等有害气体有较好的抗性	通常用播种方法繁殖。一般种子采收后至翌年亦可采播,在精耕薄的养分土壤条件下亦能生长良好
诸葛菜 1.总状花序 2.长角果 3.叶歪卵形	属十字花科二年生草本植物。原产中国东北及华北,分布于辽宁、河北、山东、山西、陕西、江苏等地,常见于荒郊野外阴湿处	茎直立,株高30~50厘米,无毛,有粉霜。基部叶心形、抱茎,顶生叶肾形或三角状卵形,侧生叶卵形,有柄,具钝齿。总状花序,花深紫色或浅红色,4瓣、倒卵形,早春4月陆续续开花不绝。角果长条形,种子1排,黑褐色,卵状,6月果成熟开裂	耐寒力强,亦能耐阴,入冬后一片碧绿,覆盖效果又因引人喜爱,又能具自播能力,在园林绿地中常作林下野阴观花地被栽培	9月初采用种子繁殖,常用撒播法,发芽迅速,每667平方米播种量500克。适应性强,在砂壤上生长良好,翌年不必再播,能依靠自播能力生存

· 110 ·

续表 5-4

名称与图示	分 布	形态特征	用 途	繁殖与栽培要点
垂盆草 1.不定根 2.肉质茎 3.聚伞花序	景天科多年生肉质草本。原产于我国及日本，常见于华东、四川等地的山坡、溪边、岩石阴湿处	肉质嫩茎平卧或上部直立，近地面的平卧、茎节极易抽生不定根。叶3片轮生，无柄，倒披针形至长圆形，全缘。聚伞花序，顶生，花期夏季，鲜黄色花，5瓣，无花梗，萼片5枚	植株低矮稠密集，平整美观，覆盖效果好，在园林中常用于疏林周围及林间，或与植物间作，二年生植物同作，亦可作盆栽，其以防止夏日阳光暴晒。亦可作盆栽，其茎叶密集下垂，十分美观。入秋后，全株含有治疗肝炎的有效成分	通常采用分株及扦插繁殖，适于嫩茎繁殖。在高温下伸展迅速，能在短期内获得大量新苗。繁殖期间需水量大，应加强浇水、施肥及清除杂草等养护工作
多变小冠花 1.攀缘枝一部分 2.伞形花序簇生	属豆科多年生蔓性草本。原产欧洲，近年引入我国江苏、陕西试种，生长良好	茎蔓长，多分枝，秆中空，匍匐或向上蔓延。深根性，有主根，侧根、须根向四周伸延，由根上不定芽萌发新苗。奇数状复叶，小叶5~24 枚，长圆形或倒卵形，先端钝，近无柄。伞形花序，腋生，花蝶形，深粉红色。荚果条形，扁四棱，具明显荚节，每节有 1 粒种子，种皮棕褐色，种子背形，细小而坚便	分枝蔓延迅速，3 月中旬第一次萌发新蔓，4月中现蕾 5~6 月开花，6~7 月果熟，结实后老枝蔓枯萎，侧根不定芽另发新生第二次新蔓，继续生长，露地越冬，能句枯萎。到 11 月下前-28℃低温，极耐干旱、耐寒，为优良固土护坡覆盖植物	荚果装入布袋内摩擦后才能播种、出苗迅速、栽培管理粗放

· 111 ·

续表 5-4

名称与图示	分布	形态特征	用途	繁殖与栽培要点
爬山虎 1.卷须 2.吸盘	属葡萄科藤蔓植物。我国东北南部至华南各地均有分布	枝条粗壮，多分枝，枝端有吸盘。叶生在短枝上，通常三裂，基部心脏形，幼苗和长枝上的叶互生，宽卵形，三小叶或三全裂。聚伞花序，腋生，浆果蓝色。花期6~7月，果熟9月。适应性强，耐阴。常攀援或直垂而上于山地林下或沿石岩垂直上	爬山虎具有强大的攀援墙壁能力，覆盖速度之快令人惊奇，不上几年，就会绿油油一片。其叶如枫，入秋遇霜，又会变成猩红色。目前已广泛在各地应用，绿化效果十分明显	一般采用扦插繁殖，亦可用播种和压条繁殖。播种育苗须搭荫棚遮阳。栽培管理粗放
常春藤	属五加科常绿木质攀援藤本。分布我国华中、华南、西南以及陕西、甘肃等地	攀援茎长可达10米以上，由附生根攀援茎长生，嫩枝具锈色鳞片。叶革质，色浓绿，三角状卵形或戟形，3~5裂。花枝上的叶椭圆状披针形，全缘。伞形花序，8~9月开花，单生或2~7朵顶生，花形小，淡黄色或淡绿白色，具芳香。球果形，10月成熟，红或黄色	性强健、喜光，亦耐阴、耐烟、耐盐碱，是园林绿化墙面和棚架的重要直绿化材料。枝软可作盆栽悬挂，又可作垂下，供人观赏，亦可布置庭园或攀援于山石表面、或栽植于林下作地面覆盖植物，绿化覆盖效果较好	常采用扦插、压条、播种等法繁殖。扦插多在4~6月或8月至10月中旬可进行，压条季均可。以春、秋为佳，养护管理粗放，水分要求不严，草中性及酸性土壤，土质

· 112 ·

续表 5-4

名称与图示	分布	形态特征	用途	繁殖与栽培要点
络石 1.营养双生 2.聚伞花序 3.攀援枝	属夹竹桃科常绿木质藤本。我国南北各地均有分布，常见于山野岩石上或攀附于墙壁及树干上	老茎具乳汁，灰白色，幼枝被柔毛，皮部有气眼，能攀援，叶对生，具短柄，椭圆形或披针形，老叶革质。聚伞花序，腋生或顶生，5~6月开花。花冠白色，筒状，中部膨大，裂片5枚，有香气，顶端具柔毛，熟时褐紫色。蓇葖果，双生，条状披针形。喜温暖阴湿气候，系半阴性植物，抗干旱，忌水涝	在园林中常用于假石山隙，石级缝，点缀山石，陡壁及墙垣，覆盖能力极强，是优良自然覆盖物	繁殖甚易，扦插及播种成活率均高。栽培管理粗放，一般任其自然攀援
美女樱 1.穗状花序顶生 2.叶相圆形对生	属马鞭草科多年生草本植物，通常作一、二年生栽培，并及地被栽培。原产巴西	植株低矮，茎部粗壮，具四棱，分枝呈匐状向外横展，全株被柔毛，叶对生，长椭圆形，边缘有不等的圆齿或近基部稍分裂。穗状花序，顶生，苞片近披针形，花冠筒长，沿边5裂片，有紫、蓝、红、粉红、白等色。小坚果4枚藏宿萼肉，短棒状，花期4~11月	全株枝叶紧密，铺地故又名铺地锦，花期较长，花序繁多，色彩鲜艳，在园林中常作观花地被，成片布置成花坛或栽种入草地中，具有能力强，覆盖效果好	常用扦插和压条法繁殖，在气温15℃条件下生长迅速。采用种子播种出苗不齐，多不用。因系浅根，夏季应注意浇水以防干旱

· 113 ·

续表 5-4

名称与图示	分布	形态特征	用途	繁殖与栽培要点
连线草 1.匍匐茎节上生根 2.腋生轮伞花序 3.花	属唇形科多年生匍匐草本。华北以南各地均有分布，常见于山谷、村旁阴湿处	具匍匐茎，节上生根，分枝直立。茎细长，方形或略呈心脏形，具长叶柄，肾形或略呈心脏形，上部叶较大，边缘有圆齿，上面被粗伏毛，下面带紫色，散疏柔毛。轮伞花序，花小，单生于叶腋，花萼筒状，5齿顶端芒状，花冠唇形，淡紫红色，小坚果短圆状卵形	耐寒性强，喜阴湿环境，阳地也能生长。北京地区稍经覆盖就能露地越冬，忌积水处干旱。叶形美观，植株伏地，生长迅速，能迅速蔓延，郁闭速度较快，是较好的耐阴观叶地被，但不能践踏，花亦不美	扦插、分株反播种繁殖均可，因节间生根，4～5月挖起植株，分成小株移栽，极易成活
百里香 1.匍匐枝 2.头状花序 3.唇形小花	属于唇形科亚灌木。分布于我国甘肃、陕西、青海、山西及河北等地，常见于干燥山坡、砂砾地等处	植株低矮，高仅10厘米，常丛生成片。具匍匐型，小枝直立或斜上，色紫红，密生微毛，叶对生，卵形，缘，先端钝形或稍钝尖，叶面有腺点。花小，集生于枝顶，头状花序，花梗密生微毛，集生紫红色至淡红色，萼带紫色，花期6～9月，小坚果，近圆形，暗褐色，果熟期9月	喜生于向阳及排水良好土壤。在园林中多栽为阴性开花面覆盖植物，布置庭园，亦可作观花草坪混栽于草地中，茎提取芳香油可供药用。此草目前在东北广泛种植	适应性强，栽培管理粗放，繁殖多采用播种及分株法

续表 5-4

名称与图示	分 布	形态特征	用 途	繁殖与栽培要点
藿香蓟 1.孕头状花序 2.叶对生卵形	属菊科一年生草本。原产墨西哥，我国各地广泛栽培，华北已逸为野生	基部分枝，丛生状，全株有白色柔毛，有臭味，叶对生，卵形至圆形，边缘有钝圆锯齿。头状花序，聚伞状，着生枝顶，小花筒状，淡紫色、浅蓝色或白色。瘦果具冠毛	株丛高30～60厘米，分枝倒地着地生根，有良好的覆盖效果。矮种蓝香蓟可布置花坛，耐半阴，有自播繁衍能力，一次播后即可年年生长。在园林中，常用它作疏林观花地栽培	通常春季播种，约2周可发芽，出苗率高。亦可在冬春在室内用扦插法繁殖。栽植株行距20厘米。不耐寒，喜温暖气候，栽培应注意
大金鸡菊 1.头状花序 2.叶深裂	属菊科多年生草本。原产北美洲，早期引入我国，现已发展成为长江中、下游等地区山野自然落生资源，青岛崂山风景区有成片群落	叶基部簇生，丛高60～80厘米，上部叶渐小，无柄，线形或线状披针形。花梗多数，鲜黄色，花径达4～6厘米，舌状花、纯黄色，先端4～5裂。瘦果圆形，秋季老叶逐渐枯萎，叶腋相继萌生新芽，越冬整齐，入冬后一片鲜绿。花期5～8月，种子及瘦果6～9月，陆续成熟	适应性较强，较耐寒，新苗入冬不枯。喜光，亦能耐半阴。枝叶疏密、花期长，对二氧化硫有较强的抗性，自播能力强，在园林中宜作大面积疏林地栽，亦是好顶缘化良好材料	以种子播种为主，多在秋季进行，亦可采用分株及扦插繁殖。栽培管理粗放，一般不予养护

续表 5-4

名称与图示	分布	形态特征	用途	繁殖与栽培要点
金银花 1.花序腋生 2.雄形花冠	属忍冬科半常绿缠绕藤本，分布于我国东北、西北、华北、华南及西南各地，常见于山坡、林边及路边灌丛中	小枝具短柔毛，褐色至赤褐色。单叶对生，卵形至长椭圆状卵形。花序自叶腋间伸出，花冠分2唇形，先白色略带紫色，后转变为黄色。有清香味。浆果球形，黑色。花期5～6月，果熟期8～9月	常附生于岩石或灌木上。枝蔓着地即生根，分枝较多，绿化覆盖效果显著。园林中常用让它爬山石及覆盖假山石等，发挥遮荫和观赏双重绿化作用	对土壤要求不严，酸碱性均能适应，栽培管理粗放。一般多用播种及扦插繁殖，亦可用分株法
石菖蒲 1.根茎(横生) 2.肉穗花序	属天南星科常绿多年生草本植物。原产于我国长江流域及日本各地，常见于山涧溪流旁潮湿的石缝间。浙江新安江两岸尤多	根茎横生，株高25～35厘米，质硬，全株有香气。叶基生，叶片线形，全缘，先端尖，质韧，有光泽。花茎叶状，扁三棱形，肉穗花序，佛焰苞叶状侧生，花两性，黄绿色，密生。浆果，肉质，倒卵圆形。种子茎部无毛。花期5月	园林中常作为林下及阴湿地被植物，耐阴地被植物，栽植后分生能力极强，覆盖效果显著。上海、杭州等地已作为重要地面大面积推广应用，并具有良好的固土护坡作用。冬季－6℃气温下，保持常绿	分株繁殖甚易，一般情况下每年可扩大栽培面积4倍。养护管理粗放，除分株外，不需费人工去养护

续表 5-4

名称与图示	分 布	形态特征	用 途	繁殖与栽培要点
万年青 1.穗状花序顶生 2.根状茎	属百合科多年生常绿草本。原产我国及日本。常见于山涧及林下湿地等处	根状茎粗,有多数粗纤维根。叶基生,深绿色,宽带形,全缘波状,先端急尖,基部渐狭,呈鞘状,平行脉。花葶自叶丛抽出,穗状花序,小花绿白色。花后果呈球形,熟后橘红色或黄色,冬季不落,通常果肉含1粒种子。花期4～5月,果熟期9～12月。叶丛高50～60厘米,花葶高10～20厘米	终年常绿,经冬不凋,故名万年青。华东多作林下分栽在春季2～3月。华东多作林下分栽,秋果殷红,清秀,甚受欢迎。地被栽植在落叶树下,冬季阳光充足,有利于生长。华北则作盆栽观叶观果	播种或分株繁殖。种子要盆播,分株在春季2～3月。栽后不需特殊管理,须置于树荫之下
萱草 1.根状茎 2.圆锥花序	属百合科多年生宿根草本。原产我国,在民间积累了丰富的栽培经验。19世纪传至国外,近年培育出许多多倍体品种	常数株丛生在一起,具有肥大的纺锤状块根。叶条状,有脊,叶色鲜绿,基出成二列状。花葶粗壮,高出叶丛,顶端着生蝎尾状圆锥花序。花大,漏斗状,瓣6裂,裂片向外,基部长筒状,花色橙红或黄色,蒴果三角形。种子黑色,有光泽,花期6月	叶丛茂密,花色鲜艳,园林中常丛栽于草地作地面覆盖植物,亦可植于亭台及短期围石缝处以快速观赏	繁殖以分株法为主,每2～3个分蘖为1丛定植,以花谢后进行为宜。栽培期间,应每隔4～5年掘起分栽1次

· 117 ·

续表 5-4

名称与图示	分布	形态特征	用途	繁殖与栽培要点
阔叶沿阶草 1.念珠状肉质块根 2.总状花序	属百合科多年生常绿草本。原产我国四川、江苏、浙江，常见于山丘、溪石缝。有细叶与宽叶两种。宽叶种称阔叶沿阶草，有细叶阔叶两种	具长须根，下端常有肉质块根。叶基生，窄线形，中部以上稍宽，中脉突出，叶背面发白。花莛4～5月间从叶丛基部抽出，比叶略短。总状花序，顶生；花形小，白色或淡紫，稍下垂。浆果球形，蓝色而有亮光。似珠宝，挂果期长，不易落果。果熟期11月	极耐阴，亦耐湿、耐寒。覆盖效果与麦门冬相同。在园林中除作盆栽供会场布置及室内陈列观叶外，又常栽于花坛边缘、路边及山石缝等处。作耐阴地被栽培，植株整齐、美观，常绿，受人喜爱	多用分株法繁殖，用种子繁殖生长缓慢，甚少采用。栽培管理粗放，常任其自然生长
细叶麦门冬 1.根状茎 2.纺锤形肉质块根 3.总状花序 4.小花	属百合科多年生草本。我国华东及以南各地均有分布，常见于山坡、石隙等处野生	成丛密集生长，叶基生，阔叶线形，先端渐尖。基部黄白色，中部以上较宽，多平行脉，叶片凹凸不平。总状花序，多花，4～8朵簇生于苞片腋内，花被淡紫色。花期7～8月。地下须根多而长，有时根的中部膨大成块根，味甘甜人药。冬后果实开裂，种子黑色	耐寒，常绿，株丛平整，线形叶下垂，美观，在园林中常作为地被栽植物栽培，用于花坛外围、路边侧石边缘。亦可在林下半阴处成片种植，绿化效果显著（落叶乔木下），有时亦可作固土护坡植物，或作盆景观赏	通常在春初着3月采用分株法繁殖，用刀将密集根群切开，一个把施肥1次，成活后，管理粗放

·118·

续表 5-4

名称与图示	分 布	形态特征	用 途	繁殖与栽培要点
石蒜 1.伞形花序 2.鳞茎球及黄	属石蒜科多年生草本。产于我国长江流域至西南各地，常见于山坡、林下阴湿地、有红花与黄花两种，黄花称忽地笑	具椭圆形鳞茎球，外皮紫色薄膜，下端密生须根。叶基生，开花后丛生，带形，质较厚，深绿色有白粉，全缘，平行脉。伞形花序，4～5朵，花鲜红色，花被基部结合，上部6裂，裂片向后反卷，边缘皱缩。蒴果背裂，种子多数。花期9月	喜排水良好的砂质壤土，较耐寒，华北地区可露地越冬，但因花后天气寒冷常不能抽叶，叶丛旺盛，常成片生长，覆盖效果较好，是很好的林下观花地被植物	常于花后掘取地下鳞茎球分栽繁殖。栽培管理粗放，常与麦门冬、沿阶草等混合栽种
葱兰 1.花枝 2.鳞茎球及黄	属石蒜科常绿球根植物。原产于非洲。我国常见的栽培种有2种，除开白花的葱兰外，另一种为韭兰，或称红玉帘。非兰耐寒力不如葱兰，华东露地越冬须稍加保护，华北则须于霜降后起出贮放	鳞茎球稍小，颈部细长，狭扁线形，茎生。叶稍带肉质，苞内，无管，花梗包藏在佛焰苞内，无管，裂瓣钝或短尖。蒴果，种子微扁，黑色。花期7～8月	园林中常作花坛、花境等边缘地被植物。植株整齐，丛生或成片，花色洁白可爱，亦可作草地镶边观赏及盆栽	繁殖通常采用分植鳞茎或播种。栽培在疏松、肥沃的砂质壤土以及良好的湿润环境才能生长良好

续表 5-4

名称与图示	分布	形态特征	用途	繁殖与栽培要点
蝴蝶花 1.匍匐状根茎 2.总状花序 3.蒴果	属鸢尾科多年生草本植物。我国长江以南广大地区及日本有分布，常见于溪旁及林下	根茎匍匐状，有长枝。叶自根生，2列剑形，扁平，先端渐尖，下部折合，上面深绿色，背面淡绿色，全缘，两面均光滑无毛，叶脉平行，中脉不明显，无叶柄。春季叶腋抽花茎，花多数，淡蓝紫色，排列成稀疏的总状花序，小花有苞片，剑形，绿色，花被6枚，外轮呈鸡冠状，边缘有细齿，中心隆起呈鸡冠状。蒴果，圆形，黑色种子多数。花期4~5月。	耐阴、耐寒、园林中常用它作林坛或林下、林缘作观花地被栽培，绿化效果显著	分殖能力极强，多采用分栽自生幼苗繁殖，亦可用种苗繁殖。栽培管理粗放，除每隔4~5年分栽1次外，平时不需人工养护
鸢尾 1.花 2.列叶	属鸢尾科花卉。生宿根草本，原产我国及日本，常见于山坡、草甸、草原等处，现全国各地均作为观叶被植物栽培	根茎淡绿色，丛生。叶初春抽出，叶剑形，先端尖，色淡绿基部抱茎，叶脉平行，2列厚，质茎上生数枚叶丛抽出，直立向上，皮少分枝，茎顶生2~3朵花，花大，花被6片，外轮3片，倒卵形，青紫色，下部合生，外轮3片基部狭，内轮3片，有小黑褐色，花期5月。蒴果，长椭圆形，种子	喜光，向阳，亦稍耐阴，耐寒，为园林优良地被植物，常植于花坛边缘、水边、石缝等处	一般采用分株繁殖，有时亦可用播种法。在排水良好、疏松、肥沃之壤土中生长良好，养护管理粗放

续表 5-4

名称与图示	分 布	形态特征	用 途	繁殖与栽培要点
常夏石竹 1.茎簇生 2.花单生	属禾本科常绿竹类。原产我国江南各地山坡及林缘边,常见有阔叶与狭叶两种	丛状散生,高仅50~60厘米,属矮性竹类。地下茎节多,由节向地面伸出细竹茎秆。叶长椭圆形,尖端为笔状,着生于小枝梢端,革质或纸质,具短叶柄,叶中肋背隆起,有细毛	丛生性极强,在蔽荫坡地、水湿的林下,生长快,生长量大,覆盖效果较好,适宜于园林中成片及树坛边缘、山石周围作护坡地植物	通常利用它的丛生性能采用分株法繁殖
箬叶竹 1.花枝 2.小花	属禾本科宿根草本花卉,原产奥地利及俄罗斯西伯利亚。我国近年引人栽培,在华东能常常绿越冬	茎簇生,光滑具白粉。叶狭窄而厚,长线形,端尖,缘具细齿。花玫红或粉红,有环纹,中心色较深。花冠边缘深裂至1/3处,基部有明显的爪。花期6月。株高15~30厘米	枝叶浓绿色,密集,植株高矮一致,花成片开放,覆盖效果好,且能形成极好的景观,是值得推广的一种耐性观花地被植物	一般采用播种法繁殖,秋季种子成熟后随时即采收,当年播种,发芽率高,也可分株繁殖。性耐寒,喜高燥,在向阳、通风处生长良好,在阴地生长、开花不良

· 121 ·

续表 5-4

名称与图示	分　布	形态特征	用　途	繁殖与栽培要点
蔓长春花 1.花枝直立 2.蔓铺查	属夹竹桃科多年生蔓性常绿半灌木。原产欧洲、北非等地，近年作为攀缘地被植物引入我国，现已在江苏、浙江等地栽培	基部灌木状，丛生，营养枝偃卧，平卧地面，有时亦可攀援。开花枝直立，30～40厘米。除叶缘、叶柄、花萼及花冠喉部有毛外，其他部分无毛。叶脉约4对。叶椭圆形，先端急尖，基部下延。花生于花枝上部的叶腋内，花梗短。花冠5裂，裂片倒卵形，先端圆形，冠蓝色。蓇葖果，双生，直立。花期3～5月，有时秋季还有少量花	适应性强，在华东地区栽培，覆盖能力极强，在粘质土壤中生长良好，叶稠密，先端，叶色光亮，美观，终年绿色，栽培后很快覆地铺满，绿化效果显著	一般采用压条生根繁殖，成活率高。分枝繁殖受季节限制，也可采用播种方法，3～4月间进行。成苗后，栽培管理粗放，在阴地或阳地都生长良好。在寒冬季节，老枝依然能萌生新叶。入冬前如能剪去枯枝，则观赏价值更高

第二篇 应用技术

第六章 草坪植物种子生产与加工

草坪植物种子生产是为了给草坪建植提供数量充足和优良质量的种子。为此,种子生产工作的任务是选育和引进新品种,进行生产示范,品种审定,对优良品种组织种子生产、加工、检疫和检验,逐步实现草坪草种子生产区域化、专业化、机械化,质量标准化,有计划地组织种子供应,为草坪建植服务。

第一节 草坪植物种子生产

一、种子田的选择与耕作

(一)种子田的选择及轮作安排 种子田要选地势开阔,地面平坦,土层深厚,肥力适中,排灌方便的地方。用机械收种田块的坡度不得超过 8°。在高寒地区,种子田还应选在背风向阳、地势较低的平川地或谷地上,以保种子能充分成熟。种子田的土壤以富含有机质的中壤土、pH 值中性或微碱性的土壤为好。

种子田还应选杂草少、杂草不易侵入的地方,以免种子混杂。

为了获得产量高质量好的种子,种子田必须进行合理轮作。草坪草的种子田最好安排在施基肥的休闲地或施过基肥的中耕作物之后,这种茬地墒情好,杂草少,肥力适中,有利于草的生长发育,获得较高的种子产量。为了防止种子混杂,保持种子的纯净度,在同一块田中如已种过草后,应间隔 3 年以上的时间,再种另一种草。

(二)种子田播前的耕作 如种子田是新垦地,应先种几年其他作物,如大麦、马铃薯、油菜、箭筈豌豆、山黧豆等作物,以提高土壤肥力,然后再作为种子田使用。在作物地上建立草坪草种子田时,应在作物收割后及时浅耕灭茬,秋季再深耕保墒。在这种秋耕地上播种的草坪草其种子产量比春耕地高30%~40%。多年生草本植物建植后要利用若干年,为了施足基肥和扩大根系范围,播种前需要深耕,施入基肥,基肥以厩肥、堆肥、绿肥等有机肥为主,施肥量以每公顷30 000~45 000千克。也可将入一定量的化肥如过磷酸钙与有机肥混匀施入,其用量旱地每公顷375~600千克,水浇地每公顷900千克,酸性土壤还应施入适量的石灰。因草坪草种子一般都很小,种子田在播种前,一般在翻耕、耢耙、施基肥、耙平后需压平实,尤其是新垦地和土壤疏松的地块,更应压实,以保播种深度的一致,并使种子与土壤紧密接合,以利种子吸水、出芽和扎根。种子田可用拖拉机带镇压器或石磙进行镇压。

二、种子田的播种

(一)种子的选择 除选用良种外,对于种子须严格按标准选用,即所用种子必须是按合格种子生产规程生产的合格种子,成熟度好,纯净度高,生活力强,质量达到国家质量分级标准规定的一级种子。

(二)种子的播种前的处理

1. 去芒处理 一些草坪草种子具有芒、茸毛或其他附属物,易使种子粘结在一起,造成播种时移动性差,甚至阻塞排种管,影响播种质量。这类种子播入土壤后不能同土壤紧密结合,难于吸水发芽。所以对这类种子在播种前应进行脱芒处理。具体方法是将种子充分晒干,然后进行碾压或用脱芒机处理,除去芒、刺、茸毛等附属物。

2. 种子的硬实处理 在有关章节阐述。

3. 根瘤菌接种 豆科草坪草种子在播种前一般要进行根瘤菌拌种。豆科植物的根瘤菌可分为8个专接种族。这8个专接种族是:①苜蓿族。可接种于苜蓿属、草木犀属、胡枝子属的植物。②

三叶草族。可接种三叶草属植物。③豌豆族。可接种于豌豆属、野豌豆属、山黧豆属、兵豆属植物。④菜豆族。可接种于菜豆属的部分植物。⑤羽扇豆族。可接种于羽扇豆属、鸟足豆属植物。⑥豇豆族。可接种于胡枝子属、猪屎豆属、葛属、金合欢等植物。⑦大豆族。可接种于大豆各品种。⑧其他。可接种于百脉根、田菁属、红豆草属、鹰嘴豆属、紫穗槐属等植物。

拌种时按菌剂说明书要求的剂量、方法操作，加菌剂后要与种子充分搅拌，使种子都能均匀地粘上菌液，拌后即可播种。

（三）**播种方法** 草坪草种子田一般用无覆盖、单播，多采用宽行条播或穴播。这样光照充足，通风良好，有利于植株抽生生殖枝，并获得饱满优质的种子。宽行条播依草的种类、栽培条件不同行距有30厘米、45厘米、60厘米、90厘米或更大行距。方形穴播可用60厘米×60厘米或60厘米×80厘米的穴距。对于一些利用草坪进行种子生产时，以宽行条播较为合适，因为窄行条播会形成大量营养枝，生殖枝很少，影响种子产量和品质。常见草坪草种子田播种量参见表6-1。

表6-1 种子田草坪草播种量 （千克/公顷）

植物种类	窄行	宽行	植物种类	窄行	宽行
紫花苜蓿	9.75~14.25	5.25~6.00	黄花苜蓿	9.75~12.00	3.75~5.25
白花草木犀	14.25~15.75	5.25~8.25	红豆草	69.75~90.00	37.5~52.5
黄花草木犀	14.25~15.65	5.25~8.25	白三叶	6.75~8.25	3.75~5.25
百脉根	8.25~9.75	5.25~6.00	猫尾草	8.25~9.75	3.75~5.25
牛尾草	15.75	8.25~9.00	鸡脚草	14.25~15.00	8.25~9.00
老芒麦	30.00~45.00	21.8~30.1	无芒雀麦	15.75~18.00	9.75~11.25
鹅冠草	14.25~15.75	7.20~8.25	冰草	9.75~12.00	5.25~6.75
多年生黑麦草	11.25~12.75	6.75~8.25	高燕麦草	15.00~15.75	8.25~9.00
草地早熟禾	8.25~9.00	5.25~6.00	小糠草	8.25~9.00	5.25~6.00

覆土深度对出苗好坏影响很大。草坪草种子很小,所含营养物质少,出土能力弱,覆土过深常常是造成出苗不良或不出苗的重要原因。所以播种覆土宜浅。覆土的具体深度可视种子大小、土壤质地及水分状况而定。各种草坪草播种时的覆土深度的参考数见表6-2。

表6-2 草坪草种子田播种覆土深度参考值 (厘米)

植物名称	重壤土	中壤土	轻壤土
苜蓿	0.5	1.0	1.0
红豆草	3.5	4.0	5.0
沙打旺	0.5	0.5	1.0
三叶草	0.5	0.35	1.0
无芒雀麦	1.5	2.0	3.0
猫尾草	0.5	1.0	2.0
草地看麦娘	1.5	1.5	2.0
牛尾草	1.0	2.0	3.0
鹅冠草	2.0	3.0	4.0
多年生黑麦草	1.0		1.5
高燕麦草	1.5	2.5	4.0
小糠草	0.5		1.5
草地早熟禾	0.5	1.0	1.5

三、种子田的田间管理

(一)**杂草防除** 杂草防除在种子生产过程中不能丝毫放松。多年生草播种后要利用多年,多年不能再进行土地翻耕,杂草容易孳生,处理不及时有可能形成草荒,严重影响种子产量和质量。

除草的方法很多,可用人工拔除,在宽行种子田中可用中耕机或犁结合施肥进行中耕除草。施用化学除草剂是防除杂草较方便有效的方法,它比人工拔草、机械除草更省工、省力,效率高。常用除草剂及其使用方法见表 6-3。

表 6-3 草地常用除草剂及使用方法

除草剂	作用方式	防除对象	适用范围	用量(千克/公顷)	使用方法及使用时期
地乐酚	触杀性	禾本科杂草	果园、马铃薯	0.85~1.50	土壤处理
地乐酯	触杀性	宽叶杂草	苜蓿、玉米、马铃薯	1.20~2.50	出苗前土壤处理
2,4-滴	选择传导性	双子叶杂草	禾本科牧草地	0.30~1.20	分蘖末期
2,4,5-涕	选择传导性	双子叶杂草	草坪与草地	0.60~1.50	分蘖末期
2,4-滴丁酸	选择传导性	双子叶杂草	豆科草地	0.25~2.24	苗期
2,4-滴丙酸	选择传导性	双子叶杂草	禾本科牧草地	2.25~3.30	分蘖末期
麦草畏	内吸传导性	一年生杂草	草地更新	0.56~4.00	分蘖期
敌草索	内吸传导性	马唐,菟丝子	草地更新	4.00~10.0	播后芽前土壤处理
百草枯	快速触杀性	广谱	草地更新	0.28~2.00	喷洒
敌草快	灭生性	广谱	可防菟丝子等	0.56~1.12	苜蓿休眠期
苯胺灵	传导性	一年生杂草	苜蓿地	4.50~9.00	播种及出苗前后
氯苯胺灵	选择性	一年生杂草	苜蓿地	1.20~3.50	播种及出苗前后
灭草灵	选择性	一年生杂草		4.00~6.00	苗前或苗后期
环丙草胺灵	选择性	一年生杂草	苜蓿地,玉米地		播前使用
莎草隆	内吸传导性	莎草科杂草		2.00~3.00	芽前土壤使用
西马津	选择性	藜,苋,蓼	玉米地,林地	1.00~4.00	杂草发芽前
环丙氟灵	选择性	石竹科,大戟科	草地更新,苜蓿地	0.60~1.86	播前使用
草甘膦	选择性	唇形科,伞形科		0.50~0.75	
氢草磷	选择性	花科植物			
抑芽丹	植物性激素	野葱,野蒜	草地更新,烟草	2.00~5.00	早春处理
枯草多	选择性	一年生杂草	阔叶植物地	1.20~1.50	1~4 叶期处理
苯达松	选择性触杀性	双子叶杂草	苜蓿,马铃薯,玉米	1.00~1.50	芽后处理

(二)施肥与灌溉

1. 施肥　草坪草种子生产过程中,所需营养物质除土壤能提供少部分外,主要靠施肥补充。

磷肥对促进穗器官的分化具有重要作用。在寒冷地区多施磷肥能提高种草的越冬性能和促进种子成熟。钾肥能促进种草糖类物质的形成和转化,提高光合效率,并使草的茎秆坚韧,增强植株抗逆性,并有助于促进其他肥料的吸收和利用。

在一般情况下对禾本科草坪草可施硫酸铵150～300千克/公顷,过磷酸钙600～900千克/公顷,氯化钾75～120千克/公顷,豆科草可少施氮肥,在其生长初期主要施用磷钾肥,施量为过磷酸钙750～1050千克/公顷,氯化钾75～120千克/公顷。施肥时间禾草可在分蘖至开花期;豆科植物可在分枝至孕蕾期进行。

2. 灌溉　于干旱地区草种生产须注意灌溉。适宜的水分能加速植株对营养物质的吸收和利用,促进草坪草的分蘖及花器官的形成与发育,使种子成熟充分饱满。在寒冷地区冬灌有利于植株安全越冬。灌溉时同时施入肥料。禾本科草在分蘖至开花期浇水,豆科植物在分枝至孕蕾期和种子收获后进行灌水和施肥。

(三)人工辅助授粉

草坪草在自然条件下,结实率不高,禾本科草结实率仅为30%～70%。为了提高结实率,增加种子产量,需进行人工辅助授粉。

人工辅助授粉应在植株盛花期进行。应授粉2次,2次授粉间隔3～4天。禾本科草的辅助授粉可用人工或机具在田块的两侧拉1条绳子或线网,于草丛上部掠过,或用喷雾器对着穗部吹摇。豆科植物大部分为虫媒花,蜜蜂、野蜂等对授粉有重要作用,所以,在种子田边最好放置一些蜂群,以每公顷放置3～6群为宜。

(四)去杂、去劣

去杂、去劣是种子地田间管理的重要工作。为了提高种子纯度,须结合除草、松土进行去杂去劣工作,尤其是在开花至种子成熟期间,应根据花色、穗色、植株形态等特征清除异株、病株、弱株,并将其带出田间彻底销毁。

四、种子的收获

（一）采种年限及收获期 一年生草坪草种子于当年采收,只能采收1次,再生草一般不作收种用。多年生草坪草播种当年生长发育慢,当年一般不能采种,第二年开始采收种子。少年生草如红三叶、黑麦草、披碱草,采种年限2～3年,以栽种后第二年种子产量最高。中寿草坪草,其种子收获年份为2～4年。长寿草坪草生长年限较长,收种以生长第三至第五年产量最高。

草坪草种子的适宜收获期,由于陆续开花期长,种子成熟时间不一致,而且种子成熟后易落粒,如果收获不及时,种子会因脱落而造成很大损失。如多年生黑麦草、草地早熟禾、鸡脚草等种子成熟时,因子落粒每公顷可少收99.75～289.5千克。为了适时收种,应在开花结束后每天在田间视察,发现草穗节间有40%～50%变黄、豆科草种荚有60%～70%变成黄褐色或黑褐色时,即可收获。

（二）种子收获方法 草坪草的种子收获方法有人工刈割、简单机具收割、马拉机具收割和联合收割机收割等。种子田面积较小的,可采用人工或简单机具收割,面积较大的最好用联合收割机收割,用联合收割机收割省时、速度快、效率高,而且可减少种子损失,提高种子质量。

（三）种子干燥法 用人工或马拉机具收割的带种子草捆,在摊晒后进行脱粒。脱粒时应防止种子混杂。用联合收割机收获的种子,应及时晒干或烘干。禾草种子水分含量低于15%,豆科等种子含水量低于13%时,即可入库。

第二节 草坪植物种子的加工

一、草坪草种子的清选与分级

对草坪草种子加工需经过两道工序。一是除去杂草及混入的异类种子,二是清除劣质种子,以获得高净度和高发芽率的种子,提高种子的利用价值。

(一)种子清选分级的操作原理

1. **利用种子大小、重力差异进行分选** 此法也称筛选。是根据种子大小,用不同形状和规格的筛孔的筛子进行筛选,把种子与夹杂物分开,把充实种子与瘪子分开,也可以将长短和大小不同的种子分开。

2. **根据空气动力学原理进行分离** 该法也称风选,是按种子和杂物对气流产生的阻力大小进行分离的。任何一个处在气流中的种子或杂物,除本身具有重力外,还承受气流力的作用,重力大而迎风面小的种子,对气流产生的阻力就小,反之则大。而气流对种子和杂物作用力的大小,又取决于种子和杂物与气流方向成垂直平面面积的大小及气流速度、空气密度的大小等。根据气流对种子等颗粒状物质的压力公式,可用下式将种子在气流中受的压力测定出来。

即:$P = \varepsilon \cdot \rho \cdot F \cdot r^2$

式中 P 为 种子承受的压力,ρ 为 空气密度,ε 为 阻力系数,F 为 种子的承力面积,r 为气流速度。

当物种(种子)的重量 $G > P$ 时,则种子落下;当 $G < P$ 时,则种子被气流带走。利用不同的风速就可以把不同重量、不同大小和形状的种子和杂物分离出来,从而达到种子清选和分级的目的。

3. **根据种子表面结构进行分离** 如果种子中混入的杂物,难以依体积大小或形状用风选分离时,可以利用其形状和表面粗糙度不同进行分离。用此原理设计的种子清选机,可以将形状不同或表面粗糙度不同的种子和杂物分离出来。

4. **根据种子的相对密度进行分离** 种子的相对密度因草坪植物的种类、种子饱满程度、含水量以及受病虫危害的程度不同而有差异,相对密度差异越大,其分离效果越显著。根据该原理设计的清选机,是用液体或风力对种子进行分离。

液体分离也称水选,主要是利用种子及杂物在液体中的浮力不同进行分离。静止液体分离，一般用水、盐水、黄泥浆等来进行种子分离。这样相对密度大于液体的种子就下沉，相对密度小于液体的则浮起。然后将浮起部分捞去，即可将轻重不同的种子和杂物分离。还可以利用流动液体进行种子分离。种子在流动的液体中质体重的种子下沉快，流距近，质体轻的种子和杂物下沉慢，被流送得远。用液体法分离出的种子，如不是立即用来播种，应洗净、晒干后保存，否则易造成种子发热变质。

相对密度筛选法还可以利用负压（即吸风）或正压（吹风）将轻重不同的种子分开。利用该原理设计的机械的关键设备是重力筛。该筛面不起筛孔作用，筛孔仅作通过气流之用。即当种子摊放在筛面上时，由于吸力作用，使轻种子瞬时处于悬浮状态，当风的吸力近似于轻种子的重量时，轻种子产生有规律的运动，而重种子却随筛的振动向上移动，据此可将轻重不同的种子分离开来。在分离过程中，重力筛的倾斜角越大，则上升力也越大，即重物向上移动得越快。

（二）种子机械清选分级方法　在草坪植物种子的加工过程中，可根据各种种子的物理特性，采用不同的机械进行分级。表6-4列出的是常用种子清选分级机械。

表6-4　种子清选和分级机械

种子物理特性	可供选用的分级机械
大　小	筛选机、筛选分级机
重量（相对密度）	相对密度分离机、风筛清选机、吸风机、分级吹风机、风选分离机
长　度	盘式窝眼分离机、滚筒式窝眼分离机、盘-筒联合分离机
形　状	螺旋式分离机、皱褶带式分离机
表面结构	滚轮式分离机
颜　色	电色分离机
对液体的亲和力	磁性分离机、角状分离机

(Gregg, B. R., 1993)

(三)种子的加工程序 种子在加工过程中必须经过几道特定的工序才能得到满意的结果,所选用的机械及程序取决于种子的质量及所含杂质的性质和类别。常用加工程序是预选准备、基本清选和种子精加工。

1. 预选准备 包括收获、脱粒、预清和去芒等几道工序。其中收获、脱粒工序前已有介绍。预清是对种子进行粗清选,将较大的杂质清除,并将重量轻、体积小的颗粒除去,通常采用多筛预清机或粗选机进行预清。禾本科草坪草种子,在此阶段应用去芒机去掉种子上的芒或茸毛,因为种子外稃上的芒影响种子的流动和分级,而且影响种子净度。

2. 基本清选 其目的是清除比本品种草坪植物种子的宽度过大、过小或厚度过大、过小和重量过重、过轻的杂质。基本清选采用风选清选机。经粗加工的种子进入这种机器的气流中,将碎小的茎(穗)节、种外皮等重量较轻的物质除去,然后种子再进入顶层筛上剔除较大的杂质,再进入下层分样筛中按种子大小分离,从而达到精细分级的目的,最后种子经过气流而留下饱满的种子。所以基本清选的关键是要选择适宜的筛子和空气流速,不同种类的种子的基本清选,要依照种子的物理性状选择不同孔径的筛和空气吹入量。

3. 种子精加工 在基本清选的基础上再进行精加工。该过程包括按种子长度分类、按种子宽度和厚度分级以及按容重分级和处理。对种子先按大小分级,然后再用相对密度分离机分离,效果更好。种子经过精加工后即可包装、运送和贮藏。

二、草坪草种子的干燥与包装

(一)种子干燥原理 种子是活的有机体,有代谢等生理活动,具吸湿性,种子内的自由水也会在一定的条件下释放出来。种子水分的吸附和解吸是在一定的空气湿度条件下进行的。即当空气湿度过高,空气中的水蒸气压超过种子所含水分的蒸气压时,种子就从空气中吸收水分,直到与空气的蒸气压达平衡,此时种子内所含的水分称为平衡水分。所以,暴露在空气中的种子,其内部水分达到平衡后,一直处于水分的解吸与吸附的平衡状态中。种子干燥是通过烘干、加热等措施使空气中的水蒸气压下降,种子内部的蒸气压超过空气的蒸气压,发生解吸作用,而将内部水分逸出,散入空气中,达到干燥目的。而且种子内部的蒸气压超过大气蒸气压愈大,干燥作用愈明显,但应该注意的是在种子干燥时不能使这种压力差过于激烈,以避免损伤种子。

(二)种子干燥方法

1. 自然干燥　自然干燥主要有自然通风干燥和太阳干燥(即晒种)两类。前者为收获的种子经清选后直接入库,不经人工辅助干燥就会自然失去水分,这种干燥法与空气的温湿度以及通风速度有直接关系。太阳干燥方法操作简单、经济安全,一般情况下种子不会失去生活力,但需有晒场,有时会受到气候条件的限制。这种干燥法应注意清场预晒,种子摊晒时厚度应适中,并注意勤翻动,然后将种子冷却后再入库。

2. 人工机械干燥　利用太阳能或燃料加热空气,并经机械处理而使种子干燥的一种方法。该法干燥效率高,不受天气条件的限制,但若加热温度掌握不当易使种子丧失生活力。

3. 机械加温干燥的设备　草坪草种子进行机械加温干燥时,必须采用合适的干燥设备。常用干燥设备有三大类型,即分层干燥设备、分批干燥设备和连续流动式干燥设备。

(1)分层干燥设备　通常在圆形或方形仓库内进行,该仓库的地坪通常安装1套网状通气管道,该管道与大型风扇相连。风扇所备动力的大小取决于仓库面积、种子类型、种子堆厚度,以及空气加热的温度和空气流动量等诸要素。

在进行种子干燥作业时,每层种子达到部分干燥后再新添入另一层种子,陆续增加层次直到仓库达到适当的堆积高度为止。

(2)分批干燥设备　分为固定式和移动式两种。移动式干燥机是安装在货车上,在田间向仓库拉运种子的过程中即可完成干燥作业。

4. 其他干燥方法　在实验室或对少量种子进行干燥时,往往采用冷冻、干燥剂干燥等法。冷冻干燥是在干燥室中设置真空冷冻设备,使种子在冰点温度以下,使种子内自由水产生冻结,然后在真空条件下,对种子稍微加热,使种子升温到 25℃～30℃,种子内部的冰便升华为水蒸气而逸出,达到干燥种子的目的。

干燥剂干燥法是利用具有吸湿能力的干燥剂,如氯化锂(LiCl)、氯化钙($CaCl_2$)、生石灰(CaO)、五氧化二磷(P_2O_5)等,将空气中的水气吸附,使种子内水分解吸而逸出,使种子干燥。用该法干燥种子优于加热干燥,只要使用得当,种子不会发生老化。

(三)种子包装　草坪草种子在贮藏、运输和销售过程中,大多数情况下需经过包装处理。常用包装材料有麻袋、棉布、塑料膜、纸张、金属箔等。

1. 包装材料的性能

(1)多孔包装材料　多孔包装材料如多孔纸袋或针织袋等,种子经这些材料包装后经短时间贮藏,或在低温干燥条件下贮藏,仍能保持旺盛的生命力,但这类材料的防潮性能较差,在热带条件下种子很快会丧失活力。

针织袋中的粗麻布袋是用优质黄麻为原料编织而成,非常结实。种子装入后可以堆成高垛,适合于多次搬运。麻袋还可以多次使用。棉布袋或一些无缝材料制成的种子袋强度很大,抗撕裂力强,用这些材料制成的包装袋可多次使用。

纸质材料广泛用于种子包装,小种子袋多用亚硫酸纸或漂白纸制成。这种材料制作的袋子的抗破力较差,当种子堆放过高时底部袋子易胀破。可作为商品种子袋供零售使用。用纸质材料制成的纸板盒和纸板罐也广泛地用于种子包装。

(2)防潮包装材料　这类材料包括金属材料、玻璃材料等,制成的容器可防止种子受潮,隔绝了气体,遮挡了光线的影响,还可避免鼠类、昆虫以及空气湿度变化对种子的影响。种子在放入密封的防潮容器前,必须充分干燥,种子装入后将口封起来。这种材料制成金属罐、玻璃容器等。玻璃容器易破碎,在商品种子包装中并不可取,可在科研部门及种子销售商店作为种子陈列用。

(3)抗湿包装材料　这类材料主要有塑料薄膜、橡胶软膜、金属箔以及这类材料与其他材料组成的复合材料,可做成各类容器。

2. 草坪草种子的包装　草坪草种子在生产、贮藏和销售中,使用最多的包装用品是纤维编织袋、板式纸质箱以及金属包装容器,在零售时多将种子分装在用塑料袋、橡胶膜、金属箔等材料制成的小容器中。如我国进口的草坪草种子常分装在 11.35～45.35 千克(25～100 磅)的织物袋中,该袋有时衬以聚乙烯膜,可以防潮。部分名贵草种常分装在 0.5～2.5 千克的铁罐容器、玻璃瓶容器或聚乙烯、铝箔制成的包装袋中。

种子包装最简便的是手工操作。现在已有了自动或半自动分装机,对于大量需包装的种子只要将其倒入分装机中,即可将种子定量装入容器中,装好后能自动封口、打号。

半硬质或硬质的容器,如纸板箱或玻璃容器、金属罐的封口,常用冷胶或热胶,也可以用活动盖进行封口。

三、草坪草种子的丸粒化及包衣处理

丸粒化及包衣是重要的种子处理方法,此法在很多地方已经采用。经丸粒化处理后的种子称为丸化种子或种子丸,各个种子颗粒在大小和形状上没有明显差别,都是球形或接近球形。经包衣剂处理过的种子称包衣种子,其形状与种子原来的形状相似。

丸粒化、包衣剂处理过程是将肥料、微量元素、植物生长调节剂、杀虫杀菌剂、抗生素、固氮菌或根瘤菌、除草剂、驱鼠剂等混入经研细的惰性介质材料中,混合均匀备用。再以胶液作为粘合剂粘附在种子表面,然后按比例将种子投入种衣剂中,不断滚动,使种衣剂牢固地附着在种子表面上,按此法多次重复处理,即可形成丸粒化种子。种子经包衣和丸粒化处理后,可以改善种子的出苗条件,促进幼苗生长。种衣材料包裹在种子外表,使种子粒呈丸粒状,故称之为丸粒化种子处理。种子经丸粒化处理后,更便于机械播种,可提高播种的均匀度,并能防止病、虫、鼠、雀的危害。

草坪草种子大多带有芒及内外稃等,部分草坪草种子轻而小,这类种子在播种时移动性差,散落不匀,影响播种质量。经丸粒化处理可除去芒、茸毛等附属物,增加粒子重量,增强移动性,提高播种均匀度。

在种子的丸粒化和包衣处理中,其使用的材料有填充剂、粘着剂、肥料、杀菌杀虫剂、根瘤菌等。填充剂主要是一些惰性物质如钙镁磷肥、磷矿粉、滑石粉、粘土、泥炭土、硅藻土等。粘着剂常用的有羟甲基纤维素钠、聚乙烯醇等胶粘性物质。为了提高豆科牧草的根瘤菌的固氮能力,可使用各种类型的根瘤菌剂。为防治病虫及防鼠、雀危害,还可使用各种农药。

种子丸粒化时所用的材料要按播种土壤的性质、病虫害状态等性况来选择。

第七章 园林绿地植物及栽培

第一节 园林绿地植物的类型及应用

一、园林绿地植物的类型

(一)**依植物进化系统分类** 城市园林绿化植物属于高等植物中的种子植物。种子植物分为裸子植物和被子植物。

1. **裸子植物** 为种子没有外皮包裹的一类植物。都是多年生木本植物,分枝有长短之分。长枝细长,无限生长,叶子在枝上呈螺旋状排列;短枝粗短,生长缓慢,叶簇生枝顶。由胚、胚乳和珠被等形成种子,不形成果实,胚珠和种子裸露,因此称为裸子植物。如苏铁、银杏、松柏类树木等。

2. 被子植物　种子由果皮包裹的一类种子植物。是植物界最高级、分布最广的一个类群，它具有真正的花，出现胚乳和果实等特征，种子被果皮所包被。被子植物有乔木、灌木、草本；有多年生的，也有一年生的。生态环境也多种多样。

被子植物又可分为双子叶植物和单子叶植物两大类。

(1) 双子叶植物　种子的胚有2枚子叶，主根发达，多为直根系。包括大多常见的植物，如垂柳、牡丹、月季、菊花、国槐等。

(2) 单子叶植物　种子的胚只有1枚子叶。多数为草本，稀为木本，如百合、萱草、吊兰、各种草坪草、竹类等。

(二) 依生物学习性分类

1. 草本植物　植物茎为草质，柔软多汁，木质化程度不高。其中有多种类型。

(1) 一二年生植物　在一年内完成1个生活周期的称一年生植物。一般春季播种，夏秋开花，秋后种子成熟，入冬枯死。如鸡冠花、百日草等。

秋季播种，翌年春季开花，在二年内完成1个生活周期的称二年生植物。如飞燕草、风铃草等。

(2) 宿根、球根植物　也是多年生草本植物，在完成1个生育周期以后，其地下部分经过休眠，能重新萌发生育，多次开花结实。根据其地下部分的形态不同，可分为：宿根植物，冬季在露地可以越冬，根系宿存于土壤中，翌年春暖后重新萌发生长。球根植物，地下部分具有变态根或变态茎的植物。球根植物根据其球根形态可分为：①鳞茎类。地下茎极度缩短呈鳞片状，如百合、水仙等。②球茎类。地下茎球形或扁球形，顶部着生主芽与侧芽。③块茎类。地下茎呈不规则的块状体。④块根类。地下部分为直根，其上不具芽眼，只在根茎部有发芽点。⑤根茎类。地下茎肥大呈根状，具明显的节，节部具芽和根。

(3) 水生植物　生长在水中或沼泽地上，能适应水域环境。

(4)岩生植物　较耐旱,适于岩石园布置的植物。

(5)草坪植物　如早熟禾、高羊茅等。

2. 木本植物　茎部木质化,质地坚硬,根据形态,又可分为三类。

(1)乔木类　主干单一,由根部发生独立的主干,主干和树枝有明显的区分。树形高大。一般分落叶乔木和常绿乔木。

(2)灌木类　无明显主干,近地面处生出许多枝条,呈丛生状。树型一般比较矮小,按高度可分三个等级。大灌木为2米以上,中灌木为1~2米,小灌木为1米以下。

(3)藤本类　茎木质化,长而细弱,不能直立,必须缠绕或攀援在其他植物或物体上才能向上生长。

(三)依植物的生长习性分类

1. 阳性植物　在阳光比较充足的环境条件下,才能正常生长的树种,称为阳性树种或阳性植物,也称"喜光树种"或"喜光植物"。最常见的树种有银杏、雪松、桧柏、翠柏、刺槐、槐树等,草花有鸢尾、飞燕草、牵牛花、矮牵牛、一串红等,草坪草有假俭草、结缕草、细叶结缕草等。

2. 阴性植物　能在蔽荫环境条件下正常生长的树木、花草称阴性植物或阴性树种,也称"耐阴树种"或"耐阴草坪地被植物"。最常见的耐阴树种有大叶黄杨、瓜子黄杨、迎春,常见的耐阴花卉有文竹、吊兰、玉簪、八仙花等,常见的耐阴草坪草有普通早熟禾、黑麦草等。

3. 中性植物　对阳光要求介于阳性与阴性两者之间的植物,称为中性植物。最常见的中性树木有苏铁、侧柏、云杉、郁李、金银花等,中性花卉、草坪草有紫羊茅、旱地早熟禾等。

园林植物的配植,必须满足植物对阳光的不同要求。阳性植物应栽于向阳开阔处,阴性植物则应栽于林内或树荫下或建筑的背阳处。阳性植物可种植于瘠薄干燥的土壤中,阴性植物则要求种植于肥沃湿润的土壤中,否则生长不良,有时还会引发病虫害。

4. 耐水湿植物　这类植物要求土壤水分充足,有的根部伸入水中也不影响其生长。耐水湿的树木如水杉、垂柳、水曲柳、龙爪柳等,耐水湿的草坪草如普通早熟禾、䵮股颖等。

5. 耐干旱植物　这类植物能耐干旱,在土壤干燥的条件下能正常生长。耐干旱的树木如苏铁、侧柏、落叶松、白皮松、刺槐、夹竹桃、泡桐等,耐干旱的草坪草如羊茅、草地早熟禾、细弱䵮股颖等。

6. 耐盐碱植物　这类植物能生长在含有一定盐碱的土中,如侧柏、合欢、泡桐、柽柳、白蜡树、刺槐等树木。

7. 抗性植物　凡具有保护环境、抵抗污染和自然灾害的植物都属于抗性植物。园林植物对有害气体抗性各不相同,有的能抗多种有害气体,有的较差,尤其是"三废"污染比较严重的城市和工矿区,在绿地的配置中,必须选择抗性较强的植物,如女贞。

8. 耐寒植物　抗寒能力强,在我国西北、华北、东北南部地区可以露地越冬,能耐0℃以下的温度,部分种类能耐-10℃～-20℃的低温。

(四)其他分类方法

1. 按观赏部位分类

(1)观花类　以观赏花形、花色、花香为主,如碧桃、连翘、月季、牡丹、菊花类、丁香等。

(2)观叶类　以观赏叶形、叶色为主,如紫叶李、龟背竹、鹅掌木、橡皮树等。

(3)观茎类　以观赏植物茎为主,如佛肚竹等。

(4)观果类　以观赏果实为主,如金橘、石榴、朝天椒等。

(5)观芽类　以观赏叶芽或花芽为主,如银柳的肥大银色花芽、白玉兰密生茸毛的肥大花芽等。

2. 按开花季节分类

(1)春花类　如瓜叶菊、雏菊、白玉兰、碧桃、连翘等。

(2)夏花类　如凤仙花、鸡冠花、唐菖蒲、扶桑等。

(3)秋花类　如菊花、锦葵、桂花等。

(4)冬花类 如仙客来、茶花等。
3. 按栽培方式分类
(1)露地植物 其栽培与繁殖均在露地进行,如雪松、刺柏、连翘、萱草等。
(2)温室植物 原产热带和亚热带或长江以南温暖地区的植物,在北方气候条件下不能在室外越冬,必须保护于温室中的一类植物,如苏铁、大岩桐、扶桑等。

二、园林绿地植物的应用

(一)庭园布置

1. 庭园布置的意义 观赏植物是庭园布置的基础材料。其树形优美,花朵艳丽,叶形、叶色、花姿丰富多变,具有很高的观赏价值。根据庭园绿化的要求,结合各种植物的生长习性,合理选择配植,并与周围地形、地貌、景物协调配置,加以精细养护,就能充分表现出观赏植物美的特性,以它绚丽的风姿,美化庭园,美化环境,可给人以轻松适舒的享受。

2. 庭园布置的主要类型
(1)花坛 花坛具有一定的图形及寓意,配植各种低矮的观赏植物,能构成色彩鲜艳和美丽的图案。花坛富于装饰性,是园林布局的主景之一,对周围建筑物起着配景和美化作用。

花坛可依其形式、性质、植物材料等进行分类。按形状可分为圆形花坛、带状花坛、平面花坛、立体花坛等,按植物材料和布置方式可分为毛毡式花坛和花丛式花坛。①毛毡式花坛适合布置平面图案,显示细腻的图案花纹,多栽植低矮紧密和株丛较小的植物,如三色堇、半支莲、石竹、美女樱、矮翠菊、香雪球等。在图案组合时可用草坪或彩色石子镶边,花坛内的植物株高度控制在20厘米左右,对较高的植物可通过修剪、摘心加以控制,用在苗期就能开花的花草栽植于毛毡式花坛中,如孔雀草,矮万寿菊、矮一串红等。②花丛式花坛布置时不要求花卉种类多,而要求图样简洁、轮廓鲜明、对比度强。目的是着重观赏开花时花丛的整体色彩。因此,要求采用花期一致、色彩艳丽的花草,如金鱼草、一串红、鸡冠花、各类菊花等,也可以用一些宿根、球根类花卉,如美人蕉、鸢尾、郁金香、百合等。在同一花坛内如果栽植几种花卉,它们之间的界限必须明显,相邻的花卉色彩对比一定要强烈,高矮不能相差悬殊。为了增强花坛的立体感,在花坛中央应栽植较高而整齐的花木,如黄刺玫、榆叶梅、黄杨、红叶小檗等,在圆形花坛中心可栽植一棵或一组,在长方形或椭圆式花坛的中央可栽植1～3排。

(2) 花境　花境是以多年生花卉为主组成的带状地段,花卉布置采取自然式块状混合配置,以表现花卉群体的自然景观。布置时要考虑前后的层次,以形成高低参差,疏密断续,季相交替变化的景观,一般栽植后可3～5年不更换。花境多设置在灌木丛前、道路网旁、建筑物前。花境中栽植的花卉,对植株高矮要求不严,以开花时不被其他植株遮挡为宜,并要求三季有花,四季常青,花开成丛,叶、果、色变化能反映出季节的更替的特点。常用的植物有紫菀、大丽花、菊花、芍药、荷兰菊、大花滨菊、五叶地锦等。

(3) 花丛和花群　在园林中为了把树群、草坪、树丛等自然景观相互连接起来,从而加强园林布局的整体性,常在这些景观之间栽种一些成丛或成群的花卉植物,可给人以既开阔又错落有致的感觉,因此可不拘一格地进行设置。

(4) 绿篱　观赏植物成行密植,形似篱笆,并能起到篱笆、栏杆、隔墙等的隔离作用,故称为绿篱。组成绿篱的植物,不进行整形修剪,任其自然生长,称为自然式绿篱;如将其修剪成整齐划一的几何形,称为规则式绿篱。根据所栽植物种类的不同,又可分为常绿绿篱、落叶绿篱、花果绿篱、带刺绿篱等。适于作绿篱的植物有侧柏、刺柏、桧柏、大叶黄杨、雀舌黄杨、瓜子黄杨、丰花月季、小檗等。

(5) 篱垣和棚架　在园林中可以充分利用蔓性攀援类花卉植物,构成篱栅、棚架、花洞和透空花廊。这些结构不但可以起掩蔽、防护和点缀作用,还能给游人提供纳凉和休息的场所,并能绿化、美化一些栅栏和单调的围墙。

在篱垣上立体布置一些蔓性草花,如茑萝、牵牛花、香豌豆、苦瓜、小葫芦等;在棚架和透空花廊的一边或两侧,栽植木本攀援植物,如葡萄、金银花、山荞麦、地锦等;在花洞将开花繁茂的蔓性花卉支撑或用棚架托起来,多设在园林的小径上,下面可供游人漫步,以栽植多花蔷薇为好。因而形成色彩丰富的篱垣景观。

(6)花灌木的应用　花灌木常栽在草坪和花境当中,如迎春、连翘、榆叶梅、丁香、黄刺玫等;还有一些观花和观叶的小乔木树种也常按此法栽植,如红叶李、紫薇、龙爪槐等。

(7)水生花卉的应用　园林中的水面绿化非常重要,可以改善单调的环境气氛,还可利用水生花卉的一些经济用途来增加经济收入。栽植水生植物时,应根据水深、流速以及景观的需要分别采用不同的水生植物。荷花可栽在有缓流的浅水中,睡莲则应栽在静水中,千屈菜等可栽在沼泽或低湿地上。

(二)**花卉装饰**　花卉植物除地栽布置园林景观外,还广泛用于盆栽以及瓶插水养和制作花束、花篮、花圈,美化室内外环境。

1. 盆花摆设　盆花便于挪动和更换,种类繁多,五彩缤纷,千姿百态,观赏期长,是布置宾馆、广场、厂矿办公区、学校、家庭居室、阳台等的最佳装饰材料。

盆花室内摆设或室外配置时,可根据不同的花卉或同一种植物的不同发育时期对光照的不同要求,确定合理的摆放位置和摆放时间。

(1)喜光类盆花　在室内摆放时间不宜过长,冬季10~15天轮换1次,夏季5~7天轮换1次。这类盆栽植物有五针松、罗汉松、扶桑、碧桃、牡丹、鸡冠花、一串红、贴梗海棠、夹竹桃等。

(2)耐阴类盆花　在室内摆放时间较长,冬季可25~30天轮换1次,夏季10~15天轮换1次。耐阴的盆栽植物有苏铁、棕榈、棕竹、蒲葵、八仙花、米兰、南天竹、兰花、百合、酢浆草、君子兰、文竹、吊兰、龟背竹、麦冬、蕨类等。还有一些半耐阴盆栽花卉,如山茶、杜鹃、月季、含笑、旱金莲、一品红等,其在室内的摆放时间可根据花期长短灵活掌握。

盆花的摆放形式,应根据陈设的目的和摆放环境区别对待。家庭居室客厅摆放盆花不宜过多,应与室内其他摆设协调;在展览室或陈列室内装饰盆花,在角落或空隙处摆设单株观叶盆花即可;会场布置,主席台前缘是摆设盆花的主要位置,摆放的方法是:排列紧密,每排品种统一,后排要比前排高,高度不能超过主席台桌面;广场的盆花装饰多用于盛大节日,这种布置要欢快、活泼,色彩鲜艳而浓厚,可组成各种图案、文字等。以增添节日的欢庆气氛,常用的盆花有苏铁、翠柏、早菊、月季、一串红、大丽花、翠菊、天门冬等。

2. 切花的应用　　花卉可选用其花朵美丽、色彩鲜艳、姿态优美的花枝及叶枝、芽枝、果枝等,插瓶摆设或制作花篮、花束等,用于装饰。可供切取或制作花环、花束的材料称为切花。

(1)插花　　插花是把切花通过艺术加工制成构图优美而又具有生活力的室内陈设品。我国的插花艺术,历史悠久,技艺精湛,独具风格。插花多为自然式,寓意深长,富有诗情画意。

(2)花束　　花束又称手花,是一种高雅礼品,常用于迎送宾客,馈赠亲友。花束制作简单,将剪下的花枝通过技术和艺术手段缚扎而成,缚扎时注意花朵的色、香、形和枝叶的搭配,花束外围或罩以透明包装纸,并配以丝织彩带。

(3)花篮　　花篮多用于喜庆祝贺活动。花篮形状大小不一,一般在篮内装有可盛水的容器或插花泥,花篮内的鲜切花可用细铁丝缠绕扶持。插花时要求花型大小协调,高矮比例适当,色彩配置协调。

(4)花圈和花环　　花圈主要用于悼念活动。花圈制作是用竹片扎成圆圈,外裹以稻草或麦秆,用细绳扎紧,外层用皱纸或纱布包牢,然后将预先捆有竹签的花朵插在草圈上,再衬以绿叶。

花环是将小型的芳香花朵用线穿在一起,或把鲜花和配叶缠绕绑扎在圆环上面,可挂在胸前。多在欢迎贵宾时献给客人。

第二节　园林绿地植物的引种驯化及繁殖技术

一、园林绿地植物的引种驯化技术

园林绿地植物引种驯化技术,按所采用的方法不同可分为顺应性引种驯化、保护性引种驯化、改造性引种驯化,而各种驯化都要有一定的物质保障。

(一)顺应性引种驯化技术

1. 引进种子育苗,选优驯化栽培　引进种子育苗,易受栽培环境的影响,其幼苗可塑性优越的得以充分发育,适应性强的幼苗生长良好,可从中选优栽培,以达到优化驯化的目的。常用的引种育苗驯化方法有大田播种育苗、棚室盆播育苗和温室播种育苗等。

2. 引进无性系,保持良种性状稳定　从引进的同一种植物的不同无性系中筛选出生长快、抗逆性强、树形优美、适合于本地生长的优良无性系,采用扦插、压条、嫁接等方法繁殖,或者直接引进植物的组织进行离体培养。

3. 选择种源地,提高引种效果　同一种植物种由于分布的地点不同,会形成不同的生态型,各自要求一定的生长发育环境,将其引种到新地区之后,生长节律就会有不同的反映。一般从离种源产地愈近的地区引种,效果愈好。

4. 调节日照时间,改变生长规律　引种时,要研究引种对象对日照长短的反应和原产地日照度的季节变化规律。南树北移会出现发育迟、生长发育延长的现象,而北树南移会出现发育早、生长发育期缩短的情况,因此,控制日照时间,对植物引种的成败有着十分重要的意义。

(二)保护性引种驯化技术

创造与引进种原来立地环境相似的条件是引种成功的关键因

素之一,对引种驯化具有决定性的作用。引种时要首先研究引进植物的生物学特性及立地环境,再选择适宜栽植的小地形或改造栽培环境,这种小地形的环境条件力求与原引种地的相似,使引进植物能在这种环境下成活,并能正常地生长发育,直至开花结实。西北地区园林植物引种中,常遇到不良环境,如风害、寒害、旱害等,特别是早春的干冷风对引进种危害很大。因此,在引种工作中要采取各种防护性措施,防止不良生态条件的危害,确保引进植物能安全生长。

(三)改造性引种驯化技术

1. 处理种苗,增强抗性　将刚萌发的种子放在0℃～6℃条件下,锻炼15天,然后再在3℃～5℃条件下锻炼6天左右,就可以获得一定的耐寒力。

(1)抗旱性锻炼　在播种前把经浸种吸水饱胀的种子放在20℃～23℃的条件下,让种子少许萌动,然后风干到原来重量,再浸种,使其再次吸胀,待少许芽萌动后,再风干,如此重复2～3次,可提高种子的抗旱性。

(2)化学处理　化学处理能提高种子和种苗的多种抗性,如施用矮壮素(CCC,三西)、吲哚丁酸(IBA)等植物生长调节剂及氮、磷、钾和多种微量元素,可以提高种苗的抗寒性。

2. 逐渐引种,循序渐进　引进植地和植物原产地自然条件差异很大时,需要采用逐渐引种法,循序渐进地进行引种。该方法的要点是:逐代迁移驯化,以保护、改造和选择相结合,使植物逐渐适应引进地的生态环境,最终达到驯化的目标。

3. 嫁接蒙导,驯化幼苗　嫁接蒙导是指两个树种杂交后,所产生的子代不具备某一亲本的优良性状时,再把子代嫁接到某一亲本或另一其他树种上,进行性状诱导,使子代能获得亲本的优良性状。在植物引种过程中,往往采用这种技术驯化幼苗,使其适应新的环境。南树北移时,用当地高度耐寒的树种作蒙导者(砧木)以提高其抗寒性。北树南移时,用当地喜温喜湿的树种作蒙导者,以提高抗高温、抗水湿的能力。

4. 多代连续驯化　利用植物能够发生变异的特性,把所需要的变异用连续选择的方法积累起来,形成适应新的环境和新的需要的类型或品种,这就是多代连续驯化的目的。方法是从引进的实生后代中选出优良单株,进行保护性栽培,使其尽快开花,结出第一代种子,再把第一代种子在当地播种育成小苗,再从中选优,结出第二代种子,如此一代一代积累,直到在引进地的自然条件下能不加保护地正常生长发育为止。

(四)驯化的物质保障

1. 细致整地,施足基肥　细致整地,深翻并施入有机肥(农家肥)作基肥,以改善土壤结构,增加土壤孔隙度,提高土壤的透气性和透水性,促进土壤微生物活动,提高土壤肥力。

2. 适时中耕,合理灌溉　栽植引进植物后要适时松土除草、合理灌溉。松土除草可改善土壤状况,提高土壤保墒能力和透气性能,避免杂草与树苗争夺水肥。灌溉可充分供应植物所需水分和调节地温。

3. 适时适量因树追肥　根据不同的季节和植物的生长规律,适时适量地追施肥料,补充各种营养元素。微量元素多用根外追肥。注意观察植物有无缺素现象,视情施入所缺营养元素。

4. 加强防护,防治病虫　病虫害防治上要防重于治,防早、防少、治小、治了,栽种要做好土壤消毒工作,引进的种苗做好检疫和苗木消毒工作,防止病虫源传入和传播。

二、园林绿地植物繁殖的基本方法

不同的园林植物,各有其不同的繁殖时期和繁殖方法。适时地、正确地掌握繁殖时期运用适宜的繁殖方法,才能使繁殖过程顺利地进行。植物繁殖的方法很多,基本上可分为有性繁殖和无性繁殖。

(一)**有性繁殖**　也称种子繁殖。应用范围最广,绝大多数园林植物均能采用,种子繁殖一二年生草花更为常用。

（二）**无性繁殖** 也称营养繁殖。分离或分割营养器官的一部分,使之形成新植株。分株、压条、扦插及嫁接为常用的营养繁殖方法。

球根花卉如鳞茎、球茎等能产生独立的新个体,而与母株自然分离,此类繁殖过程可称为自然营养繁殖,不需人力予以分割。

（三）**种子繁殖和营养繁殖植株的生长发育特点** 两者在生物学特性上和生产中有着不同的意义和作用。

1. 根系　种子繁殖的植株根系强大,深入土中,可以吸收土壤深层丰富的水分和养分,因而地上部分生长强健；营养繁殖的植株无主根,根系在土壤中分布较浅,吸收水分、养分能力弱,地上部分生长也不及种子繁殖的强健。

2. 适应性　种子系两性结合而产生的,不仅生活力较强,而且适应不良环境的能力亦较强,这为营养繁殖的植株所不及。

3. 发育期　营养繁殖的植株,可以在较短的时间内获得较大的种苗,开花期也能相对提早,是播种苗所不及的。

4. 生长过程　营养繁殖所采用的植物营养器官,其阶段发育较早,为母株之继续；播种苗的阶段发育须从幼苗期开始,经历各个生长发育阶段方能开花。

5. 种性保持　种子繁殖不易保持品种的优良特性,所以优良品种通常采用营养繁殖方法。

6. 繁殖不结实植物　有一些园林植物不能结实,或不能正常产生种子,必须采用营养繁殖方法繁殖。

三、园林绿地植物的种子繁殖技术

（一）**种子的品质** 优良种子是园林植物栽培成功的重要条件,劣质种子常导致生产失败。优良的种子应具备以下条件。

1. 发育充实,大而重　充实而粒大的种子具有较高的发芽率和发芽势,所生幼苗强健,生活力强,以后植株生长健壮。

2. 富有生活力　新采收的种子,发芽率及发芽势均较高,陈旧的种子发芽率和发芽势均较低,其幼苗生活力弱。

3. 纯净　种子中常混有枝、叶、萼片、花瓣、果皮、石块、尘土、沙子及杂草种子等。夹杂物的量越多,真正种子量越少,在播种时不易算出准确的播种量和育苗数量,对于栽培工作极为不利。如混了杂草种子,不仅会增加除草工作量,而且外来种子常有引入新杂草的危险。因此,种子的纯度是评价优良种子的必要条件之一。

4. 无病虫害　种子是传播病害及虫害的重要媒介之一,种子上附有病菌及虫卵,常自发生病害虫害传播,可造成灾害。因此,种子检疫及检验制度的建立,是预防病虫害从国外传入或在国内地区传播的重要措施。当花卉种子已感染病原或附有病原及虫原时,必须在播种前进行种子消毒。

(二)种子的采收

1. 采种母株的选择及栽培、管理　大面积采种,宜特辟留种地,专门培养采种母株。留种地应选地势平坦、阳光充足的地方。采种植株株行距适当加大,并尽量创造适于该植物生长的条件。

对留种地上的采种母株,要经常进行检查、鉴定,淘汰混杂、变劣的植株,选留具有标准颜色、光泽、形状、大小、花期、高矮、生长势、抗性等的植株,并作好登记和标记工作。

2. 种子的采收　应在种子充分成熟后采收。对易开裂的果实宜提早采收,以免种子散落失收;对成熟后会自行飞散脱落的种子,应分期分批采收;对果实不开裂也不散落的种子,可在整株种子成熟后连根割下,捆扎成束,晾干后收取种子。采收时必须掌握种子成熟后的形态和色泽标准。如一串红种子成熟时呈褐色,紫茉莉和石竹成熟种子呈黑色,紫茉莉种子外形呈地雷状等。采种常选母株上先开花的、着生在主干或主枝上的种子,这些种子一般成熟度高;平行侧枝上的种子,常不作留种用。

采收时间宜在晴天清晨。种子采收后应立即进行去杂处理,若连果实采收的要去壳去杂,或进行脱粒清洗、干燥等处理,进行编号登记,注明采收日期、名称、颜色等,最后包装贮藏。

(三)**种子的贮藏**　种子贮藏的要求是降低种子的呼吸作用,以减少其营养物质消耗,保持种子的生命力。理想的贮藏条件是密闭的低温、低湿条件。在此条件下既可抑制其呼吸作用,维持最低的代谢活动,又可保持种子质量良好,不致变质。

种子贮藏有干藏法和湿藏法两种。干藏法适用于多数种类,即用麻袋、布袋、纸袋、木箱、木盒、金属盒及玻璃瓶等容器包装,贮藏前达到一定的干燥程度后再密封,存放于种子库中,种子库要干燥、通风、凉爽,放置种子前要进行熏蒸消毒。种子贮藏期间要经常检查。湿藏法即用湿沙与种子混合坑藏。先选地挖好1个坑,坑内每隔1米竖一小捆玉米秸或其他通气物,使坑内透气,便于种子呼吸及防止坑内湿度升高而使种子霉烂。怕冻的种子,坑应挖得深一些,达到冻土层以下。沙藏时间的长短依品种而异,如杜鹃只要30～40天,海棠等50～60天,白皮松、桃、杏、榆叶梅等70～90天,山楂可达100天以上。

各种植物种子的保持活力的时间长短是不相同的,要根据实际需要来确定贮藏时间,否则会造成损失。

(四)**播　种**

1. 播前选种及催芽　播种前要再次选种,因为贮藏中有的种子可能会变质损坏。选后进行催芽处理,对带有干枯果壳和种皮坚硬的种子更需处理,促使种子迅速发芽。常用的种子处理和催芽方法有:

(1)浸种　浸种有冷水浸种、温水浸种、开水浸种等。容易发芽的种子,常用冷水或温水浸种,待种皮变软后,即可取出播种。浸种水温在40℃左右时,可缩短浸种时间。因为水温高,水分透入种子的速度也快。

(2)种皮破伤　常用于大粒种子,如美人蕉、荷花等,在播种前用小刀刻伤或磨去种皮一小部分,便于水分进入种子内部,促进发芽。

(3) 药剂处理　种皮坚硬的种子用药剂处理,可改善种皮透水性,能促进发芽。

(4) 超声波处理　超声波能促进种子发芽,提高发芽率,加速幼苗生长。

(5) 冰冻、低温处理　对低温与湿润条件才能完成休眠期的种子,常采用冰冻或低温层积的方法使其完成休眠过程,促进发芽。要求低温休眠的种子有鸢尾、德国龙胆、飞燕草等。

2. 播种期的选择　可根据该植物的开花期及实际需要确定播种时间。适时播种才能满足花卉应用的需要。

(1) 草本花卉的播种期　主要为春播和秋播。一年生花卉耐寒力弱,一般在3～4月份播种。需要提早开花的,可在温室、冷床或塑料棚内播种。二年生花卉一般在9～10月播种。有些生长期短的花卉,可于5～6月份播种。

(2) 木本花卉的播种期　木本花卉植物多是大粒种子,如黄刺玫、牡丹等,有一些松柏科观赏植物,发芽比较困难,需在10月至11月上旬播种,使种子在田间土壤中经过一冬的天然贮藏,翌年出苗比较整齐,若在春季播种,则越早越好,当表土解冻后,即可下种。

(3) 温室花卉的播种期　这类花卉大多是热带和亚热带地区常绿植物,有草本也有木本。在温室条件下,播种期常可随需要其开花的日期而定,不受季节限制。部分温室花卉的种子寿命极短,应随采随播。

3. 播种的方法

(1) 露地播种

①播种方法:可撒播、条播、点播。撒播即将种子均匀撒播于床面上。条播是将种子呈条状播于床面沟内。点播是按一定株行距开穴播种,一般每穴播种2～3粒,发芽后留壮苗1株,其余的移栽或拔除。

②播种密度:大粒种子,发芽率高,幼苗生长快,土壤、季节及

气候适宜时播种密度可小些,反之播种密度则要大些。

③播种深度:即覆土或覆沙的厚度,应根据种子大小、土壤状况、气候条件及播后的管理情况而定。一般覆土厚度为种子直径的2~3倍。细小种子宜薄,以不见种子为度。沙土宜深,粘土宜浅;旱季宜深,湿季宜浅。播种后如要覆盖草帘、稻草等覆盖物时,盖土宜浅,否则宜深。播种量与产苗量各地也不尽相同。

(2)温室盆播 在温室内盆播,容器用高 10 厘米,直径 30 厘米,底部有 3~6 个排水孔的泥瓦浅塌盆,也可用一般花盆,有时也用木箱,但箱壁易发霉,不如泥瓦盆好。盆播用土可不加肥,用纯净的粗沙或沙与土混合即可,底层用瓦片遮垫排水孔,再垫一层小石块或碎炉渣,再按次序装粗粒土、中粒土、细粒土,最后刮平盆中土面,适度压实,即可播种。极细粒种子如四季海棠及蒲包花等,应拌沙撒播,覆土宜极薄,以不见种子即可。覆土厚应是种子直径的2~3倍。播中粒和大粒种子,可按一定距离把种子逐粒按入土内,如旱金莲、君子兰等,或每穴下种 2~3 粒,使出苗后尽快成丛,如文竹、天门冬等。播后可用浸盆法浸透水或细眼喷壶喷水。

此外,还可以将花盆摆放在塑料棚、温室内的苗床或地栽池内,控温播种育苗。

(五)播种后的管理 播种后主要是水分管理和遮荫。露地播种苗床不宜过干过湿,一般初期湿度宜大些,后期湿度宜小些。室内盆播可在盆口加盖玻璃片或塑料薄膜保湿,夜晚掀开,通风换气,白天再盖好,减少水分蒸发,中午气温高时,可稍移动覆盖物空出一条缝隙,以便透气。

露地苗床种子发芽后,应除去覆盖物,幼苗出土后,使其逐步接受阳光,经一段时间锻炼后,才能暴露在阳光之下。真叶生出后,即可施稀薄氮肥 1 次。此时如小苗过密,应进行间苗。间苗后立即浇水。幼苗具 4~5 片真叶时,即可移植。盆播幼苗出土后,即掀去覆盖物,使之经受阳光锻炼。当长出 1~2 片真叶时,可细心移植于另一浅盆或花盆内,并仍用浸盆法浸水或细眼喷壶喷水,以后进入一般管理。

四、园林绿地植物的营养繁殖技术

营养繁殖是用植物的根、茎、叶、芽等营养体,通过分生、压条、扦插、嫁接及组织培养等方法,使其成为1个新植株的一种繁殖方法。用扦插法繁殖的苗木称扦插苗,用嫁接法繁殖的苗木称嫁接苗,所有无性繁殖苗统称营养苗。

(一)**分生繁殖** 对于易丛生、易萌蘖及球根类植物通过分株或分球进行栽植方法统称分生繁殖。分生繁殖又可分为分株和分球两种。前者多用于萌蘖性强的多年生草花和丛生性灌木,后着多用于球茎、鳞茎类的花卉。分生繁殖简单易行,成活率高,但产苗量较低。

1. **分株法** 可分离母本根际的萌蘖,如牡丹、菊花等,还可将一成丛花卉植株分成数丛,如兰花、玉簪、芍药等。分出的植株必须具完整的根、茎、叶,才能称为分株繁殖。

分株繁殖的时间,草本花卉可在早春或秋季,如兰花、大丽花、美人蕉、鸢尾等多在春季,木本植物如牡丹、迎春等在温暖地区可在秋季;一般地区则在春季。至于温室中的吊兰等常在走茎上产生小植株,可随时分离栽植。

分株的方法简单,如牡丹、丁香等丛生性的花木,掘起部分植株移出栽植即可。蔷薇、金银花等可从母株旁分割带根枝条即可。大丽花、美人蕉等将块根带芽分离,或用刀将根状茎带芽切下,或将根状茎带地上部分一起分割下来,便可种植。兰花、君子兰等,只要在换盆时分成2~3丛另行栽植即可。分株繁殖法成株快,多数能在当年开花。

2. **分球法** 鳞茎、球茎、块茎及根茎与母体分离后,能各自成株。分球繁殖可在春季和秋季进行。如球茎类的唐菖蒲分球在春季,鳞茎类的百合、水仙、郁金香等分球宜在秋季。春栽种球,应在上一年秋季掘球并分离子球,贮藏过冬,翌年春季种植,故称春植球根。秋植的在初夏掘球并分离子鳞茎,经休眠后于秋季种植,故称秋植球根。

球茎分离后必须将大球和小球分开,并置于冷凉通风处,经休眠后才能分别栽植。

(二)**压条繁殖** 将母株接近地面的枝条压倒,埋入土内,使之生根,生根后断离母株,成为独立的新植株,这种繁殖方法称压条繁殖。压条繁殖多用于一些茎间和节间容易发根的木本植物。优点是成活率高,成苗快,开花早,不需要特殊的养护条件。缺点是占地多,产苗量较小。

1. 压条的方法

(1)普通压条 将接近地面的条枝进行压条繁殖,其方法包括单枝压条、堆土压条、波状压条等。

①单枝压条:将接近地面一二年生枝条的下部弯曲并埋入土中,覆土深约8~20厘米,将埋入土中的枝条刻伤。这种方法多用于丛生灌木,如迎春等,一般在晚秋或早春进行。

②堆土压条:将枝条基部刻伤或环剥后覆土,使枝条基部生根,然后分离栽植。这种方法多用于萌蘖及丛生性强的直立性灌木,如金钟、连翘、八仙花、牡丹、贴梗海棠等。压条多于春季进行,分栽宜在晚秋或翌春。

③波状压条:将枝条弯曲成波状,形成多个波段,每段将向下弯部分刻伤、固定,埋入土中,上弯部分露出地面。埋入土中茎段生根后分段切离,作种苗栽植。与此法相近的还有长枝平压法等。

(2)高枝压条 又称高空压条,压条部分不在母株基部,而在树冠处。多用于枝条较硬不易弯曲,又不易发生萌条的种类,如米兰、月季等。

选老熟健壮、叶芽饱满的枝条进行环剥,然后用塑料薄膜、竹筒、花盆或其他容器,内填培养土等基质,套在枝条上,并加以固定,以后经常浇水保持基质湿润。多于春季压土,待生根后,将压接枝条剪离,作种苗栽植。

(3)促进压条生根的方法　对所压枝条需要将压土处刻伤、去皮或环剥等处理,以促进压条生根。刻伤应在压土处下方用刀横刻、纵刻、圈刻,使成一长缝,深达木质部。去皮和环剥应在压土处的下方用刀切去一块皮或将皮环剥一圈。此外扭枝及应用生长刺激素等方法,都可促进压条生根。

压条时除堆土压条法对枝条不需选择外,其他方法都需选成熟健壮而有饱满芽的枝条,且要选择适宜部位。压条数量不宜超过母株枝条数量的1/2,以免影响母株正常生长。

(三)**扦插繁殖**　剪取植物的枝、叶或根插入土中或其他基质中,使之生根发芽形成新植株的方法。扦插用枝条的称为枝插,用叶片的称为叶插,用根段的称为根插。扦插的优点是可在短期内能获得大量的苗木,扦插苗生长比实生苗快,开花早,能保持原品种优良性状,缺点是根系较弱。

1. 扦插时期与方法　扦插时期可分为休眠期扦插和生长期扦插。生长期扦插适于温室花卉或草本花卉,常用嫩枝扦插,全年均可进行。休眠期扦插适用于落叶花木,常用硬枝扦插,在秋冬休眠后到早春发芽前进行。扦插方法有以下几种。

(1)枝　插

①硬枝插:剪取落叶花木的一年生休眠枝,剪成5～10厘米长作插穗,每支插穗应具2～4个节,上端的切口在芽上1～2厘米处,不可太近,否则会使芽失水过多,不利于芽的保存。刀口要略斜,便于排水,下端切口在近节处为好,刀口平切或斜切。将切好的接穗斜插或直插入床土或其他基质中,插入深度为穗长的1/2或1/3为宜。春插宜用秋季采集并经过冬藏的枝条,插前再剪插穗。为节省材料,还可用只带1个芽,芽两端仅带1～2厘米的短穗(称单芽插)。单芽插需注意芽的对侧面应略去皮层,扦插时芽稍隐入土中。插后浇透水,并用薄膜覆盖保湿。

②半硬枝插:选取当年生未完全成熟的常绿木本花卉的枝梢作插穗,也可取其花后抽生的嫩枝。扦插半硬枝插穗下部要略带一

年生枝上的皮层,枝顶留两片叶,其余叶片全部摘除。

③软枝插:也叫嫩枝插,即用未木质化的枝条作插穗。剪取花木的嫩枝,长5～10厘米,顶端留1～2片叶。接穗采集后即行扦插,插后及时浇水。

(2)叶插　用全叶或叶的一部分作插穗。扦插用叶应具有生根发芽能力。叶插主要用于秋海棠类、大岩桐等。其发根部位有的在叶脉,有的在叶缘,有的在叶柄。如秋海棠类在叶脉处生根,扦插时叶片需平置插床上。大岩桐在叶柄处生根,扦插需将叶柄直插。此外,还有用带一叶的饱满未萌动芽或不带叶的芽扦插的,称芽插。芽插在橡皮树、山茶、桂花等的繁殖中均可应用。百合鳞茎剥下的鳞片用于扦插称鳞片插。

(3)根插　仅用于从根部能发生新梢的植物,如芍药、贴梗海棠等。可选粗壮的根剪成5～10厘米一段,作插穗。插穗可全部埋入土内,仅稍露顶。细小的草本花卉根可剪成2厘米左右的小段作插穗,插于床土中,插后覆土。根插均需浇透水,保持床土湿润。

2. 扦插生根所需要的环境条件　扦插生根所需要的环境条件主要是适宜的温度和湿度,其中基质温度最为重要,其次还要有适宜的光照和氧气等。

(1)温度　扦插不同的花卉要求有相应的温度。大部分花卉的扦插适温为20℃～25℃,落叶木本花卉的扦插适温略低一些,原产于热带的花卉温度需在25℃～30℃之间才能扦插成活。湿度也不能过高,湿度过高伤口在产生愈伤组织之前容易发霉腐烂,同时插条的腋芽或顶芽在发根之前就会萌发,出现假活现象,不久就会回芽死亡。如将床土温适当提高到与气温一致,或高于气温2℃～4℃,利于插穗生根,使插条在萌芽之前发根。

(2)湿度和光照

①基质湿度:有些花卉插入水中经一段时间后便会发根,如夹竹桃、橡皮树、月季等。在实际生产中床土的含水量是不应达到饱和状态的。在饱和状态下,嫌气细菌会大量繁殖,插穗会因缺氧而

窒息,使插条霉烂而死亡。因此,插床基质应保持在既湿润而又能通气的状态下,才有利于插穗成活。

②空气湿度:硬枝扦插因为它不带叶片,枝条大都已木质化,插穗又已大部分插入土中,故对空气湿度要求不严。嫩枝扦插则要有较高的空气湿度,才能防止插条和叶片凋萎,使绿色的枝叶继续制造养分供发根的需要。一般扦插床上面的空气相对湿度以保持在85%～90%为宜。

③光照:扦插育苗要有适宜的光照度,以提高环境温度,防止杂菌繁殖,嫩枝扦插光照还可使叶片继续制造养分。但光照不能过强,尤其不能在烈日下暴晒,否则会造成枝叶凋萎。所以,夏季扦插需遮荫。

3. 促进插穗生根的措施

(1)插穗的选择　插穗是扦插的主要材料,其质体的好差与扦插成败有密切的关系。首先,要在具有优良植株上选取插穗,其次,要在树冠中部剪取带有较好的顶梢、粗细适中的枝条,用其中上部分作插穗,剪去枝条基部太老的部分,以免影响伤口愈合和生根。最后,剪取的插穗要长短适宜,以具有3～4个节为好。太短营养物质太少,插条不易生根发芽。还要注意插穗保鲜,须贮藏的要保持其生活力,不凋萎、不霉烂。不须保存的最好随剪随插,或剪好后用湿布包裹暂放于阴凉处备用。

(2)基质的选择　扦插基质最好选用透气良好,能保湿、保温又易于排水的材料。露地苗床可选用排水良好的砂质壤土。在温室、温床、冷床及花盆、木箱中扦插,基质可采用蛭石、珍珠岩等材料,河沙也可使用。能在水中生根的花草,可用水为基质进行扦插,如夹竹桃等常用水插。作基质的水应保持清洁,要经常换水。要根据扦插对象的特性选用相应的基质,硬枝扦插最好用砂质壤土或腐殖壤土,软枝扦插可用沙、草木灰、蛭石、珍珠岩做基质。

(3)植物生长调节剂的利用　目前常用植物生长调节剂处理插条,促进生根。常用的植物生长调节剂有萘乙酸(NAA)、2,4-D、吲哚乙酸(IAA)及吲哚丁酸,另外还有近年来研制的各类生根粉。使用方法有粉用、液用等,可对采条母株进行喷射或注射,也可对插条或基质进行处理。粉用最简单,将粉质植物生长调节剂混入滑石粉等释剂中,充分混合后,将插穗基部蘸此粉即可扦插。液用是将萘乙酸等稀释到10～400毫克/千克的低浓度,浸泡插穗基部8～36小时;500～2000毫克/千克的高浓度将插穗基部速蘸3～5秒钟,生产中用速蘸法较为方便省时。不同的植物生长调节剂适用于不同的植物,同一种植物生长调节剂对同一植物不同发育时期插穗处理的浓度也不同。如用2,4-D粉剂处理月季插条的浓度为20～30毫克/千克,而处理玫瑰则以60毫克/千克为宜;用萘乙酸液剂处理桂花、杜鹃的浓度为200～300毫克/千克,而处理龙柏则要500毫克/千克,用吲哚乙酸液剂处理牡丹软枝插条为30毫克/千克·24小时,而对牡丹硬枝插条却需80毫克/千克。

(4)全日照喷雾(全光喷雾) 为了最大限度地满足插穗对湿度、温度的需要,尤其是对基质温度、通风透气等的要求,可使用全日照喷雾法或称电子叶间歇喷雾全光扦插育苗法。用此法可减轻劳动强度和提高扦插成活率。这种方法可使插床上面的空气相对湿度保持较高的水平,插床扦插可不遮荫,在全日照下进行管理。

(5)扦插苗的管理 扦插后的插穗管理,如浇水、保温、遮荫等管理工作的好差,对插穗能否生根、生根速度及成活率都有密切的关系。扦插后要对插穗进行精细管理。前期要遮荫,促进生根;每天叶面喷水多次,以后喷水量要略减少;晨夕可稍通风透光。插穗生根后待新根长达2厘米以上时,即可分床移植。移植必须细心,以防伤根。移栽后初期仍需保持一定的温、湿度,逐渐通风、透光、降温,使幼苗得到锻炼,待种苗充分成长后再移入露地苗圃培养,入圃后即进行施肥、中耕、除草及防治病虫害等一般正常养护管理工作。

(四)嫁接繁殖 嫁接是用植物营养器官的一部分作接穗,如枝、芽、根等,以其他植物体做砧木,将接穗嫁接在砧木上,以达到繁殖种苗的一种方法。嫁接成活的苗称为嫁接苗。嫁接繁殖的优点是能保持品种的优良特性,可提早开花结实、提高适应能力。缺点是繁殖量小,操作较其他繁殖方法麻烦,技术要求较高。嫁接法在花卉繁殖上使用很普遍,主要用于提高花卉的观赏价值,在一些扦插、压条不易生根,生根后管理也较困难的植物,如红花槐、榆叶梅等上应用。

1. **嫁接成活的原理** 砧木与接穗的形成层相互接合而愈合,接通输导组织,使水分和养分的能顺畅供给,形成一个共生的新个体。处于萌动的接穗,若砧木不能及时供给养分、水分,接穗自身的养分、水分耗尽后便会枯死。而处于休眠状态的接穗,树液静止,嫁接后接穗暂不生长,自身的养分、水分都集中在切削面,有利于愈伤组织的形成。等到接穗萌发时,切削面已愈合,砧木的养分、水分也能通过愈伤组织及时输送给接穗,使接穗成活。

2. **嫁接成活的条件** 使嫁接成活的条件主要有砧木与接穗亲和力的大小、砧、穗物候期的异同、形成层是否对准,以及环境湿、温度是否有利于嫁接苗成活等四个方面。一般砧木与接穗间的亲缘关系愈近,亲和力愈大,以同品种间亲和力最强,同种间较强,同属异种次之,同科异属更次之。物候期主要指树液流动期和发芽期,这两者相同或相近成活率就高,反之,成活率较低。一般要求至少砧木物候期不晚于接穗,否则不能成活。嫁接操作时砧、穗的形成层必须对准,否则不能形成愈伤组织,上下输导组织不能接通,嫁接便会失败。环境条件主要是温度适当或略高些,以 25℃最适宜;环境的湿度高才有利于成活,但湿度过大或雨水过多,也常使接口积水腐烂,难于成活。嫁接技术也很重要,刀要快,切口削得平,形成层要对准,这些称之为嫁接操作"三要素"。

3. **嫁接时间** 嫁接可在春夏秋三季进行。夏季炎热,除芽接外不宜作枝接或根接,草本花卉生长期间进行嫁接,接后要遮荫,精细管理才能成活。

4. **嫁接方法** 主要有枝接、芽接和靠接等。

(1)枝接　以枝条作接穗的嫁接方法。选取生长健壮的一年生枝条,截成具2～3芽的一段,基部削成1～2厘米的楔形。砧木在中间或一侧用刀切开,将接穗插入。砧、穗切口要平滑,形成层对准,然后用塑料薄膜带绑扎即成。

根据嫁接时砧木是否从栽培地掘起可分为两类:砧木不掘起,直接在地里嫁接的称为地接;把砧木从生长地掘起,再嫁接,嫁接后又栽种到地里去的称掘接。

(2)芽接　以单芽作接穗的嫁接方法。常用的芽接法有"T"字形芽接与贴芽接两种。

①"T"字形芽接:选取生长健壮的侧芽,去除叶片,仅留叶柄,将接芽的皮部削成盾形,在砧木上划一"T"形切口,把皮部挑开,后将芽插入,用塑料薄膜带扎紧,绑扎时应将叶柄与芽露出。

②贴接:选取生长健壮的侧芽,去除叶片,仅留下部分叶柄,将接芽的皮部削成倒盾形。在砧木上将皮部削出与接穗相同的倒盾形切口。将接芽贴在砧木的切口上,形成层对准,然后塑料薄膜扎紧。

(3)靠接法　对于用上述两种方法嫁接不易成活的植物,可采用靠接法。靠接是将作接穗和砧木的两株植物移在一起,各选择一粗细相当的枝条,在相对部分削出4～6厘米长的切口,切口深度为枝条直径的1/3～1/2,将两切面的形成层对准,然后绑扎,待切面愈合长成一体,将接穗植株枝条在嫁接部位下方剪断,砧木植株枝条在嫁接部位上方剪去。

5. 嫁接后的管理　嫁接苗木成活后,应将捆绑的塑料薄膜解去,以免把成活的接穗勒死。以后重要的管理工作是抹除砧木上萌发的芽,使砧木的养分集中供应给接穗。抹芽要及时,随出随抹。其他管理工作如除草、浇水等都要及时进行,注意管理操作不得碰伤接穗。

(五)组织培养　组织培养是在无菌的条件下,切取植物的组织,置于特制的培养基中,使植物体细胞组织分化出愈伤组织,该组织产生不定芽与根,进一步发育形成完整的植株。园林植物栽培中,通过组织培养,可获得大量的种苗,也可以获得无病毒的植株。组织培养繁殖苗木的基本方法如下。

1. 选择适宜的培养基　培养基是进行组织培养的基础物质。培养基分液体和固体两种。固体培养基中加有 0.7%~1% 的琼脂,花卉多适用固体培养基。常用的基本培养基有 MS,LS,B5,W6 等多种,花卉用试管进行组织培养最常用的是 MS 培养基(配方从略)。

2. 培养材料的选择　为获得无病毒植株,最好选用植物茎尖、生长点等作为培养体。此外,还可选用叶片、鳞茎、根茎、茎段、花瓣、子房、子叶、下胚轴等做培养材料。

3. 材料表面消毒　先用肥皂水洗涤准备培养材料,然后用自来水冲洗,再放在 70% 的酒精中约 30 秒钟,后取出在 0.1‰ 的升汞溶液中浸泡 5~10 分钟或在 10% 的漂白粉的清液中浸泡 10~15 分钟,最后用蒸馏水冲洗 3 次。

4. 接种　从消毒过的植株芽中切取芽尖、生长点及根茎、幼茎、叶片、子叶、花瓣。根茎、幼茎等切成 0.5~1 厘米长的小段,将叶片、花瓣、子叶等切成 0.5~1 厘米的小片,在无菌室或超净工作台上接种到培养基上。

5. 培养　培养体在培养基中首先产生愈伤组织,再分化出根和芽,形成植株。

6. 炼苗与移栽

(1)炼苗　为使移栽后能成活,培育的幼株需要进行炼苗。其步骤是:把幼株放在培养基中,随即放置在将要移栽地的环境中 3~10 天,使其逐渐适应栽地的光、温、湿条件。在移栽前 1 天打开培养容器,第二天再移苗。

(2)移栽　用镊子轻轻将培养基块搅碎,将苗取出,然后用清水漂去粘附在幼株根部的培养基,避免根部受伤和把培养基带入移植土中,以免引起腐烂。移栽幼株的基质可用灭菌的河沙。移栽后,初期应保持幼苗环境有较高的湿度和稳定的温度(20℃~22℃),2~3周后可移栽到装有土壤的花盆或木箱中培养,形成栽培用苗。

第三节 园林绿地植物的栽培技术

一、园林绿地树木的栽培技术

园林绿地树木是指在公园、街道、居住区、工矿区和防护绿带等处栽植的木本植物。这些植物的幼苗在育苗地中,经过移植、栽培管理培育成大苗,然后再定植于绿地中,供观赏用。

(一)苗木的移植技术

1. 苗木移植的意义 苗地培育苗木长到一定高度时,必须进行移植,扩大株行距,促进根、干、冠的生长,培养出具有理想的树冠、优美的树姿,高质量的园林苗木。通过适时移植,才能培养出园林绿地所需要的大规格苗木。苗木移植在育苗生产中是经常使用的技术措施。①移植扩大了地下营养面积,改变了地上部的通风透光条件,可减少病虫害,使苗木生长良好,同时使树冠有扩大的空间,培养成适于园林绿地栽植的优良苗木。②移植时切去了部分主、侧根,促进须根发展,有利于苗木生长,可提前达到苗木出圃规格,也有利于提高种植的成活率。③移植中对根系、树冠进行必要的、合理的修剪,调节地上部与地下部平衡生长,使培育的苗木规格整齐,枝叶繁茂,树姿优美。

2. 苗木移植的次数、时间和密度

(1)移植的次数 苗木在培育期的移植次数取决于该树种的生长速度和出圃规格。园林绿地应用的阔叶树种,播种苗或扦插苗在苗龄满一年时即可进行第一次移植,以后根据生长快慢和株行距大小,每隔2~3年移植1次,并相应地扩大株行距。目前各生产单位对普通的行道树、庭院树和花灌木苗只移植2次,大苗期内生长2~3年,苗龄达到3~4年即可出圃。而要求栽植后即能产生绿化效果的地方,所用苗木规格要大些,则常需培育 5~8 年,甚至更长时间才能出圃,这就要求做 2 次以上的移植。对生长缓慢、根系不发达,移植后较难成活的树种,如银杏、白皮松等,可在播种后第三年(苗龄 2 年)开始移植,以后每隔 3~5 年移植 1 次,至苗龄 8~10 年,甚至更大一些,方可出圃定植。

(2)移植时间　一般树种多在苗木休眠期进行移植。对于常绿树种也可在生长期移植。

①春季移植:北方地区冬季寒冷干旱,在春季移植为好,可在早春解冻后立即进行移植。早春树液刚刚开始流动,枝芽尚未萌发,蒸腾作用很弱,土壤温、湿度已能满足根系生长要求,移植后苗木成活率较高。春季移植的具体时间,还应根据树种的发芽迟早来安排,发芽早的先移植,发芽迟的后移植。甘肃东部地区移苗需适当早一些,河西地区可晚一些。

②秋季移植:一般在冬季气温不太低,无冻害,春季有干旱危害的地区采用。秋季移植在苗木地上部分停止生长后即可进行,这时根系尚未停止活动,移植后成活率较高。甘肃河西地区不宜进行秋季移植。

③移植的密度:移植苗的株行距取决于苗木生长速度、气候条件、土壤肥力、苗木年龄及培育的年限。在苗木保有足够营养面积的前提下,可合理密植,以充分利用土地,提高单位面积产苗量。

3. 起苗方法

(1)裸根起苗　大多数落叶树种和容易成活的针叶树小苗均可采用裸根起苗法。起苗时沿苗行方向,在苗木根部一定距离(地径 6~10 倍或视根系大小而定)处挖 1 条沟,在沟壁下方挖成斜槽,根据根系要求的深度切断苗木主根,再切断侧根,即可取出苗木。起苗时不可用手硬拔苗木,以免损伤苗木根系。苗木起出后,不要用力除去根上的土,以保护根系免受损伤。

(2)带土球起苗　有的树种,其根系不发达,或须根很少,而叶片蒸腾作用却较强,移植较难成活,对此应带土球起苗。5~6 年生以上的珍贵大苗木,起苗时也应带土球,以利栽植成活。土球的大小,因苗木的大小、树种成活难易、根系分布情况、土壤质地以及运输条件而异。成活较难的,根系分布广的,土球应当大些。当土壤砂性或运输条件差时,土球不宜过大,以免土球松散脱落,减少运输重量。土球半径为根颈直径的5～10倍为宜,土球高度约为其直径的2/3左右为好。

(3) 起苗的注意事项

①起苗深度:视苗根的长度和数量,以保持苗木有一定长度和较多的根系的前提下,确定起苗深度。

②不要在刮大风天起苗:大风天易使苗木失水,会降低成活率。

③圃地浇水:圃地干旱、土质坚硬的应在起苗前2～3天灌水,使土壤湿润,以减少起苗时根系损伤,提高起苗质量。

④随起苗随栽植:以提高苗木栽植成活率。苗木应随起、随运、随栽,当天不能出圃的要进行假植或覆盖,防止土球和根系干燥。对针叶树在起苗过程中应特别注意保护顶芽和根系。

⑤起苗工具要锋利:锋利的起苗工具,能提高起苗质量。

4. 苗木栽植技术

(1) 刨坑　按定点的位置刨好坑,坑的直径应比苗木根系长度大20～30厘米,坑壁要直上直下,切勿挖成锅底形,以免窝根,挖出的表土和底土要分别堆放。

(2) 苗木修根、剪枝　修根是剪掉裂根、坏根、过长根。剪枝是剪短苗木干上的侧枝,一般应剪去枝条长的1/2,以减弱蒸腾作用和减少养分消耗。

(3) 栽植　栽植时先在坑底中心垫20～30厘米厚的好土,再将苗木放入坑内,扶直,回填表土,将根部埋严,再把苗木向上稍稍提一二下,将根系拉直并与土密接,然后继续填土,随填土随踩实。坑上半部可回填底土,直至填满树坑为止。栽植大苗木的深度,应以树干原土痕迹与地表平齐或略深2～3厘米。

(4)浇水 苗木栽植后立即浇透水,隔1~2天浇第二次水,隔1周浇第三次水。每次浇水应浇足、浇透,浇第三遍水后,要及时中耕、松土、除草。

(二)苗木栽培后的管理 苗木栽培后的管理工作包括灌水、排水、中耕除草、防治病虫害、追肥及苗木的修剪等。

1. 灌水与排水

(1)灌水的数量与时间 苗木移植成活的初期,在干旱季节,灌水量要大,灌水次数要多。苗木生长后期,灌水次数可减少,水量要适中。按苗木习性区分,喜湿的苗木(如杨柳)灌水次数要多,水量要大。一般苗木在正常条件下全年可灌水10次左右。

(2)灌春水与冻水 为保持苗木正常发育,防止枝条干枯,最好在3月中旬灌1次春水,在秋后地冻之前灌足1次冻水。

(3)雨季注意排水 雨季到来之前,应整修好排水系统。进入雨季下第一次透雨之后,要再一次全面整修排水渠道。如遇连续阴雨或特大暴雨,要有专人负责检查排水渠道,在雨停后半天之内将雨水排净,以免造成涝害。

2. 中耕除草 中耕可使土壤疏松,增加透气性,促使肥料分解,减少土壤水分蒸发。除去杂草,避免草、苗争水争肥,减少病虫害。中耕和除草应结合进行。一般在灌水之后(或雨后)中耕1次,全年可中耕除草10次左右。中耕除草要注重质量,做到普遍耕松,中耕深度(3~5厘米)一致,打碎土块,拔掉草根。此外,可使用化学除草剂,以减少除草的工作量。

3. 防治病虫害 加强病虫害防治工作,是保护苗木健壮生长的重要措施。应有专门的防治负责人,及时进行防病治虫。除治力求彻底,做到有防有治,防治结合。

4. 施肥与积肥

(1)施追肥 适时给苗木追肥,是加速苗木生长的重要措施。追肥应采用速效半速效肥料,如化肥和稀薄的腐熟粪尿等。追肥应少施、勤施,根据苗木不同生长阶段需肥量施用。雨季之前,为苗木旺盛生长期,可每月追肥2次,每次每公顷施硫酸铵150千克即可。苗木生长后期(即雨季之后)可不再追肥(个别树种可追施磷、钾肥),以防枝条徒长,影响安全越冬。施用化肥,最好在苗木根部附近挖沟施入,然后用土将沟盖严。施后及时灌1次水。粪尿应经充分发酵腐熟后随水灌施。

(2)积肥　树木施基肥适合用堆肥。将枯枝落叶和杂草、河泥、人、畜粪尿混拌在一起,堆积起来,外面用土封严,经过夏季高温发酵即能腐熟,当年秋、冬或翌春即可作为基肥施用。

5. 苗木的整形修剪　幼树要整形,使之形成一定的树体结构和形态。大树(或大苗)要修剪,去掉部分枝叶。整形是通过修剪来完成的。修剪又是在整形的基础上根据树木造型的需要而实行的。

(1)整形修剪的意义　通过整形修剪可培养出理想的主干、合理分布的主侧枝,使树冠匀称、紧凑,为形成优美的树形打下基础。整形修剪能改善树木个体和群体间的通风透光条件,减少病虫害,使树木健壮成长。整形修剪也是人工矮化的措施之一,园林中有些观赏植物需要重修剪并进行其他综合措施,使之矮化,便于放入室内、栽于花坛或岩石园中,并使空间比例相协调。

(2)整形修剪的时间与方法

①修剪的时期:修剪时期根据树种的抗寒性、生长特性及物候期等来决定。一般可分为休眠期(冬季)修剪及生长期(夏季或春季)修剪两个时期。前者视各地气候情况确定具体修剪时间,可自土地封冻、树木休眠后至翌年春季树液开始流动前进行,约在12月份至翌年2月份。抗寒力差的树种最好在早春修剪,以免伤口受风寒侵害;伤流特别重的树种,如桦树、葡萄、核桃、悬铃木等修剪不可时间过晚,以免剪口流出大量树液而伤害植株。生长期修剪可自萌芽后至新梢或副梢生长停止前进行(一般4~10月份),其具体日期也应视当地气候条件及树种特性来定。

②修剪方法:园林苗木的修剪,多采用抹芽、摘心、短截、疏枝等方法。

在树木发芽时,常常长出许多芽,需要将多余的芽抹去,只保留健壮的、整形需要的芽,让其长成枝条,以减少养分消耗,使植株形成理想的树型。

树木在生长过程中,应对强枝进行摘心,控制生长,以调整树冠各主枝的长势,使之达到树冠匀称、丰满。对抗寒性差的树种,亦可用摘心方法抑制抽生秋梢,在寒冬到来之前枝条已老熟充实,以减轻寒害,使植株能安全过冬。短截有轻短截和重短截之分。短截后可刺激枝条生长,使剪口下的芽萌发,剪口下的瘦弱芽,剪后可发育为结果枝。剪口下的壮芽剪后枝条多发育旺盛,生长势强,在育苗中,常要重短截,即在枝条基部留少数几个芽进行短截,剪后仅1~2个芽发育成强壮枝条。育苗中多用此法培育主枝。从基部剪去过多过密的枝条称为疏枝。疏枝可以减少养分消耗,有利于树冠内通风透光,对乔木树种,能促进主干生长,对花灌木树种,能促进提早开花。

③修剪时应注意的事项:一是在修剪骨干枝的延长枝时,应注意剪口与剪口芽的关系。正确的方法应是斜剪,剪口在芽的背面,剪口后端与芽端相齐,剪口末端与芽腰部相齐,这样剪口不大,又利于养分、水分对端芽的供应,使剪口很快愈合,芽抽出的梢生长良好。此外,还应注意剪口芽的方向,就是将来延长枝的生长方向。须从树冠整形的要求来留取适宜生长方向的芽。对主干垂直生长的树,其延长枝修剪,其剪口芽的生长方向应与上年的相反,以使延长枝不会偏离主轴生长。二是对高大乔木整形时,应选留与树干构成的角度较大的枝条作主枝,对于角度小的主枝,可用拉、撑等办法矫正。三是树木修剪最忌漫无次序地乱剪,这样常会带来不良后果,使生长速度变慢。正确的方法应是按照"由基到梢,由内向外,由整体到局部"的顺序来剪。即先确定经修剪需要得到的树形,然后按树形的要求从下部主枝的基部开始,由内向外,由下向上,逐步修剪。这样可以抓住重点,避免差错和遗漏,整成主从分明,达到预定的树形。四是疏除大枝要逐步进行,分期疏除,切忌

剪得伤口过多,或剪成对剪口。疏除粗大的侧枝时,应先用锯在短截处下方由下向上锯入 1/3～3/5,然后在上方由上向下锯入,以避免劈裂,取下枝条后用利刀将锯口削平滑。据观察发现,伤口平滑比不平滑的愈合得快。伤口削平滑后再涂以护伤剂,以免病虫侵害和水分蒸发,利于伤口愈合。护伤剂可用接蜡、白涂剂、桐油、油漆等。

(三)大苗木的培育技术

1. 行道树、庭荫树大苗的培育　理想的行道树和庭荫树应具备三个条件。第一,高大通直的树干;第二,完整、紧凑、匀称的树冠;第三,强大的根系。对行道树、庭荫树树苗的基本要求是具有一定高度的树干。

(1)落叶乔木的养干法

①繁殖苗养干法:对于顶端优势强的树种,为了促进主干生长,应及时疏去 1.8 米以下的侧枝、萌蘖枝,以后随着树干的不断增加,逐年疏去定干高度以下的侧枝,定干高度以上的侧枝留作树冠的基础。

②移植苗养干法:有些乔木如槐树、杜仲等,生长势较弱,腋芽萌发力较强,播种苗一年高度达不到定干要求,而在第二年侧枝又大量萌生,且分枝角度较大,很难找到主干延长枝,自然长成的主干常常是矮而弯曲,不能满足行道树和庭荫树的高度标准。为此,常用截干法来培养主干。具体方法是苗木不修剪,尽量保留枝叶,使根系生长旺盛,秋季落叶后将一年生的播种苗按 60 厘米×40 厘米株行距进行移植,第二年春加强肥水管理,促进苗木快长,生长季中加强中耕除草和防治病虫害等,养成强大的根系(养根)。在苗高达到 1.5 厘米时,地径达到 1.5 厘米时,于当年秋天进行重截,即在距地面 5～10 厘米处把枝、干剪除,然后每公顷地施有机肥 37.5～75 吨,准备越冬。第三年继续加强灌水,增加追肥,并随时去除多余萌蘖,选留其中 1 个最健壮的枝条培育为主干。在生长季中要加强植保,保护主干延长枝主尖,对侧枝摘心,以促使主干

快长,到秋季苗高可达 2.5～3 米,即可得到通直高大的主干。对于生长势很弱,萌芽力也弱的树种,不能采用此法。

(2)落叶乔木养冠法　高大落叶乔木,一般保持自然冠形,不多加干预,只是上部出现的较强竞争枝要及时疏除,以免出现双干。为了改善树冠内部的通风透光条件,对过密枝、重叠枝应疏除,对病虫枝、创伤枝也应疏去。

园槐、馒头柳之类的乔木,待树干养成后,可结合第二次移植,在 2～2.5 米处定干,然后选好向外放射生长的 3～5 枝条培养成主枝,第二年对主枝 30 厘米处进行短截,促使侧枝生长,以构成基本树形。

龙爪槐主要应扩大树冠及调整枝条,使之均匀分布。为此,嫁接成活后,要树立支架,将萌条放在支架上,使其平展向外生长。第一年冬剪进行重短截,剪口留向上芽,发芽后如剪口芽向下芽萌发,应及时抹去,以促使上芽生长,形成大树冠。第二年冬剪时仍应重短剪,再留向上剪口芽,疏除向下芽,如此下去即可扩大冠幅。

(3)常绿乔木养干养冠法　松类顶端优势明显,容易培养主干,可按其自然分枝养成自地表分枝的树形。油松、黑松等每年生长 1 轮主枝,由于数量过多,会削弱领导干的生长优势,特别是 10 年生以上的树,顶端生长势渐弱,应适量疏剪轮生枝,每轮可留 3～4 个主枝,并使其分布均匀。

如培育行道树、庭荫树需露出主干的苗木,在培育时,可在 5 年生以后,每年提高分枝 1 轮,到分枝点达 2 米时为止,这样可以保持明显的顶端优势,且树干尖削度小,修剪后伤口较容易愈合。

柏类如桧柏、侧柏等在幼苗阶段要剪除基部徒长枝,避免双干或多主干现象。杜松的特点和桧柏相似,要防止双干、多干,注意培养单干苗。刺柏下部枝条生长旺盛,顶端优势弱,可按其自然分枝特点,培养成丰满的半圆形或圆形树冠。

2.花灌木大苗的培育　花灌木大苗要求丰满、匀称,呈丛状。培育技术要点是重截和疏剪。第一次移植时,地上部分重截,只留

3～5个芽,促其多生分枝,至秋后短截,并将多余的枝条剪除。以后每年只剪去枯枝、过密枝、病虫枝、创伤枝等,适当疏、截徒长枝。对分枝弱的灌木,每次移植都重剪,促其发枝。

3. 藤本类大苗的培育　地锦、凌霄以及爬蔓的蔷薇类,主干多匍匐生长,除作地被植物可任其生长外,常常依照设计要求进行整形,如棚架式、凉廊式、悬崖式整形等。苗圃地的整形修剪主要是养好根系,培养一至数条健壮的主蔓,方法是重截或近地面处剪截回缩。

4. 绿篱及特殊造型的大苗培育　用作绿篱的灌木苗要求基部有大量分枝,形成灌丛,以便定植后能进行任何形式的整形。因此,在苗期至少要重剪两次。为使园林绿化丰富多彩,绿篱植物除采用自然树形外,还可以利用树木的发枝特点,通过不同的修剪方法,养成各种不同的形状,如梯形、倒梯形、圆球形、象形等,如龙爪槐低干嫁接可养成圆球形,在草地内栽植形状美观。银杏枝条轮生平展,可整成分层烛台形。选用分枝紧密的桧柏变种,剪去上部树干,可造成不同高度的截头圆柱形,也可剪成方形、球形或一些动物形状。利用黄杨或损伤主干的龙柏苗修成球形或动物形象,布置在绿地中别具风采,可提高园林绿化的观赏价值。

二、园林绿地露地花草的栽培技术

(一)**整地及做畦**　对栽培地进行翻耕、施基肥、耙平、去杂物等整理工作,统称整地。整地质量与花卉生长发育有密切的关系。通过整地可以改善土壤的物理性状,增加通透性,提高土壤保水性能,促进土壤风化和土壤微生物的活动,并能将病原菌、害虫暴露于空气中而得以杀灭,有预防病虫害之效。良好的土壤有利于种子萌发、根系伸展,为植物生长创造条件。

翻耕的深度依花卉种类和土壤而定。一二年生草本花的生长期短,根系较浅,翻耕深度20～30厘米即可。球根花卉需要疏松的土壤条件,翻耕深度需30～40厘米。宿根花卉定植后常连续数年不移植，根系较发达，所以要深翻，深度为30～40厘米。沙土宜浅翻，粘土宜深翻。新垦地应深耕，先种豆类、麦类等一二茬，并施入适量的有机肥，然后再栽花。花坛整地，如土壤过于瘠薄或土质不良时，可将土壤上层30～40厘米的表土换成肥沃的客土或培养土。春季使用的土地应在前一年秋季翻耕，秋季使用的土地在上茬花出圃后翻耕。整地应选晴天，土壤干湿适宜时进行。土壤过干，土块不易破碎；土壤过湿不能形成良好的团粒结构，而形成硬块，不利于花卉生长。

做畦又叫做床。花畦的做法取决于地区、地势、栽培目的、花卉的种类和习性等因素。花畦通常有高畦、低畦、平畦之分。高畦多用于多雨地区及低湿的地块，其畦面高于地面20～30厘米，畦两侧为排水沟，便于排水。低畦多用于干旱地区，畦两侧有高于畦面的畦埂，能保水，便于灌溉。

（二）**间苗**　又称疏苗，直播的一二年生草花和不适宜移栽的花草，播种量一般都大超过留苗量，多余的苗必须间除。间苗主要是拔去过密的苗，同时还要去弱留强，选优去劣，除杂保纯及清除杂草。

间苗通常在齐苗后进行，时间不宜过迟，以免过密的苗徒长。间苗应分数次进行，露地花草一般间苗2次，第一次在齐苗后，每墩留苗2～3株，按已定好的株行距把多余的苗拔掉。第二次间苗叫"定苗"，除成丛培养的草花外，一般每墩只留1株壮苗。定苗应在植株长出3～4片真叶时进行。拔下的苗可用于补栽或移植。

（三）**移植**　露地花卉大多数须先在苗床育苗，成苗后再移栽定植。

1. **移植的作用**　①移植后幼苗的株间距离增大，扩大了营养面积，使日照充足，空气流通，生长健壮。②移植时切断了主根，可多长侧根，利于植物吸收养分和水分。③有抑制徒长的效果。

2. **起苗和栽植**　起苗有带土球起苗和裸根起苗两种方法。裸根起苗多用于小苗及易于成活的苗，起苗时尽量多保留完好的根系和一部分宿土。对于不耐移植的草花苗，可移入小花盆中或其他容器内育苗，在容器中经一二次翻盆换土，即可脱盆栽植，成活率较高。

3. 移植的株行距　移植时的株行距取决于移栽的目的及花卉的种类。第一次移栽时株行距不要太大，生长速度快及留床时间长的花草苗株行距要宽些，反之则应窄些。

花坛、花圃的定植株行距须根据园林设计和花卉种类来定。栽植多年生宿根草本花卉的株行距要大些。种植一二年生花草的花坛，其株行距要比宿根花卉小些。用五色草或半支莲等栽植毛毡式花坛时，株行距要小，才能达到最佳观赏效果。

4. 移栽时间和栽后的管理　移栽时间以春季花草苗发芽前为好。花草幼苗，一般在生出 5~6 片叶时进行移栽。移栽草花在阴天、降雨前进行成活率高，1 天中在上午和中午都不宜移栽，以在傍晚时移栽为好，这样可经一夜的缓苗，使根系恢复吸水能力，可防止凋萎。

花草移入定植地后，要将其四周的松土压实，然后灌水，小苗用喷壶洒水，大苗可漫灌，浇灌水一定要透而匀。以后应适时扶苗、松土保墒，切忌连续灌水，以免土壤过湿而缺少空气造成烂根死苗。对一些幼嫩的花苗还应遮荫。

（四）**灌溉**　露地花卉易缺水受旱，需适时灌溉。

1. 灌溉的方法

(1) 畦灌　在干燥而地势平坦地区多用畦灌，将水经水沟引向畦面。其优点是设备投资较少，灌水充足，缺点是灌后土壤易板结，整地不平时水量分布不匀。

(2) 管道引水灌溉　适用于小面积花草地，如花坛、苗床等。

(3) 喷灌　此法灌溉省水、省工，不占地面，土壤不板结，并能防止土壤盐碱化，还可增加空气湿度，降低温度，改善小气候。缺点是投资较大。

2. 灌溉用水　灌溉用水的水质，以软水为好，一般可用无污染的河水、塘水、湖水及不含盐碱之井水。自来水仅限于没有自然水源地方对花坛及草坪等小面积灌溉。

3. **灌溉次数、水量及时间**　灌溉次数、水量及时间依实际需要而定。春夏季气温渐高，蒸发量大，北方降水少，植物生长旺盛，需水量大，灌水要勤，量要大。刚移植的幼苗和一二年生花草及球根花卉，灌溉次数应比一般花草多。宿根花卉幼苗期要多灌水，定植后管理可较粗放，肥水可减少。沙土灌水次数要多，粘土可少。立秋后，气温渐低，蒸发量小，露地花卉的生长多已停止，应减少灌水次数和灌水量。冬季除灌1次冻水外，一般不再灌溉。灌水时间在1天中，夏季应于早晚灌水，尤以傍晚灌水为好，此时水温和土温相差小，不致影响根系的生理活动，且不会灼伤苗茎。露地床上的幼苗，植株小，宜用细眼喷壶喷水，而不能灌水，以免水将小苗冲倒及泥土污染叶面。

（五）**中耕除草**　花草在苗期和生长期，为保持土壤水分、满足根系对氧气的需求，土壤板结时就要进行中耕。中耕能切断表土中的毛细管，减少水分蒸发，使土壤疏松，改善通气状况，促进土壤中养分的分解，还可除去杂草。中耕深度一般为3~5厘米，最深10厘米左右。中耕时对根系分布较浅的应浅耕，反之可深耕。幼苗期花草中耕应浅，以后随植株的生长而逐渐加深。花草株行间中耕应深些，近植株之处应浅。除草应除早、除小、除了，并可应用化学除草剂除草。

（六）**施肥**　花草在栽植时施入基肥，在生长期多追施速效肥。

1. **基肥**　在花草播种或栽植前将基肥施入土中，作为花卉生长的基础肥料。基肥通常以有机肥为主。厩肥或堆肥在整地时翻入土中，或放入定植穴中。定植穴施用的基肥常用骨粉、豆饼，在栽苗时置于穴中与土壤充分混合，再盖上一层土，然后栽植花草。化肥有时也可作基肥施用，可加速幼苗前期生长。目前在花卉栽培中，已普遍采用一部分无机肥，与有机肥混合作基肥施用。

2. **追肥**　用于补充基肥的不足，以满足花草在不同生长发育时期对肥料的要求。追肥在花草生长期,尤其是生长盛期施用。人、畜粪尿、豆饼、麻酱渣等,在充分腐熟后可作追肥施用。化肥如果以液态施用,其浓度应偏低一些,以保安全。追肥可沟施、穴施和随灌水施入。沟施或穴施后应将其翻入表土下,然后立即灌水。

3. 施肥量 施肥量应按实际需要来定。一二年生花卉在幼苗期追肥,主要是促进茎叶生长,氮肥可多施些,在生长期,磷、钾肥应逐步增加施用量。生长期长的花草,应多追肥。多年生宿根、球根花卉追肥次数可少些。花草追肥第一次在开始生长时施入,第二次在开花前施入,第三次在花后施用。开花期长的花卉,如美人蕉、大丽花等,在花期应适当追肥。

(七)**整形修剪** 花卉栽培中,要注意培养外形美,使之具有较高的观赏价值,而这些要求主要是通过整形、修剪来达到。

1. 整形 整形是将花草整理成美丽的姿态,供人欣赏。整形常用形态有如下几种。

(1)单干式 1株1本,1本1花,不留侧枝,如独本大丽花、独本菊等。

(2)多干式 1株多本,每本1花,花朵多单生于枝顶,如芍药、多朵菊等。

(3)丛生式 许多一二年生和宿根草花都用此法整形。有的是通过花草本身的自然分蘖长成丛生状,有的通过多次摘心、修剪,促进根基部位长出稠密的株丛。如一串红、藿香蓟、矮牵牛、金鱼草、波斯菊、百日草等。

(4)攀援式 多用于藤本花卉的整形,利用其善于攀援的特性,使其附在墙体上或缠绕在篱垣、木杆及竹竿上生长。如羽叶茑萝、香豌豆、旱金莲、牵牛花等。

(5)匍匐式 利用一些花卉枝条不能直立生长的特性,让其自然匍匐在地面或山石上,如半支莲及多数地被植物。

2. 修剪 草本花卉的修剪主要有以下几种方法:

(1)摘心 摘除主枝和侧枝上的顶芽,或将生长点连同顶端的几片嫩叶一同摘掉,以压缩植株的高度,促发更多的侧枝,使株形丰满,如一串红、小丽花等。一般摘心均在生长期进行。花穗顶生或自然分生力强的种类不宜摘心,如鸡冠花、凤仙花等。

(2)除芽　包括摘除侧芽和挖除脚芽,前者多用于观果类花卉,后者多用于球根花卉。除芽可防止分枝过多造成的养分分散及防止株丛过密。

(3)剥蕾　主要是剥掉叶腋间的侧蕾,使养分集中供应顶蕾开花,如菊花、大丽花等。

(八)防霜及越冬管理

1. 防霜　霜冻对花卉损害较大,花卉栽培应有可靠的防霜措施。

(1)浇水　霜前浇水是防寒措施之一。水的热容量大,冷却慢,传热力弱,可以减少土壤的温度散发,增加近地面的温度,且温度下降使水结冰时,又放散出热量,对花卉地下部分有保护作用。据测定,浇水可提高地面温度 $2℃\sim2.5℃$。

(2)覆盖　用稻草等覆盖在花卉上,可以减慢地面和植物表面的散热速度,而提高地面和植物附近的气温。

(3)熏烟　在夜间温度下降到 $0℃$ 前,用杂草、枯枝等在上风向燃烧,使之产生烟雾遮盖在花草上,能提高地面温度 $1℃\sim3℃$。

(4)包扎束叶　大叶植物如夹竹桃、苏铁等,可用稻草将叶干扎起来,可使其不受结霜的危害。

2. 越冬管理　保护露地花卉安全越冬的方法有以下几种。

(1)促使植株老熟,使之进入休眠　具体方法是生长后期多施磷、钾肥,控制氮肥用量;减少浇水量,使植株充分成熟,增加抗寒能力。休眠花卉的代谢水平低,抗寒能力增强。

(2)覆盖法　一些宿根草花及露地越冬的球根类花卉,可采取覆盖法保护越冬。覆盖可防止植株地下部分或近地表处的幼芽、根颈和茎盘部分受冻。方法是在地面上覆盖稻草、落叶、马粪、草帘以及塑料薄膜等,待翌年春季晚霜后再把覆盖物除去。

(3)培土法　留在露地的花卉，在其根部壅土，可保护根部不受冻，翌年挖开壅土即可。

(4)设风障　在圃地的上风向设立风障，可提高风障保护区内的温度。

三、盆栽花卉的栽培技术

(一)培养土配制　盆花栽植，常用不同类型的土壤，经过处理，配合起来作基质使用。这种根据植物需要配合起来的基质称为培养土。良好的培养土应养分充足，物理性状好。

1. 配制营养土的材料

(1)腐叶土　将树叶、残草堆积成土堆，压紧浇水，半年后翻拌1次，并浇水，第二年腐熟后，经过筛即可使用。筛出来的大土块可再堆起来，待腐熟后再筛。

(2)厩肥土　是用牛粪、马粪或鸡粪经过堆积发酵腐熟而成。它富含养分及腐殖质。用时过筛，放在晒场上暴晒，干后随敲碎，翻拌，收贮备用。

(3)园土　用有团粒结构的园内普通熟土，经过堆积后用于露天栽种花草。

(4)黄沙　排水通气好，须冲洗后使用。

(5)砖渣、炉渣　瓦片、碎砖敲碎后过筛，收贮以备用。炉渣磨细，过筛备用。它利于排水，又可保湿润，多半用在盆栽花卉的下半层，栽种必须排水良好的花卉种类，如兰花等。

2. 配制方法

(1)松土　园土2份，炉渣或碎砖1份，拌匀。可作扦插用。

(2)轻肥土　园土1份，厩肥土1份，腐叶土2份，拌匀，可栽培根部发育较弱的花卉及作细小种子播种床土。

(3)重肥土　园土2份，腐叶土1份，厩肥1份，拌匀。适用于一般花卉栽培。

(4)粘肥土　园土2份，厩肥1份，拌匀。适用于栽培棕榈、珠兰、文殊兰等具有粗大根和根茎的植物。

轻肥土、重肥土、粘肥土还须掺合等量的炉渣或碎砖,以利排水。

(二)栽　植

1. 上盆　播种苗具 4 片叶、扦插苗生根后,均可移入盆内栽植。

(1)选盆　盆的大小须与花苗相称,不可过早用大盆。初上盆的花卉,按其生长快慢,选用 10~13 厘米(3~4 寸)花盆。花盆以陶土制的为好,釉盆只能作临时装饰用。

(2)垫盆、装盆　用瓦片盖住盆底的排水孔,再垫些碎盆片,以利排水。然后将配制好的培养土装入盆内,将大粒培养土置于碎盆片上面,达花盆容量的 1/3,再放上中等细土约 1/3,然后放筛好的细土,使土与盆口保持 3~4 厘米的距离,以利浇水,并刮平土表,待播种或栽苗。

2. 换盆和翻盆　换盆是将过小的盆,换成大盆,并填加一部分新的培养土。翻盆指是只换部分旧的培养土,而不换成大盆。

翻盆时,应抖掉大部分旧土,如根系已长满,将外围宿土抖掉后,还应修剪根系。有的多年老株根团已抱合得很紧,对此可用利刀将根团削掉 1/3,如果脱盆前已对植株进行了重剪,还可多削掉一些根团,根团中央的护心土必须保留,以免造成死亡。翻盆后先放入荫棚养护,以防凋萎。

换盆时一般不大量清除宿土和宿根,仅将底土和肩土各挖掉一部分,然后换入比原盆大号的花盆,并填入新的培养土。

(三)浇水　盆花的浇水要求做到"见干见湿"。判断是否要浇水,可依据下列几点:①用手指轻弹花盆,如发出浊音,说明土壤潮湿,不需要灌水。②土壤呈灰色时,说明已干燥,需要灌水;土壤呈黑色时,说明湿润,不需灌水。③用手可提起土团时,说明干燥,需要浇水。④手捏土成片状或团状,说明泥土潮湿,不需浇水;手捏土碎裂,说明干燥,需要浇水。

浇水是项细致的工作,水温和水质、浇水方式以及一些花卉对浇水的特殊要求等都要加以注意。

1. 水温和水质　浇灌盆花的水温应和气温相接近,浇水前应将用水取出放到水池中或水缸里贮存。在室外每天用水量大,不可能全用存水来浇灌,可根据花卉对不良环境抵抗能力的大小来区别对待,着重保护抵抗力低的种类。

城市自来水中含有氯气、氯化钙等,浇前应放水贮存于容器中,使氯气挥发。对一些要求 pH 值很低的酸性花卉,可贮存雨水或用处理过的水来浇灌。

2. 浇水量　盆花的浇水量要按实际情况灵活掌握。冬季温室盆花的生长量减少,室内空气湿度较大,叶面蒸腾作用小,浇水量要少。冷室和地窖贮藏的越冬盆花,入室时浇 1 次水,有的一冬都不用再浇水了,除非盆土彻底干透。观花类花卉在花期尽量少浇水,以延长花期。观果类花卉在花期则应供给充足的水分,以促其坐果。在一年中,春季气温回升后,要适当浇水,夏季增加浇水量,秋末浇水量应逐渐减少,冬季不浇水或少浇水。叶大而薄的喜湿植物,浇水宜多,如蕨类、兰科植物等;叶小而硬的植物,如仙人掌及多浆、肉质根植物,浇水宜少。有些花卉喜高湿空气,如杜鹃、地生兰等,要经常向叶面喷水。

3. 浇水时间　在一天中浇水的最佳时间是清晨和傍晚。此时浇水可防止土温骤然下降影响根系生长。冬季应在中午浇水。

(四)施肥　温室盆栽花卉,在冬季进室前施淡腐熟人、畜粪尿或腐熟的油渣肥 1 次。进室后可不必施肥或少施肥,以免发枝旺盛造成越冬困难。春季花卉发芽之前开始施肥,多施薄肥。对春季开花的秋播盆花,冬季仍需按时施肥。肥料主要以腐熟的有机肥和化肥混合施用或分别施用。

(五)整枝整形　温室花卉各品种都有其自然的优美姿态,而经过人工整枝整形,还可以增添姿色。温室面积有限,经过修剪、摘心、绑扎、支缚、剥蕾等措施,可以满足室内布置的特殊需要。

修剪多用于木本花卉。对移植的花卉,为了取得根冠之间平衡,提高成活率,也常要修剪。修剪时应先剪去干枯的、过密的、徒长的和带有病虫的枝条,然后再根据姿态要求而加以修剪。修剪多在花卉休眠期进行。摘心是嫩枝的修剪工作,用于分枝性较强的花卉,以促进分枝,增加花朵数量,扩大植株幅度,矮化植株,延迟开花时间。摘心通常在花卉旺长期进行。摘心次数视开花时间、花卉种类及盆大小而定。为了使花朵开得大,宜在花卉起蕾时摘除过多的花蕾,使1株留花1朵,如月季、茶花等。

为了使盆花株形美观,还可以用支护绑扎等方法,将盆花整理成一定形状。支缚材料用铅丝、细竹片、竹竿等。绑扎材料多用棕丝、棕线等。绑扎形式有屏式、圆球式、四方披散式、悬垂式等。

(六)温室花卉出棚前的准备 温室的小环境不同于露地,花卉在温室里生长,其茎、枝、叶都比较柔嫩,因此,在温室搬至露地时,首先应该经过锻炼,以逐步适应外界环境。锻炼要逐渐进行,有的要几周,有的5~6天即可。温室盆花锻炼的方法有以下几点。

1. 加强室内通风 在温室盆花变换环境之前,多开启门窗或变换放置地点,使其多经受风吹的锻炼,枝干坚硬增强抵抗能力。

2. 降低室内温度 在温室盆花变换环境之前,先要降低温室的温度。如果是多种花卉放在一起,则要先移入较冷的温室培养,使之逐渐增强对新环境的适应能力。

3. 增加光照 花卉要在出温室前逐渐增加光照时间,使之趋向老熟强健。

4. 干燥 花卉在出温室前要减少灌水量,使之适应干燥环境,增强抵抗力。

5. 少施氮肥 氮肥促进盆花枝叶生长,使之枝叶肥嫩,抵抗不良环境的能力下降。故在温室移出之前,应少施或不施氮肥。

(七)夏季养护 夏季盆栽花卉多在露地培养,但有些观赏植物怕直射阳光照射,需要在遮荫下培养。夏季对不耐热花卉的养护应采取降温措施,如搭荫棚蔽荫,或放置于大树荫下,场地周围洒水或设喷水池,以降低温度。对放置于室内的不耐热花卉,则应设风扇通风降温或用空调设备降温。盆土的含水量不宜过高,以免烂根。

(八)**温室消毒** 温室内的温度、湿度都比外界高,既有利于盆花生长,也利于有害微生物和害虫繁殖生长。所以,温室内须进行定期消毒。夏季在盆花移出后和秋冬盆花进室前,室内空旷,操作方便,适于进行全面消毒。消毒可用40%的福尔马林1千克对水5升,全室喷洒,洒后密闭1昼夜;也可在1000立方米的空间内,用硫黄粉和木屑各250克混合熏烟,烟熏后封闭1昼夜。

四、花卉的无土栽培技术

无土栽培是不用土壤,而用培养基质和营养液栽培花卉的方法,是一种新兴的植物栽培技术,对花卉栽培具有突出的实用价值。

(一)**无土栽培的优缺点**

1. **可以充分利用空间** 不受地理位置和某些自然条件的限制,可充分利用空间。

2. **适于花卉集约化生产** 单位面积产花量高,花朵质量标准一致,特别适用于大量切花生产。

3. **节水省肥** 在土壤中栽培花卉,养分流失多达40%~50%,水的渗漏和地面蒸发量更大,而无土栽培的养分、水分损失一般不超过10%。

4. **病虫害少** 无土栽培,可以减少病虫害发生,便于生产无公害花卉,提高花卉的价值。

5. **卫生美观** 不用土壤和一般肥料,可增加花卉外观的美丽。

6. **节省劳动力** 可与育苗作业结合进行,不需配制营养土,也不要耕作和除草,故简化了生产工序,可节省人工。

无土栽培还有许多问题尚待解决,如营养液配方少,投资大和生产成本高等,需进一步研究解决,以促进无土栽培技术的发展。

(二)**无土栽培的方法** 无土栽培的方法很多,如果按栽培基质的类型分,可分为以液体为基质的水培和固体基质栽培。固体基质栽培如沙培、岩棉培、锯末培、蛭石培、珍珠岩培等。也有不用基质的,如雾培,仅用有营养的气体供给营养,也可以说是以气体为基质的气(汽)培。这里只介绍2种方法。

1. 水培法 此法是以水为培养基质,在水中加入花卉所需的营养元素,配成营养液,将花卉的根系浸泡在营养液中。

(1)塑料膜技术 将1张塑料膜对折起来,做成1个口袋,袋口中央用夹子或扣子连接,花卉的根颈部分由袋口缝固定,根系泡在口袋里的营养液中。

(2)水培槽技术 在1个平底的长方形水槽中,放上1块略微弓起的硬质薄塑料盖板,在盖板上按照花卉栽培所需的株行距打孔,把花苗栽入孔中。槽内加入营养液,随着根系和植株的不断生长,可将塑料盖板逐渐上提,同时增加槽内的营养液。营养液可通过小型水泵使其循环流动。

(3)漂浮技术 在水槽内放1块能漂浮的聚苯乙烯泡沫塑料,在上面按照花卉栽培所需的株行距打孔,将花苗栽于孔洞中,该板可漂浮于营养液中。通过水泵使营养液循环流动。

2. 沙培法 沙培是固体基质培养的方法之一。用直径小于0.3厘米的大粒河沙作基质,幼苗种植后,将营养液倒入沙培床内。以后需每天浇灌清水或补充营养元素。此法的优点是花卉根系生长和发育较好,缺点是营养液不能流动。一部分营养元素容易沉积,而缺乏的营养元素也不好补充。如果用蛭石代替沙,就成为蛭石培,蛭石的保水、透气性都较好,吸热和保温能力也很强,花卉根系的生长和发育比沙培好。还可用珍珠岩、岩棉、塑料及其他无机固体颗粒代替沙作基质。

(三)**营养液的配制和使用** 在无土栽培中,营养液的配制和使用必须精细而又正确。营养液中各种营养元素的数量要保持准确的比例,以利于花卉的生长发育。要做到这一点必须经过化学分析和精确的计算,同时还要经过反复的栽培试验。

1. 营养液的配制

(1)营养液的浓度 在植物根系内的溶液浓度不低于营养液

浓度的情况下,营养液的浓度偏高并没有多大危害,而过多的铁和硫对各种花卉都是相当有害的。各种花卉植物所能适应的溶液浓度都不超过0.4%。

(2)营养元素的构成　按照花卉植物所需的元素数量,可以将其按照下列顺序来排列,即氮、钾、磷、钙、镁、硫、铁、锰、硼、锌、铜、钼。在花卉生长发育中,营养液中所有营养元素数量的次序如果发生颠倒,花卉也能生活一段时间,而不至于死亡,但如果上述某种元素严重缺少,花卉就无法生存下去了。一些花卉植物在其不同的生长发育阶段,体内干物质中的氮、钾、磷的含量比例在不断地变化,某些花卉植物在生长初期所需的氮和钾,往往要比后期的发育阶段高出2倍。

(3)营养液的酸碱度和温度　营养液的pH值的高低关系到无机盐类的溶解度和根系细胞的渗透性。不同花卉植物适应不同的酸碱度。营养液偏碱时多用磷酸或硫酸来中和,偏酸时则用氢氧化钠来中和。在测定时除可用分光光度计及精密试纸外,还可观察植物的表现,溶液偏碱时,花卉植株叶片黄化;偏酸时,会造成幼根枯死。

各种花卉植物所需的营养液的温度与其生态习性有密切关系,在适宜的液温下花卉才能生长良好。几种花卉对营养液的适宜温度如表7-1所示。

表7-1　常见花卉植物对营养液温度的要求

10℃~12℃	12℃~15℃	15℃~18℃	20℃~25℃	25℃~30℃
红叶甜菜	草莓	香豌豆	秋海棠	水芋
郁金香	含羞草	菊花	月季	仙人掌类
金合欢	蕨类植物	唐菖蒲	玫瑰	其他热带
	勿忘草	百合	百日草	花卉
	香石竹	水仙		

2. 营养元素的补充　营养液经过一段时间的使用后,一些元素被植物吸收利用,一些元素未被吸收利用,于是营养液中的营养

离子关系失去了平衡,在此情况下不应添加原营养液,而应补充添加已减缺元素的营养液。

3. 营养液使用时应注意的事项

(1)要按实际需要添加营养液　在无土栽培中,因花卉植株生长需要会使营养液中一部分元素含量降低,又因水分蒸发而使营养液的浓度增加,故在花卉生长表现正常的情况下即使营养液减少,也只需添加新水,而不要忙乱补充营养液。

(2)添加的营养液要分布均匀　在向水培槽或大面积无土基质上添加补充营养液时,应从不同部位分别倒入,各注液点之间的距离不要超过3米。

(3)花卉生长后期不要添加原营养液　生长迅速的一二年生草花、宿根类和球根类花卉,在生长盛期可分阶段添加原营养液,当生长量渐少时,可酌情使用按1∶1加水的营养液或其他比例的稀释营养液,而不能再使用原液。

(四)**用于无土栽培的长效肥料**　长效肥料是通过人工合成的植物营养素,在无土栽培时施用1次后,可较长时间不用再补充营养液,只浇水就可以了。目前,国际上使用的长效肥料有合成树脂、硅藻土肥等。

第八章　草坪建植

草坪建植是用人工建立草坪地被的综合技术总称,简称建坪。建坪是在新的地点上建造草坪地被。因此,建坪有其一定的工作程序和规程。建坪工作总体上可包括建坪地的基况调查,草种选择与组合,坪床的制备,草坪草的繁殖,幼草坪的管理五个部分。

第一节　建坪地的基况调查

基况调查就是采用实地踏勘和走访调查的方式,全面掌握计划建坪地内外的社会环境、自然环境的特点,使计划内容符合建坪地的实际情况,建成的草坪绿地符合社会的需要,以充分发挥草坪的功能。

基况调查应该在确认建坪目标和建植计划的前提下,即在总体规划的基础上,搜集基础资料,然后整理成基础文字材料、图表,提出对建坪环境的分析,做到对计划建坪地现状的全面了解,为建坪的决策和实施提供依据。

一、建坪地基况调查程序

草坪建植前基况调查的程序如图8-1。

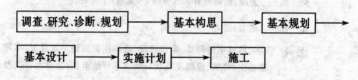

图 8-1 草坪建植基况调查程序

二、建坪地基况调查内容

基况调查的目的是了解建坪地的基本条件及现状,为建坪计划的制订与实施提供依据,其调查的方法和内容见表8-1。

三、建坪地基况调查结果的资料处理

(一)基况调查的后续工作

1. 写出调查报告 掌握建坪计划中所给定的建坪地的条件,确认计划的目的,进行资料查询、现场勘查等基础调查工作,在此基础上整理出建坪条件报告。

2. 制订建坪实施方案 根据对计划条件的审核,制订出计划建坪的工程进度目标和重点,进而制订出基本工程进度计划和主要的技术目标。

3. 提出经费预算 根据建坪的基本设计,在进行床土制备、确定建植的景观目标,确定建坪草种及组合方案的基础上提出经费预算。

表 8-1　建坪地基况调查的方法与内容

方法	项目	调查内容
实地踏勘	地形	类型,标高,坡向,起伏度等,测绘大比例地形图
	地质	表层结构,崩塌的难易程度,支持力
	土壤	类型,肥力,pH值,总含盐量,主要有害盐分含量
	水源	水系分布,地下水,水质,水温,供水量,获得的难易程度,成本
	交通	公路、道路的有无及等级,人流量,车流量
	能源	电力,劳力
	植被	天然植物的种类、生长状况,栽培作物的种类及状况,草坪建植史(种类、规模及现状),欲建草坪地前作,杂草的种类及数量
走访和现场调查	景观	眺望地点,自然景观,人文景观
	气象	日照时数与总日照量,年平均温度、日平均温度、最高温度、最低温度,高于0℃的年积温、高于10℃的年积温,年降水量及季节分布,年蒸发量及季节分布
	边周环境	类型(绿地、建筑、农田、道路、水面等),人口密度(社区人口、人口流量),虫害、病害发生史(种类、数量、发生频率)
	社会环境	城镇总体规划,土地利用计划,绿化规划等,城镇规模,人口,产业,居民对草坪的认识与喜爱程度,政府对草坪绿地建设的态度,投资建设草坪的经济实力与要求
	环境安全	污染的类型与程度(水、土、大气污染性质与程度),重金属、农药、废弃物、建筑垃圾等

(二)证实基况调查的结果的主要材料　①欲建坪地建坪环境

条件现状报告；②建坪工程的可行性报告；③按建坪目的要求进行的经费预测报告；④草坪项目设计；⑤幼坪管理方案。

依据这些文件,可编制建坪项目的投标书。在项目中标的单位应编制建坪工程的实施方案和施工计划,确保建坪工程能科学、有序、高质、低成本地完成。

第二节 草种的选择与组合

建植草坪的目标首先是草坪草成活,其次是能充分体现草坪完美的功能。草种应依据建坪地的立地条件和建坪的目的进行选择,即应遵循"引种相似"的理论。最基本的要求是使所选草种对环境的要求与建坪地环境条件相近似,所选草坪草的特性与所建草坪的功能相符合。

一、选择草种的要点

建坪选择草种主要应考虑草种对建坪地环境的适应能力,草种的特性要符合草坪的使用功能及草种的优良性状等。

(一)要适应建坪的环境 ①应适应当地气候、土壤条件(水分、pH值、土性等)。②灌溉设备的有无。③建坪成本及管理费用。④种子或种苗获取的难易。

(二)要符合草坪的使用功能 ①草坪品质、美观及利用功能(成坪速度、覆盖性、耐修剪性、耐践踏性等)。②草坪草的品质(质地、密度、色泽与绿期等)。③草坪草的抗逆性(抗寒、耐盐、抗涝、耐干旱性等)。

(三)草种的优良特性 ①抗病、虫能力。②寿命(一年生、越年生或多年生)。③对外力的抵抗性。④持续性。⑤产草皮性能。⑥有机质层的积累及形成。

二、选择草种的方法

草坪草种的确定,可通过多种方法,在生产中较为简捷的方法

有:

(一)**调查法** 在确定建坪之初,对建坪地区的草坪现状进行详尽调查,弄清在该地区建坪用草种对当地条件的适应性和坪用特性表现,进而根据建坪的要求和建坪条件,选定已证明较能适应当地条件的草种与品种。

(二)**试验法** 如时间允许,在建坪之前可选择一批大体上能适应当地条件和建坪目的的优良草坪草种及品种,在小面积上进行引种试验。经过1个生长周期后,根据试种的结果,择优选用。

(三)**引种区域化法** 以自然地理位置和气候带划分为主要依据,将一定地域划分成若干个建坪条件基本相近的区,然后在每个区内的典型地点设置引种试验点,通过诸草坪草种的引种栽培试验及其评价,达到确定该地区适应建坪草种及品种(表8-2)。

表8-2 在中国不同地区推荐选用的百绿集团草坪草种

区域性气候特点	推荐选用的草种及品种
1区——沈阳	
年降水量700毫米,60%集中于夏季。1月份平均气温-12℃,7月份为24℃。土壤pH值较高	高羊茅:织女星、巴比松、天霸、爱密达,草地早熟禾:男爵、巴润,多年生黑麦草:百瑰、草坪之星、顶峰,细羊茅:桥港,紫羊茅:皇冠、百琪二代
2区——北京	
年降水量600毫米,70%集中于夏季,1月份平均气温-5.6℃,7月份为29.5℃	草地早熟禾:巴塞罗那、百蒂娅、巴润,多年生黑麦草:顶峰、首相Ⅱ,细羊茅:百舵、桥港,匍茎翦股颖:摄政王,细弱翦股颖:百都,沿草:百克星,狗牙根:百慕大

续表 8-2

区域性气候特点	推荐选用的草种及品种
3 区——上海	
年降水量 1 200 毫米,55% 集中于夏季。1 月和 7 月平均温度为 3℃ 和 30℃。相对湿度较大,夏季高温高湿,草坪易感病	高羊茅:凌志、百丽,草地早熟禾:巴塞罗那、男爵,多年生黑麦草:百乐,匍茎翦股颖:摄政王,狗牙根:百慕大
4 区——昆明	
年降水量 1 000 毫米,60% 集中于夏季。1 月和 7 月平均温度分别为 8℃ 和 23℃	高羊茅:巴比伦、凌志、百喜、织女星、百丽,草地早熟禾,巴润、百蒂娅、巴塞罗那,多年生黑麦草:首相Ⅱ、百瑰、百乐,细羊茅:百绿、百舵、百琪,硬羊茅:百妃娜,翦股颖:摄政王、继承,细弱翦股颖:百都
5 区——成都	
年降水量 976 毫米,1 月、7 月平均温度为 7.2℃ 和 28.6℃。土壤中性偏酸	高羊茅:凤凰、百幸、巴比伦、百丽,草地早熟禾:巴润、巴塞罗那,多年生黑麦草:首相、草坪之星,匍茎翦股颖:摄政王
6 区——兰州	
年降水量 300 毫米,土壤含盐量大,pH 值高,具灌溉条件	草地早熟禾:巴塞罗那、百蒂娅、男爵,多年生黑麦草:首相Ⅱ、顶峰,匍茎翦股颖:摄政王、百瑞发,细弱翦股颖:百绿、皇冠,狗牙根:百慕大
7 区——呼和浩特	
干旱、半干旱气候区,夏季酷热,土壤 pH 值较高。年降水量 426 毫米。1 月份平均气温 -13.2℃,7 月份 26℃	高羊茅:凤凰,草地早熟禾:百赞、巴润,多年生黑麦草:百乐、百瑰,硬羊茅:百妃娜

续表 8-2

区域性气候特点	推荐选用的草种及品种
8 区——乌鲁木齐	
年降水量 572 毫米,5~8 月为降水集中期。1 月份平均温度－15.6℃,7 月份 30.6℃	高羊茅：凌志、百丽,草地早熟禾：巴塞罗那、男爵、巴润,多年生黑麦草：百宝、百瑰、顶峰、首相Ⅱ,匍匐紫羊茅：百琪,细羊茅：百绿,翦股颖：继承、百都
9 区——西宁	
年降水量 371.7 毫米。1 月和 7 月份平均温度为分别－7.6℃和 21.8℃,昼夜温差大	高羊茅：巴比松,草地早熟禾：巴润,多年生黑麦草：百瑰、百乐,硬羊茅：百妃娜
10 区——广州	
年降水量 1 680 毫米。1 月、7 月平均温度分别为 15.2℃和 30.9℃。土壤偏酸性	草地早熟禾：男爵,多年生黑麦草：过渡星,狗牙根：百慕大

(四)**相似度法** 草坪草的选择中,欲选草种所要求的环境条件与欲建坪地的环境条件愈相接近,其选定草种成功建坪的可能就愈大,这就是物种引种的相似论的原理。草坪草引种选择可根据草坪草引种相似度(F)来判定。

$$F(\%)=2W/(E+E')\times 100$$

式中：$F(\%)$为草坪草引种相似度。

E 为草坪草生态类型指数。$E=r/0.1\Sigma\theta$(式中：r 为该草坪草种最适宜生长环境的年平均降水量,单位毫米；$\Sigma\theta$ 为该草坪草最适宜生长地≥0℃的年均积温)。

E' 为欲引入地草坪草生长环境类型指数。$E'=r'/0.1\Sigma\theta'$ (式中：r' 为该地的年平均降水量,单位毫米；$\Sigma\theta'$ 为该地年平均≥0℃的积温)。

W 为 E 和 E' 两者中的较小值。

根据经验,将相似度判定的"λ"值规定为 0.8(暖地型草坪草)和 0.7(冷地型草坪草)。当 $F \geq \lambda$ 时,引种选定可行,当 $F < \lambda$ 时,则引种选定不可行。

(五)**温度曲线拟合法** 草坪是一高度集约的人工植物群落。因此,在草种选定中,只考虑人工不易改造的温度因素,就可使草种的选定正确而快捷。具体做法是:在一直角坐标系内标出欲选定草坪草种适宜的温度范围,在该系中描出建坪地一年内的月平均温度曲线。当该曲线落入草坪草的适宜温度区内,则引种可行,反之则不可行(图 8-2,图 8-3,表 8-3)。

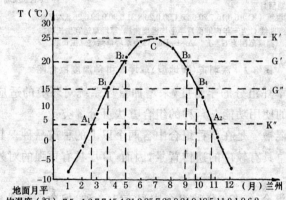

地面月平
均温度(℃)-7.5,-1.3,7.7,15.4,21.3,25.7,26.8,24.9,18.5,11.0,1.9,6.2
曲线 C 为一年内地面月平均温度曲线;草坪草适宜生长的温度范围为 K′~K″;
草坪草最适宜生长的温度范围为 G′~G″;B_1~B_2,B_3~B_4 为草坪最适宜生长期。

图 8-2 兰州市(冷地型)草坪草引种温度拟合图

三、草种的组合

草坪是由 1 种或者多种(含品种)草组成的草本植物群落,其组分间、组分与环境间存在着相互促进与制约的关系。组分量与质的改变,亦改变草坪的特性及功能。在草坪建植中有的采用单一组分来提高草坪外观质量,增加草坪的美学价值。而更广泛采用的

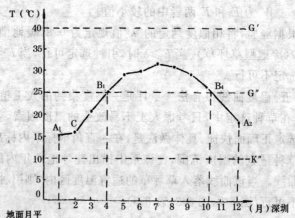

地面月平
均温度(℃)16.0,16.7,20.6,25.1,29.0,29.8,31.6,30.9,29.6,26.8,22.7,18.4
曲线C为一年内地面月半平均温度曲线;草坪草适宜生长的
温度范围为$G''\sim K''$;$A_1\sim B_1$、$B_4\sim A_2$为草坪草最适宜生长期

图 8-3 深圳市(暖地型)草坪草引种温度拟合图

则是增加草坪组分的丰富度,来增加草坪系统对环境的适应性和提高草坪的使用功能。草种的组合方法可分 3 类:

(一)混播 是在草种组合中含两个以上的种或品种。其优点是使草坪草具有较广的遗传背景,因而,草坪草具有更强的对外界的适应能力。

(二)混合 是在草种组合中只有 1 个种,但含同一种中的 2 个以上品种。该组合有较丰富的遗传背景,较能抵御外界不稳定的气候环境和病虫害侵袭,并具有较为一致的草坪外观。

(三)单播 是在草种组合中只含 1 个种,并且只含该种中的 1 个品种。其优点是草坪的高纯度和一致性,可造成最均一的草坪外观。由于遗传背景较为单一,因此,对环境的适应能力较差,要求养护管理的水平也较高。

(四)草坪组合中各草种的功能分类 依各草种数量及作用,又可分为 3 个类型。

1. 建群种 体现草坪功能和适应能力的草种,通常在群落中

表 8-3　草坪草主要种植地月平均温度、年降水量及环境类型指数

城市	各月平均地面温度多年平均值(℃)												年均降水量(毫米)	>0℃年积温	环境类型指数
	1	2	3	4	5	6	7	8	9	10	11	12			
齐齐哈尔	-20.4	-15.4	-3.0	8.5	17.4	24.5	36.6	24.0	16.1	5.2	-8.1	18.6	451.5	3138.2	1.44
哈尔滨	-19.4	-15.3	-3.0	9.1	18.0	24.2	26.7	24.8	17.0	6.4	-5.7	-16.3	553.5	3192.6	1.73
吉林(九站)	-18.5	-14.9	-2.9	7.4	16.9	23.0	25.9	23.5	16.1	6.4	-3.8	-14.2	696.8	2389.0	3.12
长春	-16.9	-13.0	-2.4	8.8	18.0	23.6	26.4	24.7	17.4	7.3	-3.9	-13.6	610.8	3332.0	1.83
延吉	-14.8	-10.9	-0.4	-9.7	17.7	22.4	25.8	25.1	18.0	8.1	-3.3	-12.7	515.4	3174.0	1.62
沈阳	-12.7	-8.1	1.3	10.6	18.9	24.6	27.6	25.6	18.8	9.4	-0.1	-9.4	755.4	3860.4	16.9
大连	-4.8	-2.3	4.5	12.4	20.6	24.5	26.6	26.9	21.9	14.1	5.6	-2.1	656.1	4040.6	1.62
伊宁	-11.4	-8.3	3.4	14.4	21.5	26.1	27.9	25.9	19.0	0.9	-6.6	263.7	2843.6	0.69	
乌鲁木齐	-15.6	-12.5	0.9	13.9	22.5	28.1	30.6	28.0	20.2	9.1	-2.4	12.3	572.7	3875.5	1.48
西宁	-7.6	-3.0	5.2	12.5	17.2	20.9	21.7	20.7	15.0	8.4	0.2	-6.8	371.7	2752.2	1.35
兰州	-7.8	-1.9	7.2	15.5	21.3	25.6	26.7	25.3	17.7	10.7	1.4	-7.1	331.9	3777.0	0.88
天水	-2.5	1.7	8.0	14.7	20.5	24.8	26.2	25.3	17.9	12.0	4.8	-1.0	552.9	4045.0	1.37
银川	-8.1	-4.0	4.2	13.0	21.3	26.9	28.9	26.6	19.7	10.5	0.7	-6.6	205.4	3776.1	0.54

续表 8-3

城市	1	2	3	4	5	6	7	8	9	10	11	12	年均降水量(毫米)	>0℃年积温	环境类型指数
西安	-0.4	3.0	9.8	16.2	22.3	29.1	30.8	30.1	21.3	14.3	6.9	0.6	604.2	4956.0	1.22
汉中	-3.3	5.8	11.5	17.3	23.1	27.4	29.7	30.3	22.0	16.1	9.6	4.5	889.7	5225.0	1.70
呼和浩特	-13.2	-8.1	1.5	10.2	19.2	25.0	26.0	23.5	16.2	7.4	-2.4	-11.5	426.1	2716.0	1.57
太原	-6.4	-2.4	5.4	14.1	22.1	26.6	26.9	25.0	18.6	11.1	2.6	-4.8	466.6	3974.2	1.17
北京	-5.6	-2.6	5.8	16.2	24.9	29.1	29.1	27.2	21.4	12.8	3.2	-4.0	682.9	4544.4	1.50
天津	-4.4	-0.8	7.5	17.0	24.8	29.2	29.4	27.8	22.6	14.3	4.9	-2.7	559.1	4743.9	1.18
张家口	-9.7	-5.4	3.3	13.7	21.8	26.6	27.7	25.8	18.6	10.1	-0.1	-8.3	404.9	3679.0	1.10
石家庄	-3.1	0.1	8.9	18.1	26.4	31.5	30.6	28.3	22.7	14.9	5.8	-1.4	598.9	4892.9	1.22
济南	-1.8	1.7	9.7	18.1	26.2	31.3	30.3	29.0	23.9	16.4	7.6	-0.5	672.2	5274.0	1.27
青岛(李村)	-1.8	1.0	7.0	14.1	20.9	25.4	28.1	28.5	23.0	15.9	7.6	0.7	777.4	4483.3	1.73
上海	3.9	5.3	9.4	15.4	20.6	24.7	30.5	31.5	25.1	18.7	12.4	5.9	1128.5	5562.0	1.99
南京	3.3	5.0	10.0	16.7	22.7	27.8	31.5	32.3	25.5	18.7	11.4	4.8	1026.1	5562.0	1.84
合肥	3.2	4.8	11.0	18.0	24.5	29.7	33.1	33.7	26.1	19.0	11.4	4.8	969.5	5711.5	1.70
盐城	3.9	5.6	10.9	17.4	23.5	28.7	33.2	33.6	26.7	19.3	12.0	5.7	1208.3	5823.4	2.07

续表 8-3

城市	各月平均地面温度多年平均值(℃)												年均降水量(毫米)	>0℃年积温	环境类型指数
	1	2	3	4	5	6	7	8	9	10	11	12			
杭州	4.8	6.1	10.6	16.9	22.0	26.1	31.5	32.4	25.7	19.1	12.9	6.6	1400.7	5862.7	2.39
南昌	6.1	7.5	12.3	18.6	24.4	28.4	34.2	34.6	28.8	21.3	14.2	8.0	1598.0	6372.0	2.51
九江	5.3	6.5	11.5	17.7	23.7	28.5	33.4	34.0	28.0	20.2	13.4	7.1	1396.8	6236.0	2.24
厦门	14.4	15.5	18.3	23.1	27.1	29.4	33.7	33.7	31.1	27.1	22.4	17.6	1093.7	7615.0	1.44
台北													2047.5	8159.1	2.51
郑州	0.3	2.8	9.9	17.3	24.8	30.1	31.0	29.3	23.0	15.8	8.0	1.6	635.9	5206.0	1.22
洛阳	0.6	3.4	10.6	17.7	25.5	30.7	31.4	30.3	23.3	16.2	8.4	1.9	604.6	5381.8	1.12
宜昌	5.6	7.4	12.6	18.7	24.2	29.0	32.5	32.1	26.0	19.8	13.1	7.1	1198.8	6136.6	1.95
汉口	4.2	6.3	11.8	18.2	24.5	29.7	33.6	34.1	27.4	20.0	12.3	5.9	1260.1	5906.8	2.13
长沙	5.7	7.3	12.2	18.2	24.1	29.0	34.1	33.7	28.3	20.5	13.4	7.5	1422.4	6218.1	2.29
汕头	15.4	16.7	19.6	24.2	28.1	29.0	32.1	31.9	30.6	26.9	22.7	17.7	1514.5	7709.8	1.96
广州	15.2	16.3	19.8	23.4	28.2	29.5	30.9	30.9	29.9	26.6	21.6	17.1	1680.5	7959.1	2.11
宝安(深圳)	16.0	16.7	20.6	25.1	29.0	29.8	31.6	30.9	29.6	26.8	22.7	18.4	1881.8	8055.9	2.34
湛江	18.4	19.4	21.9	26.3	31.0	30.9	32.1	31.6	30.6	27.8	23.6	19.6	1440.6	8383.8	1.72

续表 8-3

城市	各月平均地面温度多年平均值(℃)												年均降水量(毫米)	>0℃年积温	环境类型指数
	1	2	3	4	5	6	7	8	9	10	11	12			
桂 林	8.9	9.8	14.0	19.3	25.2	28.7	31.8	31.9	29.7	23.1	16.4	10.7	1873.6	6842.7	2.74
南 宁	14.3	15.6	19.0	23.5	28.3	30.0	30.8	30.3	29.8	25.7	20.4	16.0	1280.9	7860.0	1.63
成 都	7.2	9.8	15.6	20.4	24.5	27.1	28.6	27.5	23.7	18.5	13.2	8.2	976.0	5928.5	1.65
重 庆	8.1	10.1	15.9	20.8	24.6	27.5	32.5	33.2	26.1	19.5	14.4	10.0	1075.2	6715.6	1.60
贵 阳	6.4	8.4	13.8	18.7	22.2	24.3	27.7	27.0	23.9	17.9	12.5	8.2	1162.5	5511.0	2.11
昆 明	8.5	11.2	15.1	19.9	22.9	22.3	23.0	22.3	20.9	17.4	12.7	8.9	991.7	5361.3	1.85
拉 萨	-1.5	2.2	8.0	13.0	18.1	20.6	18.6	17.8	15.3	9.6	2.8	-0.9	453.9	2853.0	1.59
日喀则	-3.4	1.4	6.9	13.4	19.0	22.3	19.9	18.1	16.2	10.2	2.0	-3.2	439.4	2570.4	1.71
海 口	18.9	20.3	24.4	28.4	31.2	31.6	32.3	30.8	29.3	26.9	24.0	20.5	1689.6	9558.0	1.77

的比例在50%以上。

2. **伴生种** 在草坪群体中第二重要的草种,当建群种生长受到环境障碍时,可由它来维持和体现草坪的功能,并对不良环境有较强的适应能力。此草的比例在30%左右。

3. **保护种** 一般是发芽迅速、成坪快、一二年生的草种。在群落组合中充分发挥先期生长优势,在草坪组合中起到先锋作用。

草种组合是多元草种的混合,在组合中应遵循下述准则:①掌握各类草种的生长习性和主要优点,做到优化组合和优势互补。②充分发挥种间的亲合性,做到共生互补。③充分考虑外观的一致性,确保草坪的高品质。④至少选出1个品种,该品种在当地任何条件(适度遮荫、碱性大等)下,均能正常生长发育。⑤至少选择3个品种进行混合播种,但品种也不宜过多。

第三节 坪床的制备

坪床制备包括坪床清理、床土翻耕、坪床平整、床土改良、构建排灌设施及施肥等技术环节。

一、坪床的清理

坪床清理是指清除建坪场地内有碍建植草坪的树木及土堆等物体的作业。如在长满树木的场所,应完全或有选择地伐去树木、灌丛,清除不利于草坪草生长的石头、瓦砾,消除和杀灭杂草,进行必要的挖方和填方等。

(一)**木本植物的清理** 木本植物包括乔木和灌木以及倒木、树桩和树根等。对于木本植物的地上部分,清除前应准备适当的收获和运输机械。树桩及树根则应用推土机或其他的方法挖除,以避免残体腐烂后形成洼坑,破坏草坪的一致性,也可防止蘑菇和马勃等生长。

(二)**岩石和巨砾的清理** 除去露头岩石是清理坪床的主要工作之一,通常应在坪床面以下不少于60厘米处将其除去,以免造成床土中水分供应不均匀的现象。

在地表 20 厘米层内,直径大于 2 厘米以上的岩石和砖块,会影响建植操作,阻碍草根的生长,应予清除。

(三)**杂草的防除** 在建坪的场地,一些蔓延性多年生草类,特别是禾草和莎草,能引起草坪严重杂草污染,即使在翻耕后用耙或草皮铲进行去杂草处理的地方,杂草残留的营养繁殖体(根状茎、匍匐枝、块茎)也能发芽生长,侵入草坪。所以,杂草防除工作应列为坪床清理工作的重要内容之一。防除杂草可用物理方法与化学方法。

1. 物理防除 常以手工拔除或土壤翻耕机具清除,如用拖拉机牵引的圆盘耙等,在翻挖土壤的同时清除杂草。像匍匐冰草这类具有地下蔓生根茎的杂草,单纯捡拾很难一次将其清除,通常采用土壤休闲法防除。此法宜在秋播建坪时施行。休闲是指夏季在坪床不种植任何植物,且定期进行耙锄作业,以杀死杂草及其营养繁殖器官。如用草皮铺植草坪,休闲期可相应缩短,因为厚实的草皮覆盖,可抑制一二年生杂草再生。

2. 化学防除 化学防除杂草最有效的方法是使用熏蒸剂和非选择性的内吸除莠剂。坪床清理的常用农药见表 8-4。

除莠剂应在杂草长到 10 厘米左右时或土壤翻前 3~7 天施用,使除莠剂被杂草吸收后能转移到地下器官。

熏蒸是将高挥发性的农药施入土壤中,以杀死和抑制杂草种子及营养繁殖体、病原微生物、害虫及卵、线虫和其他可能妨害草坪草生长的生物。床土熏蒸前应深耕,以利熏蒸剂的蒸气渗入防治目标,同时土温不应低于 32℃,以利熏蒸剂在土中扩散,保持熏蒸剂的活性。具体的操作是用具有自动铺膜装置的土壤熏蒸专用设备或用人工支起离地面 30 厘米高的薄膜帐,用土密封薄膜边缘,将熏蒸剂放入薄膜下的蒸发皿中,熏蒸剂气化后渗入土中,杀灭有害生物,经 24~48 小时后即可播种。

表 8-4　坪床清理常用农药

类别	名称	特性
除莠剂	草甘膦（铺草宁、膦甘酸、农达、飞达）	非选择性根吸收除莠剂，施用后 7～10 天见效。对未修剪的植物效果最佳，杀灭匍匐冰草的效果较好。施量为 0.25～0.5 克/平方米，用药后 3～7 天播种
	卡可基酸	非选择性触杀型除莠剂，以有效成分含量为 5～10 克/升的溶液喷洒，能有效地杀灭杂草。用药后 5～7 天方可播种
	百草枯（克芜踪、对草快）	触杀型除莠剂，可杀死植物的地上部分，不能杀死根茎。施量 0.08～0.12 克/平方米有效成分。在土壤中不残留，但对施药者不甚安全。用药后 1～2 天即可播种
	茅草枯	对禾本科杂草如香附子、狗芽根、毛花雀稗等很有效。在禾草生长盛期，隔 4～6 周施用 1 次。天气越冷，间隔时间越长
	杀草强	对阔叶草及禾草均具杀灭作用。当两类杂草同时存在时，可与茅草枯混合使用。用药后 2 周方可播种
	氰氯化钙	是一种含氮的速效肥料，当用量 20～30 克/平方米时可杀灭许多杂草。该药应在土温高于 13℃ 时施用，并将其混入 5～8 厘米深的土壤内，在播种或栽植前施药，施药后 3～6 周内应保持土壤湿润，在粘重的土壤上施用效果更好
熏蒸剂	甲基溴化物	易挥发、活性强。可杀灭活的植物株体及大多数植物的种子、根茎、匍匐茎、昆虫、线虫及真菌。通常在气温高于 20℃ 时使用，用药前土壤应保持湿润。用药后 2～3 天可播种
	威百亩	液体土壤熏蒸剂。施用前土壤应保持湿润。施量为 2.5～4 克/平方米有效成分。处理后 2～3 周方可播种

二、坪床的翻耕

翻耕是在大面积的坪床上，包括犁地、圆盘耙耕作和耙地等操作。翻耕能改善土壤的通透性,提高持水能力,减少根系伸度的阻力,增强土壤抗侵蚀性能,提高草坪耐践踏性和表面稳定性。土壤对于耕作的反应是形成良好的团粒。耕作应在适宜的土壤湿度下进行,即用手可把土捏成团,抛到地上即散开时进行。

犁地是用犁将土壤翻转,可将表土和植物残体翻入土壤深部。犁过的地应进行耙,以破碎土块、草堡、表壳,改善土壤的团粒结构,使坪床形成平整的表面,准备压实后播种。耙地可在犁地后立即进行。为了利于有机质的分解,也可在犁地后过一段时间进行耙地。为防除杂草而进行夏季休闲的地段,通常只进行圆盘耙耕作。

旋耕是一种粗放的耕地方式,主要用于小面积坪床,如高尔夫球的发球台及住宅区庭园草坪的坪床准备。旋耕操作可达到清除表土杂物和把肥料、土壤改良剂混入土壤的作用。

翻耕作业最好是在秋季和冬季较干燥时期进行,这样可使翻转的土壤在较长的冷冻作用下碎裂,也有利于有机质的分解。耕作时,必须细心破除紧实的土层,在小面积坪床上,可进行多次翻耕松土,大面积坪床可使用松土机松土。松土的深度不得少于15～20厘米。

三、坪床面的平整

坪床,应按草坪对地形要求进行平整。如为自然式草坪,坪床则应有适当的自然起伏,规则式草坪则要求坪床表面平整一致。平整有的地方要挖方,有的地方要填方,因此,在作业前应对平整的地块进行必要的测量和筹划,把熟土布于坪床面上。坪床的平整有粗平整和细平整两类。

(一)**粗平整** 是床面的等高处理,通常是挖掉突起的土堆、土埂等,填平沟坑。作业时把标桩钉在固定的平面标高处,整个坪床应设1个水平面。填方应考虑填土的沉陷问题,细质土通常下沉15%(每米下沉12～15厘米),填方较深的地方除加大填量外,尚需镇压,以加速沉降。

表面排水适宜的坡度约为2%,在建筑物附近,坡向应是离开房屋的方向。运动场则应是中部隆起,使能从场地中心向四周排水。高尔夫球场草坪,发球台和球道则应在一个或多个方向上向障碍区倾斜。

在坡度较大而无法改变的地段,应在适当的部位建造挡水墙,以限制草坪的倾斜角度。

(二)细平整　使坪面平滑,为建植草坪作种植准备的操作。在小面积坪床上,可用人工平整。用1条绳子拉1个钢垫,将坪床表面拖平,是细平整的方法之一。大面积平整则需借助专用设备,如土壤犁刀、耙、重钢垫(糖)、板条大耙和钉齿耙等。

细平整应在播种前进行,以防止表土板结,最好在土壤湿度适宜播种时进行。

(三)坪床镇压　是压实床土表层的作业。平地后需对坪面进行适度镇压,通常用重100～150千克的碾磙或耕作镇压器,压实坪床表土。镇压应在土壤湿度适宜(土在手中可捏成团,落地即散)时进行,机械镇压作业的移动方向,应以横竖垂直交叉进行,直到床面几乎看不见脚印或脚印深度小于0.5厘米时停止作业。翻松的床土,压下2.5～5厘米属正常现象。

四、坪床的土壤改良

理想的草坪床土应是土层深厚,排水性能良好,pH值在5.5～6.5之间,结构适中的土壤。然而,建坪的土壤并非都具有这些特性,因此,对坪床土壤必须进行改良。

坪床土壤改良的总目标是使土壤形成良好的结构,并能在长期冲击、踩压的条件下仍然保持其良好性能。坪床土壤改良的要点见表8-5。

表 8-5 坪床土壤改良的要点

类型	特点	要点
完全改良	将耕作层内的原土用新土全部更换	换土厚度不得少于 20～30 厘米;粘土的含量不宜高,应以壤土和砂壤土为主,在有些情况下沙土的含量可高达 80%～100%;回填土 1 立方米的重量为 1.4～2.1 吨,由此可依据回填的体积(长×宽×深)计算回填土的总量。为保持回填土的有效厚度,通常应增加 20% 的沉降余量。如回填土层与原土层质地相差太大,应在交会层进行适当(深几厘米)混合,以形成一个过渡层。如回填土层很厚或在下层安装了排水系统,则可省略过渡层
部分改良	在原有土壤内掺入一些改良材料,以改善床土结构	把沙子掺入粘土,以改善通透性。掺入富含有机质的土壤,以改善粘土或沙土的结构和增加肥力。通常可将 5～10 厘米的壤土均匀混入 15～20 厘米的土壤上层,当原土质地改善至 25～36 厘米深时,能获得良好效果。将有机质(泥炭、粪肥、堆肥等)5 厘米均匀地混入 10～15 厘米的床土表层,可起到产生团粒结构、改善床土结构和肥力作用

土壤改良的另一种方法是在土壤中加入改良剂。土壤改良剂在生产中大量使用有机合成物及天然有机、无机物。坪床常用泥炭,其施用量为覆盖草坪床面约 5 厘米或 5 千克/平方米。泥炭在细质土壤中可降低土壤的粘性,分散土粒;在粗质土壤中,可提高土壤保水保肥能力;在已定植的草坪上则能改良土壤的回弹力。

其他一些有机改良剂,如锯屑等也能起到与泥炭相似的作用,但也有其不同的特性,可视具体情况选用。在建植特殊用途(如运动场)的草坪时,为了增强草坪的耐强烈践踏能力,在许多情况下是将原有的土表铲去一层,重新铺上配制好的土壤。

五、坪床的排灌系统

坪床基础平整好后,就应配置排灌系统。灌溉设施主要用于排除草坪中过多的水分,改善土壤通气性,使草坪草根系向深层扩展、扩大运动场草坪的使用范围;干旱时引水浇灌草坪,防止草坪草萎蔫干枯,早春使土壤升温快。

排水系统有地表排水和地下排水两类。两者的区别在于:地下排水系统是用于排除土壤深层过多的水分,地表排水系统是用于迅速排除坪床表面多余的水分。

(一)地表排水系统 主要是使土壤具有良好的结构性状,通常草坪表面有一定的坡度,如足球场,中间较四边略高,有1%～2%的坡度。围绕建筑物的草坪,从建筑物到草坪的边沿,也应有1%的坡度。在低洼的积水处,亦应设置旱井。旱井深1.2～1.5米,直径60～90厘米,内装石块,填入粗质沙土,表层覆盖一层土壤,既可使草坪草生长良好,亦能使表水排进旱井。像足球场那样践踏极强的草坪地,可设置沙槽地面排水系统。沙槽排水不仅可促进水的下渗,还能减轻土壤的紧实度,改良土壤结构,延长草坪寿命。沙槽的设置方法是:挖宽6厘米,深25～37.5厘米的沟,沟间距60厘米,方向与地下排水沟垂直交叉。将细沙或中沙填满沟后,用拖拉机轮或碾磙压实。

(二)地下排水系统 是在地表下挖一些沟,用以排坪床下土壤中过多的水分。最常采用的是排水管式排水系统。排水管一般铺设在坪床表面以下40～90厘米处,间距5～20米。在半干旱地带,因地下水可能造成表土盐渍地,排水管可深达2米。排水管也可按"人"字形排列(干管与支管以45°角连接)和网格状铺设,或简单地放置于地表水流汇集处。

常用的排水管有陶管和水泥管,穿孔的塑料管也被广泛应用。在排水管的周围应放置一定厚度的砾石,以防止细土粒堵塞管道孔。在特殊的地点,砾石可一直堆到地表,以利排除低地处的地表径流。

六、坪床的施肥

(一)施基肥 坪床土壤翻耕时施入基肥,方法如前所述。有时高磷、高钾、低氮的复合肥也可作基肥,如每平方米坪床,在建坪前可施含 5~10 克硫酸铵,30 克过磷酸钙,15 克硫酸钾的混合肥,若草坪在春季建植,氮素施量可适当增大。氮肥可在最后 1 次平整坪床时施入,不宜施得过深,以利于草类吸收。草坪草一个生长季所需氮肥量见表 8-6。

表 8-6 草坪草一个生长季所需氮量 (克/平方米)

草种名称	一个生长季所需纯氮量	草种名称	一个生长季所需纯氮量
美洲雀稗	0.5~1.9	细弱翦股颖	2.5~4.8
野牛草	0.5~1.9	匍茎翦股颖	2.5~6.3
地毯草	0.5~1.9	早熟禾	2.5~4.8
假俭草	0.5~1.5	普通早熟禾	1.9~4.8
钝叶草	2.5~4.8	草地早熟禾	1.9~4.8
结缕草	2.5~3.9	细羊茅	0.5~1.9
马尼拉草	2.5~3.9	高羊茅	1.9~4.8
格兰马草	0.5~1.5	一年生黑麦草	1.9~4.8
普通狗牙根	2.5~4.8	多年生黑麦草	1.9~4.8
改良狗牙根	3.4~6.9	冰草	1.0~2.5

(二)施石灰 在对一定深度的坪床土壤进行改良时,最好是根据土壤测定结果,预先在耕作层上施足石灰粉。不同 pH 值土壤所需石灰量见表 8-7。

表 8-7 不同土壤将 pH 值提高至 6.5 时约需施石灰量

土壤 pH 值	施石灰量(克/平方米)		
	沙土	壤土	粘土
6.0	100	170	240
5.5	220	370	490
5.0	320	540	730
4.5	390	730	980
4.0	490	850	1120

第四节 草坪草的栽植

草坪草的栽植可用播种繁殖与营养体栽植及草皮块铺植等。具体选用何种方法应根据成本、时间要求、繁殖材料、建坪目的等来确定。通常播种繁殖形成的草坪质量较高,且劳力消耗较小,利于大面积建坪,但成坪所需时间较长。营养体栽植所需时间和草坪质量则依所采用的方式不同而存在较大差异。

一、草坪的栽植材料

用于栽建草坪的材料包括草种、具繁殖能力的草皮、单个植株以及草坪草的组织器官。其材料种类及质量要求见表 8-8。

表 8-8 草坪的栽植材料及其质量要求

栽植材料	质 量 要 求
种子	纯净度($P\%$)是指被鉴定种或品种的种子中纯种占总量的比例。在一定水平上表示了种子中的杂物(颖、尘土、杂质等)、杂草及其他作物种子含量的多少。通常草坪草的纯净度应高于 82%~97%。生活力($V\%$)是在标准实验室条件下活的以及将萌发种子占总种子数量的比例,草坪草种子生活力最低不应低于 75%。纯净度与生活力的积($PLS=P\%\times V\%$)是种子质量的综合表示,其值越高,质量越优
草皮块	高质量的草皮块应是质地均一,无害虫,未感病害,操作时能牢固地结合在一起,铺植后 1~2 周内就能生根。草皮块尽可能薄,一般厚度以 2 厘米为宜。尽量减少芜枝层量。为减轻重量和促进草的新根生长,亦可将草皮用水洗去泥土。草皮块的大小以铺装运输方便为依据,以长 50~150 厘米、宽 30~150 厘米为宜
草塞	是从草坪中挖取或用草皮切成的圆柱状草皮块。其带土厚度为 2~12 厘米不等。使用时应防止发势和脱水

续表 8-8

栽植材料	质 量 要 求
幼枝和匍匐茎	是指单个植株或几个节的匍匐茎部分。此种材料是以正常高度修剪草坪,以防止种子的产生,尔后停止修剪几个月,促进大匍匐茎生长,当匍匐茎生长到足够时间后,收获草皮,尽量除去泥土,按一定长度切断,每个茎段必须含有 2 个以上的活节,栽植于坪床上

二、草坪草的播种繁殖

是将种子直播于坪床内建植草坪的一种方法。大多数冷地型草坪草均用播种繁殖,暖地型草坪草中的假俭草、雀稗、地毯草、野牛草、普通狗牙根和结缕草亦可用播种繁殖建坪。

(一)**播种时间** 从理论上讲,草坪草在一年的任何时候均可播种,甚至在冬天土壤结冻时亦可进行。在实践中,在不利于种子迅速发芽和幼苗旺盛生长的条件下播种往往招致失败,因而确切地说,冷地型禾草最适宜的播种时间是夏末,暖地型草坪草则在春末和初夏,这是根据播种时的温度和播后 2~3 个月的气温情况而定的。

夏末土壤温度高,极利于种子的发芽。此时,冷地型草坪草发芽迅速,继之只要水、肥和光照不受限制,幼苗就能旺盛生长。此后较低温度的秋季和冰冻的冬季还可限制部分杂草(夏季一年生植物)的生长和成活。夏初播种冷地型草坪草,幼苗在炎热、干旱的环境中会增加死亡率,并有利于夏季型一年生杂草的生长。若播种推迟到秋天,因温度低而不利于草坪草的发芽和生长及越冬,冬季的冻害和严重脱水,将引起部分植株死亡。因而理想的播种时间是,新生草坪草幼苗必须在冬季来临之前能有充分的生长发育时间。

早春到中春播种冷地型草坪草,有可能在仲夏到来之前形成良好的草坪,但因地温低,新草坪的早期发育通常慢于夏末播种的草坪,而其杂草危害尤其严重。在林下建坪时春播可能是可取的,因为落叶树此时稠密树冠尚未形成,可为新生草坪草幼苗提供较好的光照条件。

暖地型草坪草的最适生长温度高于冷地型草坪草,因此,春末夏初播种较为适宜,这样可为初生的幼苗提供一个温度适宜的、足够的生长发育时间。夏季型一年生杂草在新坪上可萌发生长,但暖地型草坪草具有高的生存竞争能力,可抑制杂草生长。

在秋末才完成坪床制备工作的,温带冷地型草坪草可采用休眠播种(冬季),使种子在坪床中度过冬季低温的休眠期,翌春温度、湿度适宜时再萌发生长。在这种情况下,种子可能因风雪侵袭而产生流失现象,因而需要用覆盖物来稳定种子。

(二)**播种量** 草坪草种子的播种量取决于种子质量、混合组成及土壤状况。种量过小会降低成坪速度和增大管理难度;下种量过大,下种过厚,会引发真菌病,因种子消耗过多,增加建坪成本。从理论上讲,每1平方厘米有一株成活苗就行了。在混合播种中,较大粒种子的混播量可达40克/平方米;在土壤条件良好,种子质量高时,播种量以20~30克/平方米较为适当。

播种量确定的最终标准,是确保单位面积上幼苗的额定株数,即每平方米1万~2万株。以草地早熟禾为例,其每克约4 405粒种子,当活种子占72.7%(纯度为90%,发芽为80%时),每1平方米的理论播量应为3.13~6.26克,然而幼苗的死亡率可达50%以上,因此,其实际播量应为10克/平方米以上。

此外,影响播量的因素还有幼苗的活力和生长习性、希望定植的植株量、种子的成本、预期杂草的竞争力及病虫害发生的可能性、定植草坪的培育强度等。

草坪草的单播种用量可见有关种子说明。因此,草坪的实际播种量远远高出理论值。在混播中,配合草种的比例应控制在有利于主要草种的生长发育。如在建筑物及其他物体遮荫的条件下,草地早熟禾种子与紫羊茅种子混播时,两者的比例以1:1为宜。该混播中草地早熟禾是主要的建坪草种,播量应以它为根据(5~10

克/平方米)。如在播种中加入具有覆盖保护作用的多年生黑麦草,其种子量的比例通常不应超过 15%～20%。几种草坪草的单播用种量见表 8-9。

表 8-9 几种草坪草种的单播用种量

草　种	单播时平均播种量(克/平方米)
肯塔基早熟禾	15
紫羊茅	40
粗茎早熟禾	15
细弱翦股颖	10
小糠草	15
黑麦草	50～70
牛尾草	50～70
优质草坪的混合种子	20

(三)**播种方法**　草坪播种要求种子均匀地覆盖在坪床上,并使种子掺合到 1～1.5 厘米深的土层中去。覆土过厚,常常会因出苗困难而死亡;覆土过浅或不覆土,也会有种子流失的问题。播种时种子须进入适宜的土层深度,因此,坪床表面需要有疏松的土层,使种子易于掺到土壤表层中去。下种后,对苗床应进行镇压,以保持种子与土壤的良好接触。播种大体可按下列步骤进行。①把坪床划分为若干等面积的块(1 平方米块)或条(每 2～3 平方米条)。②把种子按划分的块数和每块用种量分成份,每块 1 份。③把种子播在各地块上。④轻轻把平坪床面,使种子与表土均匀混合。⑤有时可加盖覆盖物。具体操作过程见彩图。

在土壤条件良好的情况下,播下的草种经 7～14 天发芽。发芽的快慢取决于草种、土壤温度和水分含量。种子发芽按一定的次序进行,主要过程是:①吸收水分;②膨胀种皮;③酶的活化;④从储藏的营养物质中释放能量;⑤种皮开裂;⑥幼根的出现和伸长；⑦幼苗的出现和伸长；⑧幼苗开始进行光合作用。

  播种可用人工，也可用专用机械，有时也可进行喷播。喷播是将种子撒到水中，借水的力量将种子播到坪床上。喷播机是一大容量的、具单喷嘴的喷雾器。喷播的优点是可将种子、施肥和其他物质一次施入土壤中，并可以较远距离播种。喷播也是坡地播种的最佳方法。

三、草坪草的营养体栽植

  用营养器官繁殖草坪的方法包括铺草皮块、塞植、蔓植和匍匐枝植等。其中除铺草皮块外，其余的几种方法只适用于具强烈匍匐茎和根茎生长的草坪草种。能迅速形成草坪是营养繁殖的优点。

  铺草皮块能在短时间内形成草坪，人称"瞬时草坪"，但建坪的投资较高，因此，常用来建植急用草坪或修补损坏的草坪。

  (一) 铺植草皮块

  1. 铺草皮块的时间　一般认为南方从11月份到翌年3月份均可进行。北方秋季铺植易受寒害、霜冻的危害，以3～5月铺植为好。草皮铺植前应给床土施入基肥和土壤改良剂，并进行粗平整。

  2. 草皮准备　草皮起出后，大块的以9块、小块的以18块捆成1捆运至现场后应尽早铺植。需放置3～4天时，要避免太阳下暴晒。在高温条件下，应洒水保湿，以免草皮块失水干枯。

  3. 草皮铺植方式　①平铺，草皮块之间不留空隙，可形成美丽的大草坪。②细地铺，草皮块之间留小空隙，铺植的效果较好。③间铺，按梅花式留空格铺植，在草坪面积大，铺植时间紧时常使用此法。④间条铺，草皮块按条状铺1行空1行铺植，主要用于建坡地保护草被。在草坪的边沿要先沿边缘铺1条草皮块，在拐角处和集水井周围也应铺齐，可切割草块，铺满空白点。草坪全部铺满后可用铁锹拍打草皮，使草皮与坪床密贴，贴得越紧越好，以过筛的细土撒入草坪，用刮板将土刮平，形成薄而均一的一层细土，覆盖在草坪上。盖土后充分浇水，让水进入草皮块间的缝隙中，草皮块铺植工作即告结束。

(二)**铺植草坪草营养体** 用草坪草营养体建植草坪,可采用速生的草种,将已培育好的草皮取下,撕成小片,以10~15厘米的间距种植。在适宜期种植,经1~2个月即可形成密生、美丽的草坪。其操作步骤是：①整好坪床,床土加入肥料,拌和均匀,把床土整平。②栽植小草块,把草块撕成丛状小块,撒开匍匐茎,均匀地撒播于床土表面,用铁锹拍打草苗,使草的根茎与床土密接,再将过筛细土均匀地撒盖在草苗上；再次用铁锹拍打或用磙子碾压,最后充足浇水。2周后匍匐茎开始生长伸展,经1个多月即能形成密生的草坪。

草坪草的各种营养体栽植方法见表8-10。

表8-10 草坪草的营养体栽植方法

名 称	操 作	优 缺 点
密铺法	将草皮块切成宽25~30厘米,厚4~5厘米,长2米以内的草皮条,以1~2厘米的间距错开邻块接缝,铺装于场地内。然后在草面上用0.5~1吨重的磙子压实和碾平,然后充分浇水	能在一年的任何时间内形成"瞬时草坪",建坪的成本最高
间铺法	此法有两种形式,均用长方形草皮块。一为铺块式,即草皮块间距3~6厘米,铺装面积为总面积的1/3。二为梅花式,即草皮块相间排列,铺出的图案颇为美观,铺装面积为总面积的1/2。此法应将铺装处的坪床面挖下与草皮块厚度相同的凹坑,草皮镶入后与坪床面平齐,铺装后应镇压和灌水	草皮用量较上法少2/3~1/2,成本相应降低,达到全部覆盖坪床的时间较长

续表 8-10

名称	操作	优缺点
点铺法	又叫塞植法。是将草皮塞(直径 5 厘米、高 5 厘米的草皮柱)或草皮块(宽 6～12 厘米的草皮条)以 20～40 厘米的间距插入坪床	较节省草皮,草坪草的分布较均匀,达到全部覆盖坪床面的时间较长
蔓植法	将不带土、具 2～4 节的草坪草小枝,摆放于间距 15～30 厘米、深 5～8 厘米的沟内,用土将沟覆盖平,然后镇压和灌溉	用于具匍匐茎的暖地型草坪草,也适用于匍茎剪股颖。做法简单,用料少(1 平方米只铺 30～50 平方厘米),成本较低,也可用专用机械作业,在 2 年后可覆盖全部草坪床面
匍匐垦法	也叫撒播式蔓植。将草坪草匍匐茎在春季开始萌发时,均一地撒播在湿润(但不是潮湿)的坪床土表上,施量为 0.2～6.4 克/平方米,然后在其上覆盖细土,覆盖部分匍匐茎,或轻耙使部分匍匐茎插入土中,然后尽快地镇压和灌溉	此法适用于匍匐茎发生较强的品种,如狗芽根、地毯草、细叶结缕草、匍匐剪股颖等。此法节省匍匐草茎(采 1 平方米面积的材料可播 5～10 平方米)。在 1 年内可形成优质草坪
广播法	将不带根土的草坪草单株或株丛插入坪床内,捣实,灌溉	适用于密丛型的草坪草类,操作简便,较费土
湿插法	将不带根土的草坪草单株或株丛像插秧一样插入泡湿的坪床土中	适用于喜湿的密丛型草类。操作简便,成活率较高

第九章 草坪养护管理

俗话说"草坪三分种,要七分管"。草坪一旦建成,为保持其处于良好的使用状态与延长使用时间,随之而来的是做好日常管理和定期的养护。对于不同类型的草坪,尽管在养护管理的措施上有些差异,但其主要的养护内容大体是一致的。养护所采用的方法与强度,取决于草坪的类型、质量等级、机械及劳力的多少及草坪的利用目的。

第一节 草坪的养护管理技术

要使草坪经常保持良好的使用功能和整洁美丽的外观,就必须有计划地做好以下的基本养护管理工作。即有规律地修剪,在草坪草变褐之前浇水,及时剪切边界,在春季或早夏施以富含氮的肥料,在春季和秋季松耙草皮,当有虫害时及时灭虫,当杂草和地衣出现时及时除去。

此外,还应视草坪状况,因地制宜地做好如下的辅助管理工作:即草坪通气、盖覆盖物、在秋季施复合肥、有规律地梳理草坪表面,对杂草、地衣、虫害及病害进行日常检查和防治,草坪出现褐色斑块时立即进行处理,在必要时还应进行碾压、施石灰、补播等养护措施。

一、草坪覆盖

覆盖的作用在于减少坪床面被风雨侵蚀,为幼苗萌发和草坪的提前返青提供一个适宜的小环境。

(一)**需要覆盖的时期** 草坪在以下情况下需要覆盖:①需稳定坪床土壤和固定种子,以抵抗风和地表径流的侵蚀时。②为缓冲地表温度,减少坪床表面温度波动,保护已萌发种子和幼苗免遭温度变化过大危害时。③为减少地表水分蒸发,给草坪草提供一个较湿润的小生态坏境时。④为减缓水滴的冲击能量,减少地表板结,使土壤保持较高的渗透性时。⑤在晚秋、早春低温期播种时。⑥需使草坪提前返青或延迟枯黄时。

(二)覆盖材料 可用于草坪覆盖的材料颇多,可根据场地需要、材料来源、成本及覆盖效果来确定采用。草坪覆盖材料可采用不含杂草种子的秸秆,用量为 0.4~0.5 千克/平方米。

禾草干草有与秸秆相似的作用。为防止混入杂草种子,宜在杂草未开花结籽早期收获禾草干草,用无杂草种子的禾草干草作覆盖材料。

疏松的木质材料,如木质纤维素、细碎木片、刨花、锯木屑、切碎的树皮等,都是良好的覆盖材料。

大田作物的茎秆及加工副产品,如豆秧、压碎的玉米棒、甘蔗渣、甜菜渣、花生壳等,也可作覆盖材料,此类材料只具有减少坪床表面侵蚀的作用。

工业产品玻璃纤维、干净的聚乙烯膜、弹性多聚乳胶均能作覆盖材料。玻璃纤维丝要用特制压缩空气枪施盖,能形成持久覆盖,但覆盖后不便于草坪修剪,因此,这种材料只用于坡地强制绿化时的覆盖。聚乙烯膜覆盖可在坪床表面产生温室效应,提高床面温度,加速种子萌发,还可使草坪提前返青与延后凋萎。弹性多聚乳胶可喷雾法施用,用此种材料覆盖后能提高床土的抗侵蚀性能。

(三)覆盖方法 覆盖方法依所用材料而异。小面积草坪可用人工铺盖秸秆、干草或塑料薄膜。处于多风地段的草坪应先打桩,覆盖后用细绳拴在木桩上,组成十字网压在薄膜上,加以固定。对大面积草坪则用吹风机完成覆盖,该机先将材料铡碎,然后再均匀地喷撒在坪床面上。木质纤维素和弹性多聚乳胶应置于水中,使之在喷雾器中形成胶浆状,与种子和肥料配合使用。

二、草坪修剪

草坪修剪的目的在于保持草坪整齐美观及充分发挥其功能。

修剪可给予草坪草以适度的刺激,抑制其向上生长,促进枝条生长,提高草坪草的密度。修剪还有利于日光进入草坪基层,使草坪草健康生长。因此,修剪草坪是草坪养护管理的核心内容之一。草坪草具有生长点低位、壮实、致密生长和较快生长的特性,这就为草坪的修剪提供了可能。草坪修剪涉及多方面因素,要做到适度修剪必须处理好下述问题。

（一）**修剪高度** 草坪的修剪高度也称留茬高度,是指草坪修剪后立即测得地上枝条的垂直高度。各类草坪草忍受修剪的能力是不同的,因此,草坪草的适宜留茬高度应依草坪草的种类和使用目的来确定。留茬高度以不影响草坪草正常生长发育和草坪功能的正常发挥为宜。一般草坪草的留茬为3~4厘米,部分因受遮荫和损害较严重的草坪草留茬应高一些。通常,当草坪草长到6厘米高时就应修剪。从理论上讲,草坪草的实际高度超出适宜留茬高度的1/3时,就必须修剪。

确定草坪草的适宜的修剪高度十分重要,这是进行草坪修剪的直接依据。常见草坪草的适宜留茬高度见表9-1。

表9-1 常见草坪草的修剪标准留茬高度 （单位:厘米）

冷地型草种	修剪留茬高度	暖地型草种	修剪留茬高度
匍茎翦股颖	0.6~1.3	普通狗牙根	1.3~3.8
细弱翦股颖	1.3~2.5	杂种狗牙根	0.6~2.5
草地早熟禾	2.5~5.0	结缕草	1.3~5.0
加拿大早熟禾	6.0~10.1	野牛草	2.5~5.0
细叶羊茅	3.8~6.4	地毯草	2.5~5.0
紫羊茅	2.5~5.0	假俭草	2.5~5.0
高羊茅	3.8~7.6	巴哈雀稗	2.5~5.0
黑麦草	3.8~5.0	钝叶草	3.8~7.6
沙生冰草	3.8~6.4	格兰马草	5.0~6.4
扁穗冰草	3.8~7.6		

（二）修剪时期及次数 草坪的修剪时期与草坪草的生育相关，一般而论，草坪修剪开始于 3 月份，结束于 10 月底。修剪通常应在晴天时进行。

正确的修剪频率取决于多种因素，如草坪类型、草坪的品质要求、天气、坪床的土壤肥力、草坪草在 1 年中的生长状况和各生育期的时间等。草坪草的高度是确定修剪与否的基本依据。草坪修剪在草高超过留茬高度的 1/3 时进行为佳，通常，在草坪草旺盛生长季节，草坪每周需修剪 2 次；在气温较低、干旱等条件下，草坪草缓慢生长时，可每周修剪 1 次。一般草坪草在生长季节内的修剪频率见表 9-2。

表 9-2 草生长季节草坪的修剪频率

草坪类型	草坪草种类	修剪频率（次/周）		
		4～6月	7～8月	9～11月
庭园	细叶结缕草	1	2～3	1
	翦股颖	2～3	3～4	2～3
公园	细叶结缕草	1	2～3	1
	翦股颖	2～3	3～4	2～3
竞技场、校园	细叶结缕草、狗牙根	2～3	3～4	2～3
高尔夫球场草坪	细叶结缕草	10～12	16～20	12
	翦股颖	16～20	12	16～20

对于生长过高的草坪，一次修剪到标准留茬高度的做法是有害的。这样修剪会使草坪地上光合器官损失太多，过多地失去地上部贮藏的营养物质，会使草坪草变黄，生长变弱，因此，生长过高的不能一次修剪到位，而应逐渐修剪到合适的留茬高度。

（三）修剪的质量要求 草坪修剪的质量要求与所使用剪草机的类型和修剪时草坪的状况有关。剪草机类型的选择、修剪方式的确定、修剪物的处理等均影响到草坪修剪的质量。修剪质量的优劣,可从修剪后草坪的密度、结构、均一度及平滑度等方面来考查(图 9-1)。

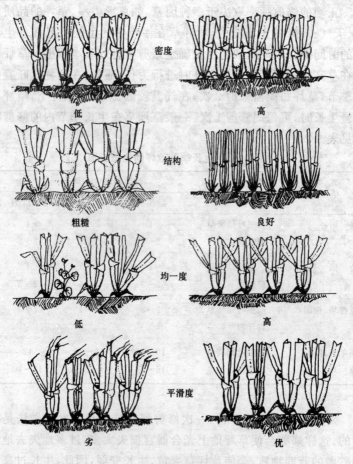

图 9-1 修剪后的草坪质量(引自 A.J.Turgeon)

1. 剪草机的选择 修剪工具的选择应以能快速、优质地完成剪草作业,且费用适度为依据。现市场上销售的草坪修剪机具有近

300种。其中镰刀和手剪可用于剪草,但修剪的速度慢,劳动强度大,只适用于修剪10平方米大小的草坪。大面积草坪草修剪宜采用剪草机。剪草机的种类繁多,依不同的动力和工作方式可分为多种类型(表9-3)。

表 9-3 剪草机的类型

分类依据	类 型	说 明
动 力	手驱动	用人力,噪声小,草坪修剪质量高。操作工人累而易疲劳
	电力驱动	价格便宜,噪声小,易操作。修剪范围受电源限制
	电池驱动	噪声小,易操作,工作范围不受电源线的限制,功率受电池的限制
	汽油驱动	机器较电动驱动类型多,用汽油机驱动,机动性好,具独立的能源,价格较高,机器结构较复杂,较难养护
工作原理	滚筒式	是由1个旋转的动刀(滚刀)和固定的水平刀组成。该机修剪的草坪美观,留茬适度。可手动亦可机动,广泛用于庭园和草坪绿地修剪
	圆盘式	以一把与地面平行的刀高速旋转的方式剪草,有电动式和汽油机式两种,可用于坡地草坪修剪
	往复式	与理发剪相似,具一动刀片和一固定刀片,以动刀片的左右移动剪断草坪草。一般为电动式,亦有机动式
操 作	骑乘式	为常旋转割草机与四轮拖拉机的结合体,工作效率高,利于大面积草坪修剪。不足处是费用贵,转角地带不易操作,因自身重量大,对坪床易产生较强的压实作用
	坐位式	在标准滚筒式或圆盘式剪草机上安置坐位,操作虽无骑乘式舒服,但易操作,可用于大面积草坪修剪
	牵引式	为固定坐位的骑乘式剪草机,剪草机安装在两轮之间,备有集草箱,适用于面积大、草面不平的草坪上使用

选择剪草机应考虑以下情况：草坪有多大、想用多少时间修剪完草坪、草坪是否平坦或崎岖不平、坪面粗糙等，要有最好的修剪效果、使用的安全性、修剪下的草屑是否遗留在草坪上、草坪是什么形状、草坪的坡度如何、是否需要自驱动的机具等。

2. 修剪方式　同一草坪，每次修剪应避免使用同一种方式，要防止多次在同一行列，以同一方向重复修剪，以免草坪草趋于瘦弱和发生"纹理"现象（草叶趋向同一个方向生长），使草坪生长不均衡。

3. 修剪物的处理　剪草机修剪下的草坪草茎叶称为修剪物或草屑。草屑留撒在草坪内，似乎可以将养分回归草坪，改善干旱状况和防除苔藓的着生，同时还能省去清除草屑所消耗的劳力，但是，在大多情况下，草屑留在草坪内是弊大于利的。留下的草屑利于杂草孳生，并使草皮变得松软，易造成病虫害发生和流行，也易使坪床的通气性降低，而使草坪过早退化。

草屑处理的一般方法是：每次修剪后，将草屑及时集中，移出草坪，若天气干热，也可将草屑留放在草坪表面，以减少土壤水分蒸发。

（四）修剪作业的注意事项

1. 修剪前的准备工作　①安装好刀片。②选择恰当的剪草时间。③清理草坪表面。④梳理草坪。⑤确定修剪起点和修剪的行进方向。⑥学习剪草机的使用方法，掌握机械性能。⑦在秋季和冬季有大风时切勿修剪。

2. 适宜的修剪作业时机　①草坪面出现明显的纹理现象时。②有了合适的剪草机械时。③使用电动剪草机，电缆线已安置在远离剪草机和人、畜已离开时。④剪草机手所穿的工作服符合安全作业要求时。⑤禁止非剪草机手操作剪草机的规定落实时。⑥集草箱已清理好，草屑能安全吸入时。⑦接触电动剪草机装置前，确保电源已经切断时。

3. 剪草机使用后的保养　①将剪草机移置于混凝土坪上或

坚硬的土坪上,断电或断油。②用抹布和硬刷清理集草箱、刀片、转轴、圆筒和盖子等部位的草屑和泥土,使每个部位干燥,并用油抹布擦拭。③蓄电池剪草机,剪草后立即将电池更换,每14天清洁检查1次蓄电池,要及时加蒸馏水,使液面保持在额定的部位。④检查刀片,如刀片已损坏应及时更换,螺丝松动的应立即拧紧。⑤及时打磨刀片,使之始终保持锋利状态。⑥滚筒式剪草机应检查动刀和定刀的间隙,调整间隙,直到能将插入的纸条干净利落地切断时为止。⑦刀片出现缺口时,应及时用锉刀或金钢砂打磨。⑧进行在链条上涂润滑剂,洗净空气滤清器等常规保养。⑨汽油剪草机应检查油箱并及时添油,清洁油箱外部,消除漏油现象。电动剪草机则应仔细检查电源线和插头,使之始终保持完好和紧固的状态。⑩将检修保养后的剪草机置于清洁安全的地方停放。

4. 长期闲置剪草机的处理 ①汽油机应排放出所有的润滑油和汽油,清理和调整每1个缝隙,清洁剪草机的每1个部位,用油沫布擦净。②电池剪草机应取下电池,将蓄电池加满蒸馏水后贮藏在常温干燥处。彻底清洗剪草机机件,并用油沫布擦净。③电动剪草应检查所有开关,仔细检查电线是否有开裂、损坏和老化情况,对不合标准的要及时更换。剪草机彻底清洗后,用油沫布擦净。

如剪草机剪切质量变差,功率下降,出现故障时,应及时送到专业修理部门修理。

三、草坪灌水

没有水,草不能生长,没有灌溉,就不可能获得优质草坪。足见适时灌水对保持草坪草的正常生长、维护草坪功能的重要性。当草坪草失去光泽、叶尖卷曲时,表明草坪已缺水,此时,若不及时灌水,草坪草将变黄,在极端的情况下还会因缺水而死亡。

草坪灌水,任何时候都不能只浇湿表面,而要将水浇透。频繁使用浅层浇水方式,必然导致草坪草根系向浅层分布,从而减弱草坪对干旱和贫瘠土壤的适应能力。因此,增加草坪的抗旱能力是明智之举。增加草坪抗旱能力的具体做法有：①在秋季,及时耙松紧实的坪床。坪床耙松后,适当进行表层覆盖。②在干旱季节,适当延长草坪的修剪时期,使草坪草在干旱天气生长较长时间。③有规律地施肥,每年至少追肥1次,以促进草坪草根系的生长。

（一）**灌水时机**　草坪何时需灌水,这在草坪管理中是一项复杂但又必须解决的难题。在生产中常采用下列方法确定灌水时机。

1. **植株观察法**　草坪草缺水时,首先是出现植株茎叶膨压改变的征兆,即草坪草出现不同程度的萎蔫,进而失去光泽,变成青绿色或灰绿色,此时需要灌水。

2. **土壤含水量检测法**　用小刀或土壤钻分层取土,当干旱土达10～15厘米厚时,草坪就需要浇水了。干旱土壤呈浅白色,而大多数含水量适宜的土壤呈暗黑色。

3. **仪器测定法**　草坪土壤的含水状况可用张力计测定(图9-2)。张力计的陶瓷杯状底部连接1个金属导管,在另一端装有土壤水压真空表。张力计中填充有水,将其插入土壤中,随着土壤变干,水从张力计多孔的杯状底部向上运动而引起水压真空表的指数器指到较高的土壤水压,从而根据指数器的读数来确定灌水时间。亦可用电阻电极来测定土壤含水量,以确定灌水时间。

4. **蒸发皿法**　在阳光充足的地区,可安置水分蒸发皿来粗略判断土壤蒸发散失的水量(图9-3)。除大风区外,蒸发皿的失水量大体等于草坪因蒸散而失去的水量。因此,在生产中常用蒸发皿系数来表示草坪草的需水量。典型草坪草的需水范围为蒸发皿蒸发量的50%～80%。在草坪草主要生长季节,暖地型草坪草的蒸发系数为55%～65%,冷地型草坪草为65%～80%。蒸发皿失水量与草坪草出现的膨压变化征兆密切相关。

草坪第一次灌水时,应首先检查地表状况,如果地表坚硬或被枯枝落叶所覆盖,最好先行打孔、划破、垂直修剪,然后再行灌水。

灌水最好在天气凉爽的傍晚和早晨进行,以使蒸发量减到最小水平。

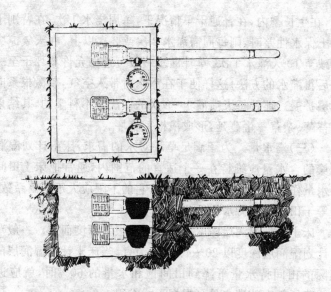

图 9-2 用张力计测定床土水分(引自 A. J. Turgeon)

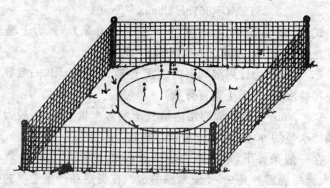

图 9-3 用蒸发皿法确定床土含水量(引自 A. J. Turgeon)

(二)灌水次数 这主要依据床土类型和天气状况。通常,砂壤比粘壤易受干旱的影响,因而需频繁灌水,热而干旱天气比冷而干旱天气需要更多地灌水。

草坪灌水频率虽有一定的规律,但并无严格的规定,一般认为,在生长季内,在普通干旱情况下,每周浇水1次;在特别干旱或床土保水性差时,则每周需灌水2次或2次以上。在天气凉爽时则可减至10天灌水1次。草坪灌水一般可遵循允许草坪干至一定程度后再灌水的方法。这样便于在灌水时带入空气,刺激根系向床土深层扩展。那种每天喷灌1~2次的做法是不科学的,其结果将导致苔藓、杂草孳生蔓延,形成浅根系草坪。

(三)**灌水量** 为了满足草坪对水的需求,床土计划湿润层中土壤的含水量应维持在一个适宜的范围内,通常把床土田间饱和持水量作为这个适宜范围的上限,它的下限应大于萎蔫系数,一般约等于田间饱和持水量的60%。

床土计划湿润层深度根据草坪草根系深度而定。一般草坪床土计划湿润层深度以20~40厘米为宜。当床土计划湿润层的土壤实际的田间持水量下降到田间饱和水量的60%时,就应进行浇水。草坪每次的灌水量可根据下式求得:

$$M = 667rH(\beta max \sim \beta min)$$

式中:M 为灌水定额(立方米/667平方米) r 为土壤容重(吨/立方米) H 为计划湿润层深度(米)

βmax 为计划湿润层内适宜土壤含水量上限,一般等于田间饱和持水量(占干土重百分数)

βmin 为计划湿润层内适宜土壤含水量下限,一般为田间饱和持水量的60%(占干土重的百分数)

在一般条件下,草坪草在生长季内的干旱期,为保持草坪鲜绿,大概每周需补充3~4厘米深的水。在炎热和严重干旱的条件下,旺盛生长的草坪每周约需补充6厘米或更多的水分。

(四)**灌水方法与机具** 草坪灌水主要以地面灌溉和喷灌为主要方式。地面灌溉常采用大水漫灌和胶管滴灌等方式。这种方法常因地形的限制而产生漏水、跑水和不均匀灌水等多项弊病,对水的浪费也大。在草坪管理中,最常采用的是喷灌。喷灌不受地形限制,还具灌水均匀、节省水量、便于管理、可减少土壤板结、增加空气湿度等优点,因此,是草坪灌溉的理想方式。适于草坪的喷灌系统有移动式、固定式和半固定式 3 种类型(表 9-4)。

表 9-4 草坪喷溉系统类型

类	型	特 性
移动式喷灌系统	卷盘式喷灌机	适用于高尔夫球场、足球场等大面积草坪。该机由绞盘和喷头车组成,其间采用高强度、耐磨的半硬 PE 管相连,起输水和牵引的双重作用。灌水时,用拖拉机将该机拖至供水点,将绞盘车的进水口用软管与带压的给水栓相连,将喷头车拖至喷水点,开始喷水作业。盘车装有驱动装置,慢慢驱动绞盘,由 PE 管将喷头车逐渐收回,喷头车在回移过程中完成喷水作业
	轻型移动式喷灌机	适用于零星小块和地形复杂的草坪。该机有手抬式和手推车式 2 种,一般配套 150~900 瓦(2~12 马力)柴油机(3~10 千瓦电动机),采用自吸离心泵,流量 10~50 立方米/时,配有 6.3~7.62 厘米(2.5~3 英寸)软塑料管,可带动 1~2 个喷头。一般单机可控制 3~20 公顷草坪
固定式喷灌系统		适用于大面积和高级草坪。该系统由水泵、动力机、管道和喷头组成。输水管埋入地下,喷头分地埋式和地表式两种。固定式喷灌系统喷头组合有正方形、矩形和三角形等布置形式,喷头按工作压力分低压(射程 5~14 米)、中压(射程 14~40 米)和高压(射程大于 40 米)3 种。按喷头结构与水流形状可分为固定式、孔管式和旋转式 3 种。固定式喷头有折射式、缝隙式、离心式多种
半固定式喷灌系统		该系统与固定系统的区别在于喷头和支管可以移动。通常在主管上装有给水栓,支管和喷头可在不同给水栓上轮换使用,支管通常为薄壁铝合金管或高压软管。系统投资较小,但操作时劳动强度较固定式大

(五)灌水技术要点

1. *初建草坪* 苗期最理想的灌水方式是微喷灌。出苗前每天灌水 1~2 次,土壤计划湿润层为 5~10 厘米。随苗出、苗壮逐渐减少灌水次数和增加灌水定额。低温季节,尽量避免白天浇水。

2. **草坪成坪后至越冬前的生长期内** 土壤计划湿润层按 20~40厘米计,土壤含水量不应低于田间饱和持水量的60%。

3. **减少病、虫危害** 在高温季节应尽量减少灌水次数,以下午浇水为佳。

4. **灌水与施肥** 灌水尽可能与施肥作业相配合。

5. **冬季严寒的地区** 入冬前必须灌好封冻水。封冻水应在地表刚刚出现冻结时进行。灌水量要大,以充分湿润40~50厘米的土层为度,以漫灌为宜,但要防止"冰盖"的发生。在翌春土地开始解冻之前、草坪开始萌动时,灌好返青水。

(六)节水管理措施 在达到灌溉目的的前提下,利用综合管理技术减少草坪灌水量,具有重要的意义。下列措施有助于节约用水。

1. **增加修剪留茬高度** 在旱季,草坪修剪的留茬高度可提高2~3厘米。较高的留茬虽然增加了叶面积而使蒸腾作用增加,但较大叶量的遮荫作用,可使土壤蒸发作用降低。

2. **减少修剪次数** 可以减少因修剪伤口而造成的水分损失。

3. **干旱季节少施氮肥** 高比率的氮,会促进草坪草的营养生长,加大对水分的消耗量,施用磷、钾肥则能增加草坪草的耐旱性。

4. **进行垂直修剪** 可以破除过厚的芜枝层,改善坪床土的透水性和促进根系向深层生长。

5. **草坪穿孔** 过紧实的床土及时进行穿孔、打孔等通透作业,可提高床土的渗水、贮水能力。

6. **少用除莠剂** 可避免对草坪草根系的伤害。

7. **选用抗旱草种** 新坪建植时,选择耐旱的草种及品种。

8. **床土制备时增施有机质和土壤改良剂** 此法可提高床土的持水能力。

9. **注意天气预报** 以避免在降雨前浇水。

四、草坪施肥

草坪建植以后,管理工作的重点是保持草坪草的适当生长速度和得到致密、均一、深绿的草坪。由于氮肥可使草坪增绿,叶片尤绿,磷肥可促进草坪草根系的生长,钾肥可增强草坪草的抗性。因此,给草坪合理施肥对草坪处于良好状态是十分重要的。草坪的形成和草坪草的生长需要有足够的肥料供给。为维持草坪的良好外观和使用特性,生长季内频繁的修剪是必要的,但这也造成了草坪草养分的大量流失,对草坪草自身的生长和对草坪的维护而言,施肥是必不可少的。

(一)**肥料**　草坪草需要足量的氮、磷、钾肥料和钙、镁、硫、铁、钼等中、微量元素肥。这些营养元素在草坪草生长和草坪维持都有不可替代的作用。

氮(N)素是构成机体蛋白质、核酸、叶绿体、植物激素等的重要物质。以铵态(NH_4^+)和硝态(NO_3^-)的形式进入草坪植株体内,起到建造草坪草机体、生长肥大的叶片和增加草坪绿度的作用。

磷(P)素是以正磷酸根(PO_4^{2-})的形式进入草坪植株体内的。它是细胞内磷脂、核酸和核蛋白的主要成分,能调节能量的释放,促进植物体代谢活动的作用。

钾(K)素富含于草坪植物体的分生组织中,以钾离子(K^+)形式通过根系吸收入植物体内,能促进碳水化合物的形成和运转、酶的活化和调节机体渗透压的作用。因此,经常供给钾肥,可明显提高草坪对不良生境的适应能力。

草坪的必需营养元素以多种形式存于肥料之中。草坪常用的肥料及特性见表 9-5。

(二)**施肥时间**　草坪施肥时间受床土类型、草坪利用目的、季节变化、大气和土壤的水分状况、草坪修剪后草屑的数量等因素的影响。从理论上讲,在 1 年中草坪有春季、夏季和秋季 3 个施肥期。通常,冷地型草坪草在早春和雨季要求较高的营养水平,最重要的施肥时间是晚夏和深秋,高质量草坪最好是在春季进行1~2次施肥。暖地型草坪草在夏季需肥量较高,最重要的施肥时间是春末,第二次施肥宜安排在夏天,初春和晚夏施肥亦有必要。此外,还可根据草坪的外观特征,如叶色和生长速度等来确定施肥的时间,草坪颜色明显退绿和枝条变得稀疏时应进行施肥。在生长季当草坪草颜色暗淡、发黄老叶枯死时需补氮肥;草坪草叶片发红或呈暗绿色时,应补磷肥;草坪草株体节部缩短、叶脉发黄、老叶枯死时,应补钾肥。

表9-5 草坪常用肥料

种类	性质	名称	分子式	有效成分含量(%)	特点
氮肥	无机	硝酸铵	NH_4NO_3	35	含氮量高
		硫酸铵	$(NH_4)_2SO_4$	20	降低床土pH值
		氨水	NH_4OH	20~29	注入床土
		带壳硝酸铵	NH_4NO_3 $CaCO_3$	25	使用方便、安全
		硝酸钾	KNO_3	13.8	可供给两种营养
		硝酸钠	$NaNO_3$	16	含一定量钠
		尿素	$CO(NH_2)_2$	46	易挥发淋失
	有机	干血		12	价格高,效果好
		鱼肥		8~10	渔副产品
		海鸟粪		10~14	来源于鸟粪
		蹄角		12~14	畜产品加工附产品
		煤灰		1~6	使用时要考虑溶解条件
磷肥	无机	托马斯磷肥	不定	8~18.5	不溶,含少量石灰质
		磷灰石矿粉肥	不定	25~39	不溶,适用潮湿酸性土壤
		磷酸氢二铵	$(NH_4)_2HPO_4$	53	可溶,集中混合使用
		磷酸铵	$(NH_4)_2PO_4$	53	可溶,集中混合使用
		过磷酸钙	$Ca(H_2PO_4)_2$ $2CaSO_4$	18	可溶,宜作基肥

续表 9-5

种类	性质	名称	分子式	有效成分含量(%)	特点
	有机	骨粉		15~32	肥效慢,酸性土壤效果好
		鱼肥		4~9	渔业副产品
		海鸟粪		9~11	来源于海鸟
		强化骨粉		27~28	表施,肥效快,安全
钾肥	无机	氯化钾	KCl	60	含氯和其他盐分
		硝酸钾	KNO_3	47	含氮素
		硫酸钾	K_2SO_4	48	用于不适合施 KCl 的地方
		硫酸钾镁	$K_2SO_4MgSO_4$	28	能平衡钾镁比例
	有机	鱼粉		1.8~3.0	
		海鸟粪		1.8~3.6	
		海藻		1.2	
镁肥	无机	泻盐	$MgSO_4 \cdot 7H_2O$	7~9	可溶,喷洒
		水镁矾	$MgSO_4 \cdot 7H_2O$	16	溶解酸性土壤
		菱镁矿	$MgCO_3$	27	宜用于酸性土壤
		镁质灰岩	$CaCO_3MgCO_3$	3~12	宜用于酸性土壤
		硫酸钾镁	$K_2SO_4MgSO_4$	6.5	宜用于酸性土壤
钙肥	无机	生石灰	CaO		易灼伤,不常用生石灰
		熟石灰	$Ca(OH)_2$		
		石膏	$CaSO_4$		宜用于盐渍地

(三)**肥料施用计划** 肥料施用的频率、种类和用量与对草坪质量的要求、天气状况、生长季的长短、土壤基况、灌溉水平、草屑的去留、草坪草品种等多种因素相关,草坪肥料施用计划应综合诸因素,科学制定,无一规范的模式可循。草坪草在 1 年内的生长季内对氮肥的需要量见表 9-6。

表 9-6　各类草坪草年需氮肥量　（单位：克/平方米）

草坪草名称	生长季内需纯氮肥量	草坪草名称	生长季内需纯氮肥量
冷地型草坪草		暖地型草坪草	
匍茎翦股颖	20～30	狗牙根	20～40
草地早熟禾	20～30	钝叶草	15～25
细弱翦股颖	15～25	结缕草	15～25
绒毛翦股颖	15～25	巴哈雀	10～25
普通早熟禾	15～20	地毯草	10～15
高羊茅	15～20	假俭草	5～15
黑麦草	15～20	野牛草	5～10
粗茎早熟禾	10～20		
小糠草	10～20		
加拿大早熟禾	10～15		
紫羊茅	10～15		

就一般施肥水平而论，我国草坪每年应施肥 2 次，氮、磷、钾的比例为 5∶3∶2（其中氮总量的 1/2 应为缓效氮），一次施量为 7～10 克/平方米。我国南方秋季施肥量为 4～5 克/平方米，北方春季施肥量为 3～4 克/平方米，氮、磷、钾的比例约为 5∶4∶3。

（四）施肥　不论采用何种施肥方式，肥料的均匀分布是施肥作业的基本要求。手工撒施是广泛的使用草坪施肥方法。通常把所施肥料分为二等分，横向撒一半，纵向撒一半。在施肥量小时，还可用细沙与肥拌匀然后撒施，力求将肥料在草坪内撒布均匀。

液肥应用水稀释到安全浓度后，再采用喷施法施用。

大面积草坪施肥，可采用专用施肥机具施用。

（五）施肥技术要点

1. 各种肥料平衡施用　在草坪施肥措施中，要确保草坪草所需养分平衡供应，不论是冷地型草坪，还是暖地型草坪，在生长季节内要施1~2次复合肥。

2. 多使用缓效肥料　草坪施肥最好采用缓效肥料。这类肥料能长久而又均匀地供应草坪草所需养分。可施用腐熟的有机肥或复合肥。施用无机速效肥料,一次施用不应超过5克/平方米纯氮。

3. 在草坪草生长盛期适时施肥　冷地型草坪草要避免在盛夏施肥,暖地型草宜在温暖的春、夏生长旺盛期,需适时供肥。

4. 调节土壤pH值　大多数草坪床土酸碱度应保持在pH值6.5的范围内,地毯草和假俭草的床坪土壤的酸碱度以pH值5为宜。坪床土应每3~5年测定1次pH值,当pH值明显低于所需水平时,需在春季、秋季末或冬季施石灰等进行调整。

五、草坪表施细土

用于草坪表施的细土,是用沙、土壤和有机质适量混合而成,均匀施入草坪床土表面上。该作业可填平坪床表面的小洼坑,建造平整又适于草坪草生长的土壤层、补充养分、防止草坪草徒长和利于草坪更新。

(一)施用条件　正常的草坪不必表施细土,只有在下述情况下,才需表施细土:

1. 坪床土壤贫瘠　在非常贫瘠的土壤上建坪时,表施优质沃土是很重要的。已成草坪1次施用沃土的厚度不超过0.5厘米。表施细土后,应用金属刷将坪床地面拉平,以使细土平铺在草皮上,每隔几周施用1次,可逐渐形成一块平坦草坪。

2. 草坪不均　草坪由于定植不规则,使新草坪极不均一时,可表施细土。一次或多次表施细土可填平新生草皮的下陷部分。

3. 坪床表面絮结　由产生大量匍匐茎的草坪草组成的草坪上,定期表施细土,有利于消除坪床表面絮结。对絮结严重的坪块表施细土时,可先进行高密度划破作业,然后再表施细土。

(二)表施细土的时间和数量　在草坪草的萌芽期及生长期最宜进行表施细土。通常暖地型草坪在4~7月份和9月份,冷地型草坪在3～6月份和10～11月进行表施细土。

表施细土的次数依草坪利用目的和草坪草的生育特点而定。如庭园、公园等一般草坪可加大一次的施量,减少施用次数。运动场草坪则要少施,施多次。一般草坪可1年表施细土1次,运动场草坪则1年需施2～3次或更多。

（三）**表施细土材料** 表施细土材料应具备如下特性：①与床土无大差异。②肥料成分含量较低。③为沙、有机物、沃土和土壤的混合土。其中沃土采用经腐熟、过筛后(粒径约0.6厘米)的土壤；沙应采用不含碱、粒径不大,质地均一的河沙或山沙；有机质应采用腐熟的有机肥或良质泥炭。④混合土含水分较少。⑤不含有杂草种子、病菌、害虫及其他有害物质,表施细土的沃土、沙、有机质之间的比例以1∶1∶1或2∶1∶1为宜。

（四）**表施细土的技术要点** ①施土前必须先行剪草。②土壤材料经干燥并过筛后才能施用。③若结合施肥,则须在施肥后再施土。④一次施土厚度不宜超过0.5厘米,最好用复合肥料撒播机施土。⑤施土后必须用金属刷将草坪床面拖平。

六、草坪碾压

为了求得一个平整紧实的坪床面,使草坪草叶丛紧密而平整地生长,草坪可适时进行碾压。

（一）**碾压的时机** ①草皮铺植后。②幼草坪第一次修剪后。③成草坪春季解冻后。④生长季节需叶丛紧密平整时。

（二）**碾压方法** 可用人力推动重磙或用机动重磙进行碾压。重磙为空心的铁轮,可用装水、充沙等法来调节重量。手推重磙一般重量为60～200千克,机动磙轮为80～500千克。碾压时磙轮的重量视碾压的次数和目的而定,如为修整床面宜次少、压重(200千克),对播种萌生的幼草苗宜轻压(50～60千克)。

（三）**碾压时期** 新栽草坪宜在春夏草坪草生育期进行；为利用需要,则适宜在建坪后不久、降霜期、早春开始剪草时进行。

(四)注意事项 ①土壤粘重,土壤水分过多时不适碾压。②草坪草较弱时不宜碾压。

七、草坪通气

通气是指对草皮进行穿洞、划破等技术处理,以利土壤通气和使水分、养分渗入床土中,是改良草皮的物理性状和其他特性,加快坪床中有机质层分解,促进草坪草生长发育的一项培育措施。

(一)打孔(穿刺) 用实心的锥体扦入草皮中,深度不少于6厘米,其作用是促进床土的气体交换,促使水分、养分进入床土深层。

打孔只在草皮明显致密、絮结的地块进行,如:①降雨后有积水处。②在干旱时,草不正常地迅速变灰暗处。③苔藓漫生处。④因重压而出现秃斑处。⑤杂草繁茂处。

进行打孔的最佳时间是秋季,通常在9月份,选择土地水分适宜,天气较好时进行。首先打孔,然后轻压,这种处理有利于排水和使草形成新的根系,在翌年夏季干旱时节,可增强草坪的抗旱能力。

(二)除芯土(芯土耕作) 是用专用机具从草坪土壤中打孔,并抽出土芯(草塞)的作业(图9-4)。

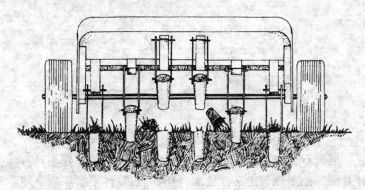

图9-4 除芯土作业(引自 A.J.Turgeon)

1. **机具** 除芯土机械(打孔机)种类很多,主要有旋转式和垂直式2种。垂直运动打孔机具空心的尖齿,作业时对草坪表面破坏小,打孔的深度可达 8 厘米,还具有向前和垂直打孔的功能。其工作速度较慢,约为 10 平方米/分。旋转式打孔机具有开放泥铲式空心尖齿,其优点是工作速度快,对草坪表面的破坏小,但打孔深度较浅。这两类打孔机根据尖齿的大小,挖出的芯土直径在 6~18 毫米之间。打孔的垂直深度可随床土的紧实度、容重、含水量和打孔机的穿透能力不同而异,在实际操作时打孔深度通常应保持在 8 厘米左右,打孔密度约为 36 个/平方米。

2. 时间　在干旱条件下进行除芯土作业,往往导致草坪严重脱水。因此,除芯土作业宜在草坪草生长茂盛的条件下施行。

除芯土作业应与灌水、施肥、补播、拖平等措施紧密配合,方能收到最佳效果。

(三)划破　划破草皮是借助安装在圆盘上的一系列"V"形刀刺入草皮中 7~10 厘米,以改良草坪的通气、透水性的作业(图 9-5)。该作业与打孔相似,只是穿刺的深度限制在 3 厘米以内。

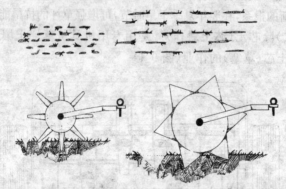

图 9-5　划破作业(引自 A. J. Turgeon)

划破不存在土壤移出过程,对草坪的机械破坏较小,因此,在仲夏或其他不便于土芯作业的时间亦可进行,不会产生草坪草脱水现象。在匍匐型草坪上划破时还能切断匍匐枝和根茎,有助于新枝的产生和发育。

(四)垂直刈割　是借助安装在高速旋转水平轴上的刀片进行

近地表面的垂直刈割,是以清除草坪表面积累的有机质层和改善草皮表层通透性的一种养护措施(图 9-6)。刀片在垂直刈割机上的安装分上、中、下 3 位。刀片安装在上位时,可切掉匍匐枝和匍匐枝上的叶,可提高草坪的平齐性。刀片安装在中位时,可粉碎芯土

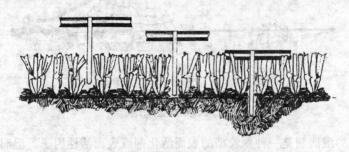

图 9-6　垂直刈割(引自 A.J.Turgeon)

作业时挖出的土块,使土壤再次掺合,有助于有机质分解。当刀片安装在下位时,可除去地表积累的有机质层。

垂直刈割最好在草坪草生长旺盛、大气压小、环境有利于草坪草生长发育的时期进行。在温带,夏末、秋初适宜垂直刈割冷地型草坪,春末及夏初适宜刈割暖地型草坪。

(五)松耙　这是用不同的机械设备耙松地表,使床土获得大量氧气及水分和养分、阻止苔藓和杂草的生长、消除真菌孢子萌发的草坪管理措施。

松耙一般对坪床土壤板结,在干旱供水时水不能很快渗入床土时采用。成熟草坪每年夏季应进行 1 次全面松耙。松耙通常用手动弹齿式耙,大面积松耙作业可用机引弹齿耙进行作业。

八、草坪拖平

拖平是将具有一定重量的钢丝网或其他相似的设备,拉过草坪表面的作业(图 9-7)。在除芯土作业和施细土后,通过拖平可粉碎压在草坪表面的土块,将碎土均匀地铺到草坪上,刷掉粘在草叶上的土粒。拖平与补播相结合使用有助于提高种子的发芽势和成

活率。草坪修剪前拖平,还可把匍匐在地上的杂草枝条带起来,便于修剪。拖平应在草坪适度干燥时进行。

图 9-7 拖 平(引自 A. J. Turgeon)

九、添加湿润剂

湿润剂是一种颗粒型的表面活化剂或表面活性因子。湿润剂可以减小水的表面张力,提高水的湿润能力。表面活化剂是由化学组成和分子结构上(如具有亲水或喜水基团和亲脂或喜脂的基团)的特点所决定的。表面活化剂有阴离子、阳离子和非离子 3 种类型。阴离子湿润剂在土壤中容易被淋溶流失,所以起作用时间短。阳离子湿润剂可和带负电荷的粘土颗粒或土壤有机胶体紧密结合,不易被淋溶流失,在土壤中可长时间发挥作用,一旦干燥就能变成完全防水的土壤。非离子湿润剂在土壤中最不易被淋溶流失,所以,起作用的时间最长,它分为酯、醚、乙醇三种类型。酯类湿润剂对沙子的湿润效果最好,醚对粘土的湿润效果最好,乙醇对土壤有机质的湿润效果最好。某些非离子的湿润剂是酯、醚和乙醇这三种物质的混合物,对沙土、粘土和有机质土壤都能有效地湿润。湿润剂的施用量依土壤类型的不同而有差异,在疏水土壤中湿润剂的浓度达到 30～400 毫克/千克时就行了。由于土壤微生物的降解作用,往往会降低土壤中湿润剂的浓度,缩短有效作用期。因此,为了使土壤保有足够浓度的湿润剂,在草坪草的每个生长季节需要施用 2 次或更多次湿润剂。

施用湿润剂不但能改善土壤的可湿性,还能减少水分的蒸发损失,在草坪草定植后能减少降水后的地表径流量,减轻土壤侵蚀,防止草坪发生干旱斑和冻害,提高土壤水分和养分的有效性,促进种子发芽和草坪草的生长发育。但是,若施用量过多或在异常的天气下施用,当湿润剂粘在草的叶子上时,会对草坪草产生危害作用。因此,不但要注意湿润剂的施用量和施用时期,而且在施用后应和灌水等管理措施紧密结合。由于湿润剂对草坪草的危害性因植物的种类不同而异,所以,在新草坪上施用湿润剂时,应先进行小面积的试验。

十、草坪着色

草坪的颜料是一种具有颜色的特殊物质。将草坪颜料用喷雾器或其他设备喷洒到草坪的表面上,称为草坪着色。此法可使暖季休眠的草坪草或冷季越冬的草坪草染成绿色,或草坪由于病害而退色或需要草坪具有特殊的颜色时,也可使草坪着色。使用草坪着色技术必须和其他的草坪管理措施配合进行。粘到草坪草叶上的颜料干燥后就能长时间留存。因此,喷颜料的时间最好在雨后,而不要在临下雨前进行。在使用新的颜料之前,必须进行小面积的试验。

十一、损坏草坪的修补

草坪在使用过程中,由于受严重践踏、过度使用的运动场、恶劣天气(雨)下使用运动场,不正确的使用杀虫剂、除莠剂、杀菌剂,自然磨损及意外事件等,常造成草坪局部损坏。

对损坏的草坪应及时修补。修补有补播和铺装草等方法。若草坪不急用,可采用补播法修复;若草坪要立即使用,则需采用铺装法,快速修复。

补播时要先将补播地块的表土耙松,然后播种,使种子均匀进入床土中。所用的草种应与原草坪草一致。种子播前需进行催芽、拌肥、消毒等处理。其他处理方法应与建植时的处理方法一致。

重铺草皮耗资较大。修补时先标出需补地块的范围,然后去掉损坏草皮,翻土、施肥(施入过磷酸钙以促生根),紧实坪床,耙平床面,再用健康草坪铺装。铺装的草皮应高出坪面6厘米;用泥炭肥等(50％)与堆肥和沙子(50％)拌匀,配成表土肥,施于床面,拖平,使之填入草皮块间隙。铺好后适量浇水,确保2～3周内草皮不干透。如果修补的地块较大,草皮开始生长并已密接时,应进行镇压。

十二、退化草坪的更新修复

若草坪草组配不当,季节交替衔接不良,或坪床土壤理化性状严重恶化,引起草坪严重退化时,在草坪质量等级允许的前提下,可对草坪局部进行强度较小的改造和改植。这种局部改良、更新退化草坪的做法叫修复。修复是在不完全翻耕土壤条件下的部分草坪再植。

（一）修复改良的必要条件　对下述原因造成的草坪退化,可作修复处理。①草坪植被是可用选择性除莠剂杀灭的杂草构成的。②草坪植被大部分是多年生杂草组成的。③由昆虫或病害严重损坏的。④草皮中有机质层过厚,土壤表层质地不均一,表层3～5厘米土壤严重板结等。

在修复前,应弄清草坪退化的原因,对症下药,制定正确、切实可行的修复方案。

（二）修复操作

1. 坪床制备　首先应防除杂草,可施用除莠剂杀灭杂草。其次进行深度垂直刈割或划破,彻底破除有机质层。表土板结不严重的,可进行强度除芯土耕作,然后将坪床面拖平。

土壤在耕作前,先施全价肥料,酸性土壤还需增施石灰。施肥量可视床土营养状况确定,通常施4克/平方米可溶解氮肥。

2. 草种选择　局部修复可采用草坪草营养繁殖。在坪床准备好后,大多采用播种繁殖草坪草。草种应选择完全适应当地环境条件的种类,也应考虑与总体草坪的一致性。

3. 种植　修复的播种方法常用撒播和圆盘机补播。撒播的种子采用标准播量,播后应浅耙和镇压。圆盘播种用专用圆盘播种机作业,通常不必再另行浅耙和镇压。

十三、草坪交播

交播(Over seeding)亦称覆播、追播或插播。交播是在亚热带地区,对暖地型草坪在秋季用冷地型草坪草进行重播的技术措施。其目的是使暖地型草坪草休眠期仍能有良好的外观,在生产中把这一技术称交播。交播通常采用生长力强、建坪迅速、短寿的草种,如多年生黑麦草及由3个品种黑麦草组成的"博士"草为补播草种。交播是快速改良草坪和延长草坪绿期行之有效的措施。

十四、草坪封育

草坪如果受到过度踩踏、高强度使用,就会迅速衰败。在一定时间内限制草坪使用、使草坪草得以休养生息、尽快恢复到良好状态的养护措施叫封育。封育的实质是实行草坪的计划利用。

新建草坪,因草坪草处于幼嫩时期,过早、过重的践踏,对幼草生长发育不利,此时应采取措施,如立警告牌、拉隔离绳、设置围栏等来阻止行人进入。对于成坪的频繁利用地段,如足球场的球门区、露天草坪音乐会场、草坪赛马场的跑道等,应视草坪的损坏程度进行封育。如定期移动足球场球门的位置、赛马场实行跑道使用轮换制、限制草坪音乐会场的人数和场次等方法进行封育。

为了使草坪封育收到良好的效果,应准备充足的草坪面积,以便轮换使用。用于轮换的草坪面积的大小,因季节和用途不同而有区别,不能一概而论。就我国而言,当园内草坪面积超过5公顷时,除在入园人数特别多的特殊情况下,一般可将一半面积的草坪进行封育,余下的一半开放,供人使用。

在草坪极度退化的地段,仅靠封育来恢复草坪是较困难而又不经济的,因此,应与其他的养护管理措施相配合,如与通气、施肥、表施土壤、补播等方法配合使用,可收到较快恢复的效果。

十五、草坪保护体的设置

为缓和草坪踩踏强度,增加草坪的承压力和耐水冲击能力,防止草坪草因机械损伤产生的枯萎现象,可在坪床土中设置保护体。保护体是由强化塑料等制成的片状、网状、瓦楞状物体,可以增强草坪的抗压性。

践踏使床土板结的程度随土层深度增加而急剧减弱,冲刷也首先产生于地表,因此,在草坪表面设置保护体能起到良好的抗压和抗水蚀作用。在草坪建植中,使用较为广泛的是三维植被网。

三维植被网是以热塑性树脂为原料,经挤出、拉伸等工序精制而成(图9-8)。它无腐蚀性,化学性质稳定,对大气、土壤、微生物

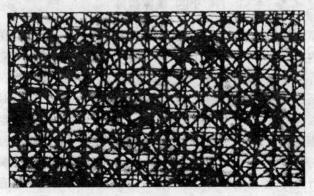

图9-8 三维植被网

呈惰性,对环境无污染,无有害物质残留。三维植被网的底层为一强度较高的基础层,采用双向拉伸技术。其强度大,可以防止植被网变形,并能有效地固土、承压和防止水土流失。三维植被网的表层为一起泡层,其膨松的网包,便于填入土壤,利于种入草种和与床土的结合。

三维植被网的安装步骤:①整理预铺植被网的坪床坡面平整。②置50～75毫米厚的细土于平整好的坡面上。③将三维植被

网置于坡面上,植被网块之间的搭接宽度不得少于10毫米。④用固定钉或低碳钢钉沿三维植被网四周以1.5米的间距固定。⑤将每幅草皮的坡肩及坡脚沟填起部分做好,以固定植被网(沟深0.25米,宽0.45米)。⑥将草种播于植被网上。⑦将松土填满植被网。⑧在坡面上第二次播草种并施种肥(肥料用量视需要而定),轻轻夯实土壤表层。

第二节 草坪的养护管理

一、草坪景观的管理

在漂亮的草坪上如果出现秃斑、破裂的边缘、突起或坑洼的坪面,将损害草坪的美学效果,使草坪功能下降,甚至使草坪变成荒地,因此,草坪景观的管理是一项极其重要的实际工作。

(一)庭园草坪景观的管理

1. 破裂的草坪边缘的修复　①切下带破裂边缘的草皮,轻轻地用铁铣将草皮撬起,使之与土壤脱离。②将此草皮向外移动,将破裂损坏部分放在界线之外,将草皮切齐,铺回原处,边缘与其他正常草坪边缘相吻合,使之形成1条线。③在里缘空出的空隙填上草皮或泥土,压实,撒上种子。缝隙用过筛细土填满。

2. 凸凹草坪的修复　突起不平的草坪地段,常被剪草机铲秃,从而形成裸地。坑洼会产生积水,产生较为青绿繁茂的草斑,并常成为病害的始发点。对凹凸草坪可采用下列方法修复。

(1)小的坑洼填细土　每次填土厚度不应超过1~1.5厘米,隔一段时间再填第二次,直到将坑填平。

(2)明显的突起和坑洼,要除突、填坑　首先用铁铲将草皮沿突包边缘切开,将草皮轻轻剥离下来。除出(突起)或填入(坑洼)土壤,以使草坪平面平整。如果突起处土层很浅,则应除去一些底土,再填入表土(沃土),并压实翻动过的土壤。检查确认床面平整后,将揭起的草皮稳妥地铺回原处。

3. 秃斑修复 造成秃斑的原因主要有：①床土坚实和排水不良。②除去杂草后的裸地。③机械作业被机油污染，坪草死亡。④树下的水滴及根际分泌物。⑤动物尿灼伤。⑥过量施肥处。⑦剪草机对草坪突起部分的低茬修剪。⑧过度践踏等。秃斑的修复方法有：

(1) 重铺草皮 除去死亡的草皮块，将受损害的部位切成正方形，将表土翻松；将新草皮的土壤弄松，然后切成大小一致的草皮块，嵌入要修补处。压紧新草坪，用过筛土壤填平接缝，及时浇水和适度镇压。

(2) 补播 翻耕受损坏草坪的表土，将土壤耙松，除去杂物，形成精细种床。按约高于正常播种量播种，用过筛细土薄覆坪床表层，将已播种的坪床压实，必要时可进行覆盖。

4. 树木根出条的处理 很多灌木和乔木都会在草坪中产生根出条。根出条影响剪草和草坪的美观，因此必须去除。其处理方法：①沿根出条方向切开草皮。②剥离草皮，切断出条的根。③将揭起的草皮复位、压实，用过筛细土填平缝隙。

5. 树木露根的处理 生长在草坪中的树木，有时根会长出草面。其处理的方法是：①细根可先切断，然后按根出条处理。②对大根，在允许的条件下，将树周围的草皮铲除，留出的裸地另行处理；也可在树根上覆上最少5厘米以上的沃土，然后播种或铺植草皮，建成缓坡状隆起的草坪造型。

(二) 幼坪景观的管理

1. 裸斑的处理 新建草坪出现裸斑，一般是没有种子或种子未能萌发。原因有：①整地不良，通常为底土翻到了表层所致。②天气不好，质地轻的土壤长期干旱，或质地重粘土壤上的长期阴湿。③鸟类和其他动物的侵害。④错用了发芽力低下的旧种子。⑤种子萌发不均匀、种子霉烂，土壤集水和潮湿及冷寒的天气，导致种子老化而失去发芽力。在播种前用杀菌剂进行种子丸衣化处理，是防止幼坪裸斑的有效措施。

2. 新坪苗弱苗稀的处理 种子正常萌发,而苗间裸地太多。原因是:①播种量偏低,应按成坪的实际状况确定种量播种,充分考虑床土条件和管理水平,要将成坪所需的安全系数考虑在内。②鸟类侵袭,常常出现分散的斑块状裸地。③整地不良,常见的问题有排水不良、表土缺少团粒结构、表层有底土。

3. 幼苗斑块状枯黄的处理 ①通常有猝倒现象,为病害所致。造成的原因可能是播种密度过大、坪床土壤湿度太高、感病草种比重过高等所致。处理方法是及时将病株拔除,喷施杀菌剂进行预防。②枯黄而尚未产生猝倒症状,通常为传染病所致,是床土制备不良所引起的。带病菌土壤的进入和埋入土中的建筑垃圾是使草坪黄化的常见原因。③不良的天气、积水,往往造成幼苗生长不良与死亡。

4. 幼苗生长缓慢、黄化的处理 新建草坪的幼苗有时变黄,甚至停止生长。这种现象发生在春季,需施入氮肥,以增强草坪草生长活力。此时施肥量不宜过多,以施用液肥为佳。浇水时要注意水流强度,防止冲沟。

5. 铺植草坪裂缝的处理 草皮有时会收缩,留下难看的裂缝。原因是在干旱的天气条件下,灌水量和灌水次数不够,或者是建坪时草皮未密接,也未用沙土灌缝所致。修复的方法是先给草坪浇水,使草皮膨胀到原大,然后将沙土灌入裂缝,灌土后切不可再浇水。

6. 播种草坪裂缝的处理 重粘土壤播种后缺水,也会出现坪面裂缝。全面灌水,对裂缝进行表面处理后再稀疏地撒上种子,此后充分保持水分的供给。

7. 坑洼的处理 床土不均匀沉降,床土过松,鸟类的侵袭,大雨或灌水产生的冲沟等,是产生坑洼的原因。对此,应多次进行地面处理。

8. 杂草的防除 用人工拔除、喷洒除草剂等方法进行防除。

9. 石头 新建草坪常有石头露出草皮表面,应及时清除,并进行相应的地面处理。

10. 新植草坪的修整 苗稀或裸露的地方应轻耙,然后用与原草坪相同的草种补播,种子最好与10倍种量的细土混合,均匀地撒在轻耙过的地方,撒后再轻耙。

(三)剪草时的景观管理

1. **铲皮** 铲皮就是被剪草机铲去了高位的草皮,土表裸露,通常是由于草皮不平或剪留茬高度不当所致。圆盘式剪草机比往复式剪草机易引起铲皮。防止的方法:①如剪草机行驶不稳,可调高刀片,并通过高位修剪来提高均匀度。②剪草过程中绝不要下压手柄,在剪草机行驶穿过草坪时不要用推、拉动作。

2. **波状铲皮** 是因剪草机操作不当,草坪修剪后呈现波状起伏,坪面不齐的现象。防止方法是认真按剪草机的操作要求进行作业。

3. **黄梢** 剪草后草叶伤口发黄,是一个普遍性问题,原因是使用了钝刀,使草坪草创面大而毛糙所致。因此,定期打磨刀片是有效的防止方法。另外,在草湿时剪草也易引起黄梢。

4. **肋骨状** 是指草坪修剪后在草坪上形成高草与低草横布于剪草带的现象,这是由于剪草机负荷太重,刀片旋转太慢所致。解决的办法是:①采用汽油机为动力的剪草机。②避免草太长(多剪几次)、剪草留茬太低(升高刀片)及草太短(剪草前应除去雨滴或露水)时剪草。

5. **纹理(搓板)状** 是指草坪修剪后,在草坪上留下宽而规则的皱褶,横列于剪草带上的现象。其状若波浪,波幅为15～30厘米。这是总在同一方向剪草所致。解决办法是每次剪草时应有计划地变换刀片的割草方向。如果草坪已产生搓板状坪面时,则应在秋季进行高茬修剪,直到坪面恢复平整为止。

(四)未管好草坪景观的管理 草坪未管好是常有的事情。未管好草坪的景观特征是杂草丛生,杂乱而无生气。此类草坪应在弄清原由的前提下,及时进行管理。

1. **杂草和苔藓占优势** 草坪草仅星点般地分布其间,对此应考虑重新建坪。

2. **草坪草仍占草坪的主要部分** 此时可采取如下措施:①

在春季把过高的草剪至5厘米,除去草屑。②检查草坪表面,按建坪要求找出问题,并列出清单。③进行搂草作业,全面刷齐草坪表面,把死草和垃圾清除出草坪。④高茬修剪,此后逐渐降低割草高度,直到达到额定留茬高度为止。⑤在初夏用除莠剂除草,用二氯化物类药物杀除苔藓。⑥对草坪进行修复,裸地应重播草籽或铺植草皮。⑦经过一段时间后,进行通气和追肥。草坪稀疏时,应予补播。⑧到下一个春季开始时,采用正常的方法进行管理。

二、草坪的计划管理

草坪的日常管理,应依照草坪草的生长节律或按时间的变化,制定周密的工作计划,使常规的养护管理工作科学有序地进行,这就是"草坪日历"。草坪日历以季节(时间)为主线,安排草坪管理中各个时期的具体任务。由于地理位置的差异,各地生态环境条件也各有不同,因此,草坪日历应是有地域性的。现仅就我国一般情况,推荐以下草坪日历,供参考(表9-7,9-8,9-9和9-10)。

三、草坪的业务管理

草坪的精心建植和草坪的完善养护管理应是以草坪的科学技术为依据,通过不同层次的专业技术人员来实施的。因而可以说,合理高效地安排各类技术人员的日常工作,是草坪管理工作的重要内容之一。实践说明,一个好的管理方案,是优秀的草坪养护,是熟练的技能与科学的业务管理技巧相结合的结果。若不能有效地进行草坪业务管理工作、制定完备的草坪养护方案和确定预算经费,则无论草坪技术多么高超,终究是管不好草坪的。

表 9-7 不同类型草坪的管理季历

类型	季节	工作项目	内 容
寒冷潮湿草坪	冬	1. 设备与机械的维修	检查生长季所需的机械设备,并逐一进行调试,清洗防锈,使之保持正常工作状态
		2. 筹划和准备	计算下一季所需物资,如化肥、农药、种子、草皮等
		3. 季节劳力准备	对每季的劳力作出合理安排,确定用工合同及进行专业培训
		4. 了解科技发展情况	了解和掌握新技术和新机具、品种、农药的特性与使用方法,应用于管理
		5. 取土样并进行分析	利用冬季土壤未冻结时期取土样进行分析,掌握床土的肥力状况
	春	1. 修复冬天被损坏的草坪	检查整个草坪,填平冻裂的土缝,修补损坏的草坪
		2. 草坪补播	在草坪刚开始返青时,破除过分板结的床土,然后补播草种,并适当施肥,以满足其生长需要
		3. 通 气	春天下雨,土壤湿度适宜时,对板结地段进行打孔、划破等通气处理,同时与补播、施肥作业相配合
		4. 施 肥	春季进行常规施肥,返青前期施肥能促进顶芽提前7~10天生长,并利于根系的生长和扩展
		5. 镇 压	在具土壤冻胀作用的地段、土壤风化严重的地方,进行轻度镇压,使根冠与床土有效接触。土壤过湿不宜镇压
		6. 修 剪	草坪草长到宜修剪高度时,就应及时修剪
		7. 病虫害控制	保持高度警惕,防止病虫危害,尤其在病虫害严重发生的地方,要积极采取预防措施
		8. 灌 水	土层干至计划深度(6~10厘米)时就应灌水,灌水量以草坪草能利用土壤养分并能良好发育为准
		9. 杂草防除	对阔叶型杂草可用选择性除莠剂防除,对其他类型杂草,可采用机械或生物等多种方法防除

续表 9-7

类型季节	工作项目	内　容
夏	1. 修　剪	与春季一样,只要草长到宜修剪高度,就进行定期修剪,留茬稍短一些
	2. 灌　水	只要土层干至计划深度,就应灌水。注意记录当地的降水情况,以有助于判定草坪的需水量
	3. 病害防治	注意病害发生情况,尤其在湿热天气,注意观察病害发生的症状,并及时采取防治措施。根据记载的病情发生规律,采取预防措施
	4. 虫害防治	随着温度的升高,密切注意害虫虫口密度和消长规律,在害虫达到阈值时,就要采取必要的防治措施
	5. 杂草防除	对杂草采取预防措施,如果效果不好,则可在杂草苗期用除莠剂进行化学防除
秋	1. 修　剪	定期修剪,以满足草的生长需要
	2. 灌　水	土层干至计划深度时才灌水
	3. 病害防治	密切注意温暖和凉爽气候下病害发生的状况,予以必要的防治
	4. 害虫防治	夏季防治较好的话,秋季不会有大问题
	5. 杂草清除	冬性杂草和繁缕类杂草应在秋季防除
	6. 施　肥	是秋季的主要工作,寒夜初现时,就应着手施肥
	7. 修　复	紧实、板结的地段用打孔机打孔,应在施肥和补播前进行
	8. 脱　叶	迅速脱叶可增加草坪土的腐殖质,提高草坪的使用功能和美观程度,并能减少病原、害虫繁殖的场所
	9. 清除草叶	秋季不修剪草坪而留作过冬的保护的做法是错误的,因此在越冬前应及时清除草叶
	10. 土壤取样与测试	在草坪内各典型地段取样,送试验室进行常规测试

续表 9-7

类型	季节	工作项目	内　容
寒冷干旱草坪	冬春夏秋	同寒冷潮湿草坪	同寒冷潮湿草坪 　　总体来说,四季管理的基本方法与寒冷潮湿草坪大致相同。不同之点是土壤与水分条件有所差异。干燥地区的土壤很少需施石灰,但土壤的盐碱化是普遍存在的问题。降雨稀少与雨量分配不均衡性,意味着需各种有效灌溉。干旱地区灌溉的草坪,头1年似乎病虫危害和杂草均不重,到第二年其危害性明显增加,应予以重视
温暖潮湿草坪	冬春夏秋	同寒冷潮湿草坪 1.春季修复 2.补　播 3.通　气 4.施　肥 5.镇　压 6.修　剪 7.病害控制 8.灌　水 9.杂草防治	同寒冷潮湿草坪　提早检查冬季严重破坏的地段,进行修复。如排水不良地、过多践踏地、秃斑地、草坪草枯死地等 　　用种子或草皮在温度达到草坪草生长温度时立即进行播种 　　用打孔或划破的办法增加床土的透气性 　　温暖地区草坪的施肥量通常高于寒冷地区,在草坪草正常生长开始前,根据土壤测定结果,确定施肥量并施肥 　　温暖地区草坪镇压工作较少,当草皮凹凸不平,草坪草根系悬露时需进行轻度镇压 　　及时进行修剪,应避免留茬过低,以免引起草坪退化 　　暖地型草坪草均易感病,尤在湿热天气发病率高,应严格控制病害流行,发病时应及时防治 　　暖地型草坪草一般耐旱性较差,应及时进行灌溉。草坪使用的强度越大,对水的需求越迫切 　　对阔叶型杂草可用除莠剂进行化学防治,其他杂草应预先防治

续表 9-7

类型	季节	工作项目	内 容
	夏	1. 修 剪	草坪长到一定高度时应及时修剪
		2. 灌 水	土层干至计划深度时应灌水。记录当地降水情况,以判定灌水时期
		3. 病害防治	发生病害,立即防治,在发生流行病的地方应预先防治
		4. 虫害防治	害虫开始活动时,注意检查虫情,虫害达到阈值时,采取预防措施
		5. 杂草防除	对于非阔叶型杂草需在春季防除,如未除净,在苗期进行化学防除
		6. 施 肥	仲夏进行第二次施肥,施肥种类和用量与春季同
	秋	1. 修 剪	随草坪草发育定期修剪
		2. 灌 水	与夏季一样进行灌溉,但只在土壤指示出缺水时进行
		3. 病害防治	注意冷、暖气候下病害发生的情况
		4. 虫害防治	注意那些夏季没被注意到的害虫,有可能组成种群在秋季引起危害,需采取防治措施
		5. 交 播	为保持草坪四季常青,选择黑麦草在暖地型草坪内交播,同时应注意打孔松土、追肥和修剪措施的配合
		6. 去 叶	在全坪内进行去叶作业
		7. 土壤取样与测试	在生长季快结束时,从每块草坪上取样,送试验室进行常规分析
温暖干旱草坪	冬	1. 设备、机器的调试与维修	处理与寒冷潮湿草坪相同
		2. 对生长季到来时需要的物资及供应状况进行检查	
		3. 不同季节的劳力安排计划	
		4. 学习先进的科学技术知识	
		5. 土壤取样与分析	

续表 9-7

类型	季节	工作项目	内　容
	春	1. 冬季损坏草坪的修复	检查全坪是否有排水不良、土壤侵蚀地、枯死草坪斑块、人为破坏地等现象，针对问题，采取补救和修复措施
		2. 移植草皮和重播	对损害面积较大的草坪块，可用移植草皮或补播的方法进行恢复。此项作业应在草坪返青时完成，并辅以施肥和灌水等措施
		3. 通　气	对因践踏引起板结的地段应进行打孔、划破等通气措施。若因排水不良引起土壤通气不良，在春季时就应设置好排水系统
		4. 施　肥	干旱地一般缺氮肥，应在春季草坪草生长季节到来之前提前施肥
		5. 修　剪	草坪草长到额定高度，就应进行定期、持续修剪。禁止让草坪草长得过高时再进行一次性修剪
		6. 病害防治	在干旱地区控制灌水，可减少病害发生，同时应警惕病害发生，并及时进行防治
		7. 灌　水	灌水是本地区成功建坪与管理的主要因素，应防止根层缺水
		8. 杂草防除	在杂草长出2~3片叶时，用除莠剂进行防除
	夏	1. 灌　水	在土壤尚能满足草坪草水分需要时不应灌水，灌水时应多浇，一次浇透。浇水时间以清晨为宜，晚上浇水可能引起病害发生
		2. 虫害防治	此时进入草坪害虫活跃期，应定期检查，当刚出现害虫为害时，及时防治
	秋	1. 施　肥	定期施用以氮为主的肥料。草坪颜色呈浅褐色时，应考虑其他肥料补给
		2. 灌　水	经常适时供水是草坪保持绿色的一项重要工作，应经常检测土壤水分状况，及时灌水

表 9-8-1　暖地型与冷地型草坪的四季管理——春季管理

月份	3月	4月	5月
		1. 暖地型草坪	
修剪		视草坪草生长的状况和需要进行修剪	视草坪草生长的状况,每月修剪1～2次,在草坪草长到额定修剪高度的2倍左右时开剪
除草	选择暖和的日子拔除杂草。在杂草完全充满的草坪上,喷洒以西马津为代表的萌前土壤处理剂。但是,西马津对狗牙根会发生危害,因此,狗牙根草坪不宜使用	越年生杂草及早拔除	气温渐渐升高,夏型杂草迅速生长,应及时拔除
施肥	把缓效肥料作为基肥施用,每平方米施200克饼肥和5克草木灰	若需施肥,应在中旬后用速效的液肥施入,可催芽,促进草坪草新芽生长	
灌水		对新建植的草坪,7～8天不下雨时,应灌水	对新建植的草坪,持续5～6天晴天时,应浇水
施细土	在含粘土少的山沙中加入土壤改良剂混合制得。施用量以不埋草坪草的叶为度(厚5毫米),每平方米用细土约5千克	此时应最后进行施细土作业	草坪修剪后,如有凹凸时,施入细土,进行修正

续表 9-8-1

月份	3月	4月	5月
其他	扫除、收集并处理枯枝落叶和修剪下的草屑 打孔，一次全部打孔较困难，因此应有计划进行 病虫害，注意金龟子幼虫。对春秃病防治，在3月下旬施用广谱杀菌剂，注意鼹鼠危害补植，为铺草皮的适宜期	病虫引起草坪变色，应注意防治春秃病。其他同3月份 补植部分损伤草坪，如有枯死部分出现，也应进行补植。如补植进行得早的话，至6月份草坪可以恢复	病虫害，本月下旬，易发生锈病。注意金龟子等害虫幼虫 是购入草皮、铺草皮、补植的时期。因草皮成束长期放置失水变黄，因此，购入时应认真挑选

2. 冷地型草坪

| | 因进入生长期，每月修剪2~3次，施基肥和细土。中下旬施速效肥料，催返青。积雪地带易发生雪腐病，应施杀菌剂预防，并注意防治秃病和虫害 | 遇强风、持续干旱的天气，应浇水。草坪的修剪视草坪生长情况，每月修剪4次。是草坪早熟禾、翦股颖的播种期。杂草与病虫害的防除与暖地型草坪相同 | 生长非常快，视草坪生长情况每月修剪4~5次。多次修剪易引起缺肥，需施速效液肥。在夏季到来之前维持草坪的健全状态十分重要 |

表 9-8-2 暖地型与冷地型草坪的四季管理——夏季管理

月份	6月	7月	8月
1. 暖地型草坪			
修剪	夏季草坪草生长进入旺季，生长很快，修剪每周均进行	夏季草坪草生长最旺盛，因此与6月一样，每周修剪草1次	持续干旱，水分供给对维持草坪草生长十分重要。定期修剪，以促进匍匐枝生育

续表 9-8-2

月份	6月	7月	8月
除草	夏型杂草生长旺盛,因此,事前应使用萌前土壤处理剂	杂草旺盛生长,需认真除草。阔叶型杂草宜喷施2,4-D等选择性叶处理剂。对顽固的多年生杂草用茅草枯等灭生性除莠剂涂擦	7月未被除净的杂草,无论怎样不能让其继续生存,多年生杂草用与7月同样的方法防除
施肥	到梅雨季节,草坪草易徒长、易生病,此时不宜施肥	施迟效肥料,每平方米一小把	
浇水	梅雨期间不需要浇水	持续4~5日晴天时,需浇水	持续晴天,每3~4天浇水1次
施细土		对草坪中凹凸面撒细土进行修正	
其他	进入5月,锈病和某些害虫幼虫易发生为害,应进行必要的防治	几乎不发生病害,注意某些害虫幼虫的发生和防治 植草的适宜期,若管理良好,1个月狗牙根可生成美丽的草坪	与7月相同,几乎不发生病害

2. 冷地型草坪

	因炎热草坪草生长势变弱,应注意适当干燥,防止病害发生	因炎热生长变弱,修剪的次数减少,不宜施肥,及时浇水。注意某些病害和虫害的发生,并及时防治	与7月相同

表 9-8-3 暖地型草坪与冷地型草坪的四季管理——秋冬季管理

月份	9月	10月	11月	12月	1月	2月
1. 暖地型草坪						
修剪	气温渐低,草坪草的生育变慢,修剪次数,全月减到3～4次	因气温下降,雨量减少,修剪次数减到每月2～3次	开始霜冻,草坪草休眠。上旬停止修剪,进行草坪清理			
除草	为预防越年生杂草,在下旬左右施用苗前土壤处理剂	越年生杂草着生,在9月若未使用苗前土壤处理剂时,此时应使用苗前除莠剂		草坪草变成褐色,越年生杂草变得醒目,可用人工除杂草	同12月	同12月
浇水	伴随台风与多雨,若连续晴10日时要浇水	连续晴天,每月浇水2～3次	与10月同		十分干燥,每月浇1～2次水	同1月
其他	防除某些害虫的幼虫,防除办法与8月同。注意防治锈病和春秃病	病虫害防除与9月同。注意虫害。是铺草皮的适宜期 在暖地型草坪进行交播			在霜冻严重的地段,用踏压的方法镇压浮起地块	对长的枯草进行处理
2. 冷地型草坪						
	气候变凉,是草坪恢复的时期,增加修剪次数和施肥	气候变凉,草坪草恢复生机,进行打孔、覆细土、施肥	生育逐渐变慢,为防雪腐病害施用杀菌剂	生长较慢,停止,进入休眠,对积雪的地方用药防止雪腐病害	因休眠,生长渐渐停止。若持续干旱,每月浇水2～3次	同1月

表 9-9　一般草坪的管理年历

月份	工作内容	注意点
1月	清除草坪内的枯枝落叶 检查、保养草坪机械,以便春季使用 在晴朗的日子,可以铺草皮	草坪不应灌水
2月	在气候温和地区的草坪会发生害虫,可用扫除的方法清除 在本月内完成铺草皮工作 如计划播种,在天气条件允许时,在月末开始床土准备	3月份前不要剪草
3月	草开始返青生长,在天气和土壤条件都适宜时,应搂去草坪上的枯叶和垃圾 如果冬季有霜,可用轻型碾压机固定草皮 第二次剪草只需割去草尖,本月最多剪草 2 次 观察早期的病虫害,及时防治 防除苔藓 用修边机修齐草坪边缘,修复损坏的边缘	不要过分搂草皮
4月	开始施肥和除杂草 除去已死苔藓 覆细土 适度修剪,保持草坪草不要长得过于茂盛 出现荒草块,重新补播或铺草皮	
5月	继续修剪,按需要增加次数,降低修剪高度,逐渐接近额定高度,一般每周 1 次 用选择性除莠剂除杂草 及时浇水,水量要充足	
6月	继续修剪,1 周可达 2 次 视草坪营养状况,酌情施肥 为控制匍匐型杂草生长,在修剪前应耙地 及时浇水	

续表 9-9

月份	工作内容	注意点
7月	按夏季修剪的要求(次数、高度)修剪 浇水及适时耙地 用混合除莠剂,杀灭阔叶型杂草(三叶草等)	
8月	与7月同 是施肥和除杂草的最后1个月 月末可进行补播	
9月	按秋季要求修剪草坪 进行虫害和病害防治 在雨季时,进行草坪修复工作 进行松土和追肥 新建草坪的有利时节	
10月	逐渐停止剪草,最后1~2次修剪时,应提高留茬高度 最后完成松土、碎土、追肥作业 修复草坪 刷去落叶 挖除丛生的荒草	
11月	在晴朗的天气,对草坪进行1次高茬修剪 清理、保养所有草坪设备,以便过冬 清理草坪	不能补播
12月	刷去落叶 防止重物、车辆进入草坪	

表 9-10 运动场草坪管理日历
(建植草种:高羊茅,早熟禾)

月份	9~11月	12~2月	3~5月	6~8月
修剪高度	早熟禾4~6厘米,高羊茅、早熟禾混播5~7.5厘米 早熟禾生长高度勿超过9厘米,含高羊茅的草坪不应超过12厘米。按实际需要经常地修剪,1次性修剪勿超过草高的30%	参照9~11月份	参照9~11月份	早熟禾6厘米 高羊茅、早熟禾混播9厘米。尽量避免在本季使用,如果使用,参照9~11月

续表 9-10

月　份	9～11月	12～2月	3～5月	6～8月
施　肥	氮肥 4.5 克/平方米，根据土壤条件建议施用氮、磷、钾复合肥	参照 9～11 月 2 月 15 日至 3 月 15 日，需施氮肥 4～5 克/平方米；如施尿素或硝酸铵等速效氮肥，需立即浇水，以免烧伤叶片	如果 2 月未施肥，需在 3 月 15 日前施肥，施肥量同上	送土样测定后再确定施肥计划（土壤测定一般每 3 年 1 次）
浇　灌	早晨浇灌至土壤深度 15～20 厘米 高羊茅、早熟禾通常需要每周浇灌 1 次，浇灌深度 2.5～3 厘米。如土壤砂性，则每 3～4 天浇灌 1 次，浇灌深度 1.5～2 厘米。浇灌后 2 天内，勿强度使用	参照 9～11 月 当遇天冷、风大时，休眠的草坪需要浇灌，以免植物失水干枯	参照 9～11 月份	参照 9～11 月份
土壤耕作	每月打孔 1 次，打孔后的 3 周内尽量避免大强度使用	不需打孔	如果气温持续超过 25℃，勿打孔	
草坪更新	补植、移栽或铺植草皮	对磨损大的地块在晚冬或早春补播草种		

续表 9-10

月份	9~11月	12~2月	3~5月	6~8月
杂草控制	用 2,4-D 和甲氯丙酸 (MCPP) 控制 1 年生阔叶杂草 草坪处在苗期时,勿用任何除草剂(即在草坪的前 3 次修剪后方可使用)	参照 9~11 月	如草坪是在春季复种,则用除草剂;若在秋季复种,则用 60DF	参照上表

注:此表仅为以高羊茅、早熟禾草坪品种所建植的运动场草坪的日常管理提供参考。由于各类地区的土壤类型、草坪的建植年限和管理经验以及其他很多因素直接影响草坪的性能,故在实际应用时,应按当地的条件加以调整

所有的草坪工作者,除要从事选种、建植、培育等技术工作外,还要从事草坪的基本业务管理工作,如人员的管理、工作计划的编制与实施、档案及记录的保存、经费的预算及管理、设备及生产原料的购置及分配等。这些问题与草坪的技术管理密切相关,也是草坪业务管理的主要内容。业务管理的内涵是以技术知识和组织、筹划、安排实施相结合,充分发挥人力与财力的作用,以保障草坪的优质持久。

(一)人员的组织管理 管理干部负责工作计划安排和协调草坪养护措施的执行,但是,大多数或所有的实际养护工作是在管理干部的指导下由技术人员来完成。方案的成功与否取决于技术人员的工作质量。一个未经良好专业培训的工人,尽管他认真工作,但要成功的完成一项方案,是有困难的,可以说员工的劳动效果常是管理干部领导能力的体现。一个优秀的管理工作者,能充分发挥技术人员的工作积极性和主动性,从而高效、高质量地实现预定的草坪建植养护方案。因此,草坪业务管理工作中的人事管理是草坪工作最活跃、最重要的工作。做好草坪人事管理工作的关键是应处理好管理人员与技术人员间的关系,为此,管理人员应力求做好下

述工作。

1. 制定明确的草坪工作规程　让管理人员与技术人员共同监督执行《规程》。管理人员的责任是制定简明扼要的工作规程,并不断地将规程的内容组织技术人员认真实施,付之于行动。只有这样,管理人员与技术人员才能行动一致,配合默契,建立起和谐的管理人员与技术人员之间的关系。

2. 管理人员与技术人员间应相互尊重与信任　管理人员必须努力工作,并具有丰富的工作经验、扎实的专业科学技术知识和认真的工作作风,才能得到技术人员的尊重,只有管理人员尊重技术人员,关心他们的工作与生活,提高他们对所从事草坪工作的兴趣及其自身在工作岗位中的作用,才会得到他们的信任和尊重。

3. 积极采用激励机制　管理人员应及时发现技术人员的工作成绩,并给予恰当的肯定,鼓励他们再接再厉。对工作中成绩突出者,应给予奖励。同时,管理人员也应对工作平淡、尚无突出表现的人员做好激励工作,指导他们改进工作,发挥主动性,提高工作质量。

4. 采用研讨的方式来纠正差错　当技术人员工作出了点差错,管理人员应采取研讨式的方法,同他们商讨出错误之所在、发生原因及改正的方法,使之自动汲取教训,提高专业技能,更好地完成工作任务。物质方面的奖惩措施,也可适当采用。

5. 布置工作任务要明确　管理人员应明确指导和解释让技术人员所做工作的性质、目的要求与完成工作所采取的方法,使技术人员在工作中少出差错。模棱两可的批示,常常会弄得执行人糊里糊涂,无所适从,引起不必要的误解。有些管理人员因自身熟悉养护业务,觉得工作比较容易做,而不愿对执行人员做必要的讲解,因而工作出错,在所难免。因此,在一些新工作与新的员工开始工作之前,详尽地讲解工作要求,尤为重要。

(二)培训教育　草坪工作有明显的时间性,其技术人员队伍常因季节、草坪类型、经费、草坪使用状况等因素而出现较大变动。

又由于草坪的员工队伍常常是由无草坪工作经验与缺少专业技术教育的劳动力组成,因此,对员工的专业培训是草坪养护管理工作的重要组成部分。

1. 制定培训方案　草坪管理人员,不应以工作忙为借口,放松对员工的专业技术培训工作。应制订切实可行的培训计划,采用见缝插针的方法,挤出时间,实现培训目标。草坪作业因受天气限制而不能作业时,就可用来进行员工培训。例如利用雨天、冬季进行培训,争取系统、全面、简明地将草坪专门技术传授给员工,使员工了解必要的草坪建植与养护科学知识,熟练掌握草坪养护技能,成为合格的草坪技术人员。

2. 在实际工作中培养草坪专业员工　对新吸收的工人,可先让他们参加工作实践,使之对草坪养护业务有初步的了解,然后再让他们参加专门服务公司举办的草坪讨论会、科普讲座、函授的活动等。鼓励他们阅读有关草坪的刊物和书籍,并拨出一定款项,给他们提供专业培训的机会。

(三)工作计划安排　对草坪员工的任务安排,可通过工作日程表的方式表达。优秀的管理人员在早晨开始工作前就已安排好了当天的工作内容,计划好每位员工的作业项目。全面的专业知识将有助于日程表的合理安排,并可节省10%~15%的工作时间。工作时间的浪费,一方面可能由于员工工作消极引起,更主要的是管理人员组织能力低下所造成。恰当的组织和正确的计划,是取得高效率工作的捷径。每天工作开始,管理人员脑中对1天的工作无清晰的思路,员工只好站立待命,然后,又是草率的安排,这是常见的低效率管理方法,必须摒弃。

预先分发工作计划,或以通知、告示的形式,预先通告每天的工作安排,亦是很有效的方法,而最直接的方法是口头传达。

工作安排的灵活性也是很重要的。例如在正常的情况下,管理人员可以按照工作计划来安排工作,但如出现雨天、刮风等异常情况,不按原计划工作时,管理人员应及时分配其他工作任务。如安排设备保养、培训等工作。

(四)记录与考核 草坪管理工作者,应对每个员工的工作进行详细而连续的记载,尽管此项工作十分平淡乏味,但一个成功的管理方案没有详细的记载是不可能实现的。

草坪管理者利用记录员工的工作时数、工作完成的质量,可以了解其工作态度、工作效率、技术水平,从而便于安排他们的工作任务和相应的报酬,激励员工的进取精神和敬业爱岗精神,亦可为以后的总体工作安排提供依据。

第三节 特殊草坪的养护管理

一、蔽荫草坪的养护

庭园和公园都有一些草坪草难以生长的区域,其原因是蔽荫,光照度差。即使最耐阴的植物,也必需每天有一定直射光照。每天上午8时到下午6时,如果没有至少2小时的直射光照,蔽荫区的草坪草就不可能良好生长。在完全蔽荫的地方,最好引种其他类型的植物,如常春藤、长春花以及其他耐阴性植物。

(一)树的蔽荫 树的蔽荫有落叶树和常绿树产生的蔽荫。一些落叶树种,如桉树、榆树、大槭树和橡树等,落叶后可以让大量的阳光照射到草坪上,能满足耐阴草坪草最小的光照需要。其他树种,如挪威枫树,其致密的叶冠完全荫蔽了地表。对这类蔽荫,可通过一些改良措施,如每年修剪生长旺盛的树木,砍去较低的树枝,使其保持在18~30厘米的高度,削薄树冠层,使阳光能照射到地表。修剪对常绿树更重要。合理的修剪既不伤害树木,又能给树木造型、美化树木,使其健康生长。

修剪并非对任何重叠生长的树木都适合使用。在新育林区,砍掉过多的小树较为适宜。树木长大后,砍树受到制度的限制,要想有树又有草,最好的办法是砍掉过多的树枝,满足耐阴草坪草对光照的需要。没有其他方法能替代合适的光照。很明显,要改善在高密度树冠的常绿树和落叶树木下草坪的光照条件,是较为困难的。

(二)**树根的竞争** 树和草在上层土壤中对土壤水分和营养物质的激烈竞争,是蔽荫区草坪草生长不良的原因之一。对树施肥应在树冠下50厘米深的地下钻孔或挖穴。施的这个深度在草根层以下。树的营养靠深层根系供给,挖除地表树根,可减少树木对草坪草的干扰。草坪的施肥可同普通草坪一样。

在较老又较大的树下,每年必须撒施细土,使地表保持相对平坦。大量的树根,会使土表隆起,影响草坪的平整、美观,这就是必须在大树的树冠下施细土的原因。

(三)**蔽荫区草坪的更新** 在树下管理不良的草坪中,形成退化草坪及裸露区是常有的情况,对此适时进行草坪局部改良,是必要的。要检查是否存在不合理的地表排水条件、土表是否平整、土壤pH值是否适宜。在常绿树下,改变不良的环境条件后,对不良的草坪可用耐阴的草坪草种重新建植。在凉爽的落叶树下,草坪的补播重建应在夏末或秋初期间进行。在北方常绿树下,初春是补播或种植草坪的较好季节。在暖季草坪草生长的温暖地区,可在春季草坪草开始生长后不久进行建植。温凉地区建坪草种选择,可以草地早熟禾和紫羊茅作优势种;温暖地区可用草地早熟禾、地毯草、假俭草、结缕草等。坪床制备作业中,可使用松土机械疏松土壤,并混施一定量的石灰和肥料作基肥,为确保做成良好的坪床,应在表层铺上一薄层过筛的细土,因为草坪草生长主要依赖于坪床上层5~10厘米的土层。

在坪床制备好后,按普通方式播种或植入草皮。在草坪建植好前,用细雾状喷头浇水,使草坪内保持适宜湿度。为防止土壤侵蚀和过多的水分蒸发,可盖上一层覆盖物。

(四)**秋季树木落叶的清除** 树木的落叶应定期清除,以免覆盖草坪,拦截光照。在清除落叶时,要尽量避免伤害草坪草的幼苗。除草坪修剪留茬应高一些外,蔽荫区草坪的管理和其他草坪相似。一般而言,蔽荫草坪的修剪不应低于4厘米。由于光照弱,草坪草大多直立生长,因此,低的修剪会降低蔽荫草坪草对光照的充分利用,损害草坪草的正常生长。

二、坡地草坪的养护

坡地建植草坪比平地要困难得多,但也有克服这些困难的方法。在陡峭坡地上成功建植草坪取决于土壤的适当准备、适宜草种的选用、种植的合适季节和防止大雨冲刷的有力措施。陡坡地建植草坪的最佳方法是用草皮块铺植。

(一)**坡地干旱性草坪** 因为雨水和灌溉水常常流失,防止干旱是坡地草坪养护工作的重点。修剪这类草坪时,留茬应较平地草坪高。坪床要施入适量的肥料和石灰,成坪后草要致密,以减少水土流失。潮湿区内施入石灰,对保持草坪土壤的渗透性有很重要的作用。

(二)**坡地草坪的补播** 坡地铺植草皮块最好的季节,在北方是初秋,南方则是初夏。补播最好选用深根系、耐干旱的草坪草。紫羊茅最适合在北方坡地早熟禾与狗牙根混播适用于南方。播种后应覆盖网眼状粗麻布或无纺布,以减少雨水对坡面的冲刷侵蚀,减少地表水分的蒸发。这些覆盖物可用打入短桩的方法加以固定。草坪草幼苗能通过网眼毫无困难地生长,覆盖物的纤维腐烂后,即变成土壤腐殖质的一部分。当草坪草生长到需修剪的高度时,打入的短桩就应移走。

(三)**坡地草坪的浇灌与修剪** 大坡地草坪经常性养护管理较平坦地区应付出更多的力量。需要经常浇水,水应缓慢地浇灌,以使水充分地渗入土壤中,使水不流失。调整喷水设施,让洒到草坪上的水量与同时渗入草坪中的水量基本相同。当水湿润土层达 15 厘米时就应停止浇水。应特别注意浇透斜坡的上侧,因为上侧最易遭受干旱。坡地草坪修剪高度应大于平地,一般为 4.5 厘米或更高些,但不宜高于 7.5 厘米,因超过这个高度将导致草坪稀疏,而不能持久。

三、退化草坪的更新

草坪草生长减弱和稀疏,发生草坪退化,多由于遭受不利因素的损害,对此,需要进行更新处理。草坪更新通常可以不做坪床制备、不播种草坪草种,而用铺植草皮块重建草坪。用现成的草皮块移植,来更新草坪,是最佳的方法。只要条件适合,铺植的草皮会快速填补受害区。如果原草坪草只覆盖了地表的50%,则要采取整体更新措施。更新应在第一适宜的生长季节进行,北方为秋初或早春,南方则应在早春。

(一)草坪退化原因的诊断和改善措施　　更新的第一步是调查草坪退化的原因。要测定土壤酸碱度及土壤的一般条件(表土和底土是否贫瘠)、土壤紧实度和排水设施。应回顾管理措施是否得当,特别是施肥方法、修剪高度和浇水方式等。不要过分强调杂草侵害这一因素,因为这只是管理不良的表面现象,并不是草坪退化的主因。杂草可在更新后单独处理。

首要的是改善不良的土壤条件,例如撒石灰降低土壤过高的酸度,施入大量的全价肥料(其含的氮素中,有一半为缓效的),利用喷水机械将全价肥料洒到土壤表层,然后平整出一个稍倾斜的平整床面。在土壤明显缺肥和过于紧实的地块,以直径1.2～1.8厘米的打孔机打孔,并取出芯土,打孔深度为15厘米。用打孔机打孔后,施入细土和肥料。土芯在坪床拖坪过程中分散。坪床准备好后,用适当的草坪草补种或植入草皮块。植入草皮块,可用前述的方法。用种子播种时,播后轻轻地将床面耙平。所有的更新地块应经常灌水,保持合适的湿度,直至新的草坪建植好。

更新草坪的修剪与新建草坪的修剪方法相同,除非原有草坪与新生的幼苗已混合生长。浇水也应注意满足新建草坪的需要。最初对草坪退化原因的诊断,应作为经验教训,改进新草坪的建植技术。对大面积草坪需要更新的地方,理想的方法是改变该地区的土壤条件,以使更新成功。在土壤贫瘠的地方,应先提高现有的覆盖度,然后改良土壤条件,植入新的草皮,可能会取得更好的效果。对这些情况,草坪管理者可根据自己的判断,来决定所采用的措施。

(二)**干旱伤害的处理** 在草坪草能继续生长的地块,暂时遭受干旱的草坪是可以恢复的。沙土由于其所含成分多为沙子,易遭受干旱,对此可在草坪区通过持续施入粘重的表土来加以改良,结合大量施肥,适时浇水,可避免草坪草萎蔫。沙土草坪的修剪留茬高度为5厘米左右。通过以上处理,可使这类土壤上的草坪草很快恢复生长。

粘重土质体坚硬,为提高土壤建植草坪的抗干旱性,可通过每年打孔,改良土壤。通过打孔,取走直径1.2~1.8厘米、深15厘米的土芯,能增加草坪对雨水和灌溉水的渗透力,改善土壤的透气性,并使草坪草的根系向下生长。这一处理能很好地增强草坪草根系的发育,改良生根层土壤的结构。

(三)**干旱期渍水土壤的处理** 一些草坪在春、秋季会因坪床面渍水而受损害。渍水土壤透气性差,因而导致草坪草根系发育不良。在潮湿土壤中,草坪草的根系不能向深层发展,因为根系只能分布在具有良好透气性的土层中。当受到夏季高温干旱气候胁迫时,这类浅根草坪草很快就会受到旱害。对此,简单的处理方法是,在渍水区内的地下安装多孔瓦管,将水引入排水管道。只要渍水能排除,那么,困扰草坪正常生长的渍水问题已不复存在,草坪草就能正常生长。

(四)**常被踩踏和碾压草坪的处理** 由于不合理的碾压及土壤湿润时经常遭受踩踏和碾压均会造成土壤过分紧实,降低透气性,削弱草坪草的生长力。如果碾压是引起草坪退化的原因的话,那么,这一退化的草坪是可以修补的。如果踩踏碾压导致土壤紧实,降低土壤的渗透性和使草坪草根系分布的表层化,则可在草的生长季节内应用打孔机打孔,至少打孔2次,能有效地改善床土的通透性,促使草坪草良好生长。对常受碾压的草坪,修剪时留茬高一些,可增加草坪的缓冲力。在交通频繁的地区,增加1条便道,是可行的措施。在实行特别管理的条件下,健壮的草坪常能忍受较大强度的踩踏和碾压。

(五)**特殊区域的草皮移植**　对陡峭地区的草坪、区域性退化的草坪,采用草皮块铺植和修补,是最佳方法。

草皮移植前应进行土壤改良,翻耕床土,加入基肥,土壤平整压实,制备成平整的苗床。草皮应由覆盖良好的草坪草组成,如蔽荫区内使用耐阴的草坪草,陡坡地和缺水土壤上选用耐干旱的草坪草种类。选择草皮是一项重要工作,对草皮在特殊区域的作用应予重视。

移植新草皮最理想的季节为早春,因为大多数草坪草在这一季节开始生长新根,但只要实际需要,几乎所有的季节都可移植草皮。在新根生长期铺植草皮,要特别注意保持坪床有适度的水分和下层土壤有较好的渗透性。

草皮移植前必须修剪,使之平整均匀。浇灌条件好的地方应低修剪。修剪后的草皮应保持湿润和良好的通气性,以防止发生病害和脱水。切取的草皮最好在当天栽植。铺植草皮块时,草皮块之间应相互靠紧,铺植后进行轻轻地碾压,使之与坪床土壤牢固地结合。坪床表面应平整。然后立即适度浇灌,以促进草皮的新根生长。如果没有及时降雨,紧接着的几周内应连续浇水,以免草坪草萎蔫。

四、临时草坪的栽植

由于季节或土壤条件不良(如土壤质地、交通践踏等),不能播种建植永久性草坪,在此情况下,常需要建临时草坪。临时草坪在温度适于草坪草生长的条件下,几周内就能建成,形成良好的绿色景观。黑麦草、紫羊茅可满足这类临时草坪的要求。

临时草坪建植前只要在坪床面上撒施一定量的全价肥料(如果需要,也可撒入一定量的石灰),并用耕作机械将肥料埋入地下十几厘米深处,即可播种,播种量为10~20克/平方米,播后耙匀。为了使种子迅速发芽生长,应经常浇水。草坪草长到10厘米高时,开始修剪。修剪留茬高度不能低于5厘米。这类草坪草不耐修剪,如果留茬不当,将很快退化并死亡。

意大利黑麦草生长期短,生长速度很快,适于只需覆盖2~3个月的地区使用。多年生黑麦草和高羊茅耐阴,如果需要也能持续生长2年或更长时间。南方的夏季,无论是蔽荫区或日照区内,高羊茅是临时草坪的最好草种。

第十章 草坪绿地杂草与防除

第一节 草坪绿地杂草概述

一、草坪绿地杂草的概念

生长在草坪绿地中的非该草坪的组合草类通常称其为杂草。高羊茅当它出现在路旁绿地时是合适的,而出现在高质量的草坪中时就成为杂草。匍茎翦股颖建高尔夫球场时是优良草种,但混入草地早熟禾草坪中时,则因形成斑块而需要防除。许多植物,如蒲公英、车前草等,不论在哪种草坪中,都被看成是杂草。

杂草具有在频繁修剪条件下生存的能力。杂草能危害草坪,主要是:由于与草坪组合草的生长快慢不同步,形成致密莲座状草丛;结实能力强,易扩展繁殖;许多杂草,像蒲公英有粗大的地下肉质根,铲除后仍具有再生的能力;婆婆纳在修剪时,切断的茎枝有再生能力;许多杂草有很长的匍匐枝,能在草坪上迅速蔓延孳生;有许多杂草叶表面具有蜡质层,对除莠剂有较强的适应能力;有些禾本科植物由于叶子具胶质和特殊的生活习性,不能使用化学除莠剂(以免杀伤草坪草),因而易形成一个杂草群系。由于杂草具有这些特性,常使草坪杂乱无章,缺乏均一性,还会抑制该草坪组合草的生长,影响草坪的使用功能。

二、草坪杂草的危害

(一)影响草坪草生长

1. **侵占草坪草的生长空间** 杂草通常早春出苗快于草坪草,等草坪草返青后,杂草在高度上已经领先,使草坪草的生长空间处于劣势。某些杂草在雨季生长迅速,3～5天内生长高度就可超过草坪草。杂草的这种生长状况,会抑制草坪草的生长。

2. **与草坪草争水争肥** 草坪中的1年生和2年生杂草,繁殖生长速度快,种子成熟速度也快,构成较强的竞争力。如牛筋草、狗尾草等的根系分布在浅层土壤中,截留水分和养分;独行菜、小蓟等杂草的根在土层中扎得比草坪草深,植物地下生长的空间,群体杂草占有优势;紫花地丁、蒲公英等杂草的地下部分几乎平铺生长,排挤和遮蔽草坪,影响草坪草生长;稗草、牛筋草等杂草的分蘖能力和平铺生长习性,侵占草坪面积。马唐、狗尾草、紫花地丁、车前等与草坪草竞争,不加管理,在2～3年内杂草完全侵占草坪,对草坪草的排挤造成草坪退化。

3. **产生有害物质,影响草坪草生长** 萹蓄等杂草的根系能分泌一些物质,影响草坪草的生长,如果不加强管理,它所到之处,草坪草极度退化。

4. **出芽早、生长快,影响草坪建植** 某些杂草,例如菊科阔叶杂草和禾本科杂草,在同样的水分和温度条件下,其春季的萌发速率和生长速度快于草坪草,所以春季建植草坪,一旦杂草管理滞后,造成建植失败。

(二)病虫的寄宿地

1. **草坪杂草是病虫的寄主植物** 病虫在杂草上生活,利用杂草越冬、繁殖,草坪草生长季节被感染,造成草坪草生长缓慢或死亡。

2. **有害昆虫的藏身地** 某些杂草(如夏至草)在花季能挥发出一些气味,吸引飞虫,包括蚊子,给管理草坪和在草坪休闲的人带来不便。

常见的一些寄生病虫源的杂草见表 10-1。

表 10-1 常见寄生病虫源的杂草

杂草	害虫	病原微生物
灰菜	桃蚜、棉铃虫、地老虎	
紫花地丁	棉蚜	
苦苣菜	棉蚜、地老虎	
车前	棉蚜、地老虎、飞虱	
蜀葵	棉红铃虫	
蒲公英	苹果叶蝉	
萤蔺	水稻铁甲虫、食根金华虫	
荆三棱	水稻铁甲虫、飞虱	
鹅观草	小麦吸浆虫	
野苋	棉蚜	番茄线虫
马齿苋	棉蚜	番茄线虫
李氏禾	稻瘿蝇	水稻白叶枯菌
荠菜	棉蚜、萝卜蚜	甘蓝霜霉病菌
刺儿菜	棉蚜、地老虎	向日葵菌核病菌
苍耳	棉蚜、棉金刚、棉铃虫	向日葵菌核病菌
龙葵	棉盲蝽、烟蚜	烟草炭疽病菌
狗尾草	粘虫	水稻细菌性褐斑病菌
稗	飞虱、稻叶蝉、粘虫、水稻大螟、铁甲虫	水稻细菌性褐斑病菌
日照飘拂草		水稻纹枯病菌
狗牙根		水稻纹枯病菌
知风草		水稻"一炷香",水稻黄萎病菌
多花黑麦草		燕麦冠锈病菌
雀稗		水稻纹枯病菌

(三)破坏草坪景观 杂草破坏草坪景观,一是降低草坪的美观程度,二是引起草坪的退化。

抱茎苦荬菜类,一旦侵入草坪,1~2年内就能遍布整个草坪。春季草坪草返青后,它先进入开花期,此时,草坪成为"野地"。

蒲公英、紫花地丁、车前等杂草,在草坪中形成大小不等的色斑,破坏草坪的一致性,2~3年内,挤压草坪草,形成杂草群落,破坏草坪的整齐度。

有些杂草,易受病虫侵害,在草坪中生长招引病虫,然后受病虫损害而死亡,造成草坪秃斑。

公园杂草、居住区杂草以及曼陀罗、藜、苋菜、禾本科杂草,其发生与水分关系密切,它们在雨季生长速度快,一旦侵入草坪,遇上雨季,生长的速度快,甚至把草坪草覆盖。

(四)影响人的健康 草坪一旦有毒草和有害的杂草侵入,将威胁游人安全,如造成外伤或诱发疾病。有毒杂草的种子、液汁和气味,会损害人的健康。例如打破碗花花、白头翁、罂粟、酢浆草、曼陀罗、猪殃殃、大巢草、龙葵、毒麦(种子)等。

能引起物理性伤害的杂草器官,如杂草的芒、叶、茎、分枝,会给人造成伤害。例如白茅和针茅的茎,黄茅、狗尾草的芒能钻入皮下组织,引起组织损伤、发红、瘙痒等;豚草的花粉可引起呼吸器官发生变态反应,诱发哮喘病的发作。人体裸露部位碰到荨麻草,疼痛持续10小时以上,并引发皮肤荨麻疹。

三、草坪绿地杂草的生物特性

杂草的特点是:长错了地方(人类的判断)、具有较强的竞争力和侵染力,野性,种子和营养器官生长力强,对人有害。

(一)有较强的生态适应性和抗逆性 生态适应性主要表现在其具有可塑性(自我调节)和拟态性(形态相似性)。

可塑性是指杂草在不同生境下的生长量、个数和发生量都能自行调节。一般杂草都有不同程度的可塑性。这种可塑性主要体现在3个方面：①杂草生长量大小，具体表现为植株的高低和生长势强弱。藜和苋的植株高度可低至1厘米，高至300厘米。②杂草个数，也即分枝和分蘖数。依环境条件有利与否，以分枝和分蘖的多少来适应，或占据空间，与草坪绿地植物抗争。③发生量，即种子发芽率在土壤中草籽密度很大时会大为降低，从而可防止由于群体过大而增加个体死亡率。

拟态性是指杂草与草坪绿地植物在形态上、生育规律上，以及对环境条件的要求上都有很多相似之处。在草坪上，一些禾本科杂草与草坪草在外形上很不容易区别，尤其是苗期。草坪杂草对草坪草的这种拟态，给除草特别是人工除草带来了极大困难。

抗逆性主要表现在对盐碱、旱涝、热害、寒害及人工干扰等有较强的忍耐能力。如当土壤湿度下降至田间持水量的28.5%时，不少草坪草已严重受害，而草坪杂草，如稗草、芒稗等却亦然正常。

（二）具有多种传播途径　杂草的传播途径多种多样，其中人的活动在杂草的远距离传播方面起着重要作用。引种、播种、灌水、施肥、耕作、整地、移土、包装运输等活动都有可能将杂草传播到其他地方。此外，杂草还可以通过风、水、鸟类或其他动物传播。

（三）种子数量多，繁衍能力强　杂草一般具有多实性、连续结实性和落粒性。1株生长正常的牛筋草每年能结种子3.5万～5万粒，狗尾草、稗、繁缕每年每株结籽可达1000～1500粒。而且种子成熟期不一致，落粒性强，随熟随落粒。种子具有休眠期，可避开恶劣环境。种子寿命长，如藜的种子可在土壤中存活1700年之久，繁缕种子寿命可持续600年左右，荠菜种子可存活35年左右，在条件适宜时便可随时萌发。

（四）具有多种繁殖方式　杂草大都可以自花授粉和异花授粉，有的还能无融合生殖，就是可以不经过受精而产生胚胎和种子。

此外，一些杂草具有特殊的C_4生理结构。C_4植物比C_3植物在具有净光合效率高，二氧化碳和光补偿点低，饱和点高，蒸腾系数低等优点,能够充分利用阳光、二氧化碳和水进行物质生产,具有较高的生长速率和抗干扰力。

第二节 草坪绿地杂草的种类

中国草坪绿地杂草约有 450 种,分属 45 科,127 属。主要杂草约有 60 种(表 10-2),常见草坪绿地杂草见表 10-3。

表 10-2 草坪绿地的主要杂草

杂草名称	科 名	杂草名称	科 名
狗牙根(绊根草)	禾本科	刺儿菜(小蓟)	菊 科
稗子(湖南稷子)	禾本科	苍 耳	菊 科
芒稷(光头草)	禾本科	苦苣菜	菊 科
蟋蟀草(牛筋草)	禾本科	苦 菜	菊 科
阿拉伯高粱、石茅高粱、约翰逊草	禾本科	黄花蒿	菊 科
白 茅	禾本科	狼把草	菊 科
马唐、假马唐、红水草	禾本科	蒲公英	菊 科
野燕麦	禾本科	香薷(野苏子)	唇形科
双穗雀稗	禾本科	益母草	唇形科
罗氏草	禾本科	夏至草	唇形科
画眉草	禾本科	龙 葵	茄 科
金狗尾草	禾本科	曼陀罗	茄 科
狗尾草	禾本科	野 苋	苋 科
毒 麦	禾本科	刺 苋	苋 科
芦 苇	禾本科	反枝苋(西风谷)	苋 科
看麦娘	禾本科	荠 菜	十字花科
藜	藜 科	播娘蒿	十字花科
猪毛菜	藜 科	香附子(莎草)	莎草科
萹 蓄	蓼 科	菟丝子	菟丝子科
柳叶刺蓼	蓼 科	附地菜	紫草科

续表 10-2

杂草名称	科 名	杂草名称	科 名
荞麦蔓(卷茎蓼)	蓼科	铁荸荠(地栗)	莎草科
二叉蓼	蓼科	列当	列当科
马齿苋	马齿苋科	车前草	车前草科
问荆	木贼科	铁苋菜(木夏草)	大戟科
田旋花	旋花科	葎草(拉拉草)	桑科(大麻科)
猪殃殃	茜草科	小菜	豆科
繁缕	石竹科	委陵菜	蔷薇科
蒺藜	蒺藜科	碱蓬(盐吸)	

表 10-3 常见草坪绿地杂草

类别	杂草名称	一般特性
一年生禾草	一年生早熟禾	一年生或多年禾草,能在潮湿遮荫及紧实土壤中良好生长,生长习性从疏丛型到匍匐茎型,在冷气候下,在草坪中生长旺盛,使草坪形成淡绿色稠密斑块。在炎热的夏季经常死亡,整个生长季均能抽穗开花结籽。在寒冷地带低修剪,能形成夏季的优良草坪
	止血马唐和毛马唐	为夏季一年生禾草,喜温,喜光。春末和夏末萌发。穗的顶部具指状突起。在庭园或草坪中散生,使草坪产生不良的外观。第一次重霜后死亡,在草坪中留下不雅观的棕色斑块
	黄狗尾草	经常存在于新播种庭园草坪中,是发芽迟的夏末一年生禾草。叶片上表面具长茸毛,穗黄色、圆柱状
	蟋蟀草(牛筋草)	为夏季一年生禾草。在马唐萌发几周后开始萌发,外观上具银色中心和拉链一样的穗。于暖温带和较暖气候带,在紧实和排水不良的土壤上能良好生长

续表 10-3

类别	杂草名称	一般特性
一年生禾草	秋稷	是迟发芽的夏季一年生禾草,在秋天重新移植的草坪中产生危害。叶鞘短,紫色。圆锥花序,疏松而铺展
	少花蒺藜草	是分布于稀疏草坪中的夏季一年生禾草,在贫瘠、质地粗糙的土壤上广泛分布。花序刺球状,在娱乐地是令人讨厌的植物
多年生禾草	匍茎冰草	为1种通过强壮根茎系统向外扩展的多年生禾草,在寒温地带发生特别严重,暗绿色,具抱茎的叶
	狗牙根	是1种暖地型多年生禾草,在暖温带常把它当作杂草。管理得当,可形成良质草坪
	匍茎翦股颖	是通过匍匐茎向外扩展的冷季多年生禾草。在草坪中形成松散稠密的斑块,在低修剪和细致培育下可形成优质的庭园草坪
	隐子草	为匍匐多年生禾草,在草坪中形成与翦股颖类似的斑块。在暖温带它主要生长在潮湿、遮荫的处所
	黄香附子	是1种多年生莎草,茎三角形,黄绿色,通过种子、根茎和称为果核的小硬结节繁殖。夏季生长旺盛,引起群体的迅速增长
	毛花雀稗	是1种用种子繁殖、质地粗糙的多年生禾草。在亚热带和热带生长茂盛,喜持久潮湿的土壤条件,形成茂密的丛簇,严重降低草坪的艺术质量和对运动的适宜性
阔叶杂草	蒲公英	是以种子繁殖的多年生植物,长直根具再生能力。花由黄转白,影响草坪的外观
	阔叶车前和大车前	是依种子繁殖的多年生植物,叶子莲座丛状,指状花轴,向上生长。在肥料不良而限制草坪草生长处、植被稀疏处生长

续表 10-3

类别	杂草名称	一般特性
阔叶杂草	长叶蒲公英	为多年生植物,具茅状叶。在细长的花轴上具子弹状花序。常出现于贫瘠土壤中
	繁缕	匍匐型冬季一年生植物。具有小淡绿色叶、分枝的茎和根,能扩大营养面积,并能完全排挤掉草坪草。茎具茸毛,冬季产生白色星状花。普遍分布于因致病生物或昆虫使草坪变稀的地段
	卷耳	为多年生植物,主要靠种子繁殖,匍匐茎繁殖次之。叶深绿,具短柔毛。主要生长在潮湿紧实的土壤上
	千叶草	是1种羊齿状的靠根茎向外扩展的多年生杂草,在低刈的条件下稠密丛生,是非常耐磨损和耐干旱,喜生于低肥力的干旱土壤上
	天蓝苜蓿	是与白三叶极相似的1年生植物。花黄色,中间小叶长在短叶柄上,侧叶则长在茎上。在春末和夏季干旱时、草坪草因缺水受抑制时生长占优势
	酢浆草	是以种子繁殖的一年生或多年生植物。淡绿色,花黄色,具5个瓣,叶心形。一般生长于潮湿肥沃的土壤上
	马齿苋	为夏季一年生植物。茎光滑、红色、油质。喜生于暖热、潮湿、高肥力的土壤上,在新移植的草坪中是重要杂草
	萹蓄	是早春出现最早的一年生矮生植物。幼嫩时深绿色,成熟期淡绿色,花白色
	匍匐大戟	为一年矮生植物。一般在生长季节出现小叶,对生,中心经常有一红色斑点。茎折断时渗出乳状浆汁
	皱叶酸模	是靠种子繁殖的多年生植物。具油质的直根和边缘具皱褶的大型叶,叶光滑。喜生于潮湿或湿的高肥力、质地细的土壤上

续表 10-3

类别	杂草名称	一般特性
阔叶杂草	田蓟	是多年生或二年生深根性植物。具刺,叶锯齿状。在修剪条件下为莲座状,是草坪中危害很大的杂草
	菊苣	是依种子繁殖的多年生植物,具大而肉质的直根,茎部具莲座状叶、鲜蓝色。具耐修剪的、坚紧的花茎,生长于低肥力、少修剪的草坪中
	小酸模	多年生植物。叶箭形、丛生,根为大直根,依种子或枝茎向外扩展
	轮生粟米草	为夏季一年生植物。叶光滑、淡绿色、舌状,茎向各个方向分枝,形成平铺、轮状生长的草丛
	欧亚活血丹	是匍匐型多年生植物。叶圆形,鲜绿色,具扇形的边缘。茎四棱。花蓝紫色,在草坪中形成稠密的斑块
	宝盖草	是依种子繁殖的冬季一年生植物,叶与欧亚活血丹相似,沿茎对生
	圆叶锦葵	是靠种子繁殖的一年生或二年生植物。叶圆形,有明显的开花裂。具长直根,花白色,第一次在春末出现,在整个生长季不断
	加拿大蒜或鸦蒜	多年生植物。叶细长,圆柱状,鸦蒜叶中空,依在花柱上形成的小鳞茎繁殖,通常分布于温带、亚热带质地细致的土壤上
	野斗蓬草	冬季一年生植物。叶淡绿色,3 裂,生于短柄上,适生于亚热带肥沃、质地细致的土壤
	婆婆纳	它包括几种一年生和匍匐多年生种,花蓝色。在草丛中形成稠密的斑块

第三节 草坪绿地杂草的防除技术

一、草坪杂草的防除原理

草坪杂草防除的方法很多,有人工挖除、生物防除和化学防除等。

杂草的预防性措施是一项持续不断的工作,必须长期注意湿度、日照长短、土壤水分等因素的变化。这些因素的变化决定着杂草生长的时间和分布的广度。

增强草坪内草坪草与杂草的竞争能力,是草坪杂草防除的基本方法之一。采用适宜的草坪草种和适当的管理技术,建成健康草坪,使之形成较高的密度,使杂草无法获得立足之地,最终被排出草坪,从而达到防除杂草的目的。

(一)**抓住预防杂草危害的工作重点** 其工作重点有二:①通过科学管理,使环境条件有利于草坪草而不利于杂草生长。②使用不含杂草的种子和无杂草的草皮建植草坪,阻止杂草结籽,防止杂草入侵和蔓延。

(二)**制订杂草防除计划** 要实现草坪杂草的有效防除,必须因地制宜地制订较全面的杂草防除计划,在制订计划时应了解并考察下述因素:①草种是否适于当地的自然环境。②土壤的酸碱度、坪床表面状况,土壤的排水与供水能力等情况,及其对草坪草生长的影响。③草坪的施肥是否与草坪草的生长季节相吻合,肥料能否提供持续和均衡的养分供给。④修剪计划是否有利于草坪草的生长和草坪的利用。⑤树木遮荫是否已成为草坪草生长限制因素。⑥灌水计划能否保持草坪草根系所需的土壤湿度。⑦草坪病虫害是否能危害草坪,并成为杂草入侵的诱因。根据这些因素来制定预防杂草入侵的计划。

(三)**切断杂草入侵的主要途径** 草坪管理中应弄清杂草入侵的主要途径,把切断杂草入侵途径,作为优先工作来对待,及早地予以注意。①阻止草坪中的杂草结籽,防止杂草种子进入草坪。②在制备坪床时,将土壤中混入的杂草种子、根茎、匍匐枝、块茎及其他营养繁殖器官,彻底清除掉。③建坪前用除莠剂喷洒、熏蒸或高温处理床土。④选择适应性强的草坪草种,在合适的时候播种,使草坪草旺盛生长,从而抑制杂草生长。

通过这些方法切断杂草的入侵途径,能较好地预防杂草。

二、草坪杂草防除的基本方法

草坪绿地杂草防除应以预防为主,采取综合的防除。综合防除的主要措施有如下几点:

(一)**严格杂草检疫制度** 植物检疫,即对国际和国内各地区所调运的种子苗木等进行检查和处理,防止新的外来杂草远距离传播,是防止杂草传播蔓延的有效方法之一。许多检疫性杂草的传播是在频繁调种过程中传入的。因此,必须加强检疫制度,遵守有关检疫的规章制度,严防引种时传入杂草。

(二)**清洁草坪绿地周边环境** 草坪绿地周边的杂草也是草坪杂草的主要来源之一,应及时除去。农家肥中往往含有大量的杂草种子。因此,农家肥应经过50℃~70℃的堆肥处理一段时间,经腐熟杀死杂草及其种子后才能使用,减少草坪杂草的来源。

(三)**生物防除** 利用杂草的天敌昆虫、病原菌等生物,来控制和消灭杂草。生物防除杂草的优点是:没有环境污染,对人畜和环境安全,并且可在较长的时间内起作用。本方法在实际应用上具有较大局限性,是今后研究发展的方向。

(四)**物理防除**

1. 焚烧 可在冬末初春(特别是北方地区)草坪草萌发返青前,利用暗火或明火将枯草烧掉,不但可以消灭部分病原菌、虫卵、蛹,还可烧死表土层内杂草的种子,同时可给草坪施肥和减少枯草层。

2. 手工拔草和锄草 这是一种古老的除草法,沿用至今,仍不失为有效的方法。在庭园草坪的杂草清除过程中,手工拔除还是很有效的。

3. 定期修剪　可以调节植物的生长,阻止某些杂草种子的产生,并能抑制杂草的营养生长和生殖生长,减弱杂草的生存竞争能力,达到防除的目的。

4. 精耕细作　建坪时的精耕细作常能有效地防除杂草。由于坪床内含有大量杂草种子,建坪时通过耕翻等耕作措施,促进其发芽生长,然后通过翻耙等耕作手段,将杂草清除和消灭。

(五)草坪管理防除　利用改善草坪的生态环境条件,来提高草坪草的生活力,以增强与杂草的竞争力。

(六)化学防除　化学防除杂草是草坪管理工作的重要组成部分,内容丰富,也是杂草综合防除的重要内容。

三、草坪杂草防除的程序

(一)草坪建植时的杂草防除措施

1. 清除原有植被　采用深翻细耙或火烧等方法,清除原有植被的地上部分和地下根等繁殖器官。如杂草种子成熟掉落土中,可在上述清除的基础上,对待建草坪地进行灌水,诱发落于土中的种子出苗,然后再深翻1次,或用化学除草剂杀死出土的杂草幼苗。也可用化学除草剂(一般采用灭生性除草剂)清除原有植被,之后再视具体情况进行深翻、灌水,诱导落入土中的杂草种子出苗,再使用化学除草剂清除。

通常,为了节约用工、降低费用,又能有效地预防和杀灭杂草,常常采用物理除草与化学除草相结合的方法,清除原有植被。

2. 进行土壤处理　有时在清除原有植被后,还需移来客土,施用不完全腐熟的有机肥,此时可采用撒毒土法、喷洒化学除草剂法等进行土壤处理。

3. 播前清洁种子　防止杂草种子混入草坪草的种子中,播入草坪田间。

注意:所用的草坪种子等繁殖材料应是经过国家检疫机构检验,无检疫性杂草繁殖材料的高质量种子。此外,播种前还应检查播种材料中是否混有非检疫性杂草的种子,并予以清除。

4. 清除杂草幼苗　依具体情况在播种后利用各种方法清除杂草幼苗,控制杂草发展。

(二)成熟草坪杂草的防除

1. 农业措施防除　早春依草坪草的长势与杂草的情况,采用修剪、施肥和灌水等管理措施进行杂草防除。

2. 化学防除　依草坪草与杂草种类,及早喷施化学除草剂。

3. 清除周边杂草　经常拔除草坪周边的杂草,防止杂草侵入草坪。

4. 精心养护草坪绿地　清除影响草坪绿地生长的不良因素(如病虫害等)的出现,降低草坪杂草抗逆性和生存竞争力,以控制杂草。

四、草坪杂草的化学防除

(一)草坪绿地化学除草剂的种类　草坪绿地化学除草剂依据化学结构可分为如下类型:

1. 无机除草剂　特点是用量大,选择性差,如亚砷酸钠、氯酸钠等。

2. 有机除草剂　选择性强,用量少,效果高,已推广应用的品种有:

(1)苯氧乙酸类　2,4-D,2甲4氯(MCPA)、氟草灵、禾草克、盖草能、大惠利、2,4,5-T等。

(2)二苯醚类　除草醚、草枯醚、杂草焚、虎威(除豆荞)、果尔、治草醚、甲氧醚等。

(3)酰胺类　敌稗(DCPA)、甲草胺(拉索)、杀草胺、毒草胺、都尔(杜尔)等。

(4)均三氮苯类　西马津、莠去津(阿特拉津)、扑草净、扑灭净、莠腈津、草净津(百得斯)、杀草净、赛克津。

(5)二硝基苯胺类　氟乐灵、地乐灵、考别特。

(6)取代脲类　利谷隆、除草剂1号、敌草隆(DMU)、绿麦隆、灭草隆、伏草隆、异丙隆等。

(7)氨基甲酸酯类　燕麦灵、灭草灵、苯氨灵、氯苯氨灵、禾大壮、环草特、新燕灵、草长灭。

(8)硫化氯基甲酸酯类　杀草丹、燕麦敌、燕麦畏等。

(9)卤代脂肪酸类　茅草枯、二氯丙苯等。

(10)苯酚类　五氯酚钠、DUOC、DUBP等。

(11)联吡啶类　百草枯、对草快。

(12)有机磷类　SAP, DMPA, 草甘膦, NTN-5006, 莎稗膦。

(13)杂环类　辛考尔、杀草敏、杀草强、苯达松等。

(14)苯甲类　2,3,6-TBA, 豆科威, 麦草畏。

(15)其他　抑草生、草多索、禾草灵、百草枯、拿捕净、阔叶散、阔叶净、仙活、优克稗、得时、稗草烯、活莠灵。

(二)化学除草剂的灭草原理

1. 除草剂的吸收

(1)叶面吸收　茎叶处理剂主要由叶面吸收,除草剂通过叶片蜡质层或蜡质层裂缝、气孔进入叶片。

(2)根系吸收　主要在根类的根毛区吸收。药剂先进入根系表层薄壁细胞的非共质体,后经共质体移入中柱,再进入非共质体,在导管中随蒸流向上传导。

(3)胚轴与幼茎吸收　对防除禾本科杂草的除草剂如茵达灭、氟乐灵将其施于杂草幼苗伸长的胚轴或幼茎土层中最有效,因这些部位,除草剂易透过蜡质层而起作用。

2. 除草剂的传导

(1)在活组织内向上运输　如2,4-D叶面处理吸收后,向生长点运输。

(2)在死组织(包括木质部)内运转　除草剂在木质部内传导

有两种机制:一是当土壤含水量高,相对湿度大时,水在幼小植物内根压作用下移动;二是相对湿度未达饱和,由于水分蒸发产生拉力,处理土壤的除草剂由根部吸收,通过非共质体传导的,因此,吸收传导情况与水分代谢有密切关系。

(3)在活组织内上、下运转　百草敌、苯达松被杂草吸收后可在体内向上、向下移动。将杀草强施于叶上,先向幼嫩生长点和其他叶面上运输,也能向根部运输;由根部吸收后全株内均有药剂积累。

3. 除草剂的主要杀草原理　除草剂干扰植物一系列正常生理生化过程,进而破坏生命过程,而使植物正常生长发育受到抑制乃至死亡。

(1)抑制光合作用　光合作用是绿色植物体生理活动的核心。许多除草剂正是由于抑制了植物的光合作用,使其"饥饿"而死亡。

(2)干扰蛋白质合成　许多除草剂是通过抑制氧化磷酸酶的活性,干扰蛋白质合成而造成杂草死亡的。如 α-氯代乙酰胺类除草剂,被杂草吸收后,首先抑制蛋白质合成,造成杂草生长停滞而死的。

(3)干乱植物激素作用　许多植物激素与杂草的生长活动过程有关,有些除草剂可破坏或抑制激素的合成和运输,如 2,4,5-T 影响体内的吲哚乙酸(IAA)的运输,而导致植物幼芽死亡。又如拉索,主要抑制赤霉素功能,高等植物种子发芽主要是赤霉素的作用,诱导 α-淀粉酶的的活性,进而使淀粉水解成单糖供幼芽出根生长。由于赤霉素作用被抑制,使发芽的营养供应中断,而造成植物幼芽死亡。

(4)代谢拮抗作用　除草剂被植物吸收后与体内起重要作用的成分或构造发生拮抗作用,从而使其正常的活动停止。例如茅草枯与植物体内泛酸产生拮抗作用。

(5)其他　用杀草强(ATA)处理后,植物体内游离氨基酸含量增多,蛋白质合成减少,在游离的氨基酸中,丝氨酸与甘氨酸数量极少,由此推论杀草强与氯化合物代谢有关。

(三)**化学除草剂的使用方法** 在使用除草剂时,为获取最佳控制杂草的效果,使用化学除草剂前必须依草坪类型和杂草的种类正确选用除草剂品种,确定最佳防治时期和单位面积的最佳用药量,采用最佳的使用技术。

1. **除草剂的选择** 除草剂的品种很多,不同品种都有其自身的特点,因此,在草坪杂草防除上选择除草剂时,首先要选用不伤害草坪草的除草剂。其次看杂草的种类和特点,选用对该杂草有高效杀灭作用的除草剂。最后考虑其他因素,如环境状况、土壤类型等。

2. **除草剂的使用方法**

(1)叶面处理 将药剂直接喷洒在杂草的叶片上,这种方法一般在杂草出苗后使用。可将除草剂配成水剂、乳油剂,喷洒在杂草的叶面上。可湿性粉剂配成的药液在喷洒时,要边搅拌边施药,以免发生沉淀,堵塞喷头。表面有蜡质的杂草,可在药液中加入0.1%左右的湿润剂、展布剂,如常见的洗衣粉。也可以加入乳化剂、助剂、增效剂等,以增加除草效果。

喷洒除草剂一般应在无风的晴天进行,如在喷药后 3~6 小时内下雨,则应重喷。

(2)土壤处理 将除草剂用喷雾、喷洒、泼浇、喷粉或毒土等方法施到土壤中,形成一定厚度的药土层。药土接触杂草种子、幼芽、幼苗及其他部分(如芽鞘),即被吸收进入杂草体内,从而杀死杂草。此类农药在杂草种子萌动时施用,除草效果较好。砂质土壤有机质含量少,吸附力弱,药剂容易被淋溶渗透到土壤下层,使草坪草受药害。因此,在砂质土壤草坪上用这类除草剂时,使用量要低。土壤湿度对除草效果影响较大,在干旱时使用喷雾法比撒药土效果好。灌溉条件好的草坪地使用颗粒剂或药土,效果和喷雾一致。

①喷雾法:要求对土壤进行均匀喷雾,不得重喷和漏喷。

②喷洒法:是用喷壶喷洒药液,处理土层厚,效果好,在草坪土

壤干旱时药效显著,每公顷参考用水量为 7 500～15 000 升,因药液较稀,比较安全。但在大面积草坪上使用有一定的难度。

③毒土法:将药剂和一定数量过筛后的潮湿细土或沙子按比例均匀混合,配成毒土,撒于土壤中。掺土或沙子的目的是将药剂稀释,便于均匀撒施。潮湿细土的含水量为 60%。每公顷地用毒土 450～600 千克。毒土施入土壤中后,毒土也应与土壤混拌均匀,混拌后闷 3～4 小时,让药剂充分被土壤吸收,才能充分发挥除草剂的作用。

④颗粒剂法:颗粒剂是由除草剂和固体载体配合而成的颗粒状药剂,施撒比较方便,也不污染空气,残效期较长。一般只作土壤处理使用。如 10% 杀草丹、25% 非草隆颗粒剂。

3. 除草剂的使用时期

(1)播种前杂草处理　在播种前将除草剂施入坪床土层中,将杂草杀死,待药效过去后再播种,这样对草坪草安全,如五氯酚钠、百草枯等。

(2)播后苗前杂草处理　又称芽前杂草处理。在种子播种后出苗前使用除草剂。凡是通过根或幼芽吸收的除草剂(如乙草胺、阿特拉津等),往往在播后苗前施用。

(3)茎叶处理　又称芽后杂草处理。就是在杂草生长时期使用除草剂。此时期使用的除草剂要有很强的选择性。即要用能杀死杂草、却不伤害草坪草的除草剂。

除草剂的使用方法和时期,要和田间情况、气象条件密切配合,才能取得好的效果。如春播温度低,杂草萌发不一致,不整齐,施药时间可以偏晚;初秋气温高,杂草萌发快,杂草出土量大,除草剂的使用应早。除草剂作茎叶处理时,需要有一定的叶面积接受除草剂,才能有较好的效果。在杂草生长旺盛,数量又大,危害严重时施药,这时因杂草的抗性大,施药效果往往较差。除此之外,选择施药时期还可参考以下因素:

第一,应在杂草抗药性最差时施药。阔叶杂草一般 4～5 叶期内,禾本科杂草一般在1.5叶期,最多不超过3叶时,施药效果最佳。

第二,要在杂草多数已萌发,且处于除草剂的有效控制期内施药。

第三,要在杂草发生严重危害之前施药。

第四,在草坪草抗药性较强的时期施药。草坪草(禾本科)对苯氧乙酸类除草剂或其他有激素作用的除草剂,在4叶后抗药性最强。

长期使用一种除草剂,会使杂草形成抗性,抗除草剂的杂草品种会越来越多。因此,在使用除草剂时,应该注意杂草的发生动态,轮流使用不同品种的除草剂,或以多种除草剂混合使用,以防止抗性杂草的扩展和杂草群落的变化。常见的芽前除草剂、禾本科杂草除草剂及阔叶草除草剂见表10-4,表10-5,表10-6。

表10-4 常用芽前除草剂

除草剂种类	防除的杂草种类	抗药的草坪草种类	用量(千克/公顷)
草坪宁1号	马唐、狗尾草、看麦娘、婆婆纳、天胡荽、藜、繁缕等	结缕草、细叶结缕草、马尼拉、矮生狗牙根、狗牙根等	0.1
绿茵1号	马唐、婆婆纳、繁缕、狗尾草、看麦娘等大多数禾本科杂草和双子叶阔叶杂草	结缕草、狗牙根、马尼拉、矮生狗牙根等	—
氟草胺	马唐、稗、金色狗尾草、牛筋草、芒稗、一年生早熟禾、蓇葖、一年生黑麦草、马齿苋、藜、苋、砧草	草地早熟禾、多年生黑麦草、地毯草、高羊茅、细羊茅、结缕草、狗牙根、钝叶草、巴哈雀稗	0.91~1.36
地散磷	马唐、金色狗尾草、稗、一年生早熟禾、荠菜、藜、宝盖草	草地早熟禾、结缕草、粗茎早熟禾、匍茎剪股颖、多年生黑麦草、钝叶草、高羊茅、细羊茅、狗牙根、地毯草、小糠草	3.4~4.54

续表 10-4

除草剂种类	防除的杂草种类	抗药的草坪草种类	用量（千克/公顷）
敌草索	马唐、一年生早熟禾、美洲地锦、草稗、金色狗尾草、大戟、牛筋草	所有草坪草,修剪较高的翦股颖除外	4.54～6.08
草乃敌	大多数禾本科杂草	极个别暖季型草坪草除外	4.54
灭草灵	一年生早熟禾、马唐、繁缕、稗、金色狗毛草、马齿苋	多年生黑麦草、休眠狗牙根	0.34～0.68
灭草隆	一年生早熟禾、鸡脚草、酢浆草	仅个别暖季型草坪草除外	0.45
恶草灵	牛筋草、马唐、一年生早熟禾、稗、秋稷、碎米草、婆婆纳、酢浆草	多年生黑麦草、草地早熟禾、狗牙根、高羊茅、地毯草、钝叶草、结缕草	0.91～1.18
氟硝草	马唐、稗、一年生早熟禾、酢浆草、耕地车轴草、月见草、大戟、宝盖草、鼠曲草、狗尾草	草地早熟禾、多年生黑麦草、羊茅、狗牙根、地毯草、钝叶草、巴哈雀稗、结缕草	0.68
环草隆	马唐、稗、看麦娘	草地早熟禾、高羊茅、多年生黑麦草、海岸与高地翦股颖、鸭茅	2.72～5.44
西马津	一年生早熟禾、小盆花草、马唐、耕地车轴草、宝盖草、稗、金色狗尾草	狗牙根、钝叶草、结缕草、野牛草、地毯草	0.45～0.91

表 10-5 防除一年生禾本科杂草的芽后选择性除草剂

除草剂种类	防除的杂草种类	抗药草坪草	用量（千克/公顷）	备注
甲胂钠	马唐、毛花雀稗、铁苋草	查对该药注解。不能用于钝叶草、狗牙根、细羊茅等	1.81~2.72	对于成长马唐用量要大，每隔5~10天重复1次，连用3次，在温度低于29.4℃时施。施后常会导致草坪暂时失绿或变黄
甲胂一钠	马唐、毛花雀稗、铁苋草杂草	查对该药注解。不能用于翦股颖、钝叶草、紫羊茅、结缕草	1.81~1.72	敏感度决定于气温和草坪草种类。在温度低于29.4℃时施。大多数草坪草对甲胂一钠比甲胂钠敏感度要大
拿草特	一年生早熟禾	狗牙根	0.454	苗前苗后可用
涕内酸	马唐、牛筋草、稗、狗尾草等大多数1年生禾本科杂草	草地早熟禾、多年生黑麦草、细羊茅、高羊茅及一年生早熟禾等	0.053~0.114	在出芽至分蘖时施。不要施入生长期少于一年的草地早熟禾，同时应注意不要与其他除草剂混用
绿茵5号	马唐、牛筋草、狗尾草等大多数一年生禾本科杂草	马尼拉、结缕草	1.5~1.8	杂草3~5叶期施用最佳，如已抽穗开花防效则下降。应选择晴天喷洒

表 10-6 防除阔叶杂草的芽后选择性除草剂

除草剂种类	用量（千克/公顷）	备注
噻草平	0.454	在草坪中有选择性防除铁苋草,要完全防除该杂草,有时需重复施用
溴苯腈亲酸酯	0.17～0.91	可用于坪床中防除阔叶杂草,也可与 2,4-D、二甲四氯丙酸和灭草畏等混合施用,来防除翦股颖以外已建成草坪的杂草
2,4-D	0.454	除繁缕、鼠曲草、英国雏菊、欧亚活血丹、萹蓄、胡枝子、锦葵、苜蓿、野斗蓬草、丝状婆婆纳、大戟、堇菜、野草莓以外
二甲四氯丙酸	0.23～0.45	除酸模、蒜芥、山柳菊、野葱、宽叶车前、长叶车前、马齿苋、丝状婆婆纳、野草莓、堇菜、欧蓍草以外
灭草畏	0.11～0.45	除宽叶车前、长叶车前、丝状婆婆纳、堇以外
2,4-D+2 甲 4 氯+灭草畏	0.45～0.68	
2,4-D+定草酸	0.34～0.45	
绿茵 5 号	1.4～1.8	用于马尼拉、结缕草草坪防除牛繁缕、碎米苋、蓼菜等常见阔叶杂草

4. 除草剂配方的选择和混用

(1)配方的选择　化学除草配方的选择要坚持"六看",即:看草情对症下药,看苗情安全使用,看药性选好配方,看土质因地制宜,看天气抢晴处理,看要求严控水分。此外,要根据杂草种类、除草要求以及除草剂的特性,采用长效短效配合,内(吸)外(触杀)结合,互补药效期(1 剂药 2 次用),以及不同除草剂的交迭使用等,来组合配方。除草剂的用量应该按有效量(即纯量)计算,不要任意加大剂量,或将商品量误为有效剂量,即使在除草剂的安全剂量范围内,也要考虑节省成本和对环境的保护。

(2)除草剂的混用　在一个地方长期使用1种或同一类型的除草剂,杂草的抗性会逐渐增加,化学除草的难度提高,为此,采用2种或2种以上除草剂混用,可取长补短。

除草剂混用所产生的效应,一般有如下3种可能:

①加成作用:混合使用的效果,是各药剂各自作用的总和。

②拮抗作用:混合的效果小于各药剂单独使用的效果。

③增效作用:混合使用的效果,大于各药剂各自作用的总和。

用不同药剂配合时,要先使用溶液,随后用可湿性粉剂,然后用乳剂,这样容易清洗喷雾器材,也可以避免在2种药剂中出现不亲和的问题。

为便于使用,现将草坪上常用的、可进行混配的化学除草剂列表于下(表10-7)。

表10-7　常用化学除草剂混用表

混配品种名称	参考混比	防除对象及特点
百草敌+2甲4氯(或2,4-D)	1:2	阔叶杂草,增效
敌稗+2,4-D及其衍生物	1:1	狗尾草、蓼科杂草,增效
2甲4氯+敌稗	1:1	水莎草、扁秆藨草、野荸荠、莎草科杂草,有明显增效
敌草索+西马津	2:1(有效成分)	阔叶杂草,增效
拉索(或丁草胺)+阿特拉津	4:1	水蓼、莎草、马唐、粟米草等,增效
敌稗+杀草丹	1:2	稗草、狗尾草、马唐、蓼、繁缕等,增效
杀草畏+邻位杀草丹	1:5	马唐、酢浆草、大车前、香附子等,防效100%
除草通+草枯醚	1:2	马唐、狗尾草、蓼等,增效

续表 10-7

混配品种名称	参考混配比	防除对象及特点
除草通+敌草隆	2:1	对稗草、鸭舌草、具芒碎米莎草和萤蔺防效100%
杀草丹(或丁草胺)+绿麦隆	1:3	硬草、碱茅、棒头草、看麦娘等禾本科杂草,有显效
敌稗+苯达松	1:1	对扁秆藨草等莎草科杂草有特效
杀草丹+邻位杀草丹	1:3	马唐、稗草、阔叶杂草,显著增效
苯达松+2甲4氯	1:2	黄花蒿、小白酒草、刺儿菜、马齿苋、1年生阔叶杂草,增效

5. 除草剂的药害及其预防 在草坪杂草防除的实践中,由于使用不当等原因,常会发生除草剂的药害(如草坪草叶片失绿、扭曲变形、出现斑点、根变粗短或茎变短,甚至全株枯黄死亡等),因此,预防和解救除草剂药害,也是草坪管理工作者应该注意和经常遇到的实际问题之一。

(1)除草剂药害的预防

①避免过量使用:根据土壤与气候条件,确定除草剂的用量,正确掌握应用的适期。

②均匀喷洒:调节好喷洒器械,将除草剂均匀喷洒于受药部位。喷药后,彻底清洗喷洒器械。

③使用安全保护剂:如25788对酰胺类除草剂可能发生的药害有良好的保护作用,H31866对拉索药害有保护作用。采用BNA-80能有效地抑制杀草丹的脱氯反应。

(2)除草剂药害的解救

①对光合作用抑制剂药害:应及时根外追施速效性肥料。

②甲草胺、乙草胺等酰胺类除草剂药害:可喷施赤霉素。

③对触杀型除草剂药害:可施化学肥料,使草坪草迅速恢复生长。

④对激素型的药害:喷洒赤霉素或撒石灰、草木灰、活性炭等化学药品。

⑤对脲类除草剂药害:喷施蔗糖液可减缓药害。

⑥施用腐熟有机肥料、活性炭以及耕翻、灌水等措施可消除或减轻除草剂在土壤中残留的活性。

6. 常用除草剂及其使用方法　为便于读者查阅使用化学除草剂的方法,现将草坪常用除草剂的使用方法列表介绍(表10-8)。

表10-8　草坪常用除草剂的使用方法

除草剂类型	除草剂名称	参考用量（毫升/公顷）	作用杂草	药品特点
苯氧羧酸类	2,4-D丁酯（72%乳油）	700~1000	一年和多年生阔叶杂草及莎草、藜、苍耳、问荆、芥、苋、萹蓄、蓳草、马齿苋、独行菜、蓼、猪殃殃、繁缕等	选择性内吸传导型、激素型除草剂
	2甲4氯（20%水剂）	2300~3000	异型莎草、水苋菜、蓼、大巢菜、猪殃殃、毛茛、荠菜、蒲公英、刺儿菜等阔叶杂草和莎草科杂草	选择性内吸传导型、激素型除草剂
苯氧基苯氧丙酸类	稳杀得（35%乳油）	700~1200	稗草、马唐、狗尾草、雀稗、看麦娘、牛筋草、千金子、白茅等1年生及多年生禾本科杂草,对阔叶杂草无效	高度选择性的苗后茎叶除草剂
	禾草克（10%乳剂）	600~1200	看麦娘、野燕麦、雀麦、马唐、稗草、牛筋草、画眉草、秋稷、狗尾草、千金子等多种1年生及多年生禾本科杂草,对阔叶杂草无效	高效选择性内吸型苗后除草剂
	高效盖草能	500	一年生或多年生禾本科杂草,如稗草、千金子、马唐、牛筋草、狗尾草、看麦娘、雀麦、野燕麦、狗牙根、双穗雀稗等杂草,对阔叶杂草及莎草无效	选择性内吸传导型茎叶处理剂(也可作土壤处理剂)

续表 10-8

除草剂类型	除草剂名称	参考用量（毫升/公顷）	作用杂草	药品特点
苯氧基苯氧丙酸类	盖草能（12.5%乳油）	600~1200	稗草、马唐、牛筋草、千金子、狗尾草、野黍、雀麦、芒稷等1年生及多年生禾本科杂草，对阔叶杂草和莎草科杂草无效	选择性内吸传导型苗后除草剂
	精禾草克	450~1000	对禾本科杂草有很高的防效，如野燕麦、马唐、看麦娘、牛筋草、狗尾草、狗牙根、双穗雀稗、两耳草、芦苇等，对莎草及阔叶杂草无效	高选择性内吸型茎叶处理剂
	骠马（10%乳油）	41~83（克/公顷）	看麦娘、野燕麦、稗草、狗尾草、黑麦草等禾本科杂草	传导型芽后除草剂
	禾草灵（28%乳油）	1950~3000	野燕麦、稗草、牛筋草、牛毛草、看麦娘、马唐、狗尾草、毒麦、画眉草、千金子等禾本科杂草	高度选择性、苗后使用除草剂
三氮苯类	阿特拉津（40%胶悬剂）	1600~4500（克/公顷）	马唐、稗草、狗尾草、莎草、看麦娘、蓼、藜及十字花科、豆科等一年生杂草	选择性、内吸传导型苗前、苗后除草剂
	杀草敏（80%可湿性粉剂）	1500~2300（克/公顷）	野苋、马齿苋、龙葵、牵牛花、藜、苍耳、曼陀罗、蓼、稗、马唐、牛筋草、狗尾草、画眉草等	选择性土壤处理除草剂
	西马津（40%胶悬剂）	300~7500	狗尾草、画眉草、虎尾草、莎草、苍耳、野苋、马齿苋、灰菜、马唐、牛筋草、稗草、荆三棱、藜等1年生杂草	选择性内吸型土壤处理除草剂

续表 10-8

除草剂类型	除草剂名称	参考用量（毫升/公顷）	作用杂草	药品特点
取代脲类	绿麦隆（25%可湿性粉剂）	3000~4500（克/公顷）	看麦娘、牛繁缕、雀舌草、狗尾草、马唐、稗草、苋、肤地菜、藜、苍耳、婆婆纳等1年生杂草。	高度选择性、内吸传导型土壤、茎叶处理除草剂
	伏草隆（50%可湿性粉剂）	1500~4250（克/公顷）	异型莎草、香附子等莎草科杂草，对稗草有一定的防效，对其他禾本科和阔叶杂草无效	选择性土壤处理除草剂
	敌草隆（25%可湿性粉剂）	2250~3750（克/公顷）	马唐、狗尾草、稗草、旱稗、野苋菜、蓼、藜、莎草等一年生杂草，对多年生杂草香附子等也有良好的防除效果，还可以防除水田眼子菜等杂草	内吸型除草剂，低剂量时具选择性，高剂量时为灭生性
氨基甲酸酯类	杀草丹（50%乳油）	2250~3750（克/公顷）	稗草、马唐、牛筋草、马齿苋、繁缕、看麦娘、牛筋草等	选择性内吸型除草剂
酰胺类	拉索（48%乳油）	3000~3750	稗草、马唐、牛筋草、狗尾草、马齿苋、苋、蓼、藜等1年生杂草，对菟丝子也有一定的防效	选择性芽前除草剂
	乙草胺（86%乳油）	1500~2550	稗草、狗尾草、马唐、牛筋草、藜、苋、马齿苋、菟丝子、香附子等	选择性芽前除草剂
	丁草胺（60%乳油）	1500~1800	稗草、异型莎草、碎米莎草、千金子等1年生杂草	选择性内吸型芽前除草剂
	敌稗（20%乳油）	11250~15000	稗草、水芹、马齿苋、马唐、看麦娘、狗尾草、苋、蓼等	高度选择性、触杀型除草剂

续表 10-8

除草剂类型	除草剂名称	参考用量（毫升/公顷）	作用杂草	药品特点
苯甲酸类	百草敌（48.2%水剂）	300~370	猪殃殃、大巢菜、牛繁缕、繁缕、蓼、藜、香薷、猪毛菜、苍耳、荠菜、黄花蒿、问荆、酢浆草、独行菜、刺儿菜、田旋花、苦菜、蒲公英等大多数1年生及多年生阔叶杂草	高效选择性、内吸激素型芽后除草剂
	敌草索（50%可湿性粉剂）	4~10	狗尾草、马唐、马齿苋、繁缕等1年生杂草	调节型播后苗前土壤处理剂
二苯醚类	除草醚（25%可湿性粉剂）	6000~7500（克/公顷）	稗草、鸭舌草、异型莎草、日照飘拂草、瓜皮草、三方草、节节草、碱草、蓼、藜、狗尾草、蟋蟀草、马唐、马齿苋、野苋菜等一年生杂草	具有一定选择性的触杀型除草剂
二硝基苯胺类	氟乐灵（48%水剂）	1130~2250	稗草、马唐、牛筋草、石茅高粱、千金子、大画眉草、雀麦苋、藜、马齿苋、繁缕、蓼、蒿蓄、蒺藜、猪毛菜等一年生杂草	选择性芽前土壤处理除草剂
	除草通（33%乳油）	3000~4500	稗草、马唐、狗尾草、藜、苋、蓼、鸭舌草等一年生杂草	选择性土壤处理除草剂
有机杂环类	恶草灵（12%乳油）	1500~2250	稗草、千金子、雀稗、异型莎草、球花碱草、鸭舌草以及苋科、藜科、大戟科、酢浆草、旋花科等一年生杂草	选择性触杀型除草剂，芽前与芽后均可使用
	苯达松（48%水剂）	2000~4500	黄花蒿、小白酒草、蒲公英、刺儿菜、春葵、铁苋菜、问荆、苣荬菜、马齿苋、苍耳等阔叶杂草及莎草科杂草，对禾本科杂草无效	选择性触杀型茎叶处理剂

续表 10-8

除草剂类型	除草剂名称	参考用量（毫升/公顷）	作用杂草	药品特点
有机磷类	草甘膦(10%水剂)	7500～11250（克/公顷）	一年生及多年生禾本科杂草、莎草科杂草和阔叶杂草	灭生性内吸型茎叶处理除草剂
	莎敌膦(30%乳油)	750～1125	稗草、异型莎草、碎米莎草、鸭舌草等	选择性内吸型除草剂
酚类	五氯酚钠(80%粉剂)	7500～9000（克/公顷）	稗草、鸭舌草、节节草、蓼等有一定抑制作用	触杀型灭生性除草剂
脂肪酸类	茅草枯(87%可湿性粉剂)	1500～7500（克/公顷）	茅草、芦苇、狗牙根、马唐、狗尾草、牛筋草等一年生及多年生禾本科杂草	选择性内吸型除草剂
磺酰脲类	阔叶散(75%悬浮剂)	20～45（克/公顷）	百枝苋、马齿苋、婆婆纳，茅草、芦苇、狗牙根、马唐、狗尾草、牛筋草等一年生及多年生杂草	选择性内吸传导型芽后茎叶处理除草剂
	阔叶净(75%悬浮散)	12～45（克/公顷）	繁缕、直立蓼、播娘蒿、地肤、藜、芥菜、百枝苋、琐叶莴苣、荠菜、猪毛菜等一年或多年生阔叶杂草	选择性苗后茎叶处理除草剂
	稗净(50%乳油)	2250～3750	对稗草有特效	选择性内吸传导型茎叶处理除草剂
	农得时(10%可湿性粉剂)	225～450	水苋菜、鸭舌草、眼子草、异型莎草、碎米莎草、水莎草、水芹菜等有一定抑制作用	选择性内吸传导型除草剂
	治莠灵(20%乳油)	975～1500	猪殃殃、卷茎蓼、繁缕、马齿苋、龙葵、野豌豆、酸模、小旋花	内吸传导型茎叶处理除草剂

续表 10-8

除草剂类型	除草剂名称	参考用量（毫升/公顷）	作用杂草	药品特点
磺酰脲类	巨星（75%巨星干悬浮剂）	15~30（克/公顷）	一年生及多年生阔叶杂草、繁缕、地肤、藜、荠菜、猪毛菜、播娘蒿、猪殃殃、田蓟、苍耳、反枝苋、问荆、苣荬菜、刺儿菜。对野燕麦、雀麦等禾本科杂草无效	选择性内吸传导型苗后除草剂
	草克星（10%可湿性粉剂）	150~300（克/公顷）	一年生阔叶杂草和莎草科杂草，泽泻、繁缕、鸭舌草、节节草、蓼、水苋菜、浮生水马齿、异型莎草、眼子菜、野慈姑	高活性选择性内吸传导型茎叶处理除草剂
联吡啶类	百草枯（20%水剂）	113~4500	对一年生的单、双子叶杂草都具有较好效果，对多年生杂草，尤其是靠地下茎生长的杂草，只杀地上部分	快速灭生性触杀型兼有一定内吸作用的茎叶除草剂
	敌草快（20%水剂）	370~1000（克/公顷）	阔叶杂草和禾本科杂草	非选择性有一定传导性能的触杀型苗前除草剂
吡啶类	使它隆	1275~1500	天胡荽、马兰、猪殃殃、繁缕、田旋花、蒲公英、播娘蒿、问荆、卷茎蓼、马齿苋等	选择性内吸传导型茎叶处理剂

第十一章　草坪绿地病害及防治

第一节　草坪绿地病害概述

一、草坪绿地病害的概念

草坪绿地植物在其生长发育过程中,如遭受有害微生物的侵袭,组织器官受到损害、新陈代谢受到干扰或破坏,引起内部生理功能或外部形态上的改变,生长发育就受到明显阻碍,甚至导致局部或整株死亡,这种现象就称为草坪绿地病害。

二、草坪绿地病害的症状

草坪绿地植物发病后所表现的形态改变称为症状。其中把草坪植物本身的不正常表现称为病状,把病原微生物在病部形成的结构物(营养体和繁殖体)称为病征。

(一)病状类型

1. 变色　草坪绿地植物生病后,发病部位失去正常的绿色和出现的异常颜色,称为变色。变色主要表现在叶片上,全叶变为淡绿色或黄色的称为退绿,全叶发黄的称为黄化,叶片变为黄绿相间杂色的称为花叶或斑驳。如冰草、狗牙根、羊茅、黑麦草和早熟禾等草坪草的黄矮病,翦股颖、羊茅、黑麦草和早熟禾等草坪草的花叶病等。

2. 坏死　草坪草发病部位的细胞和组织死亡,称为坏死。斑点是叶部病害最常见的坏死症状。叶斑的形状,有圆斑、角斑、条斑、环斑、网斑、轮纹斑等,如狗牙根网斑病。环斑病叶斑还有不同的颜色,如红褐(赤)色、铜色、灰色等,例如翦股颖铜斑病、赤斑病等。坏死类型是草坪草病害的主要症状之一。

3. 腐烂　在植物发病部位出现较大面积的组织死亡和解体。

植株的各个部位都会发生腐烂,幼苗或多肉的组织更容易发生,含水分较多的组织由于细胞间中胶层被病原菌分泌的胞壁降解酶分解,致使细胞分离,组织崩解,造成软腐或湿腐,腐烂部位水分散失后形成干腐。根据腐烂发生的部位,可分别称为芽腐、根腐、茎腐、叶腐等。如禾草芽腐、根腐、根颈腐烂,以及冬季长期积雪地区越冬禾草的雪腐病等。

4. 萎蔫　草坪绿地植物因病而表现的失水状态称为萎蔫。萎蔫可由各种原因引起,茎基坏死、根部腐烂或根的生理功能失调都会引起植株萎蔫,典型的萎蔫是指植株根和茎部维管束组织受病原物侵害造成导管阻塞,影响水分运输而出现的凋萎。这种萎蔫一般是不可逆的。萎蔫有全株性的和局部的,如多伦多匍匐翦股颖细菌性萎蔫病等。

5. 畸形　草坪植物发病后,可引起全株或局部组织生长过度或不足,表现为全株或部分器官畸形。有的植株生长得特别快,而形成徒长,有的植株生长受到抑制,而发生矮化,如冰草、狗牙根、羊茅、黑麦草和早熟禾等禾草的黄矮病等。

(二)病征类型

1. 霉状物　病原真菌的菌丝体、孢子梗和孢子可在病部形成各种颜色的霉层。霉层是真菌病害常见的病征,其颜色、形状、结构、疏密程度等变化也大,可分为霜霉、青霉、灰霉、黑霉、赤霉、烟霉等。如禾草霜霉病等。

2. 粉状物　某些病原真菌的孢子密集在病部,产生各种颜色的粉状物。粉状物的颜色有白粉、黑粉等。如危害翦股颖、冰草、狗牙根、羊茅、早熟禾、野牛草、鸭茅等的白粉病,粉状物为白色;翦股颖、鸭茅、梯牧草、早熟禾、冰草的黑粉病,发病后期在病部出现黑粉。

3. 锈状物　病原真菌锈菌的孢子在病部密集,可出现黄褐色锈状物,如锈病。

4. 点(粒)状物　病原真菌的分生孢子器、分生孢子盘、子囊壳等繁殖体和子座,在病部可形成不同大小、形状,不同色泽(多为黑色)和不同排列方式的小点,例如温带禾草的炭疽病,病部出现黑色点状物。

5. 线(丝)状物　病原真菌的菌丝体、菌丝体和繁殖体的混合物,会在病部产生线(丝)状结构物,如翦股颖、羊茅、黑麦草、早熟禾等的白绢病,在病部会形成颗粒状物。

6. 脓状物(溢脓)　病部出现的脓状粘液,干燥后成为胶质的颗粒,这是细菌性病害特有的病征,例如细菌性萎蔫病病部的溢脓。

三、草坪绿地病害的分类

(一)**非传染性病害**　非传染性病害一般不是由于病原微生物侵染而引起发病,多为生理性病害,主要由于植株不适应环境条件,或不良的环境条件的侵害而引起发病。

1. **非传染性病害发生的原因**　引起非传染性病害的原因很多,其中包括营养、气候(温度、湿度、光照等)、土壤(土壤水分、酸碱度及盐害等)、栽培管理条件(施肥、农药药害等)以及环境污染等。引起非传染性病害的各种因素是互相联系的。一种环境因素的变化超过了草坪绿地植物的适应能力,就会引起发病,同时其他环境因素也在影响病害的发生发展。例如,土壤酸碱度影响土壤中营养元素的有效性,加上环境中其他因素的作用,便会引起发病。

2. **非传染性病害的诊断**　非传染性病害的症状与病毒病、支原体病和根部受病原物侵染时的表现有相似之处,因而给诊断带来一定的困难。在诊断非传染性病害时,现场的调查和观察尤为重要。此病发生一般与特殊的土壤条件、气候条件、栽培措施及环境污染等有一定的关系,非传染性病害往往在田间成片发生,而不像传染性病害常先有发病中心,然后向周围蔓延。

常见的非传染性病害症状有:变色、坏死、萎蔫、畸形等。其特点是没有病征出现,而且通常是全株性的,这一点容易与病毒病及支原体病害相混淆,但是非传染性病害是不能相互传染的,因此,可通过接种试验来鉴别。此外,化学诊断是缺素症的有效诊断方法。

(二)**传染性病害** 传染性病害是由病原微生物引起的病害,是可以传染的,通常先有发病中心,然后向周围蔓延。传染性病害以病原微生物的种类,分为真菌病害、细菌病害、病毒病害、支原体病害和线虫病害等,每一类病原微生物所致病害均有其共性,病害发生和发展规律及其防治方法也有其相同或相似之处。

四、草坪绿地病害的发生机制

草坪绿地病害中,非传染性病害和传染性病害的发生机制是不同的。

非传染性病害的发生,与草坪本身的特性和环境条件不良有关。例如在草坪草生活环境中,土壤内缺乏草坪草必需的营养素或所含营养素量的供给比例失调、土壤中盐分过多、水分过多或过于干旱、温度过高或过低、光照过强或不足及环境污染等,都会影响草坪草生长发育的正常进行。虽然草坪草对外界各种不良因素具有一定的适应性,但如这些不良因素的强度超过了草坪草能适应的范围时,草坪草就会生病。这类病害引起的原因,不是由生物因素引起的,是不能传染的,所以又称为非传染性病害,或叫做生理性病害。

生理性病害,由于各个因素间是互相联系的,病害发生的原因较为复杂,给防治增加了困难,需要不断地调查和摸索、积累,才能找到有针对性的、高效的防治办法。

传染性病害的发生,是由生物因素引起的。引起草坪病害的生物称为病原生物。病原生物主要包括真菌、细菌、病毒、类病毒、类菌质体、线虫等。这些病原物尽管差异很大,而作为草坪草的病原物,却具有一些共同特征。病原生物绝大多数对草坪草都有不同程度的寄生能力和致病能力,具有很强的繁殖力,可以从已感病的植株上通过各种途径传播到健康植株上。病原生物在适宜的环境条件下生长、发育、繁殖、传播,周而复始,逐步扩大蔓延,有时发展速度是非常快的。由于这类病害对草坪草造成的威胁性最大,需要及时做好预防和防治工作。

五、草坪绿地传染性病害的发生过程

草坪绿地病害发生始于病原物侵入寄主植物。真菌孢子或菌核附着在草坪植物上后,在适宜条件下发芽生长,萌发管通过气孔、水孔、皮孔、茎叶的修剪伤口、其他损伤或细胞壁侵入植株体。在植株体中,真菌可以形成菌丝体,菌丝可以释放出毒素,使植物细胞失去完整结构以致死亡。此外,伴随真菌的摄取营养和生长,植物也会因营养物质损失使组织遭到破坏。病原体在寄主植物体内的寄生,该植物即被侵染,经过几天或几周的潜伏期后,开始出现病征。大多数真菌通过有性或无性繁殖产生大量孢子,通过风、水、昆虫等媒介带到相邻和很远的地方侵染相同或不同的植株,在适宜的环境条件下,引起大量连续传染,导致对草坪草发生严重危害。在不适宜的条件下,有些病原真菌能以厚垣孢子或菌核等形式的休眠体而保存下来,待环境条件适宜时,再次萌发、继续侵染植物体。

第二节　草坪绿地常见病害

草坪绿地的病害很多,发生的机制和危害对象、危害程度也不尽一致,现以表格的方式将常见的草坪草病害归纳于下(表11-1)。

表 11-1 草坪绿地常见病害

病名	特征及预防	危害对象
炭疽病	感病初期病株叶片上出现黄色病斑,逐渐变为青铜色,病斑不规则凹陷,后期病斑上出现红褐色轮状粉层,其上生有黑刺,在20℃～29℃时发病最严重,适当施肥和灌水可消除此病	细羊茅、小糠草、假俭草、狗牙根、黑麦草
铜斑病	最初在病株叶上出现明显的浅红色斑块(病痕),当病痕扩大和融合,整片叶子凋萎,小的橙红色斑变成铜色,直径扩大到2～7毫米时,草坪上就呈现出斑块。病原菌以黑色的菌核越冬,春天发芽,最适生长温度18℃～25℃,侵染性强	主要危害小糠草
红丝病	在病株叶上产生红丝或粉红色不规则的斑块,病原菌为兼性腐生菌,以红色的菌丝链在活的或死的植物上越冬,在凉爽潮湿的气候条件下(18℃～23℃),中心胶质菌丝链蔓延,发生传染。病株生长缓慢,缺氮和钙的草坪易感染	细羊茅、多年生黑麦草、小糠草、多年生草地早熟禾
猝倒病和幼苗凋萎病	该病是几种幼苗病害的通称,包括由腐霉菌、镰刀霉菌和丝核菌等引起的病害,在幼苗出土前引起种子腐烂。幼苗出土后猝倒,此时幼苗变成浸泡状,由黄变棕褐色,最后枯萎,在草坪上产生稀疏的株丛或不规则的斑块。用克菌丹或福美隆处理种子有助该病的防治	异常稠密的草丛易感病

续表 11-1

病 名	特 征 及 预 防	危害对象
镰刀霉枯萎病	是草地早熟禾最严重的病害之一，由两种兼性寄生菌引起，在热（26℃～32℃）而干旱的天气发病。禾草40厘米高时出现环状或新月状的萎蔫地块，然后枯萎。病株通常显露棕色或红褐色腐烂的根冠和根组织，草坪的枯萎斑块如蛙眼状，可形成成片草皮枯萎。春、夏施氮过多地易发病，感病草坪经常少量灌溉可以减少危害程度	多年生草地早熟禾、假碱草及其他草坪草
叶瘟病	先在病株叶和茎上出现棕褐到灰白色斑，然后扩大形成近圆到长形的斑块。斑块具灰白色中心，红棕色到紫色的边缘，在草叶上能产生大量的病变，造成病株枯萎。病原在感染较宽的叶或茬口上以菌丝链游离孢子（分生孢子）越冬，在春天温暖、潮湿的条件下，新的感染发生，并持续到夏季和秋季。持续高温，过量氮肥和排水不良利于发病	钝叶草和其他暖地型草坪草
斑点病	是冷地型和暖地型草坪草重要病害。病原为长蠕孢菌属真菌。该菌为兼性腐生菌。早春到中春，低修剪和过量施氮肥可加重此病。暖地型草坪草重要的长蠕孢菌病害有狗牙根叶斑病和环纹眼点病，以及结缕草的冠腐病和根腐病。在春季冷湿天气发生叶斑病变，接着在夏季出现冠腐病和根腐病，结缕草则主要在中春和初秋发病。长蠕孢菌在死亡禾草残茬中以休眠体和无性孢子形式越冬，通过气流、剪草、人、挖土和感染禾草碎片将孢子带到新叶。孢子在水膜中萌发，通过气孔进入叶内开始新的感染。可用敌菌灵、代森锌、福美隆防治	一般冷地型草坪草、狗牙根和结缕草

续表 11-1

病 名	特征及预防	危害对象
蘑菇圈、蘑菇与马勃	由 60 多种腐生真菌的 1 种所引起。蘑菇圈在草坪中形成深绿色的环状或弧状子实体，环内禾草稀疏或死亡。草坪草死亡的原因是真菌群链的生长使土壤变成疏水的，从而造成草坪草的脱水所致。有效的防治法是剥除草皮，熏蒸土壤和重新铺装未感染的草皮。蘑菇与马勃是腐生型担子菌纲真菌的子实体，它们的出现表示土壤中有正在腐解的有机物，根除方法是剪去其结实器官，允许真菌分解有机物质，当其营养源耗尽时，蘑菇与马勃自然消失	所有过潮湿的草坪、有机质含量高的草坪
斑块病	是温带海洋性气候地区的一种严重病害，首先在草坪中出现凹陷的、不规则圆形的枯萎禾草的斑块，直径可达 60 厘米以上，斑块在中心常存有抗病的株体，从而产生"蛙眼"状的外观。病原菌在活或死组织内以休眠菌丝链的形式越冬，在潮期最活跃，但初夏到仲夏干旱时最明显，对杀菌剂不敏感，可用施硫酸铵或降低土壤 pH 值方法防治	温带海洋性气候地区的草坪
白粉病	是生长在遮荫环境下的多种早熟禾的一种严重病害。首先在病株叶表面出现小白菌丝链斑块，菌丝链的覆盖增加时，叶变浅绿而后干枯。病株呈灰色，如撒上面粉。该病原菌为寄生性真菌，在死或活的株体上以菌丝链丛的形式越冬，在春天和秋天温度适宜（12℃～21℃）、潮湿、多云天气发病，白天遮荫地特别严重。该病可用杀菌剂（苯菌灵、放线菌酮、敌瞒灵等）防治	主要危害早熟禾、细羊茅，狗牙根亦发病

续表 11-1

病名	特征及预防	危害对象
枯萎病	是冷地型草坪草和狗牙根的重要病害,在适宜的条件(潮湿,26℃~32℃)能在1昼夜毁灭1块草坪。发病时首先出现直径达15厘米的圆形斑或伸长的条纹。菌丝体灰白色,呈絮状生长,当禾草干燥时,菌丝体消失,草叶衰萎,变成棕红色,后变成稻草色。腐霉菌为兼性寄生性真菌,在植物上以休眠的菌丝体和厚壁合子越冬。病原菌通过从植物到植物的菌丝体迅速生长或其他机械形式传播,夏季过量施肥易引起感染	侵染温带所有草坪,对小糠草、黑麦草危害较重
褐斑病	该病侵袭所有的草坪及草坪草的所有部分。植株感病后出现粗糙、圆形、稀疏或枯萎的斑块,清晨低刈的草坪草斑块边缘可出现1个黑色的烟状圈,最后斑块呈淡褐色或稻草色,严重时引起整株死亡。病原菌为兼性寄生性真菌,以小紫褐色到黑色的菌核和菌丝体在活或死的植物组织或表层(1.5厘米)土壤中越冬,不良的草坪表面及亚表面,排水不良及过量施氮肥可加重病情。可用敌菌灵、苯菌灵、百菌清、放线菌酮、代森锌等杀菌剂防治	多年生草地早熟禾、匍茎翦股颖
锈病	是草坪草严重病害,包含叶锈、秆锈和条锈。发病时病株叶片上散生小而圆的橙黄色夏孢子堆,接着叶的角质和表皮层破裂,病痕发展成红棕色或枯黄色斑点,后期叶背面生有黑色的冬孢子堆,最后叶变成黄到棕色,草坪草变稀疏	多年生草地早熟禾、匍茎翦股颖

续表 11-1

病 名	特 征 及 预 防	危害对象
币斑病	是低修剪草坪最有破坏性的病害之一,对匍茎翦股颖的危害尤重。币斑病在15.5℃开始发病,在21℃～27℃最严重,病点呈银币大小的脱色斑点,多个斑点的重叠以致产生不规则凹陷的死草坪区。草叶呈红棕色,边缘有稻草色黄带,清晨结露时病叶上可见白色蛛丝状菌丝体。病原菌是兼性腐生性真菌,在土壤中及土壤上以黑色纸一样薄的菌核形式或于被感染植物的组织上越冬,春季或初夏萌发。低肥、低水及过分遮荫利于病的传播	危害大多数草类,为翦股颖、细羊茅、狗牙根和1年生黑麦草的严重病害
粘菌病	病原体为表面生腐生性真菌,会因子实体大面积和长期的覆盖而造成危害。最初分泌奶油般白色到油脂般黑色的粘性产物,最后因过分地生长变成粉状,呈灰白色、红灰色、枯色到枯黄色。该病可通过灌溉、修剪、刷拭、耙地和其他方法除去	一般草坪草
黑粉病	是冷地型草坪草的一种严重病害,感病植株叶变硬、直立,生长受阻,在寒冷的气候(10℃～15℃),最先出现沿叶长排布的黄绿色条纹,随之条纹变成淡灰白色,不久条纹的表皮破裂,从叶尖向下变成棕褐色并枯萎。病原在感病性植株的根和节上以休眠菌丝形式越冬,通过风、降雨、修剪、灌溉等传播孢子。春季过量施氮肥可引起感染	多年生草地早熟禾、匍茎翦股颖

续表 11-1

病 名	特 征 及 预 防	危害对象
雪腐病	该病包括几种从秋末到中春发生的病害,有些在雪覆盖下,有些不在雪覆盖下的冷温时期发生。镰刀霉斑块病在秋到中春在冷温带海洋性气候下普遍存在,在0℃～7℃时严重,冬季及早春在低刈的草坪上出现小面积粗糙的圆斑,直径2～12厘米,染病时先为棕褐色、红褐色到黑褐色,叶交织在一起,上面覆盖白色的粉红色菌丝。潮湿时菌丝粘着,在阳光下暴露时斑点可呈粉红色。病原以休眠菌丝体或厚垣孢子存于禾草活的组织及残茬上,当秋冬施氮量过多,冬季的保持覆盖及芜枝层过厚时易发病。此外,还有核线菌枯萎病、冬季冠腐病、核盘霉斑块病等	侵染一般寒地型草坪草,翦股颖尤为严重
轮纹斑病	病斑初期小,水渍状,红色至褐色,后病斑扩大成长圆形,病斑上有粉红色或青铜色孢子团	翦股颖、小糠草
根腐病	主要危害茎部,病斑水渍状,病势发展迅速,多雨潮湿时病株很快死亡,感病部长出白色棉絮状菌丝体	一般冷地型草坪草感病,以小糠草、黑麦草、狗牙根严重
霜霉病	病株叶片有黄白色条纹,肥大而增厚,早晨有露时,叶片表面具白色霜层。施用硫酸铁有助掩盖症状,一般不引起草坪永久危害	所有冷地型草坪草

续表 11-1

病 名	特 征 及 预 防	危害对象
春季死斑病	是生长在亚热带的狗牙根极易感染的一种病。是由 1 种尚未识别的病菌引起。春季草坪草开始生长时,在草坪草中出现直径 10 余厘米到 1 米以上的死斑,有时中心存活,形成"炸饼面圈"斑点。该病是休眠草坪草的冠腐、匍匐茎腐和根腐病,至今尚未有有效的防治方法,适度地控制芜枝层和施肥,有利于减少发病	狗牙根
SAD衰退	该病是一种病毒引起的较新的和较重要的病害,染病时最初在草坪上出现淡绿色或黄绿色的斑点,在以后的生长季节,植物呈鲜黄色,株体矮小、死亡,草坪稀疏,并在第三年末导致钝叶草大量死亡。病株通过修剪感染和传播	钝叶草

第三节　草坪绿地病害的防治

一、草坪绿地病害的一般防治方法

草坪绿地病害的防治方法多种多样,概括起来,有植物检疫法、农业防治法、生物防治法、物理机械防治法和药剂防治法五大类。各类防治法各有特点,需要互相补充和配合,进行综合防治,方能更好地控制病害。在综合防治中,应以农业防治为基础。合理运用药剂防治、生物防治和物理防治等措施。

（一）消灭病原菌的初侵染来源　土壤、种子、苗木、田间病株、病株残体以及未腐熟的肥料,是绝大多数病原物越冬和越夏的场所,因此,采取相应的措施,消灭初侵染来源,是防治草坪发病的重要措施之一。

1. 土壤消毒 为了消灭土壤中存在的病原生物，必须进行土壤消毒。消毒的方法很多，较简便的有药剂、蒸气、热水、火烧及电热等法。

(1)药剂消毒法 用于土壤消毒的药剂，主要有福尔马林、升汞、氯化苦、硫酸铜等。最常用的是福尔马林，既经济又有效。福尔马林是含甲醛 40 % 的水溶液，大都用于温室或温床，其稀释倍数为 1 份体积的福尔马林加 40 份体积的水，土面用为 10～15 升/平方米；福尔马林 1 份，加 50 份的水，土面用量为 20～25 升/平方米。

用福尔马林消毒时，土壤需要干燥。当土层厚 15～20 厘米时，每平方米用 40 倍稀释液 10 升或用 50 倍稀释液 20 升，如果土层再厚，则需相应增加用量。可用喷壶将消毒液浇注于耕松的土壤中，喷布要均匀。待药剂渗入后，须用湿草帘或塑料薄膜覆盖，使药剂充分发挥作用。经 2～3 天后可除去覆盖物，并耕翻土壤，促使药液挥发，再经 10～14 天待无气味后，即可进行播种和栽植。

(2)蒸气消毒法 土壤用量不多时(指用于草坪试验)，可用大蒸笼蒸熏。用土较多时，可用胶管将锅炉中的蒸气导入 1 个木制(铁制)装有土壤的密闭容器中。蒸气喷头用几根在管壁上打了许多小孔的钢管制成。蒸气通过喷头均匀地喷布在土壤中。蒸气温度在 100℃ 左右，消毒时间 40～60 分钟。如在温室或苗圃进行大规模土壤消毒时，须在地下 20～30 厘米深处埋下铁管，然后通以蒸气。在有条件的地方，可将扦插用土壤装在花盆里，然后将花盆浸湿，放入高压灭菌锅中，在 98.066 千帕(1 千克/平方厘米)的气压下，经 15～20 分钟，即可杀死土中的病菌和孢子，同时也能杀灭害虫及虫卵。

对于扦插用的河沙，可用开水直接灌注消毒。

2. 种子、种苗检疫 凡由国内外输入的种子和幼苗，都须经过检疫。种子、种苗检疫通常由专门的植物检疫机构执行。当带有危害性病原生物时，绝对不准输入，并按有关规定销毁。

3. **种子消毒** 种子消毒有温汤法和药剂浸渍法两种。在草坪上常用的药剂为石灰水。将石灰放入 90～400 倍的水中,制成石灰水,然后把种子浸入其中。一般种子的浸种时间为 20～30 分钟。

也可用升汞溶液和福尔马林作种子消毒剂。升汞可用 1 000～4 000 倍溶液浸种,浓度根据种粒大小及种皮厚薄而定,浸泡时间与石灰水相同。福尔马林用 1%～2% 的稀释液,浸种子 20～60 分钟,浸后取出用水洗净,晾干后播种或栽植。

用种子播种时,还可用种子干重 0.2% 赛力散拌种,这样既能杀死种子表面的病菌,又能消灭种子周围土内的病菌,可以减少幼苗的染病率。

4. **消除病株残体** 绝大多数非专性寄主的真菌、细菌,都能在受害寄主的枯枝、落叶、残根等植株残体中存活,或者以腐生的方式存活一定时期。这些病株残体遗留于草坪中越冬,成为翌年病害发生的初侵染来源。所以应连年坚持清洁草坪,消除病株残体,并集中烧毁或深埋或者采取促进残体分解的措施,以利于减轻病害的发生。

(二)**农业防治** 是病害防治的根本措施。其主要方法如下:

1. **选用抗病品种** 此法是防治病害最经济有效的方法。品种的抗病能力,主要是由植株形态特征和生理生化特点形成的。有些植物含有生物碱、鞣质、挥发油等,对许多病菌有抑制或杀灭作用。目前已育成了一些草坪抗病性强的品种,如野牛草、瓦巴斯早熟禾等。

2. **合理修剪** 合理修剪不仅有利于草坪草生长发育,使之高低适宜,利于使用,而且有利于通风透光,使草坪草生长健壮,提高抗病能力。结合修剪可以剪除病枝、病梢、病芽、病根,刮治病疤等,减少病原菌的数量。但修剪造成的伤口,常常又是多种病菌侵入的门户,因此,需要用喷药或涂药等措施保护伤口不受侵染。

3. **选择播种期** 许多病害的发生,因温度、湿度及其他环境条件的影响,而各有一定的发病期,并在某一时期最为严重。如果提早或延后播种期,可以避开发病期,达到减轻病害的目的。

4. 及时除草 杂草丛生常使植株生长不良,抗病力下降。杂草还是病原生物的繁殖场所,一些病毒病也常以杂草为寄主。因此,及时清除杂草,是防治病害的必要技术措施。除下的草,可以堆沤腐烂作肥料用,或晒干作燃料用。

5. 深耕细耙 适时深耕细耙可以将地面和浅土中的病原生物或残茬埋入深土层,还可以将在土中的病原生物翻到地面,受天敌和其他自然因素,如光、温、干燥的影响,而增加其死亡率。

6. 消灭害虫 病毒及一些病菌是靠昆虫传播的,如软腐病、病毒病等是由蚜虫、介壳虫、叶蝉、蓟马等害虫传播的。故消灭害虫,也可防止或减少病毒病的传播。

7. 及时处理被害株 发现病株要及时拔掉深埋或烧毁。同时对残茬及落地病叶、枯叶等,应及时清除烧掉。冬季应对草圃进行彻底清扫。

8. 病害发生地的处理 温室或草圃发生病害时,应及时将健株与病株隔离。并对温室、草圃进行彻底消毒,并对草圃土壤进行消毒。

9. 加强水肥管理 合理的水肥管理,可促进草坪草生长发育,提高抗病能力,起到防病作用。反之浇水过多、施氮肥过多,易造成枝叶徒长,组织柔嫩,就会降低植株抗病能力。

多施混合腐熟的有机肥料,可以改良土壤,促进植株根系发育,提高抗病性。如所施的有机肥未经充分腐熟,肥料中混入的病原菌(如立枯病菌等),则可加重病害的发生。因此,必须施用充分腐熟的有机肥料。

草坪的水分状况和灌溉制度,也影响病害的发生与发展。排水不良是引起草坪草根部腐烂病的主要因素,并可引起病害蔓延。故在低洼或排水不良的土地上种植草坪草,需设置排水系统。盆栽花草也应选用排水良好的培养土和在盆底设排水层。草坪及时排除积水和进行中耕,可以减轻病害。

(三)生物防治 生物防治就是利用有益生物或其代谢产物来防治病虫害的一种植物保护方法。按其作用可分为拮抗作用、寄生作用、交叉保护作用、抗生素抑菌或杀菌作用等。

生物防治在这里主要介绍借细菌防病。此法在国内的应用历史还不长,但发展较快。利用抗生菌直接防治植物病害并大面积推广的实例虽然不很多,但却有显著效果。如早在20世纪50年代就开始推广的"5408"菌肥(放线菌),不仅能控制一些土传病害,同时还有一定的肥效。又如"鲁保一号"(真菌)是防治菟丝子的一种生物制剂。

在草坪上可以利用链霉素防治细菌性软腐病,用内吸性好的灰黄霉素,来防治多种真菌病。

生物防治是病害防治的新领域,具有高度的选择性,对人、畜及植物一般无毒,对环境污染少,无残毒,因而有着广泛的发展前景,是今后草坪病害防治措施的发展重点之一。

(四)物理防治 即用物理手段防治草坪病害。其方法如下:

1. **利用热力处理** 是防治多种病害的有效方法。对于草坪种子,可用温汤浸种法,杀死附在种子上的病原菌。一般地说,用50℃~55℃温水处理10分钟,即能杀死病原体而不伤害种子。草坪草无性繁殖材料也可用温汤浸种的方法。温室中短期高温对于治疗某些病毒病也是有效的。

2. **利用相对密度法清选种子**

(1)筛选法 利用筛子、簸箕等,把夹杂在种子中的病原体筛除。

(2)水选法 一般带病种子比健康种子轻,可用盐水、泥水、清水等法漂除病粒。

(3)石灰水浸种法 石灰水的主要作用在于造成水面与空气隔离的条件,使种子上带的病菌因缺氧而窒息死亡,而种子是可以进行无氧呼吸的,处理后能正常萌发。

(五)药剂防治 利用农药(包括化学农药和生物农药等)防治

草坪病害,从当前我国实际情况来看,仍然是一项重要方法。

药剂防治病害,首先要做好喷药保护工作,防止病菌入侵。一般地区可在早春草坪草进入生长旺盛期前,即草坪草临发病前喷布1次适量的波尔多液,以后每隔2周喷1次,连续喷3~4次。这样就可以防止多种真菌和细菌性病害发生。发病后要及时喷药防治。因病害种类不同,因而要有针对性地用药。

在药剂防治中,为了获得良好的效果,应该注意下列事项:

1. **药剂的使用浓度** 用药剂喷雾时,需用水将药剂配成适当浓度。浓度高会造成药物的浪费,浓度过低则无效果。触杀型杀菌剂使用量为0.05~0.14克/平方米,多菌灵喷雾用50%可湿粉剂的1 000~1 500倍液,代森锌喷粉时用量为4.5~10.5克/平方米,喷雾用60%可湿粉的400~600倍液,福美双喷洒时用500~800倍液,克菌丹喷洒时用50%可湿粉的300~600倍液。

2. **喷药时间和次数** 喷药的时间过早会造成药物浪费或降低防效,过迟则大量病原生物已侵入寄主,即使喷内吸型杀菌剂,收效也不会大。应根据发病规律和当时情况,或根据短期预测,及时地在没有发病或病情未扩大以前喷药保护。在草坪草叶片干燥时喷药,效果较好。结缕草的冠腐病和根腐病主要发生在中春和初秋,所以应在这个时期前喷药。草地早熟禾的白粉病发生于春天和秋天,当遇到寒冷潮湿、多云的天气,这种病易发生,所以这时要及早喷药。防治狗牙根、结缕草和苇状羊茅的锈病时,要在叶片上出现淡黄色的斑点时就要进行。防治匍茎翦股颖的核盘菌线斑病时,最好是在叶片上出现银币状小斑点就喷药。对狗牙根的春季死斑病,应在初春来防治。

喷药次数要依据药剂效期的长短来确定,一般隔7~10天再喷药1次,共喷2~5次,雨后应补喷。喷药应考虑成本,节约用药。

3. **喷药量** 喷药量要适宜,过少不能使植株各部分都得到保护,过多则造成浪费。应根据病害发生程度和不同的草坪绿地植物种类,选择适宜的喷药量。喷药要求雾点细,喷洒均匀。如人工喷雾,就要求喷雾器有足够的压力,对需保护的各部分、包括叶片的正面和反面都应喷到。

4. **防止病原生物产生抗药性** 许多杀菌剂在同一地区或同一种草坪连续使用一段时间后,病原生物群体内由于其固有的差异,基因发生突变或重组等,就对药物产生抗病性,因此,防治效果显著降低。有报道说,防治草地早熟禾的白粉病,苯来特、噻苯唑、甲基托布津原用1 000毫克/平方米就有良好效果,近来使用以上药量就无效了。所以药物应当尽可能地混合施用或交替使用,以防止病原生物产生抗药性,决不要长期在同一草坪上使用同一种药物。

二、草坪绿地常见病害的防治方法

草坪绿地常见病害的防治方法,见表11-2。

表11-2 草坪绿地常见病害的防治方法

病名	危害对象	防治方法
褐斑病(立枯丝核菌病)	所有草坪草	①在高温高湿天气来临之前或期间,要少施或不施氮肥,施入一定量的磷、钾肥。避免串灌和漫灌,特别强调避免傍晚灌水。在草坪出现枯斑时,应在早晨尽早去掉吐水(或露水),以减轻病情。及时修剪,夏季剪草不要过低(一般在5~6厘米)。过密草坪要适当打孔、疏草,以保持通风透光。②枯草和修剪下的残草要及时清除,保持草坪清洁卫生。③选育和种植耐病草种,目前,虽没有很好的抗病品种,而草种、品种间有明显的抗病性差异,如粗茎早熟禾较抗病。④药剂防治选用甲基立枯灵、五氯硝基苯、粉锈宁等0.2%~0.4%药剂拌种,或进行土壤处理。成坪草坪要抓紧早期防治,北京地区防治褐斑病的第一次用药时间最好在4月底或5月初。可用代森锰锌、百菌清、甲基托布津、50%灭霉灵可湿性粉剂、3%井冈霉素水剂等800~1 000倍液喷雾,也可用灌根或泼浇法,控制发病中

续表 11-2

病 名	危害对象	防 治 方 法
腐霉枯萎病（油斑病、絮状疫病）	所有草坪均感此病，冷季型草坪草受害严重	①改善草坪立地条件，建植前要平整土地，粘重土壤或含沙量高的土壤需要改良，要设置排水设施，避免雨后积水，降低地下水位。良好的土壤排水条件能有效地防治腐霉枯萎病。在排水不良、过于密实的土壤中生长的草坪草根系较浅，大量灌水会加重腐霉枯萎病的病情，良好的通风也有助于防治该病。②合理灌水，要求土壤见湿见干，无论采用喷灌、滴灌或用皮管灌水，要灌透水，尽量减少灌水次数，降低草坪小气候相对湿度。灌水时间最好在清晨或午后。任何情况下都要避免傍晚和夜间灌水。③加强草坪管理，及时清除枯草层，高湿季节有露水时不修剪，以避免病菌传播。平衡施肥，避免施用过量氮肥，增施磷肥和有机肥。氮肥过多会造成徒长，加重腐霉枯萎病的病情。④种植耐病品种，提倡不同草种或不同品种混合建植，如高羊茅、黑麦草、早熟禾按不同比例混合种植。⑤药剂防治，用0.2%灭霉灵或杀毒矾药剂拌种，是防治烂种和幼苗猝倒的简单、易行和有效的方法；高温高湿季节可选择800～1 000倍液（具体浓度按药剂说明）甲霜灵、乙膦铝、杀毒矾和甲霜灵·锰锌等药剂，进行及时防治控制病害。为防止产生抗药性，提倡药剂混合或交替使用
夏季斑枯病（夏季斑或环斑病）	可侵染多种冷季型草坪草，其中以草地早熟禾受害最重	①夏季斑枯病是根部病害，凡是能促进根生长的措施都可减轻病害的发生。避免低修剪（一般不低于5～6厘米），特别是在高温时期。最好使用缓效氮肥，如含有硫黄包衣的尿素或硫铵。要深灌，尽可能减少灌溉次数。打孔、疏草、通风、改善排水条件、减轻土壤紧实等均有利于控制病害。②选用抗病草种（品种）或混合抗病草种（品种）种植，改造发病区是防治夏季斑枯病的最有效而经济的方法之一。不同草种间抗病性的差异表现为：多年生黑麦草＞高羊茅＞匍茎翦股颖＞硬羊茅＞草地早熟禾。③化学防治，用0.2%～0.3%的灭霉灵、杀毒矾、甲基托布津等药剂拌种；用500～1 000倍液（或根据具体药剂的说明）灭霉威、杀毒矾、代森锰锌等药剂喷雾，均可取得较好的效果。防治的关键时期，应基于以预防为目的的春末和夏初、土壤温度定在18℃～20℃时使用

续表 11-2

病名	危害对象	防治方法
镰刀枯萎病	可侵染多种草坪草，如早熟禾、羊茅、翦股颖等	①种植抗病、耐病草种或品种。草种间的抗病性差异明显，如翦股颖＞草地早熟禾＞羊茅。提倡草地早熟禾与羊茅、黑麦草等混播。②用 0.2%～0.3%灭霉灵、绿亨一号、代森锰锌、甲基托布津等药剂拌种。在发生根颈腐烂始期，可施用多菌灵、甲基托布津等内吸杀菌剂。③提倡重施秋肥，轻施春肥，增施有机肥和磷、钾肥，控制氮肥用量。④减少灌溉次数，控制灌水量，以保持草坪既不干旱亦不过湿。斜坡易干旱，需补充灌溉。⑤及时清理枯草层，使其厚度不超过 2 厘米。病草坪剪草高度应不低于 4～6 厘米。保持土壤 pH 值在 6～7 之间
钱斑病（币斑病、圆斑病）	主要侵染早熟禾、巴哈雀稗、狗牙根、细叶羊茅、细弱翦股颖、多年生黑麦草、草地早熟禾、钝叶草、结缕草等	①轻施、常施氮肥，使土壤中维持一定的氮肥水平，是最好的防病方法。提倡浇透水，尽量减少浇水次数，不要在傍晚浇水。高尔夫球场草坪用竹竿或软管去除露水，防止币斑病。不要频繁修剪，修剪高度不宜过低，保持草坪的通风透光。②匍茎翦股颖、早熟禾中还没有较好的抗病品种，下列品种容易感病：早熟禾中的 Nuggett，Sydsport；紫羊茅中的 Dawson；多年生黑麦草中的 Manhattan 和结缕草的 Emerald。③适时喷洒 800～1 000 倍的百菌清、粉锈宁、丙环唑等药剂
全蚀斑块病	翦股颖属草坪草受害最重，也可侵染羊茅和早熟禾属	①使用酸性肥料，如硫酸铵。均衡施肥，增施磷肥和钾肥。如果要改良土壤，确实需要使用石灰时，也只能使用最粗糙的石灰（20～30 目之间）以避免急剧地改变土壤 pH 值。保持草坪优良的排灌水系统。②对于高尔夫球场，只有小面积发病时，最好是移走病草，换上新土后再种上新的草皮。③由于草种间有明显的抗病性差异，因此，要重视抗病草种的选用。不同草种的抗病性顺序为：紫羊茅＞草地早熟禾＞粗茎早熟禾＞绒毛草＞多花黑麦草＞多年生黑麦草＞早熟禾＞翦股颖。④用 0.1%～0.3%粉锈宁、立克锈（戊唑醇）等三唑类药剂拌种。发病初期可用上述药剂 1 500 倍液（按药剂说明）泼浇、灌根或喷施，也能较好地控制病情

续表 11-2

病名	危害对象	防治方法
德氏霉叶枯病（根腐病）	可侵染多种草坪禾草	①把好种子关，播种抗病和耐病的无病种子，提倡不同草种或品种混合种植。②适时播种，适度覆土，加强苗期管理，以减少幼芽和幼苗发病。合理使用氮肥，特别避免在早春和仲夏过量施用，增施磷、钾肥。③浇水应在早晨进行，不要傍晚灌水。避免频繁浅灌，要灌深、灌透，减少灌水次数，避免草坪积水。④及时修剪，保持植株适宜高度，绿地草坪最低的高度应为 5~6 厘米。⑤及时清除病残体和修剪的残叶，经常清理枯草层。⑥化学防治，播种时用种子重量 0.2%~0.3%的 25%三唑酮可湿性粉剂或 50%福美双可湿性粉剂拌种。草坪发病初期用 25%敌力脱乳油、25%三唑酮可湿性粉剂、70%代森锰锌可湿性粉剂、50%福美双可湿性粉剂、12.5%速保利可湿性粉剂等药剂喷雾。喷雾量和喷药次数，可根据草种、草高、植株密度以及发病情况不同，参照农药说明确定
离蠕孢叶枯病（根腐病）	主要侵染画眉草、豆科和黍亚科草坪草	同德氏霉叶枯病
弯孢霉叶枯病（凋萎病）	主要侵染画眉草、早熟禾和豆科草坪草	同德氏霉叶枯病
喙孢霉叶枯病（云纹斑病）	主要危害羊茅、早熟禾、鸭茅、黑麦草和翦股颖	同德氏霉叶枯病

续表 11-2

病名	危害对象	防治方法
锈病	所有的草坪禾草均能感染，危害程度以多年生黑麦草、高羊茅和草地早熟禾等为最重	①种植抗病草种和品种，并进行合理布局。草种和品种间对锈病存在明显的抗病性差异，在建植草坪时应选择抗病的草种和品种，并提倡不同草种或多品种混合种植，如草地早熟禾、多年生黑麦草和高羊茅(7：2：1)的混播，或草地早熟禾不同品种的混播。②科学的养护管理，增施磷、钾肥，适量施用氮肥。合理灌水，降低田间湿度，发病后适时剪草，减少菌源数量。③化学防治，以三唑类杀菌剂防治锈病效果好、持效期长。常见品种有粉锈宁、羟锈宁、特普唑(速宝利)、立克锈等。可在播种时按每千克种子用三唑类纯药 0.02～0.03 克拌种，或生长期喷雾。一般在发病早期(以封锁发病中心为重点时期)，常用 25％三唑酮可湿性粉剂 1 000～2 500 倍液、12.5％特普唑可湿性粉剂 2 000 倍液等喷雾。通常在修剪后，用 15％粉锈宁乳剂 1 500 倍液喷雾，间隔 30 天后再用 1 次，防治锈病效果可达 85％以上
黑粉病	翦股颖、黑麦草、早熟禾易感病，其中以草地早熟禾为甚	①种植抗病草种和品种，更新或混合种植改良型草地早熟禾品种，能有效地控制病害。②播种无病种子，使用无病草皮卷和无病无性繁殖材料。③用 0.1％～0.3％三唑酮、三唑醇、立可秀等药剂喷雾。④适期播种，避免深播，缩短出苗期
白粉病	可侵染狗牙根、草地早熟禾、细叶羊茅、匍茎翦股颖等多种草坪禾草，以早熟禾、细叶羊茅和狗牙根发病最重	①种植抗病草种和品种，并合理布局，是防治白粉病的重要措施。品种抗病性根据反应型鉴定：免疫品种不发病；高抗品种叶上仅产生枯死斑或者产生直径小于 1 毫米的病斑，菌丝层稀薄；中抗品种病斑较小，产孢量较少。多年生黑麦草和早熟禾及草地早熟禾的 Nugget 和 Bensu 两个品种比较抗病。②三唑类杀菌剂防治锈病效果好、持效期长。常见品种有粉锈宁、羟锈宁、特普唑、立克锈等。可在播种时用三唑类纯药 0.02％～0.03％拌种，或生长期喷雾。一般在发病早期(以封锁发病中心为重点时期)，通常在修剪后用 25％三唑酮可湿性粉剂 2000～2500 倍液、12.5％特普唑可湿性粉剂 500 倍液、70％甲基托布津可湿性粉剂 1000～1500 倍液、50％退菌特可湿性粉剂 1000 倍液等。③降低种植密度，适时修剪，注意通风透光，减少氮肥，增施磷钾肥，合理灌水，不要过湿过干

续表 11-2

病名	危害对象	防治方法
炭疽病	主要侵染多年生早熟禾和匍茎翦股颖	①适当均衡施肥,避免在高湿或干旱期间使用含量高的氮肥,增施磷、钾肥。②避免在午后或晚上浇水,应深浇水、浇透水,尽量减少浇水次数。③保持土壤疏松,减少紧实程度。④适当修剪,及时清除枯草层。⑤种植抗病草种和品种。⑥发病初期用杀菌剂控制,以百菌剂、乙磷铝500~800倍液喷雾,可取得较好的防治效果
红丝病（红线病）	严重危害翦股颖、羊茅、黑麦草、早熟禾和狗牙根等属草坪草	①保持土壤肥力充足,增施氮肥有益于减轻病害,但应避免过度。②土壤的pH值应维保持在6.5~7。③及时浇水,以防止草坪上出现干旱,应深浇,尽量减少浇水次数,浇水时间应在早晨,特别要避免傍晚浇水。④避免蔽荫,增加光照和空气流通。⑤适当修剪,及时收集剪下的碎叶,集中处理,以减少菌量。⑥种植抗病草种和品种。⑦发病初期可用代森锰锌、福美双等药剂喷雾,进行必要的化学防治
霜霉病（黄色草坪病）	主要危害黑麦草、早熟禾、羊茅、翦股颖多种草坪禾草	①确保良好的排水条件,灌溉或降雨后及时排除草坪表面过多的水分。②合理施肥,避免偏施氮肥,增施磷、钾肥。③发现病株及时拔除。④用0.2%~0.3%的瑞毒霉、乙磷铝、杀毒矾等药剂拌种,或用1500~2000倍液喷雾,都可取得较好的防治效果
白绢病（南方枯萎病、南方菌核腐烂病）	主要危害翦股颖、羊茅、黑麦草、早熟禾及马蹄金等	防治白绢病以精细管理为基础,适时清除枯草层,提高土壤通气性,施用石灰改良酸性土壤,将土壤酸碱度提高到pH值8以上,加强水肥管理,提高植株生活力。必要时可用扑海因、杀毒矾等药剂喷雾,以控制病害
褐条斑病	危害所有草坪草	一般可不防治或不单独防治。严重发病地区,可用福美双、百菌清药剂拌种和发病期喷雾

续表 11-2

病 名	危害对象	防 治 方 法
壳二孢叶斑病和叶尖枯病	主要感染早熟禾亚科、画眉草亚科和黍亚科草坪草	①虽然修剪有利于发病,但是,不合理的留茬高度,会造成比该病更为严重的危害。因此,必要的修剪还要进行,但不要在清晨有露水时修剪,并要维持一定的高度。②浇水最好在清晨,应深浇,浇水的次数应尽可能少,以不造成干旱为准。③避免偏施氮肥,注意增施磷、钾肥,保持草坪草健康生长。④病害常发生的地方或病情严重时,可用代森锰锌、甲基托布津、杀毒矾等药剂防治
尾孢叶斑病	易侵染翦股颖、狗牙根、羊茅、钝叶草等	①防治的关键是浇水,浇水应在清晨,避免晚上浇水,要深浇,尽量减少浇水次数。②合理施肥,出现显著危害时,应稍微增施化肥。③保持草坪周围空气流通。④钝叶草中有几个抗病品种,种植时要重视使用。⑤必要时用代森锰锌、多菌灵、甲基托布津进行喷雾防治
壳针孢叶斑病	主要寄生早熟禾、黑麦草、羊茅、翦股颖、狗牙根等禾草	①增施有机肥和适时施用化肥,保持草坪有一定的营养水平。②谨慎使用生长调节剂。③必要时可用代森锰锌、多菌灵、甲基托布津进行喷雾防治
灰斑病(瘟病)	主要危害钝叶草属狗牙根、假俭草、雀稗等属草坪草,翦股颖、羊茅和狼尾草也偶尔感病	①避免偏施氮肥,增施磷、钾肥。②强调合理灌水,要求早晨灌水,避免傍晚灌水,尽量灌深透灌,减少灌水次数。③防止土壤紧实,保持草坪通风透光。④适时使用代森锰锌、多菌灵、甲基托布津等药剂进行防治。⑤种植抗病品种和抗病草种

续表 11-2

病名	危害对象	防治方法
铜斑病	主要侵害剪股颖、狗牙根、结缕草及早熟禾亚科的禾草	①避免过量使用氮肥,适当增施磷、钾肥。②改良土壤,使 pH 值维持在 7 或略高,有利减轻病害。③发病初期及时使用代森锰锌、多菌灵、甲基托布津等杀菌剂,可起到较好的防治效果
黑孢枯萎病	仲夏主要侵染多年生黑麦草、紫羊茅和草地早熟禾,春季和初夏则侵害钝叶草	①精心管理,充足、均衡施肥。②深灌,尽可能减少灌溉次数,避免晚上浇水。③潮湿有露水时不要修剪。④炎热潮湿天气不要使用除草剂或移植草皮。⑤种植抗病品种。⑥病害严重时使用杀毒矾、乙磷铝等杀菌剂防治
春季死斑病	主要危害狗牙根和杂交狗牙根,其次为结缕草	①种植抗寒品种或用多年生黑麦草、高羊茅和抗病的草地早熟禾。②保持充足的肥料和氮、磷、钾肥合理施用。③适时用化学防治措施,可有效地控制病害
雪霉叶枯病	主要危害冷凉地型的草坪草	①种植无病种子,可用三唑类药剂拌种。②均衡施肥,增施磷、钾肥。③改善草坪立地条件,避免低洼积水,合理灌水,及时清除枯草层。④适时进行化学防治,可用多菌灵、甲基托布津 500~800 倍液或三唑类 1000~2000 倍液喷雾
粘霉病	可侵染任何草坪草	一般不需要防治。可用水冲洗叶片或修剪。发病严重时也可用药剂防治
黑痣病(黑斑病)	可侵染大多数草坪草	一般可不用防治,严重时可试用一些杀菌剂

续表 11-2

病 名	危害对象	防 治 方 法
病毒病害	可在多种禾草上寄生	①将抗病草种和品种混合种植,这是防治病毒病的根本措施。钝叶草的一个新品种 Floratam 除抗钝叶草衰退病外,还能抗一种对钝叶草毁灭性的害虫。其主要不足是不耐低温逆境。②治虫防病是防治虫传病毒病的有效措施,可通过治虫来达到防病的目的。③精心管理、科学养护,能有效地减轻草坪病害。但钝叶草的衰亡和最终损失是不可避免的。避免干旱胁迫,平衡施肥,防治真菌病害等措施均有利于减少病毒病危害。灌水可以减轻线虫传播的病毒病害。④目前,没有直接防治病毒病的化学药剂,可试用抗病毒诱惑剂,如 NS-83 等
细菌病害	广泛寄生于草坪禾草,如匍茎剪股颖、狗牙根、草地早熟禾、早熟禾和多年生黑麦草等	①种植抗病品种并采取多品种混合播植是防治细菌萎蔫病害的关键措施。匍匐剪股颖 Toronto(C-lS)、Nimisilla,Cohancey 品种和狗牙根 Tifgreen 品种易感病。②精心管理,合理施肥,注意排水,适度剪草,避免频繁表面覆沙等措施,都可减轻病害。③抗生素如土霉素、链霉素等对细菌性萎蔫有一定的防治效果。要求高浓度、加大液量,一般有效期可维持 4~6 周。由于价格昂贵,只能在高尔夫球场作为发病时的急救措施,而真正解决问题的惟一办法还是在草坪补种抗病品种

第十二章　草坪绿地虫害及防治

第一节　草坪绿地害虫

一、线　虫

　　线虫又称蠕虫。是种类繁多的线形低等动物,存在于土壤中,以真菌、细菌、小型无脊椎动物及高等植物的组织、器官为食。寄生草坪草的线虫个体都较小,长 0.3~1 毫米,宽 0.015~0.035 毫米。虫体长,半透明,肉眼不易看见。线虫大都生活在土壤耕作层中,从地面到 15 厘米的土层内线虫最多,尤其在草坪草的根际更多。在高温潮湿又通气的土中,线虫活动性强,养分消耗快,存活时间短;在低温干燥的土壤中,其寿命相对延长。线虫在土壤中自动蠕动,活动范围极其有限,一个生长季节也很少超过 1 米。线虫的传播力很强,能通过土壤及植物组织的运输、土壤中的外寄主、土壤耕作机具、牲畜、移动的风沙等多种途径传播。强烈的风暴可将线虫传到 200 公里以外。根据电子计算机模拟计算,当风速大于 3 米/秒,线虫可传出 10 公里(高 10 米)。

寄生草坪草的线虫主要危害植株根系和地下器官(个别线虫也伤害地上器官)。线虫的口针在取食时刺伤草坪草组织,口针的分泌物对草坪草的细胞和组织起着多方面的损害作用,从而使草坪草产生诸如巨形细胞、肿瘤、畸形等多种病变,有的能抑制植株顶端分生组织,引起枯死,有的降解中胶层,溶解细胞壁,引起组织坏死,总体上引起全株生长不良,使草坪草矮化、变黄。此外,线虫造成的伤口常为土壤真菌病原物的侵染提供方便。因此,一些草坪草常因线虫群体的大量寄生而产生严重损害。线虫危害通常发生在亚热带和热带砂质土壤,在其他条件下引起草坪衰退作用的机制尚未完全查清。草坪中常见的线虫及特征见表 12-1。

线虫分布于整个根层土壤中及植物的根上和根内,因而给防治带来一定的困难,用农药往往达不到完全根除的目的。适当地施用杀线虫剂,可减少其破坏性,尤其可减轻外寄生性线虫的危害。

常用的杀线虫剂有熏杀剂和触杀剂 2 类。熏杀剂是在土壤中迅速产生有毒气体,杀灭效果最好,而对草坪毒性也较高,通常只在种植前使用。常用的熏杀剂有溴化钾、三氯硝基甲烷、威百亩和氰土利。触杀剂必须在浸透草坪草根带才能起作用,只有与线虫直接接触时才能有杀灭能力。该类常用的药剂有二嗪农、内吸磷、灭克灵、克线磷和丰索磷等。

杀线虫剂施入后应立即灌水,以减少草坪草叶面的灼伤,用撒播机施颗粒制剂较为安全。

杀线虫剂在春季草坪草开始生长时或秋季土温在13℃～16℃时使用效果较好。施药时配合土壤中耕,可提高杀灭效果。

防止线虫传入草坪,避免感染是更主要的一种防治线虫危害的方法。采用无线虫的建植材料(草皮、种子),注意草坪地的清洁卫生,做好耕作机具的消毒等,都是有效的防治措施。

表12-1 常见草坪草线虫的特征及防治措施

类别	名称	特征	危害	防治
内寄生线虫	囊肿线虫	包括多个异皮属的种,小的白色珍珠状的雌体附着在根上,柠檬状的雌虫死亡后,变成棕褐色,形成褐色囊肿。春天囊中的卵孵化为幼虫进入根部,交配后身体膨胀而撕破整个根的表皮	枝条矮化和褪绿	播种前用土壤熏蒸剂,如乙烯二溴、溴化钾、三氯硝基甲烷、氰土利和二氯丁二烯等进行熏蒸
	类囊肿线虫	特征与囊肿线虫完全相同	枝条矮化和褪绿	播种前用乙烯二溴、溴化钾、三氯硝基甲烷、氰土利和二氯丁二烯等熏蒸土壤
	根结病线虫	产生特殊肿胀或柿子状、大小不同的瘿	枝条矮化和褪绿	播种前用土壤熏蒸剂熏蒸土壤
	侵入斑线虫	侵入草坪草根的外皮,引起棕褐色或黑色的病斑	感染的组织被真菌或细菌所寄生,最后引起外皮剥离和死亡。又由于线虫是最大群体,可导致整个根系崩溃	播种前用土壤熏蒸剂熏蒸土壤

续表 12-1

类别	名称	特征	危害	防治
外寄生线虫	钻眼线虫	分布于热带和亚热带地区。其特征与侵入斑线虫相同		播种前用土壤熏蒸剂熏蒸土壤
	螺旋形线虫	采食幼根,栖息于根际土壤,静止时呈"C"字状	引起草坪活力下降、褪绿和根的损伤,在寒冷地带促进草地早熟禾的休眠	加强草坪的培育管理,维持草坪的旺盛生长,能减少外寄生线虫危害,在多发区使用杀虫剂也能收到良好效果
	螯针线虫	是最大的食草坪草线虫	引起褪绿和根畸形	
	矮小线虫		引起根萎缩,不具病痕	
	网状线虫	最小的植物寄生线虫	感染后使植株矮化,分枝过多。在过多分枝和变短的根上有着明显的病根	
	殊根线虫	是较小的线虫,在根上出现深的、黑色的不规则病痕,尤在根尖附近明显	引起褪绿和降低活力,使细胞分裂减少	
	剑形线虫	产生根腐和红棕色到黑色的根病变	引起植株矮化和褪绿	
	矛状线虫	具矛状螯针,引起黑色病变,最后根的外皮组织脱落,是草坪常见线虫	引起植株矮化和褪绿	
	针状线虫		使根变短粗,皮增厚,根尖变弱	
	钻子线虫		使草坪草矮化,外皮发生病变,使根尖变弱	

二、害　虫

草坪害虫采食植物,传播疾病,给植物带来危害,防治害虫是草坪养护的重点工作之一。

草坪害虫主要是通过咀嚼和刺吸残食草坪草,吞食草坪草的组织和汁液,有时也放出有毒物质,抑制草坪草的正常生长。按害虫对草坪草的危害方式,可分为食根害虫、食枝条害虫和掘穴害虫3大类。草坪草常见的害虫见表12-2。

依据草坪害虫的栖息、取食部位、生态条件,可将草坪害虫划分为土栖类、食叶类、蛀茎潜叶类和刺吸类4个生态类型。有些是历年发生的严重害虫,有些是偶发性害虫,有些是次要害虫,有些是潜在性害虫。潜在性害虫则可能随生态条件改变,气候的变迁,转变为重要害虫。因此,在草坪管理中,既要重视灾害性害虫的防治,又要关注潜在性害虫的发生动向。

表 12-2　常见危害草坪草的害虫

类别	名称	特征	危害
食根害虫	蛴螬	是鞘翅目金龟子的幼虫,成虫一般不采食草坪草,其新月状幼虫贪婪地咀嚼草坪草的根,尤其在夏末和秋天最甚	损伤草坪草根系,造成危害,甚至死亡
	象虫		采食草坪草的根和茎,夏天受害的植株变棕褐色,在采食处出现铁屑状虫粪,晚上最活跃,此时到达地面采食
	金针虫	圆柱状,硬质,长约 2.5 厘米,在土壤中生活 2~6 年,其成虫为叩头虫	咀嚼草根

续表 12-2

类别	名称	特征	危害
食枝条害虫	草坪野螟	是草坪蛾的幼虫,在生长季繁殖2代,以幼虫形式越冬,在受害区地面有被残食的叶鞘,在芜枝层上有绿色粪便积累	咀嚼叶鞘基部附近的叶
	粘虫	为3厘米左右长短的毛虫,身体侧面有明显的条纹,晚上采食禾草种子,在生长季节可繁殖1~6代	咀嚼草叶,严重的可毁灭整个草坪
	地老虎	是夜蛾的幼虫,长3~5厘米,生长季节可繁殖1~4代	咀嚼草坪表面及地表下禾草枝条
	草坪草象	与甲虫有亲缘关系,不同之处在于具有长而细的喙,长约3厘米	采食1年生早熟禾的茎叶,钻空或从基部切断禾草
	长蝽	用口器插入禾草枝条内吸食汁液,长1厘米左右,黑色,具白色折叠的翅,生长季内可繁殖1~5代	吸食时将唾液注入植株,在干热的条件下,使受害草坪褪绿,最后死亡
	蚜虫	为淡绿色,长0.4厘米的软体昆虫,靠口器刺入植物体(叶片)吸取汁液,同时将唾液注入叶内,引起危害,蚜虫为孤雌胎生,成熟较快	在草坪上可看到蚜虫以密集的群体采食,在遮荫处尤甚,受感染的草坪草呈黄色,然后枯黄,最后呈棕褐色,植株死亡
	瑞典秆蝇	是细小光亮黑蝇,成虫长0.2厘米左右,幼虫长约0.3厘米,钻入植株茎里,在组织内越冬,在生长季内繁殖几代	在炎热干燥的气候下,感染植株会死亡
	叶蝉	小型,具跳跃能力,长约0.5厘米,呈楔形	成虫和幼虫都吸取禾草枝条的汁液,引起褪绿,妨碍生长,禾草幼苗被严重损害,以致需重播

续表 12-2

类别	名称	特征	危害
食枝条害虫	螨类	体小型或微小型,常生活于植株叶片上,刺吸植物汁液	采食草坪草,引起叶斑,不断采食会引起褪绿,以致死亡
	介壳虫	是极小的害虫,经常用壳状的覆物保护自己,用针状口器采食,被害植株具苍白或发霉的外观	引起草坪草凋萎,死亡
掘穴害虫	蚂蚁	是群居于地下巢穴中的昆虫	群居于草坪时,挖出大量土壤,在地表形成土堆,破坏草坪的一致性,在刚播种的位点,还会搬走种子
	周期蝉	是稀有长寿命的昆虫,幼虫经13~17年从洞中爬出,羽化为成虫	出洞的成虫采食草坪草,另又在草坪上产生大量的、新的小洞
	杀蝉泥蜂	是周期蝉的捕食者	可在草皮上形成土堆

第二节 草坪绿地虫害防治

一、草坪绿地虫害防治的基本途径

草坪害虫防治并不是要求将害虫彻底消灭,而是要求把害虫的发生数量控制在不足以造成草坪经济损失的范围内。如果害虫造成了草坪的经济损失,就是说形成了虫害。在草坪生态系统中,残食草坪的害虫种类很多,如果从已有的草坪害虫名录来看,有几十种,甚至上百种,而造成草坪经济损失的虫害种类却只有几种,即常称为防治对象的害虫。

草坪发生虫害,需要一定的条件。首先,必须有害虫的来源(简称虫源),而在相同的环境条件下,虫源发生基数愈多,发生虫害的可能性越大。其次,害虫必须在有利其生长繁殖的环境条件下,才能繁殖发展到足以危害草坪绿地的种群数量。第三,有些害虫只能在其寄主草坪绿地植物一定的生育期才能危害,或在此期间危害程度更为严重。

从消除虫害发生的原因出发,防治害虫的主要途径有三个方面。

（一）**调节田间的害虫与其天敌种群数量**　即减少害虫的种类与数量,增加有益生物(害虫的天敌)的种类与数量。

（二）**控制害虫种群的数量**　使其被抑制在足以造成草坪绿地经济损失的数量水平之下。具体措施可以从三方面考虑。

1. 消灭或减少虫源　实行植物检疫,防止国外或外地的危险性害虫等传入本国或本地。进行越冬防治,压低害虫翌春的发生基数。

2. 恶化害虫生长繁殖的环境条件　改进建植技术,使草坪环境不利于害虫的生活,栽植抗虫草坪草种,保护害虫天敌,使其发挥更大的抑制害虫的作用等。

3. 在害虫未大量发生危害以前加以控制　及时施用抗虫农药,人工释放害虫的天敌,采用有效的物理、机械防治措施等。

（三）**调节草坪绿地植物的生育期**　把草坪草的旺盛生育期与害虫盛发期错开,使草坪绿地避免或减轻受害。

二、建植防治

（一）**建植防治的特点**　建植防治法就是将草坪生态系统中害虫(益虫)、草坪绿地植物、环境条件三者之间的关系结合起来,有目的地改变草坪绿地的环境条件,使之不适于害虫生长繁殖,而有利于草坪草的生长发育,或是直接对害虫虫源和种群数量起到经常的控制作用。即是把防治害虫技术与草坪建植技术结合起来,采用不利于害虫生长的建植措施,从生态条件上抑制害虫的繁殖与发展。

　　害虫的发生消长与外界环境条件有密切关系,草坪害虫是以草坪绿地植物为中心的生态系统中的一个组成部分。因此,草坪绿地环境中,其他任何组成部分的变动都会直接或间接地影响草坪害虫种群的数量。环境条件对害虫不利就可以抑制害虫的生长繁殖,从而避免或减轻虫害。草坪绿地本身是害虫的一个主要生存条件,而建植方式、建植技术措施的变动,不仅影响草坪生长发育,并且也影响其他环境条件,如土壤、小气候、害虫的天敌消长等,从而又直接或间接地对害虫的发生及消长有所影响。因此,深入掌握建植方式、养护管理等技术措施与害虫消长关系的规律,就有可能在草坪正常生长的前提下,减少害虫来源。另一方面,还应考虑在与保持草坪正常生长不矛盾的前提下,不要给已有害虫造成有利的繁殖条件,防止其发展,并注意阻止新的害虫传入。

　　必须指出,建植防治法也有其局限性:①草坪建植的设计和建植技术的采用,首先应满足草坪绿地植物正常的生育条件和草坪绿地使用功能的要求,不能单独从害虫防治考虑,因此,有时对草坪正常生长的要求与害虫的防治措施会产生矛盾。②采用草坪建植技术措施必须全面考虑,权衡利弊,因地制宜使用。同时,建植防治的作用较缓慢,因而常不被重视,这就需要做好宣传工作,否则不易为草坪管理者所接受。③建植防治所采用的具体措施,地域性、季节性较强,防治效果也不如化学防治快。因此,在害虫已大量发生危害时,还要采用其他防治措施。

　　(二)建植防治措施及对害虫的防治作用　　建植防治措施对害虫的发生和消长影响是多方面的。每一项措施对害虫发生、消长作用的大小,又受到多种条件的制约,因此,在建植中采用的措施,必须全面分析其优缺点,使用中还应与其他防治技术互相协调,才有可能收到显著的效果。目前常采用的一些建植防治措施,有以下几个方面:

　　1. 兴修水利,改变草坪的生态环境　　自然生态条件发生重大变化,必然引起生物群落的改变,可破坏害虫的适宜生长环境,从而抑制害虫的发生发展,甚至达到根治的要求。例如我国黄、淮、海河以及内涝湖泊的治理,大片荒地的开垦,对消除飞蝗的发生源地起了决定性的作用。

2. **整地措施** 不少种类的害虫在其生育过程中,有的阶段要和土壤密切接触,很多地下害虫,对草坪的危害都是在土壤中进行的。因此,土壤不仅是草坪生长的基质,同时也是许多害虫的生活和栖息场所。土壤环境的变化不但影响草坪植物的生长发育,也影响害虫的发生繁殖。整地耕翻是不可缺少的草坪建植技术措施。其对害虫的影响作用主要是:直接将地面或浅土中的害虫深埋,使其不能出土,或将土中害虫翻出地面,使其暴露在不良气候或天敌侵袭之下而死亡,或在翻耕过程中直接杀死一部分害虫。翻耕可以改善土壤理化性状,调节土壤温度,提高土壤保水保肥能力,有利于草坪草健壮生长,增强抗虫能力,而减轻虫害。

必须指出,耕翻整地对害虫作用的大小还受多方面的因素影响,具体效果与害虫的种类、耕作时期、深度、方法、工具、耕后的处理都有关系,在有些情况下,翻耕不当反而会形成有利于害虫的环境条件。

3. **合理施肥** 合理施肥对防治害虫也能起多方面的作用:①改善草坪的营养条件,提高草坪的抗虫能力。②促进草坪草的生长发育,避开害虫的大量发生期或加速植株虫伤部位的愈合。③改变土壤性状,使土壤中害虫的环境条件恶化。④直接杀死害虫。

4. **改进播种方法** 播种期、播种密度、播种深度等有关播种技术,对害虫的发生及危害均有影响。在草坪建植防治中,调节播种期、改变草坪绿地植物生育期,是常常应用的害虫防治措施。运用这种措施,通常在以下几种情况下有可能取得较好的效果:①草坪播种期的伸缩范围较大,易受害虫危害期又较短时。②害虫的食性专一,危害期短,虫态又较整齐时。当然,具体运用时应考虑当地的气候条件、草坪类型和草坪草品种的特性及主要害虫发生危害的特点。

5. 加强草坪管理　加强草坪管理对草坪草生长发育有利,对害虫生长繁殖不利。草坪清洁是草坪管理的重要一环,是防治害虫有效的措施之一。草坪的枯枝落叶、落果、遗株及各种草坪残余物中,往往潜藏着不少害虫和虫卵,在冬季又常是害虫的越冬场所;草坪杂草和附近的杂草,常是害虫的野生寄主、蜜源植物、越冬场所,也常是害虫在草坪幼苗出土前后的食料来源。因此,清除植物的各种残余物,清除杂草,对防治害虫具有重要的意义。

三、生物防治

(一)害虫生物防治的概念　害虫生物防治是利用生物的代谢产物和天敌来控制害虫种群,使其不能造成危害的一种方法。在自然界,一种生物的存在总与别的生物的存在相互联系在一起,其中任何环境发生变化,必然引起其他环节也发生变化。因此,在一定的草坪生态系的范围内,害虫的种群与其天敌也是相互关联的,人为地加大害虫天敌种群,就可增强其控制害虫种群的力量,就有可能把害虫种群数量压低到不能对草坪造成损害的水平。对害虫的生物防治,其道理就是这样的。

(二)害虫生物防治的内容　主要包括以虫治虫、以菌治虫及其他有益动物的利用。还包括造成害虫不育、利用自然的或人工合成的昆虫激素防治害虫等。

1. 利用天敌昆虫防治害虫　利用天敌昆虫防治害虫的主要途径有以下几个方面:

(1)自然天敌昆虫的保护　自然界中天敌昆虫的种类很多,但常受到不良环境如气候、生物及人为的影响,使这些天敌昆虫不能充分发挥其抑制害虫的作用。因此,通过改善或创造有利于自然天敌昆虫生育的环境条件,促进天敌昆虫增殖,扩大种群,其治虫效果是十分明显的。保护自然天敌昆虫主要可采取以下一些措施:

①应用建植技术措施进行保护：通过改变草坪小气候，提供天敌昆虫的补充寄主，使天敌昆虫有足够的食料，降低死亡率，提高寄生率，增加田间天敌昆虫数量。

②合理施用农药：主要目的是避免化学药剂对天敌昆虫的杀伤。具体办法可采取选用对天敌昆虫影响较小的药剂，尽量少用毒性强、残效长、杀虫范围广的广谱性农药；选择对害虫最为有效，足以致死的药剂；改进施药方法，例如使用内吸剂拌种、涂茎、灌根、颗粒剂等隐蔽施药的方式，均对天敌较为安全。有条件的地方还可采取带状施药、隔行轮流施药的方法，以利保护天敌。

(2) 天敌昆虫的繁殖与释放　用人工的方法，大量繁殖与释放天敌昆虫，以弥补自然界中天敌数量的不足，促使在害虫尚未大量发生危害之前，就受到天敌的控制。

人工繁殖害虫天敌关键的是要有适宜的培育用寄主(亦即转换寄主的选择)。释放天敌昆虫掌握好释放时期、方法和数量。释放前的保存要繁殖饲养，防止生活力退化，饲养方法要经济简便。理想的转换寄主应该是：①能为天敌昆虫所寄生、捕食，并能顺利生长发育。②寄主的体积较大，其内含物也有利于天敌发育。③对卵寄生的天敌昆虫则要求寄主卵的卵壳较坚韧不易扁缩，并且寄主产卵量大。④寄主的食料易于取得。⑤寄主年生代数较多，并易于饲养管理。

(3) 天敌昆虫的引进和移殖　从外地引进有效的天敌昆虫来防治本地的害虫，在生物防治的实践中，有不少成功的实例。引进天敌昆虫应当做好：①确定要防治害虫的原产地，尽量在原产地寻找有效天敌。②要防治的害虫发生数量少的地区，要搜集有效天敌。③充分了解引进天敌在原产地或发生地的气候、生态等情况等。

引进的天敌昆虫，应选繁殖力强、繁殖速度快、生活周期短、性比大、适应能力强，寻找寄主的活动能力大，并和害虫的生活习性比较相近的。

2. 利用微生物防治害虫 微生物种类较多，有真菌、细菌、病毒、立克次体、原生动物和线虫等，其中真菌和细菌应用较为广泛。

(1) 细菌 对害虫致病的细菌种类以芽孢杆菌、无芽孢杆菌、球杆菌最多。这类杀虫细菌的作用效果，首先与选用的菌种有关，其次使用条件也会影响效果。例如紫外线照射能使细菌失去活力，因此，细菌农药不宜在地头暴晒，最好在傍晚用，将其喷洒于植株叶背，如能在制剂中加入抗紫外线的物质，如活性炭等，更为理想。此外，温度也有影响，一般使用细菌农药时气温以 20℃ 以上为好。细菌生长繁殖快，在害虫代谢率最高时的温度，就是其杀虫效果最强的温度。菌剂中加入 0.1% 的洗衣粉作湿润剂，有增效作用，与低浓度农药混用也能提高其杀虫效果。细菌农药应在害虫盛孵期和取食期施用。

(2) 真菌 对害虫致病的真菌有白僵菌、绿僵菌、虫霉、赤座霉和蜡蚧轮枝菌等。其中白僵菌寄主范围广，致病力和适应性较强。寄主昆虫有 200 多种。我国利用白僵菌防治地老虎、蛴螬、甜菜象、甘蓝夜蛾、红蜘蛛、蓟马、叶蝉等数十种害虫，均取得了不同程度的防治效果。

(3) 病毒 是近年来发展较快的一个害虫病原物类群，对害虫有专一性，且在一定条件下能反复感染。昆虫和螨类的致病病毒约 1 000 多种，其中对鳞翅目的致病病毒最多。病毒对害虫致病的特异性强。寄生昆虫的病毒一般不感染高等动物、高等植物，使用比较安全。

3. 利用其他有益动物防治害虫 节肢动物门蛛形纲中的蜘蛛目及蜱螨目中，有一些种类对害虫有控制作用，已日益受到重视。食虫益鸟、一些两栖类动物，在捕食害虫方面也有一定的作用，应加以积极保护和利用。

4. 利用不育技术防治害虫 利用不育技术防治害虫的方法，有人称之为"自灭防治法"或"自毁技术"。

(1) 利用害虫不育技术防治害虫的原理 使其不育来防治害

虫,是设法破坏害虫的生殖腺的生理功能,或是使害虫改变遗传性,使雄性不产生精子,雌性不排卵,或受精卵不能正常发育。将生殖能力被破坏了的害虫,大量放到自然种群中去,与正常的害虫交配,却不能繁育后代。在一定的世代重复中连续这种方法,达到害虫的种群数量逐步减少,终至不能造成危害。

(2)不育技术的使用　包括利用射线照射,破坏害虫的生殖腺,造成不育个体的辐射不育;利用化学药剂处理,使害虫不育的化学不育;改变害虫个体遗传基因,使所产生的后代生殖力减退或遗传上不育等。

四、物理防治

物理防治是人工捕杀和利用各种物理因素如光、热、电、声、温度、湿度等对害虫的影响作用,对害虫进行防治。掌握害虫的生物学特性,利用各种物理因素,去控制害虫生长、发育、繁殖和行为活动,有较好的防治效果。物理防治的内容有以下几方面:

(一)**直接捕杀**　直接用人工或简单器械捕杀害虫,是最简便的害虫防治方法。例如人工采卵,对群集性害虫捕打,对有假死习性的害虫如金龟子等打落或振落后捕杀等。

(二)**诱集或诱杀**　利用害虫的某种趋势性或其他特性,如潜藏、产卵、越冬等环境条件的要求,采取适当的方法诱集或诱杀。在防治上采用较多的是:

(1)利用趋光性诱杀　趋光性害虫多在夜间活动,可用灯光光源诱集。常用于蛾类、金龟、蝼蛄、叶蝉、飞虱等害虫的防治。通常用黑光灯诱虫。此法在虫情测报上利用的更为普遍。不同种类的害虫活动时间不同,对光色、光度的要求不同,因此,利用灯光诱集或诱杀时也要在技术上加以考虑。黑光灯诱集害虫的效果受天气的影响较大,在闷热、无风、无雨、无月光之夜诱虫最多,风速超过2米/秒或降水量较大,则诱虫量显著减少。不同种类的害虫活动趋光最盛时刻也不同,应根据重点诱集对象,掌握开灯时间。

黑光灯的安装方法与普通照明用的日光灯相同,一般竖着装在灯架上,灯管上端罩一铁皮或其他防雨罩,灯管下安上漏斗,比用水盆诱虫效果好。灯的高度以灯管下端高出草坪30～70厘米为宜。装灯地点宜在不影响草坪作业,又便于管理维修的地点。不宜设置在仓库或宿舍附近。利用灯光诱杀害虫,在大面积的草坪上使用效果较好。黑光灯诱集可以与其他防治方法结合使用,例如与性诱剂结合使用效果更好。

(2)害虫其他趋性和习性的利用　害虫的趋化性也可用于诱杀,例如,利用蝼蛄嗜好马粪的趋性、小地老虎和粘虫对糖醋酒的趋性、粟芒蝇对腐臭鱼虾的趋性,采用适当的诱杀方法。

利用有些害虫对栖息潜藏和越冬场所的要求特点,用人工方法造成害虫喜好的适宜场所,将害虫诱来后加以消灭。利用有些害虫对植物取食、产卵等趋性,人为地创造这些条件进行诱杀,亦称植物诱杀。

五、化学防治

化学防治称为药剂防治。草坪害虫化学防治常用药剂,通常以拌种、毒饵、喷洒等方法来杀灭害虫。

(一)**药剂拌种**　建坪时对草坪草种子进行药剂拌种,可以防治土栖类害虫。拌种用的农药剂型为高浓度的粉剂及可湿性粉剂、乳油等。拌种的用药量应根据药剂种类、种子种类及防治对象而定,一般的用药量为种子重量的0.2%～0.5%。常用的拌种药剂有50%辛硫磷乳油、50%一六〇五乳油、50%乐果乳油、75%硫磷乳油等,用以防治蛴螬,并能兼治地老虎、金针虫、蝼蛄等。拌种前应做发芽试验,确定农药品种及用药量。拌种时先将原液加入少量水溶化,然后加到所需水量。药剂配好后拌入种子中,边加药液边搅拌种子,待药液被种子吸收后,堆闷数小时后播种。

(二)**制成毒饵**　将药剂拌入半熟的小米或炒香的饵料中,称为毒谷或毒饵。毒谷或毒饵可用来防治土栖类害虫以及害鸟、鼠类。毒饵、毒谷用药量一般为干谷、饵料用量的5%～10%,饵料可用麦麸、谷类、米糠等。对于地老虎类可选用鲜草毒饵。配制方法是用90%敌百虫50克或2.5%敌百虫粉500克,加入切碎的25～40千克鲜草中,并加入少量水,搅拌均匀,即可使用。傍晚将毒饵撒在草坪内,诱杀地老虎。

(三)**喷雾法** 利用喷雾机具将配制好的药液喷洒在受害草坪处。随着喷雾器械的发展,喷雾法有了很大改进,常用的喷洒方法有以下3种。

1. **常量喷雾法** 利用人工式机动喷雾器喷药。药液雾点的直径约为250微米。地面喷雾每公顷药液用量750～1 500升。

2. **少量和极少量喷雾法** 利用机动背负式喷雾机喷药,雾粒直径约为150微米。地面少量喷雾用药量为7.5～15克/平方米。

3. **微量喷雾(超低容量喷雾)法** 通过高效能的雾化装置,使药液雾化成直径为50～100微米的雾点,经飘移而沉降。地面喷雾用药液量为0.03～0.25克/平方米,微量喷雾必须用低毒农药和超低容量剂型。如25%敌百虫乳剂、25%马拉松乳油、25%乐果乳剂等。此法的优点是用水少、省药、高效,防治效果好。缺点是受风力影响很大,当风速大于1～3米/秒时不能作业。

喷雾要求使药液雾滴均匀地覆盖在带虫植物体上。应该抓住防治对象对药剂敏感时期,选用适宜有效的药剂,才能收到良好的防治效果。基本要求是:①对活动性强、暴露在外的咀嚼式口器害虫,如粘虫、跳甲等,可用胃毒和触杀剂,如甲胺磷、甲基一六〇五、敌杀死等农药防治。②对蛀茎潜叶性害虫,如瑞典秆蝇、白翅潜叶蝇等,可用乐果等内吸触杀剂来防治。③对活动性弱的全部暴露在外的刺吸式口器害虫,可用内吸杀虫剂,如乐果、乙酰甲胺磷等农药,也可用触杀剂,如杀螟松、马拉松等农药防治。④对活动性强、在草坪草中上部危害的刺吸式口器害虫,如叶蝉、盲蝽、蓟马等,除用内吸杀虫剂外,还可用触杀剂防治。⑤对活动性弱的在叶背面栖息为害的刺吸式口器害虫,如蚜虫、红蜘蛛,只能用内吸杀虫剂防治。

草坪还受大些的动物危害,如地松鼠、家鼠、鼹鼠等啮齿动物,这些动物在草坪中挖掘大量洞穴和通道,引起草坪的损坏。对这些有害动物可通过捕捉、投毒饵毒杀和通道内引入毒气来进行防治。

第三节 草坪绿地害虫综合防治技术规程

针对草坪绿地害虫的发生危害的特点,按照一年春、夏、秋、冬的季节变化,以组建草坪绿地综合防治技术体系的要求为基础,根据害虫发生的预测、预报情况,制定草坪绿地害虫综合防治技术规程,作为进行害虫防治工作的准则。其内容包括种子检验,建植防治及春、夏、秋的害虫防治工作要点等。

一、种子检验

(一)**搞好植物检疫** 在调种和引种时,应有种子检验部门的检疫证明,以免带入危险性的害虫。

(二)**选用抗虫性强的品种** 尤其要选用茎、叶抗虫性较强的品种。

(三)**搞好选种和种子处理** 在播种前,应搞好选种工作,除去干瘪等劣质种子,选用饱满健壮的草籽。选好种后,在播种时用敌百虫或呋喃丹拌种,以防止地下害虫和鼠类等危害。

二、整地及建植防治

(一)**整地** 在整地时应深耕、深翻土地,翻耕耙压。这样机械耕作可损伤害虫,将深藏土中的害虫翻出地面,被鸟兽啄食,可以减低虫口基数。

(二)**施肥** 在施基肥时,应施入腐熟的有机肥,腐熟的有机肥在其腐熟过程中,由于高温的作用,能将虫卵及害虫杀死。而且腐熟的有机肥可改善土壤结构,促进根系发育及壮苗,增强草坪草抗虫能力。适当施入一些碳酸氢铵、腐殖酸铵等化肥作底肥,对蛴螬有一定的抑制作用。

（三）**灌水** 在秋冬和初春季节,适时大水漫灌,对于地下害虫和在土中化蛹的蛾类害虫有一定的杀死作用。这样可以降低虫口基数。

三、春季防治害虫工作要点

3～5月份是金龟子成虫羽化危害时期、地下害虫上升到地表危害期、蛾类害虫和蜡类害虫羽化产卵期、蚜虫开始扩散危害期,应不失时机地采取措施,着重加以防治。

（一）**诱杀防治**

1. 灯光诱杀　金龟子成虫、蛾类害虫、蝼蛄类、叶蝉类、飞虱类害虫都具有趋光性,尤其是对于黑光灯具有极强的趋性,采用黑色单管黑光灯比普通黑光灯诱杀效果可提高8%～14%,对铜绿丽金龟可提高诱虫量90%以上。

2. 糖醋液诱杀　糖醋液对于地老虎成虫和粘虫具有很好的诱杀作用。糖醋液的配置方法为:红糖6份、米醋3份、白酒1份、水2份,加入少量的敌百虫,放在小盆或大碗里,天黑前放置在草坪上,天亮后收回,收集盆中的蛾子,并将其深埋。为了保持糖醋液的原味和诱杀效果,每晚加半份白酒。每10～15天更换1次糖醋液。

3. 毒饵诱杀　用50%敌敌畏乳剂1000倍液,喷洒在莴笋叶或泡桐叶上,在黄昏后几张叶片1堆,放于草坪中可诱杀金龟子成虫。用麦麸(米糠、玉米糙、马粪)100份,加水100份,再加1.5%敌百虫粉剂2份,混合拌匀,每公顷用22.5千克(随配随用,不宜过夜)撒在草坪上,对于诱杀蝗虫类、蟋蟀类害虫效果显著。用50%敌敌畏或8%灭蜗灵喷拌蚕豆叶、绿肥或油菜叶,傍晚堆放于草坪中,次日清晨收回清理,可诱杀蜗牛、野蛞蝓。

4. 杨树枝把诱杀　将杨树枝叶扎成把,傍晚放入草坪,次日清晨收回,可诱杀地老虎、粘虫和沙潜成虫。

(二)农业防治 在干旱地区或干旱年份,草坪要适当灌水,以抑制金针虫等地下害虫危害。在灌水的同时,在水中配入50%的辛硫磷或50%的马拉硫磷1 000~1 500倍液,可以有效地防治各类地下害虫。

四、夏季防治害虫工作要点

夏季是各类茎、叶害虫的发生盛期,应重点加以防治。其防治措施主要是人工捕捉和化学防除。

(一)人工捕捉 虫口数量不大时,可用捕虫网捕杀蝗虫类。利用斜纹夜蛾产卵成块的习性,在成虫盛发期,摘除卵块和消灭初孵群集幼虫。在地老虎发生量不大,枯草层又薄的情况下,用手轻拂被害苗周围的表土,即可找到潜伏的幼虫,每天清晨捕捉,坚持10~15天,效果显著。

(二)化学防治 在害虫发生量较大时,可采用药剂防治。应采用高效、低毒、残留期短的农药。在防治主要害虫时,还要兼治其他害虫。防治夏季害虫可采用抗生素类、激素类和毒杀类农药。

1. **杀虫抗生素** 在蚜虫、螨类、蛾类害虫的低龄虫期,可采用爱福丁1.5%的乳剂3 000~5 000倍液喷洒,可起到很好的杀虫效果,也可以兼治麦秆蝇、蓟马等害虫。对人畜无害。

2. **激素类农药** 卡死克、灭幼脲类农药是仿昆虫激素类农药,对人畜、天敌无害。可有效地防治蝗虫、蟋蟀、蛾类害虫,还可以兼治其他一些害虫。

3. **低毒的化学农药** 如溴氰菊酯、功夫菊酯类农药,可兼治蛾类害虫、蚜虫、红蜘蛛、蓟马、麦秆蝇、蜗牛、蛞蝓等各类害虫。

4. **剧毒农药随水漫灌或撒毒土** 如敌敌畏、呋喃丹、马拉硫磷、甲基异柳磷等农药,对人畜毒性较大,采用随水漫灌或撒毒土的方式,隐蔽施药,可收到良好的防治各类害虫的效果。

五、秋季防治害虫工作要点

秋末害虫多已进入越冬地潜伏,准备过冬,此时的害虫防治工作重点,是清除越冬虫源,以减少翌春的虫口密度。其主要措施是清洁草坪和适时灌水。

（一）**清洁草坪** 清除草坪内和草坪周围的垃圾堆、野生植物,以减少害虫的栖息场所。清除枯枝落叶、枯草等,集中堆沤,以杀死虫卵。

（二）**适时灌水** 在9～10月份,适时大水漫灌,使许多害虫不能入土化蛹、化蛹不久的害虫因缺氧而死亡,灌水后各种地下害虫不能在土中栖息,而爬出地面,便于集中喷药防治。

草坪绿地害虫及防治要点见表12-3,常用杀虫剂及其作用见表12-4。

表12-3 草坪绿地害虫的危害及防治要点

类别	一般特征	对草坪的危害	防治要点
蚂蚁	是数量巨大,群生,分工明确,耐力好,精力充沛的昆虫种群	蚁穴损害草坪景观。撕破草坪草的根系。数量巨大的蚁洞造成床土干旱,导致草坪草的旱害。采食草坪草种子或啃伤幼苗	适时进行梳耙和床土的碾压以平整床面。在种群数量大时可进行药物防治,在蚁巢中施入地亚农、毒死蜱等
谷象	属长嘴甲虫类的昆虫。具坚硬的咀嚼式口器,颜色从暗乳白色到棕色,到近乎黑色。体长0.6～1.2厘米。幼虫白色,体长0.3～0.6厘米时无足,头部亮橙棕色,背部有1块黑色大斑。大部分成虫在土壤中以冬眠的方式越冬。翌年春季气候温暖时节,出来取食,并在草的根颈处产卵。虫卵在两周内孵化出幼虫,定居于根上。仲秋时化蛹后形成成虫	春季成虫采食草坪草的叶片。幼虫取食茎秆组织,啃食根茎,致使草从断裂处拔起。总体危害是使草坪中出现黄棕色斑块,在根际周围出现淡棕色、锯屑状物质,数量巨大的会造成大面积的草坪损害	对成虫应在春季施药。对幼虫应在6月或7月用0.5:1药液施入土壤中。药物有毒死蜱、丙胺磷、地亚农

续表 12-3

类别	一般特征	对草坪的危害	防治要点
蛴螬	是多种金龟子的幼虫。体长1.3~1.8厘米,体色从白色到灰白色不等。具3对足,头部亮棕色,身体软,体节弯曲。身体后部光滑,反光颜色加深。各类金龟子的生活史不同,一般需1~4个月完成1代。通常从早春到仲夏,雌虫重复进入草坪土壤(约15厘米)后产卵,经多天重复,直到产50~60枚卵为止。10~20天后,虫卵孵化出幼虫并开始取食草坪草的根系。冬季来临时,蛴螬进入更深的土层(约25厘米)冬眠。翌年春天土温升高,又重新开始取食,尔后很快变成蛹,最后变为成虫	蛴螬会咬断草根,致使草坪不自然地松散、翻倒,并呈棕褐色。虫口密度高时(约500只/平方米以上),片片切断草坪草根系,使草坪可不费力地从地面拔起,形成大面积草死亡。一般种类生活史长于1年,幼虫在化蛹前取食活动长达好几个季。鼹鼠喜食蛴螬,因而诱集鼹鼠潜入草坪,造成草坪损伤	鸟禽可啄食蛴螬。拣除草坪上的落果和腐败物,以除去诱集金龟子的因素。使用乳状菌,施用地亚农、丙胺磷、敌百虫、恶虫威等杀虫剂。施药时间以蛴螬很小或孵化时期最佳。在整个生长季节均可用丙胺磷进行防治,药液比为0.5:1
大蚊	成虫淡绿色至褐色,眼睛突出,身体狭长,长1.8厘米余,足细如线,易折断,具狭长的双翅。雌虫在夏末产卵,每只雌虫可将数百个长椭圆形、黑色的卵产于湿润的土壤中,至秋季卵孵化成幼虫。幼虫无足,淡褐色,成熟时长2.5厘米,具坚韧表皮,俗称"皮茄克"。幼虫白天以土壤中的草根和腐烂物为食,在温暖潮湿的夜晚到土表取食,采食草叶和根颈。幼虫在土壤中越冬,春天温度适宜时(3~4月)开始取食,在土壤表层化蛹,到夏初(5月中旬)形成成虫	幼虫取食草坪草茎叶和根颈。刚出土的幼苗危害较为严重	鸟类的取食对其有一定控制作用。高温与干旱对虫卵和幼虫产生不良影响,可限制其危害。严重危害草坪时,使用杀虫剂进行防治,可用毒死蜱、马拉松等

续表 12-3

类别	一般特征	对草坪的危害	防治要点
地珠	地珠是一种极小的介壳虫。成体雌虫小而圆,最大直径很少超过 0.16 厘米,它将近 100 个淡粉红色的虫卵置于 1 个白色的蜡质子囊中,分布于根际取食的地方。虫卵在短期内可孵化出若虫,若虫可自由移动,并以植物的须根为食,将口器伸入根中,蜕去皮后不食不动。同时分泌银白色的物质,该物质很快变成坚硬圆圆的壳,将虫包裹于其中,成体雌虫一直保持这种状态,附于根上可长达 2~3 年。地珠雄虫不具备功能性口器,也不损伤草坪,雌虫不食不动时,雄虫飞来飞去,与雌虫交配,以保持生命的世代交替	附着在草坪上,慢慢地吸取植物体液,使草坪草受到严重侵害。若虫可自由移动,并以植物的须根为食。总体表现是受侵害的草坪变黄,且以不规则的方式扩展,对狗牙根和假俭草等危害为甚	无有效的化学防治措施。结合浇水和施肥,以刺激受害草坪草苗壮生长,以达到防治目的
蝼蛄	成虫圆圆的头部盔甲状,眼睛珠形,体长近 1.2 厘米,翅膀紧贴背面,前足末端有像手掌一样健壮的附属器。体色淡褐色或橙黄色,中间带褐色点。早春,雌虫在几厘米厚的土壤下挖洞做卵穴,产卵期(5~6 月)产 3~5 个卵。约两周内即可孵化出若虫,若气温偏低,此过程可延续 35 天。若虫生长很快,在夜间像成虫一样钻出土壤觅食。大多数蝼蛄中冬体重最大,后代以若虫越冬,一般 1 年产生 1 代	啃食草坪草的根系,在暖和的天气,由于雨水或浇灌使草坪湿度很大时,采食活动达到高潮;蝼蛄强有力的掘挖作用,在草坪上形成土丘,把草坪草扒起,对根部造成伤害和使土壤很快变干。对巴哈雀稗和狗牙根危害最重	施用丙胺磷、地亚农、毒死蜱、恶虫威杀灭,初夏施药,若发现还有危害,重行处理

续表 12-3

类别	一般特征	对草坪的危害	防治要点
金针虫	金针虫是叩头虫的幼虫,成虫黑褐色。幼虫身体闪亮,坚硬,颜色从黄色到橙褐色,成熟时体长 1.3~3.8 厘米,幼虫靠近头部有 3 对足。春天和初夏产卵,2~4 周完成孵化,幼虫可保持 2~6 年	毁坏草根和根茎,使草坪成块死亡,对刚出土的幼苗危害尤甚	加强受害草坪的水肥管理,使用杀虫剂杀灭
长蝽	若虫体积小,无翅,颜色由微红逐渐变黑,身体背部有 1 条黄白色纹。成虫黑色,长约 0.5 厘米,具白色折叠的翅。雌虫在晚春开始产卵,一般在 20~30 天内产卵达 200 枚,虫卵置于植株叶鞘内,7~10 天孵化出若虫。若虫 5 周后变为成虫。长蝽 7~8 周完成 1 代,在 1 个生长季内可产生 2 代到多代。第一代常在第一次降霜前完成它们的生命循环。随后几代,在枯枝层或土壤土层中冬眠	在气候温和的地方,对早熟禾、翦股颖和钝叶草危害特别严重;取食草坪草的汁液,使草坪草由黄白变成没有生气的黄褐色,甚至大块死亡;在草坪上散发令人作呕的臭气	用乔木或灌木遮荫草坪,能抑制长蝽的发育;用种子建植的草坪在床土中掺入 1/3 的光洁建筑沙,1/3 碾碎的岩石粉,1/3 的混合肥,有利于阻碍长蝽的发生;用毒死蜱、丙胺磷杀灭,在草坪凋谢之前重复使用
地老虎	身体圆而光滑,具有多节,长 2~5 厘米。除具 3 对足外,在腹部还有附加足。体色为独特的浅绿、暗褐、灰色到黑色。成虫为蛾子,黄褐到暗灰色,翅具几条深浅不同的斑点或线状图案。前翅较后翅大而颜色深,蛾休息时翅在身体背部呈折叠状。夜间活跃,在有光处聚集。夏天蛾在草丛繁茂处可产几百枚卵,1 周后卵可孵化。地老虎每年可产 1~4 代,其成熟幼虫在土壤中挖掘穴道,然后进入蛹的阶段,最后从地道中以蛾的形态飞出,重新开始新的生命循环,以幼虫或蛹在土壤中越冬	幼虫把草坪草从叶片基部咬断,在草坪上留下有接近地面咬短的狭长或不规则的褐色斑块	在草坪上浇水,迫使幼虫爬出地面,收集起来加以消灭,诱杀成虫

续表 12-3

类别	一般特征	对草坪的危害	防治要点
草地贪夜蛾	夜蛾体宽为1～3厘米，前翅暗黑，带有深浅不一的斑点图案。幼虫为秋行军虫，体色由浅绿色到黑褐色。身体两侧具有几条色带，体长为2.5～3厘米，头部亮褐色，盖有1个乳白色的"Y"图案。沿长长的体节长着稀稀的刚毛。接近头部排列有3对足，身体后部可见4对树桩状腹足。夜蛾在植物叶上产卵，总数可达数百个之多，1周后孵化出幼虫。幼虫成熟后就钻入土壤，约10天化为蛹，3周内发育成成熟的草地贪夜蛾，年发生1～5代或更多	通常在草坪生长茂盛地群体聚散，取食后飞迁到新的取食点，因此对草坪危害较大；秋行军虫沿叶边缘咀嚼叶片，使草坪草留下叶的"骨架"，最后使草坪地上部被贴地吃掉	用毒死蜱、敌百虫杀灭，危害严重时应重复施药
瑞典秆蝇	成虫身体为黑色，闪光，纤细，体长小于0.4厘米。卵为白色，椭圆形，长不到0.1厘米，表面具微小的脊。幼虫黄色，具黑色的口器，体长0.3厘米。早春气候温暖时羽化，并很快进入产卵期，成虫一般将卵产于中鞘、叶轴和禾草上，几天后卵即孵化出幼虫。其生活史从3周到2个月不等，1年至少繁殖4代	幼虫在茎秆中取食，形成对草坪草有害的洞道；当幼虫取食达根茎、叶尖时，草坪草开始褪绿、萎蔫、甚至死亡；对草地早熟禾、翦股颖危害较为严重	用毒死蜱、地亚农等杀死

续表 12-3

类别	一般特征	对草坪的危害	防治要点
叶象甲	成虫棕黑色或闪亮的黑色,体长0.5厘米。头部有一向前伸长的鼻状口器,取食一般沿叶缘进行。幼虫体形稍弯曲、无足,头部黑而发亮,蛹为奶油色。雌虫产卵于叶鞘,卵极小,孵化出的幼虫也极小。当幼虫由禾草进入土壤时,很快进入蛹期,在土表下0.6～1.8厘米处约1周后,蛹羽化为成虫,钻出土层,在1个生长季中,叶象甲可发生2代	成虫沿叶缘取食草坪草,对草坪造成的危害很小;幼虫极小,在茎秆中生活,取食从上到下,一直到草坪草的根颈部,危害严重时,使草叶变黄,甚至死亡,在草坪上形成黄斑和死斑。其危害一般发生在酷热来临前的5～6月	将毒死蜱0.5:1的药液施入土壤中
草地螟	幼虫黄褐色或暗黄色,长约2.4厘米,身体两侧及背部具长而硬的毛,由棕黑色的圆形斑上伸出,头部为黑色或闪亮的棕色。蛹为闪亮的棕色。草地螟的成虫一般清晨在草坪上作短的"Z"字形飞行,在飞行中产卵,卵期6～10天。 草地螟的蛹期在土壤中度过,成虫的羽化仅在温暖的夏季进行,以幼虫越冬,在热带地区,草地螟1年可发生多代	草地螟为夜出型昆虫,主要夜间取食,采食草坪草的幼叶,在草坪上形成不规则的棕色死亡斑点	鸟类的啄食和草地螟取食造成的锯屑状物均可指示草地螟的存在,可用乳状孢子病菌防治。当成虫出现时可喷施地亚农、毒死蜱、氯丹、敌百虫、西维因等
绿蚜	若虫淡绿色,有翅或无翅,一对复眼黑而突出,触角黑而长,成虫约长0.15厘米。雌绿蚜秋末冬初在草叶上产卵,卵起初为淡绿色,接着变为黑褐色,卵越冬后,在第二年春天气候温暖时孵化,在1个生长季节,绿蚜一年可发生多个世代,在南方可终年活跃,持续繁殖	刺破草叶的表皮,吸食叶汁,同时也向草注入自己的体液,导致草坪草细胞壁的破坏;最后使整株毁坏;绿蚜随风长距离迁徙,在种群量巨大时,引起草坪的较大危害	瓢虫和蚜狮等为春天时的天敌;发生时施用杀虫灵、毒死蜱等

续表 12-3

类别	一般特征	对草坪的危害	防治要点
叶蝉	若虫无翅,成虫长 0.3～0.6 厘米,体细长,呈三角形或楔形。身体上布有黄色、绿色和棕灰色斑点、斑纹。雌虫将卵产在叶鞘下或包进植物组织中,5～12 天后卵孵化成若虫,若虫期约 3 周,在 1 个生长季节,叶蝉可以产生 5 个世代	叶蝉极少造成草坪的直接危害,但其能传播毁灭性的植物病毒。大量的叶蝉可造成草坪草枯萎、褪色,甚至永久性的伤害	鸟类与天敌昆虫对其种群数量起一定的控制作用。大量发生时可施用地亚农、西维因等
螨	体长不到 1 毫米,呈红色,常见于三叶草,有时也会侵害禾本科草坪	其数量庞大,秋、冬、春季常侵入家庭	发生时用地亚农、马拉松、毒死蜱喷雾,必要时可重复处理

表 12-4　常见杀虫剂及其作用

名称	作用
地亚农 (Diazinon)	又称二嗪农。广谱性杀虫、杀螨剂,无内吸性,分液体和固体颗粒 2 种剂型
毒死蜱 (Chlorpyrifos)	有机磷杀虫、杀螨剂,无内吸性。用于防治地下害虫和家庭卫生,分液体和固体颗粒两种剂型
马拉松 (Malathion)	又称马拉硫磷、马拉塞昂或四〇四九。低毒有机磷杀虫、杀螨剂
氯丹 (Aspon)	残留性杀虫剂,有触杀和胃毒作用
敌百虫 (Trichlorfoon)	广谱性杀虫剂,兼有胃毒和毒死作用。用于环境卫生、草坪绿地植物保护和防治牲畜皮肤寄生虫
丙胺磷 (Lsofenphos)	杀虫剂,防治土壤害虫和食叶性害虫

续表 12-4

名 称	作 用
杀虫灵（Aceephate）	又称高灭磷。有机磷杀虫剂,可防治多种害虫
西维因（Carbaryl）	接触性杀虫剂,稍具有内吸作用。可防治多种害虫
恶虫威（Bendicarb）	具触杀与胃毒作用,可防治蟑螂等害虫

第十三章 草坪绿化工程质量评价

第一节 草坪质量评定

草坪的质量,是草坪实用功能的综合体现。如运动场草坪质量是指其适于运动的能力;用作水土保持绿地草坪必须具有大量根系,并对土壤有持久的稳固作用;用于观赏的草坪,必须具备稠密、均一和令人愉快的颜色,能增进景色的美;足球场草坪则应具有牢固的坪面,缓和冲击力的弹性,抗践踏和损坏之后的极强再生力。因此,草坪的品质与所需草坪的功能和使用目的密切相关,这是草坪品质评定所必须依据的基础。由于草坪类型庞杂,对其功能的要求各异,因此,草坪品质评定是一个复杂而又难于划一的问题,评定方法也因草坪类型而各有所重。

然而,在丰富多彩的草坪中,也具有共同特点,这就构成了草坪品质基本因素的一致性,为草坪品质评定提供了可能。基本因素包括草坪外表的均一性、密度、草叶的宽度和触感、生育型、光滑度和颜色,与草坪使用性能有关的刚性、弹性、回弹性、产草量和恢复力等,其中最重要的是利用目的所要求的特性。

一、草坪质量评定的项目和确定方法

(一)**均一性** 是对草坪平坦表面的估价。高品质草坪应是高度均一,不具裸地、杂草,无病虫害污点,生育型一致的草坪。均一性包含两个方面:一是组成草坪的草坪草地上枝条,二是草坪表面平坦性的表观特征。因此,草坪的均一性受草坪质地、密度、组成草坪的草坪草的种类、颜色及修剪高度、质量等条件的影响。在评定中设立和采用植被特性测定的相关量化指标来描述。

(二)**盖度** 是草坪草覆盖地面的面积与草坪总面积比值,可用目测法或点测法确定。盖度越大,草坪质量越高。显然,能见到裸地的草坪是品质低下的草坪。

(三)**密度** 密度是草坪质量评价的最重要指标,密集毯状的草坪最为理想。密度也是草坪草对各种条件适应能力的量度指标。

草坪的密度等级可用目测法确定。根据单位面积地上部枝条的数量来测定密度,也可在草坪修剪后用密度测定器来测定。

(四)**质地** 是对叶宽和触感的量度。通常认为草叶愈窄,草坪品质愈优。叶宽以 1.5~3.3 毫米为优,叶宽在叶龄相同和叶着生部位相同的条件下测定。依草坪草种及品种叶宽分为如下等级:

1. 极细 细叶羊茅、绒毛翦股颖、非洲狗牙根等。
2. 细 狗牙根、草地早熟禾、细弱翦股颖、匍茎剪股颖、细叶结缕草等。
3. 中等 半细叶结缕草(马尼拉草)、意大利黑麦草、小糠草等。
4. 宽 草地羊茅、结缕草等。
5. 极宽 高羊茅、狼尾草、雀稗等。

(五)**生育型** 是描述草坪草枝条生长特性的指标。草坪草的枝条包括丛生型、根茎型和匍匐型 3 种类型。

1. 丛生(直立)型 该草坪草主要是通过分蘖进行扩展,在播种量充足的条件下,能形成一致性强的草坪。

2. 根茎型　该草坪草是通过地下茎进行扩展,由于根茎末端是在远离母株的位置长出地面,地上枝条与地面枝条趋于垂直,因此,强壮的根茎型草坪草可形成均一的草坪。

3. 匍匐类型　该草坪草是通过匍匐茎的地上水平枝条扩展。匍匐茎常产生与地面垂直的枝条,因此,在修剪高度较高的条件下,修剪后会产生明显的"纹理"现象,进而影响草坪的表观质量和草坪品质。

草坪草的生育型对于每种草而言是一定的,它可以用植物形态学的方法加以识别。

(六)光滑度　为草坪的表面特征,是运动场草坪品质的重要因素。光滑度差的草坪将降低球滚动的速度和持续时间。光滑度可目测确定,较准确的方法是球旋转测定器测定法。这种方法是在一定的坡度、长度和高度的助滑道上,让球向下自由滚动,记录滚过草坪表面的球运动状态(滑行的长度、滑行方向、变化角度),以确定草坪光滑度。在测定中应选若干个具代表性的样点,多次重复,最后求其平均值。

(七)颜色　颜色是对草坪反射光的量度,是进行草坪品质目测评定的重要指标。草坪的颜色依草种与品种而异,从浅绿到深绿到浓绿,并依生育期和养护管理水平而发生变化。

确定草坪颜色的方法,传统上是测定草坪草叶绿素含量,以叶绿素含量高低确定绿色的深浅等级。在草坪颜色目视测定时,也常用比色卡法,通过比色卡的比较,来确定草坪的颜色。最简捷直观的方法,是在距地表坪床面高1米处,用测光表测定草坪的光反射量,通常反射光量愈少,草坪品质愈高。

就本质而言,对草坪草颜色的评价,受个人主观喜好的影响。如美国人喜欢浓绿色,日本人喜好淡绿色,英国人喜好黄绿色,我国一般喜欢深绿色。其品质评定时要充分考虑这些因素,而颜色的均一和一致性,则是共同的要求。

(八)刚性　是草坪草叶片的抗压性。这与草坪的抗磨损性有关,其大小受到草坪草所含的化学成分、水分及草坪湿度、植株密度及株体大小的影响。

刚性的反面是柔软性,草坪的刚性亦可用草坪的柔软性来描述。

(九)弹性 草坪的弹性是指压在草坪草上的外力去掉之后,草坪恢复原来形态的能力。草坪的修剪和受踏压等是不可避免的,所以弹性应是测定草坪质量的一个基本项目。

(十)回弹性 是草皮受冲击而不改变其表面特性的能力。回弹性主要是由草坪草的叶和侧枝产生的,但是,在很大程度上是一个环境特性。如草坪草着生地的覆盖物层和像覆盖物的派生物的存在,将会增加草坪的回弹性。与之有关的土壤类型和结构也是重要的因素。因此,草坪的回弹性可用物理的方法直接测定,亦可用土壤(床土)硬度、芫枝层厚度、枝条密度和草层厚度等相关量进行间接测定。

(十一)产草量 是草坪修剪时所剪去的草量,严格地讲,应该是草坪草的生物生长量;它是草坪生长的数量化指标。

在草坪品质评定中,可定期测定草坪的产草量,用以表示草坪草的生长速度和再生能力。产草量可用样方刈割法测定,也可用修剪时所得草屑的体积来估测。总体上可用单位时间、单位面积上草坪草重量表示。

(十二)青绿度 是草坪修剪后地上枝条剩余量的量度。在草坪草基因型内,增加青绿度与增加再生力和生活力,其含意是一致的。在基因型相同时,修剪高度较高时,其青绿度较高,较耐磨损。青绿度可用单位面积内枝叶数或绿度指标来测定。

(十三)生根量 是指草坪草在生长季内任何时刻根系增长的数量。根量可用土钻法确定,一是看活根数量的多少,二是看其分布的层次。可用总根量和根系垂直分布图进行描述。

(十四)恢复能力 是指草坪草受病原物、昆虫、交通、踏压、利用等伤害后恢复原来状态的能力。通常恢复能力强的草坪质量高于恢复能力弱的草坪。草坪的恢复能力可用草坪草再生速度或恢复率描述。

（十五）**草皮强度**　是指草坪耐受机械冲击、拉张、践踏能力的指标，用草皮强度计测定。

（十六）**有机质层（芜枝层）**　是指草坪床土表层中未分解的枯枝落叶等物。必要的有机质积累对草坪的恢复是需要的，而过多的有机质积累则是草坪退化的象征。有机质层通常用草坪剖面法简单测定，用其厚度来度量。

二、草坪质量目测评定分级法

草坪品质的评定，通常用目测法，这种方法受人主观因素的影响较大，因而需要一定数量技术熟练的人同时进行目测。

（一）**评定时间**　草坪从建立之时起，其品质就在不断地变化，因此应在播种、苗植、铺草皮时进行评定。即使是较稳定的草坪，一年中也会因季节而发生变化，因此，定期评定也是必要的。

（二）**评定方法**　目测评定时，把划分的等级叫评估。此时品质最优者为1，最低为10或5，有的则与此相反，这可依习惯而定，关键是统一。评定时提出统一的项目，由专家在实地踏察的基础上分级打分，然后将各自评定的结果进行统计处理，最后分出草坪品质的等级。评定的结果分析举例如表13-1。

表13-1　草坪草品质评定　（5分制）

草种		多年生黑麦草	草地早熟禾	紫羊茅			硬羊茅	高羊茅	匍茎翦股颖
				细羊茅	匍茎细羊茅	匍茎粗羊茅			
草坪草的主要特性	建植速度	5	1	3	3	3	2	3	1
	草坪密度	3	4	5	5	4	4	3	5
	叶片质地	3	3	5	4	4	5	1	4
	耐寒性	2		4	4	5	4	3	5

续表 13-1

草种		多年生黑麦草	草地早熟禾	紫羊茅 细羊茅	紫羊茅 匍茎细羊茅	紫羊茅 匍茎粗羊茅	硬羊茅	高羊茅	匍茎翦股颖
草坪草的主要特性	耐旱性	3	3	4	4	3	5	4	4
	耐热性	1	4	3	3	2	4	5	4
	耐阴性	2	2	5	4	4	2	3	3
	耐盐性	4	2	2	5	3	3	3	2
	耐践踏性	5	4	3	3	2	3	2	2
	耐密集修剪性	2	3	4	4	3	4	2	5
适用于运动场草坪和路边草坪	运动场	5	4	3	3	3	2	4	1
	草坪	3	4	5	5	5	3	4	4
	路边	1	2	5	5	5	3	1	5
适用于高尔夫球场草坪	绿色	1	2	5	5	5	3	1	5
	无障碍情况	1	5	5	5	5	4	4	1
	粗糙度	1	3	5	5	5	5	5	1

三、草坪足球场质量标准及测定方法

草坪足球场是进行足球运动、竞技比赛的场所,应为足球运动与竞技比赛提供优雅而美丽的场所和景观环境,有利于运动员竞技水平的充分发挥和对运动员起到安全保护、免受机械伤害的功能。用于比赛的场地,必须为草坪草所覆盖。场地草坪可由直立型草坪草或匍匐型草坪草构成。场地的大小一般为长 104 米,宽 72 米的长方形,四周另加 1~5 米草坪缓冲地,草坪总面积为 7 600~10 000 平方米。为利于地表排水,自场地中轴线起微向两侧均匀倾斜,其比降为 0.1%~0.3%,最多不得大于 0.7%。

比赛用草坪草留茬高度依草种而异。比赛时草坪应处于绿期,场地草坪绿期应在 270 天以上。其质量指标测定方法如下:

(一)**取样** 采用随机取样法。足球场内不同地块的使用频度有一定的规律性,可分为高利用区、中利用区、低利用区。为使测定具代表性,可采用对角线取样法。每项指标重复数不得少于20个。

(二)**场地的大小** 采用测绳丈量法,精确到1厘米。标准场地长为107米、宽为72米,长和宽允许在±10厘米的范围内波动。

(三)**坡向和坡度** 采用水准测量法,坡向应与中轴线垂直,单向坡降在0.3%～0.5%的范围内适中,0.7%以下为允许范围。

(四)**草高** 是指齐地平面至草顶端的自然高度,采用直尺测量法。直立型草坪草比赛适宜高度为3.5～4厘米,3～5厘米为允许范围。匍匐型草坪草的比赛适宜高度为1.5～3厘米,2～4厘米为允许范围。

(五)**草坪盖度** 用样方针刺法测定,用草坪草的点数占测定总点数的百分数表示。适宜的盖度≥95%,允许范围为90%以上。

(六)**草坪均匀度** 是指草坪草在场地的分散程度,用样线点测法测定。用同质草坪草点数占总测点数的百分数表示。适宜的均匀度≥90%,允许范围为≥85%。

(七)**草坪弹性** 用足球协会认定的压强为0.7千克/平方厘米的足球,从3米高处自由落下,测定回弹高度,弹性用回弹高度与下落高度的百分数表示。适宜的弹性范围为20%～50%,允许的弹性范围为15%～55%。

(八)**草皮摩擦性** 是指球场阻力。用足球协会指定的压强为0.7千克/平方厘米的足球,从45°角的斜面,高1米处自由下滑,从斜面的前端测定球滚出距离,测定时分顺坡$S\downarrow$和逆坡$S\uparrow$两方向进行。并按转动距离公式计算:

转动距离(米)$=2S\uparrow\times S\downarrow/S\uparrow+S\downarrow$

摩擦性的适宜距离为3～12米,允许距离为2～14米。

(九)**草坪质地** 是指组成场地草坪草的硬度,通常用草叶的细度表示。采用直尺测量法测定。草叶的适宜宽度为1.5～3毫米,允许的宽度为1～4毫米。

（十）**草坪绿期**　是指草坪生长季的长短。采用季相观测法测定。适宜的绿期≥270天，允许的绿期≥250天。

四、草坪质量综合评定举例

草坪的功能与使用目的密切相关，功能的高低、范围的大小、对使用目的的满足程度，是进行草坪质量评定的基础。对具体草坪的质量评价也依利用目的不同而有差异，因此，对草坪价值的综合评定就尤显重要。

草坪质量评定一般可从适宜应用的特性、草坪的美学特点及草坪的养护管理难易3个方面进行。通常是由有经验的草坪专家通过感观和定性测量予以分级评分。草坪质量综合评定方法举例如下：

（一）**组织评定小组**　评定小组由5~7名专家组成，专家组根据草坪类型确定草坪质量评定的体系、指标、标准和测定方法（表13-2）。

（二）**专家各自评分**　专家依据统一的评定标准，给各项指标评分（表13-3）。

（三）**确定各项指标的权重**　见表13-4。

（四）**用加权平均数求草坪质量的总分**　见表13-5。例如草坪多人测定的平均盖度得分为95，频度得分为85，密度得分为95，色泽得分为85，质地得分为75，加权平均数 $= 95 \times 0.15 + 85 \times 0.25 + 95 \times 0.25 + 85 \times 0.20 + 75 \times 0.15 = 87.5$（分），即为该草坪的质量评价得分。

表13-2　草坪质量评定指标和方法

项　目	测定方法（单位）	备　注
草种组成	针刺术方法（%）	分种记录
盖　度	点测法（%）	
密　度	样方刈剪法（株/平方厘米）	

续表 13-2

项　目	测定方法(单位)	备　注
定植速度	样方法(盖度达75%时所需天数)	
均一性	样线法(杂染度)(%)或观察法	
质　地	平均叶宽(量度法)(毫米)	分种记录
生育型	观察法	疏丛型 密丛型 根茎密丛型 根茎疏丛型
光滑度	球旋转测定器法(压强为0.7千克/平方厘米足球,从45°的斜面,高1米处自由下滑)	滑动距离,偏向角
绿度(色泽)	比色卡法或分折法	
恢复力	刈剪法(平均日生长高度)(厘米/日)	分种记录
有机质层	剖面法(厚度)(厘米)	
夏　枯	样方法(60%植株50%部位枯黄)	
病　害	观测法	记录枯黄所占的百分数
虫　害	观测法	
杂　草	观测法	
绿　期	60%变绿至75%变黄(天数)	
分　蘖	单株测定(分蘖/株)	春季返青到冬季休眠的天数分种记录

表 13-3 草坪质量性状评定标准

性状	级别(评分)				
	Ⅰ(<60)	Ⅱ(61~70)	Ⅲ(71~80)	Ⅳ(81~90)	Ⅴ(>90)
密度(枝数/平方厘米)	<0.5	0.5~1.0	1.1~2.0	2.1~3.0	>3.1
质地(厘米)	>0.50	0.40~0.50	0.31~0.40	0.21~0.30	<0.20
色泽	黄绿	浅绿/灰绿	中绿	深绿	蓝绿
均一性	杂乱	不均一	基本均一	整齐	很整齐
青绿期(天)	<200	201~230	231~260	261~290	>290
抗病性(受害%)	>60	50~60	20~50	<20	未受害
盖度	大面积地面裸露	部分地面裸露	零星地面裸露	枝条清晰可见	草坪成一整体
叶片抗拉力	极易断裂	较易断裂	易断裂	难断裂	极难断裂
成坪速度(天)	>60	59~50	49~40	39~30	<30

表 13-4 4 种草坪类型质量评价指标的权重

草坪类型	10 个坪用指标的权重									
	密度	质地	叶色	均一性	绿色期	草层高度	盖度	耐践踏性	成坪速度	草坪强度
观赏草坪	0.20	0.15	0.20	0.15	0.10	0.05	0.10	—	0.05	—
游憩草坪	0.10	0.10	0.10	0.10	0.10	0.10	0.10	0.15	0.05	0.10
运动场草坪	0.10	0.05	0.10	0.10	0.10	0.10	0.05	0.20	0.05	0.20
水土保持草坪	0.10	0.05	0.10	0.10	0.10	0.05	0.10	—	0.20	0.20

(五)根据总体评价的分值确定质量等级 2 个以上同类草坪质量等级按总分排序(表 13-5)。

表 13-5 草坪质量等级标准

等级	评价得分	命名
I	100～90	优秀
II	89～80	良好
III	79～70	一般
IV	69～60	较差
V	<60	差

第二节 草坪生态学评价

草坪生态系统是以日光能为原动力,以绿色草坪草生产的有机物质为基础,自行运转的功能单位。草坪生态学评价,就是把草坪纳入生态系统之中,对其进行综合认识与评价。

一、草坪生态评价的原则

(一)**目标明确** 如草坪地被层,以评价草坪使用价值为目标。其中包括成坪的速度、再生能力、颜色、耐践踏性、抗病性等生产特性,以及市场价格、水土保持作用、体育运动作用、城市园林美化作用等内容。

(二)**单位适当** 度量系统的选择要适当,精度要求适宜准确。如草坪绿度评定,较为准确的度量应通过化学分析的方法,在草坪草同一生育期的相同部位取样,进而确定叶绿素含量,然后再依据叶绿素含有量为基准的草坪绿度,确定不同草坪草的绿度等级。

(三)**方法规范** 草坪评价过程中,各指标的量度操作手续、取样时间和数量、数据统计所采用的方法等应规范化,以使评定结果一致,增加评价成绩的可靠性。

(四)**取值稳定** 同一性状的测量,应采用同一方法、步骤和衡量单位,以保持其取值的同一性,使所得数据具有较稳定的可比性。

(五)**体现本质** 评价中所采取的项目应能体现本质。

二、草坪生态评价的步骤

(一)确定适当的评价指标　根据测定目的确定不同的评价指标。运动场草坪就应该确定为草坪是否适宜运动的指标,如再生力、弹性、耐践踏性等。用于环境保护的草坪,应采用与净化空气功能等有关的指标,如减尘力、抗污染力、代谢有毒、有害物质的能力等。

(二)不同质的评价单位之间关系的确定　如1千克修剪青草,相当多少干草、多少干物质、多少热能、多少耗水量、多少附加能量、多少氮肥、多少劳力、多少货币等。同样可以计算草坪草种子、草皮、草坪草营养体、运动场草坪、绿地草坪等各项的价值,从而可以比较不同质的草坪,在不同的生态学系统间相对的优劣情况。

(三)草坪生态系统的综合评定　将草坪生态系统的最终效益,其中包括生态效益、社会效益、经济效益及各种类型的草坪,在统一的评定标准系统下做出综合评价。

三、不同类型草坪生态评价方法

(一)自然保护区天然草坪的评价

1. 评价项目(类型典型性)　自然保护区的天然草坪,应代表一类典型草坪类型,典型性可用典型指数表示。以最典型天然草坪为"1",该保护区天然草坪与之相比所表现的相似程度为典型指数(T_i)。

$$T_i = \frac{X - X'}{X} \times 2, \quad X = \frac{r}{0.1 \sum \theta}, \quad X' = \frac{r'}{0.1 \sum \theta'}$$

式中:r 为给定典型天然类型年降水量(毫米)

　　　$\sum \theta$ 为给定典型天然类型大于0℃的年积温(≥℃)

　　　X 为 r 与 0.1 的绝对比值

　　　r' 为该自然保护区的年降水量(毫米)

　　　$\sum \theta'$ 为该自然保护区大于0℃的年积温(≥℃)

　　　X' 为 r' 与 $0.1 \sum \theta'$ 的绝对值

因为用典型指数对自然保护区中天然草坪的长久存在特别重要,故再乘以 2。

2. 其他项目　自然保护区天然草坪的评定,可依下列项目和方法进行。

(1)演替序列指数　是天然草坪发育阶段的定量描述。如天然草坪的全部演替系列为 5 个演替阶段,而此保护区具备 4 个演替阶段,则其演替序列指数为 4/5＝0.8。

(2)可用性　保护区天然草坪可供使用的内容、使用频率(一定时期内使用次数)、使用量(以年人次计),可用 5 级分别估测,即 0.2,0.4,0.6,0.8,1.0。

(3)开发难易　根据开发的难易程度,从难到易,也分 5 级,分级估测。

(4)维持难易　自然保护区内在自然状态下,天然草坪可永续存在,或需加以人为的特殊管理措施,以及其难易度,从难到易分 5 组估测。

3. 举例　根据上述逐项评定结果,列表评定。设有 3 个自然保护区天然草坪候选地,其分项评定结果如表 13-6。1 区与 3 区评价相等,2 区较逊色。如无特别原因,可弃除不用。1,3 两区相比,1 区有典型性,并且在易于维持方面都优于 3 区,应予选入。

表 13-6　自然保护区天然草坪评价表

项　目	1 区	2 区	3 区
典型性	2.0	1.2	1.4
演替序列	0.8	0.8	0.6
可用性	0.6	0.4	0.6
开发难易	0.6	1.0	0.8
维持难易	1.0	0.6	0.8
总　计	5.0	4.0	4.2
评价值	$5.0 \times 1/5 \times 100 = 100$	$4.0 \times 1/5 \times 100 = 80$	$4.2 \times 1/5 \times 100 = 84$

(二)运动场草坪的评价

1. 评价项目

(1)草坪质量(Q)　包括绿期长短、草坪的均匀度、盖度、密度、耐用性、平滑性、弹性、消震性等,根据总的测评,从低到高,给以 0.2,0.4,0.6,0.8,1.0 的指数。

(2)服务半径(R)　指可提供服务范围,以 2 公里半径为 1.0,每增加 2 公里,指数减少 0.1。离场地愈远,其服务效率愈差。

(3)服务强度(S)　是指场地 1 年使用的人次,即场次×观众人数。根据场地容量(P),以平均场次(C)乘以(P)作为平均强度,定为 0.5。每增加一单位人次,增加指数 0.1。每减少一单位人次,减少 0.1。每单位人次$=P \cdot C \cdot 1/5$。

(4)开发难易(D)　从难到易,分 5 级记分,为 0.2,0.4,0.6,0.8,1.0 分。

(5)维持难易(M)　从难到易,记分同上。

2. 方法　运动场地的总评价(V),可用下式计算:
$$V=(Q+R+S+D+M)\times 1/5 \times 100$$

(三)城市绿地评价

1. 评价项目

(1)服务半径(R)　设服务半径为 1 公里时,其评价指数为 1.0,每增加 1 公里,减少 0.1。

(2)风景水平(S)　草木郁闭,园林设计完善,评价指数为 1.0,以下分别记为 0.8,0.6,0.4,0.2。

(3)客流量(U)　千人/日评价指数为 0.5,每增加 200 人/日,增加 0.1,每减少 200 人/日,减少 0.1。

(4)交通条件(T)　有停车场及 3 路以上公共汽车站,评价指数为 1.0。无停车场或每减少 1 路公共汽车减 0.1。

(5)开发难易(D)　保持绿地各项设施所需工作量,从难到易计为 0.2,0.4,0.6,0.8,1.0。

(6)维持难易(M)　从难到易,分 5 级记分,为 0.2,0.4,0.6,

0.8，1.0。

2. 方法　城市绿地总评价值(V)，可用下式计算：
$$V=(R+S+U+T+D+M)\times 1/5\times 100\%$$

四、草坪生态评价举例

草坪生态评价，常需制定出一定的程序和表格，从各项内容的实际调查和评定中，确定草坪生态品质（表13-7）。

表13-7　草坪质量评价用表

草坪位置：	面积：	建立日期：	检查日期：

检查内容

(1)优势草坪草：(如有可能，估计草坪内出现的各草坪草种的百分含量，可用百分比盖度表示)

草地早熟禾( )、狗牙根( )、翦股颖( )、结缕草( )、羊茅( )、地毯草( )、多年生黑麦草( )、雀稗( )、普通早熟禾( )、钝叶草( )、高羊茅( )、假俭草( )、冰草( )、苔草( )、野牛草( )

(2)草坪密度：较密( )、中等( )、稀疏( )

(3)土壤评定结果：pH值( )、盐性( )、质地( )、磷( )、钾( )

(4)肥料：肥料使用级别( )、不溶性氮(缓效性氮%)、施肥日期及每次肥料中氮肥的比例( )、每年施用的总氮量( )

(5)郁闭状况：较郁闭( )、中等( )、光照充足( )

(6)芜枝层：芜枝层太厚，是( )、不是( )

(7)修剪：留茬太高( )、留茬合适( )、留茬太低( )、每次修剪的草屑是留在草地( )、移出草地( )、生长季修剪次数( )、刀太钝( )、锋利( )

(8)土壤紧实状况：紧实( )、较紧实( )、中等( )、较松( )

(9)水分：土壤排水太慢( )、保水性差( )、灌水次数太多( )、灌水次数太少( )

(10)可控制的阔叶杂草：蒲公英( )、天蓝苜蓿( )、阔叶车前( )、菊苣( )、大叶车前( )、地毯草( )、普通繁缕( )、酸模( )、草木犀( )、其他( )

续表 13-7

| 草坪位置： | 面积： | 建立日期： | 检查日期： |

| 检 查 内 容 |

(11)难防治的禾草杂草:双穗雀稗( )、毛花雀稗( )、一年生早熟禾( )、匍茎翦股颖( )、结缕草( )、马唐( )、黄狗尾草( )、蟋蟀草( )、匍匐冰草( )、其他( )

(12)可控制的杂草:稗子( )、早熟禾( )、香头草( )、海韭菜( )、看麦娘( )、其他( )

(13)害虫:象甲( )、蚂蚁( )、草蝽( )、粘虫( )、白翅长蝽( )、地老虎( )、蛴螬( )、叶蝉( )、螨( )、蟋蟀( )、金针虫( )、其他( )

(14)病害:炭疽病( )、灰斑病( )、铜斑病( )、蘑菇圈( )、镰孢枯萎病( )、褐斑病( )、蠕孢子叶斑病( )、线虫病( )、白粉病( )、腐霉枯萎病( )、红丝病( )、锈病( )、黑粉病( )、粘菌病( )、其他( )

(15)其他问题:土壤层浅( )、具冬害( )、具地衣( )、药害( )、人为损伤( )、其他( )

最后根据调查结果,在分析基础上给予草地一个具体的判定,即模糊评定( ),(好、坏、差不多等)。

第三篇 生产实践

第十四章 运动场草坪

第一节 运动场草坪概述

运动场草坪是为竞技、运动活动而建植的草坪绿地，一般总称开放草坪。

运动场草坪应有一定的面积和规范的设计，能得到正常的养护，以满足体育竞技的需要，同时还应注意与其他户外娱乐活动场地相配合，具有多种功能。

运动场草坪有多种形式，主要包括：具有围护设施和运动设备的运动场草坪、用于体育比赛活动用的开放草坪、铺有石层的多功能草坪、田赛或球类比赛的专用草坪等。

一、运动场草坪的位置

运动场草坪应列为社区开发整体中的一个重要组成部分，其所在位置应有方便的交通条件，利于人群迅速到达。

二、运动场草坪的面积

运动场草坪的面积一般为2万～3万平方米，它能供1 000～1 500个家庭使用。能容纳基本活动的最小面积应为1.2万方米。

三、运动场草坪的活动空间

完善的运动场草坪，除主赛场外，还应有多种基本活动空间与之相配套。如一定数量的树木绿化空地，用于非正式比赛活动的开放场地，供儿童和成年人活动的遮荫地，一个有铺设地面和良好照明设施的场地,可用于多种用途(旱冰、跳舞、羽毛球、排球等)的场地,及相应的建筑设施、道路、林荫缓冲带等。

四、运动场草坪的规划要点

运动场草坪的规划应根据实际面积的大小,地形地势及场地使用的目的要求进行。通常应最大限度地保留原有地坪与场地特点(如林地、特别的地貌景观、小河、岩石等),并与自然环境相协调。一般规划应遵循下述准则:①场地应靠近住宅区。②非正规比赛场地、游戏场地和开放草坪应紧靠正规场地。③儿童或成年人使用的非激烈活动的场地,应紧靠树荫绿地和场地内具自然特点的处所。④正规比赛用场地要设在地势平坦,有良好排水性能的地面上,坡度不能超过 0.3%~0.5%。在渗透性良好的砂质土地上,坡度可小于 0.1%。⑤就运动场草坪整体而论,可作如下分划:一半用地应公园化,含正式比赛用草坪场地、非激烈活动的遮荫绿地等;另一半则含面积约为 3 000~4 000 平方米的游戏场和多用途铺装场地。⑥运动场草坪应进行全面开发,用栽树、种花美化景观。设置必要的生活、娱乐设施及便利人车通行的道路等。

五、运动场草坪的平面标准

(一)**标准地面坡度** 运动场为利于地表排水,通常应保持 0.3%~0.5%的坡度。在无良好地下排水的条件下,草坪场排水的最小坡度为 1%,最大可达 2.5%,但对棒球、垒球、曲棍球等要求较高的场地,务使场内各处标高保持一致。

小面积比赛场地地面的坡面设置应从一边至另一边、一端至另一端或一角至对角的一面坡(单向坡),在场的一端至另一端不宜处在两个坡面内。最小坡度为 1.2%,地面基层坡度应与地面层同向。周边应设有散水坡。

矩形运动场可采取从纵向中心线到两边线 1%的坡度。如受条件限制,坡向可采用从一边至另一边、角至对角线的方向进行

(图 14-1)。

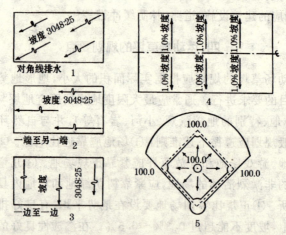

图 14-1 运动场草坪地面坡度设计 （单位：米、毫米）
(建筑师设计手册)
1.对角线 2.一端至一端 3.一边至一边 4.矩形 5.垒球和棒球场

（二）**排水** 场地地下排水坡向应与地面排水坡向一致。当基层为不透水层时，需设置地下暗沟和透水层排水系统。需在地下排水处设置暗沟时，暗沟的间距要根据土壤条件和降水量决定。地下暗沟排水的坡度应不小于 0.15%（图 14-2）。

（三）**草坪地面的处理** 基土层（坪床上）坡度应与地面同向，表面为 152 毫米厚的沃土或 703 毫米厚的人工配制土。基层不透水时，则需设置 102～152 毫米的透水层（图 14-3）。

第二节 各类运动场草坪的设计与建植

一、羽毛球场

羽毛球运动除可在户内标准的场地进行外，更多的是在一般的开放型草坪上进行，草坪为利于排水可保持 0.2% 的坡降和设置足够流量的地下排水系统。羽毛球场地规格参见图 14-4。

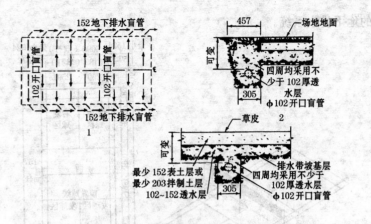

图 14-2 地下排水设计 （单位:毫米）
（建筑师设计手册）
1.矩形场地下排水 2.运动场周边排水剖面 3.运动场地下排水剖面

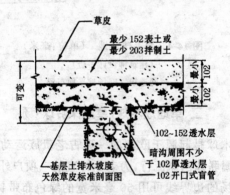

图 14-3 草坪地面做法 （单位:毫米）
（建筑师设计手册）

（一）**推荐面积** 场地最小面积为150平方米（含场地边缘）。

（二）**场面** 羽毛球场的地面可为混凝土场、沥青场和草坪场地多种，场地表面可刷各种颜色的涂料。其排水要从端部一侧至另一侧，或一个角到另一个角的对角线设置以3米比25毫米的最小坡度设坡。草坪场地面排水的最小坡度为7%，并应配有足够流量的地下排水系统。

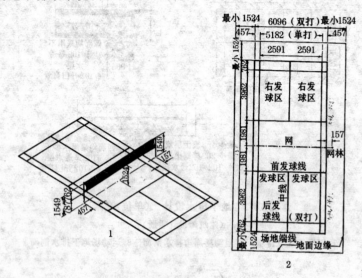

图 14-4 羽毛球场地 （单位：毫米）
（建筑师设计手册）
1.球网透视 2.场地平面布置

二、草地滚木球（草地保龄球）场

草地滚木球是起源于欧洲的一项古老贵族运动,后来主要在英国和其所属联邦国家流行,为老少皆宜的一项户外草地运动。

滚木球场的边界线可用 50 毫米宽的绿色布带钉牢在草地上作为标记。球场四角用钉桩打入端部沟边。球场的中线用钉桩或编号牌作标志,其地面设置见图 14-5。

（一）草坪场地的制备

1. 场地 草地滚木球运动必须在平整、高质的草坪上进行。按国际标准场地应为 40 米×40 米的正方形。在实际中也可小到 37 米×37 米。场内除草坪场地外,还包括通路、走道和挡板等。整个场地加上必要的服务设施,如卫生间、保养馆、俱乐部及庭园等,大约需要 1.2万~1.4万平方米土地。

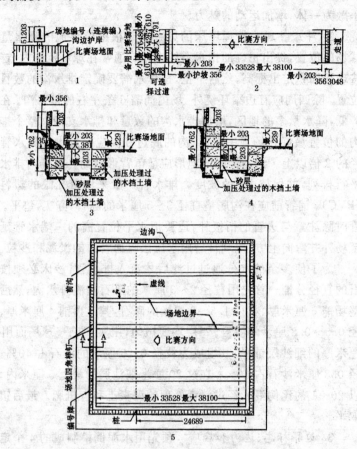

图 14-5　草地滚木球场　（单位：毫米）
(建筑师设计手册)
1. 草地编号牌立面　2. 场地平面布置　3. 剖面 A-A
4. 另一方案剖面 A-A　5. 草坪平面布置

球场面必须水平。场内分 7 个区，每区按顺序编码。最大容量可同时有 7 个组进行比赛。因此，场地的周围要有较为宽阔的活动空间和必须的附属服务设施，并应用园林的手法加以美化，使参加活动的人置身于一个优美的环境之中,让比赛者能实现运动与娱乐融为一体,增加运动的魅力。

2. 坪床整理 整理坪床的第一步是根据建坪地的降水量和球场的位置,提出正确的排水系统设计。通常在球场范围内,首先按球场面积定出标高,然后下挖,按排水需要确定排水沟的数目和位置。除四周应有边渠环绕外,场内尚需 5 条左右的排水沟。在地势低、降水量多的地区,增加排水沟的数量和排水支沟。整个排水沟的位置最好在场地中挖出,沟的底边和高应分别大于排水管直径的 2 倍以上。沟与沟间的地形应呈龟背形斜面。球场内排水沟平行排列,并保持 1‰的坡度。排水管一般采用带孔眼的塑料管(PVC)。铺管前应在沟底垫直径 3～5 厘米的砾石,夯实、垫平。铺管时除注意与边管的衔接外,还要把水平位置高的一端水管延长至场外并弯向上方,以利日后用水压法疏通管内的淤泥和沙粒。

为了使多余的水分通过过滤后才流入排水管,沙床必须按沙石的直径分铺。首先用粒径 2～3 厘米的砾石填满排水沟,然后在整场铺 6 厘米厚、粒径 1.5～2 厘米的砾石,其上再铺 4 厘米厚、粒径 0.5～0.8 厘米的沙粒。每层均要撒匀,压实,取平。球场面用 20 厘米厚的细沙层铺平,其组成为粒径 0.25 厘米的沙石占 40%,粒径 0.8 厘米沙石占 60%。在这 20 厘米细沙层的最上 5 厘米内,应以 20∶1 的比例混入经过消毒处理的泥炭土和有机肥。最后镇压取平。

3. 边界标志、边沟和后墙 预先用水泥倒模制成的 4 个定位器分别置于球场的 4 个端角,作为边界标志。其作用是帮助测量角度和水平位置,而且确定环绕球场四周的边渠的位置。四周边渠宽 20 厘米,渠面比球场面略低 15 厘米,每隔 50 厘米设一排水孔,以使渠内集水流向下面的砾石层。渠内填满白沙。渠的边堤内边用木或塑胶板制成,略高于球场面,高出部分呈 45°角,让滚木球可顺势滚入渠内。渠的外边堤高于球场面 23 厘米,用橡胶贴住,以使撞来的球不至破环。

(二)种草建坪 草地滚木球场对草坪的运动性状要求较高,需要耐践踏、叶片较优、茎秆坚硬的草种。此外,草种应适应建场地的气候与立地条件。在冷地型地区用翦股颖,在暖地型地区用狗牙根的一些品种,都能建成耐用性强的滚木球场。种草可用种子直播,也可用营养体栽植。如可将含 2～3 节的天堂草 419 的草段撒在经充分淋水、滚压和平整的坪床上,再覆上沙土(用沙 6 份,肥 1 份,或沙 5 份,肥 1 份配成),厚度以根茎上的叶片可露出来为宜,最后轻度镇压即可。

(三)草坪的养护管理 草坪草种植后,在正常养护管理下,约经 3 个月就能形成 1 个可供运动用的草坪球场。日常的养护管理工作包括灌水、剪草、施肥、防治病虫害、补植、除杂草杂物、滚压、打孔、疏理和覆沙等项工作。

无论是种子撒播还是营养体栽植,当草坪草萌生和返青后,高度超过 3 厘米时,就应进行第一次修剪,留茬高度为 2 厘米。然后是薄施、勤施含氮、钾的肥料。让其生长 2 周后进行修剪,此次留茬高度为 1.5 厘米。接着又是施肥、滚压,2 周后再修剪,留茬高 1 厘米,最后再次修剪,把留茬降至 0.5 厘米,最后渐次降到需要的高度。

三、草地网球场

草地网球是一项古老的体育运动,自诞生之日起,至今风靡世界各地,成为仅次于足球运动的"第二球类"运动。传统意义上的草地网球是在天然草地上进行,而今较高水平的网球比赛,均在人工草坪网球场上进行。

草地网球场呈长方形,分单打和双打两种,多数为单双打兼用,平面布置见图 14-6。

草地网球场表面宜采用由同属的草坪草构成的草坪。草坪应种植在厚约 15 厘米,由粒径为 8～12 毫米的沙粒构成的排水层之上的坪床上,根层的土壤厚度约为 10～20 厘米,由占土壤容积

40%～50%的粘土、有机质与占土壤容积50%～60%的沙(粒径1～2.5毫米)构成。排水层下应设排水系统,地表可从一端到另一端、一侧至另一侧,或一个角到另一个角对角线,保持0.83%的最小坡度。

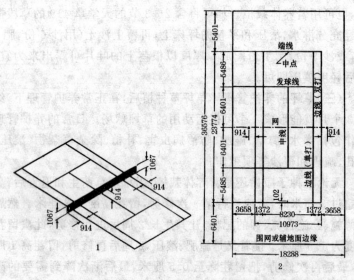

图14-6 草地网球场 (单位:毫米)
(建筑师设计手册)
1.球网透视 2.场地平面布置

四、棒球场

棒球场应设在平整、开阔的土地上。场中设4个垒,若干区和挡球网。为避免阳光对运动员视线的影响,本垒最好设在赛场的西南方。棒球场通常为平整的泥地或草坪地,呈直角扇形,分外场和内场两大部分。内场为正方形,内场以外部分称外场。在扇形的顶端设一五角形的橡皮板,称为本垒,余下3个角各设一四方形帆布垒垫,分别称一垒、二垒、三垒,中间设一木制或橡皮制的投手板。棒球场依运动员的年龄分成若干组,在场地的规格上有所区别,正式棒球场的布置也有区别。

投手板通常用软塑料、木料或橡皮制成。长61厘米、宽15厘米,安置在内场中央的投手区内。投手板和平台应高出地面38厘米,板的四周逐渐向下倾斜成坡度。

棒球场地面应铺设草坪,场地草坪的打球面与其他运动场草坪有所不同,它要求草坪覆盖度均一,坪面相对平整,草坪应耐践踏。场内应设有良好的供水和排水设施。为利于地表排水,场地从投手区边缘到球场边缘保持1‰～2‰的坡降,场地呈龟背形。

五、垒球场

垒球由棒球变化而来,其比赛方式、运动员职责与棒球相近,但比赛用球、球场及比赛规则和技法等稍有差异。305毫米垒球(快投和慢投)场布置见图14-7。

垒球场与棒球场相似,需平整的泥土地或草坪地,由内场和外场组成,为一直角扇形。内场为18.29米×18.29米的正方形,在扇形顶端设橡皮板制的本垒,其他三角各设1个帆布质的垒,中间设一木制或橡皮制的投手板,以本垒夹角为圆心,以68.58米为半径画一弧线,即为外场的边缘线。

垒球场地面宜建植草坪(要求与棒球场相同)。内场坪床可加面层,要铺筑平整,使垒线和本垒线保持同一标高。

在本垒后应设置后挡网,最小距离为7.6米。

六、曲棍球场

曲棍球是球体需在球场表面滚动的一种球类,对地平面的要求较其他运动场地更为严格,因此,较高质量的赛场常用人造塑胶或人造草皮铺设,而最高品位的赛场应由草坪建成。

曲棍球场地规格以标志界线的内沿为准。实线和虚线均为白色,线宽76毫米,并用对人眼和皮肤无害的材料作标志。曲棍球场的平面配置见图14-8。

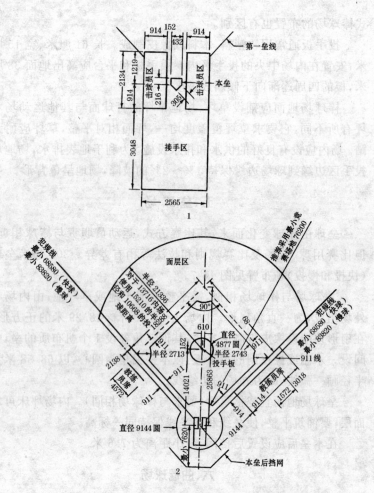

图 14-7　305 毫米垒球内场　（单位：毫米）
（建筑师设计手册）
1. 本垒平面布置　2. 内场平面布置

曲棍球场草坪，草质应纤细、平整、均一，耐低修剪。为利于地表排水，允许场地以纵向中心脊线为准，至两边线保持 1% 的坡降，并应设置暗沟排水系统。

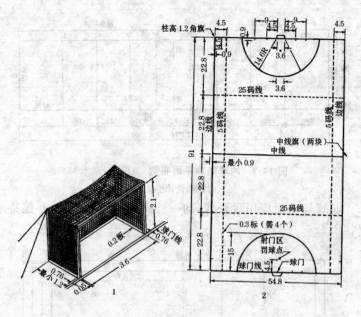

图 14-8 曲棍球比赛场 （单位：毫米）
（建筑师设计手册）
1.球门 2.场地平面布置

七、木球场

木球是在草地或硬质土面上进行的一项球类运动。场地标线的线宽通常为5厘米,以亚麻质带作标线,用金属固定于地面上。其场地布置见图14-9。

八、槌球场

槌球也称门球,是不分男女老少都能同时参加的运动,亦无需特殊设备,因此,是一项开展极广泛的群众性体育运动。

一般槌球拱门的宽度为86毫米,以直径13毫米的钢筋做成。设在端线中点外38毫米处。场地布置见图14-10。

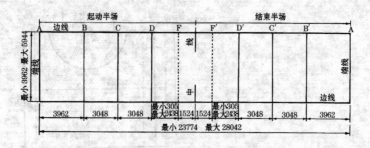

图 14-9　木球场地平面布置 （单位：毫米）
（建筑师设计手册）

槌球场地面应用耐修剪、均一性高的草坪草铺设，并保持水平。

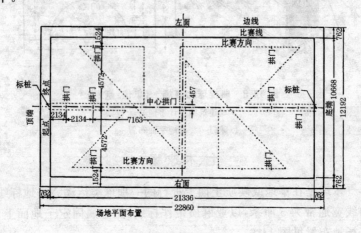

图 14-10　槌球场地平面布置 （单位：毫米）
（建筑师设计手册）

九、足球场

　　足球运动是现代世界上开展最广泛、影响最大的体育运动项目之一。足球分多种类型，按地域分，可分为英式足球、澳式足球、佛罗伦萨足球；按对象又可分为男子足球、女子足球、少年足球和室内足球多种。

标准的足球场为长方形,英式足球场长 90～120 米,宽 45～90 米;国际比赛足球场长 100～110 米,宽 64～75 米;世界杯足球决赛用的场地为 105 米×68 米。场内应划边线、端线、中线、球门线,还应设置罚球区、球门区、角球区、开球点、罚球点、中圈、罚球弧等。划线的宽度为 12 厘米,与球门柱等宽(图 14-11)。

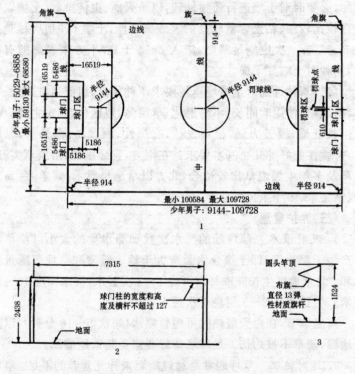

图 14-11 男子青少年足球场平面图 (单位:毫米)
(建筑师设计手册)
1. 球场平面布置 2. 球门区布置 3. 角球区标旗

球场表面要求平坦,具有完备的供水和排水设施。地表铺植草坪,使场地美观、松软和富有弹性,利于运动水平的发挥和保护运动员不受伤害。

(一)**坪床制备** 床面要平整,床土要细碎、干净、紧实,基肥要足,排灌系统要合理。在床面平坦的前提下,以形成中间高,四周低约 0.2% 的龟背式排水坡度为佳。如果坡度超过 0.7%,会影响训练和比赛。有时可设置地表沙槽排水系统或地下盲沟鼠道式或地下排水管式排水系统。要彻底清除高等植物体及其种子和砖石等杂物,必要时对土壤进行药物处理,以杀灭病、虫传染源。土壤以矿物颗粒比较细、粘土含量较高的轻砂壤为佳;土壤 pH 值应尽量接近 5~6.5;一次应施足基肥,施入 2~4 千克/平方米腐熟的有机肥,播种时土壤要干燥。

(二)**草种选配** 足球场草坪要求草种优良,组配适宜,生长势好,耐践踏,使用时间长,不易退化;草层薄,地毯化。其中主要应具备生长旺盛,覆盖力强,根系发达,有弹性、耐践踏、耐修剪,绿期长,持续性能好等几个基本要求。在南方,狗牙根类、结缕草类、地毯草及多年生黑麦草比较适合,北方以草地早熟禾、紫羊茅、高羊茅、结缕草、多年生黑麦草等为佳。

(三)**养护管理**

1. **及时灌水** 草坪场的灌水次数和灌水量的大小以使草坪草产生干旱为度,即土壤含水量应大于地表蒸发和草坪蒸腾量的总和。北京地区生长旺季每周可浇 1~2 次透水(渗水深度 15~20 厘米),生长季每 2~3 周浇 1 次透水。

高温季节,在白天最热时可短暂喷水(每次 5~10 分钟),以降低地温,使草不被灼伤。足球场草坪要避免频繁地灌溉。

2. **适时施肥** 草坪通常是通过施肥来补充营养的不足。草坪草颜色变淡时,是需施肥的直观标志。施肥应本着低施氮,中施磷,高施钾的准则(氮:磷:钾=2:3:6,有效成分比)用肥。草坪施肥量每年应达到 20~40 克/平方米的水平(化肥),肥料种类以尿素和复合肥为佳。一年中有春、夏、秋 3 个施肥时期,春施高氮和足够的磷、钾,施量每月可达 20~30 克/平方米,其中氮:磷:钾=

1∶0.5∶0.5。每年至少要施1～2次有机肥（均应充分腐熟），在早春或任何时候施肥都应与覆土、镇压同时进行。新生草不宜早施化肥，最少修剪3次后才能施用。

3. 勤修剪　修剪是维持草坪使用功能的有效手段之一。在草坪草对修剪的耐受范围内，低修剪是增加草坪密度和维持草坪草旺盛生长的有效手法。适度修剪，每次修剪要求保持修剪前叶的1/2叶片，是草坪修剪必须遵循的规则。当草长到5～6厘米高时，就可进行修剪。剪刀要锋利，苗茬高4～5厘米，每次剪去部分不得超过草高的1/3。干旱时及炎热夏季、生长初期和末期应适当提高剪草高度，可比平时留茬高1/2。修剪应注意方向，避免在同一地点多次同向修剪。

4. 覆土镇压　春初和秋末，耙去芜枝层后应覆土。覆土用料应与原土质相同，也可填100%的沙土。实际用土量应比计算量高20%。覆土后用500～1000千克重的压磙碾压。凹地宜在每次修剪后逐次填土镇压，至与场地持平为止。

5. 打孔通气　当草皮形成后，为促进草坪草的营养生长和改善坪床的通气透水状况，应定期打孔或划破坪床。打孔或划破宜在早春或深冬进行，每平方米孔数不得少于100个。过度践踏的草坪场，在春季土壤湿润时，应进行3～6次的打孔或2～3次划破处理。

6. 补播　在草坪草稀疏或场面产生秃斑时，应及时补种草坪草。补种可用种子直播和补铺草皮。在生长季，在使用最频繁的地方，以4～10克/平方米的播种量进行补播，补播草种应与原种相同，补播前种子应作催芽处理。播前坪床应先剪草，然后将表土耙松，下种后覆1层薄土（0.3～0.5厘米），再镇压（播后1次，发芽后1次，第一次修剪后和第二年春也分别镇压1次）。补播草皮高出平面0.6厘米时，用1∶1的泥炭沙配制的细土填空。坪床保持湿润2～3周，并进行镇压。

7. 及时防虫除病　对草坪真菌病可喷洒甲霜铜、氯化汞、氯化亚汞、孔雀石绿等防治。汞盐用量42~84克/100平方米,用硫酸铵3份加煅烧过的硫酸铁1份,加干燥沙土10~20份,制备成毒土,在土壤潮湿、天气温暖、草带露水的时候撒入草坪中,可防治草坪藓类,全年均可施用。另外,每年应喷洒1~2次杀虫剂。

8. 草坪管理　各项养护管理措施应依季节、草种和草坪状况配合进行。

9. 使用前后管理　使用5~10天应对草坪场进行养护管理(施肥、灌水、修剪),使草坪处于优良状况。使用时草坪表面应保持坚硬和干燥,在使用前24~48时内应停止灌溉。使用后应及时清场,除进行灌溉、修剪、追肥外,应注意修复损坏的地块。

十、橄榄球场

橄榄球运动通常在草坪场地上进行,由于橄榄球采用抱球跑、传球、踢球、冲撞、搂抱等剧烈的动作,运动强度大,对抗性极强,因此,对场地也有较高的要求。不仅要求草坪场地排水良好,坪床土不板结,场面美观,而且草坪草要有较高的再生能力。

橄榄球场规格均以划线内沿为准,所有标线宽均为50毫米,划线应使用对眼睛有益、对皮肤无害的白色材料。橄榄球场的平面布置见图14-12。

十一、田径运动场

运动场一般的含田径和球类比赛的场地,除了径赛用的标准跑道外,在跑道内还设有多项田赛运动的场地,还可以做足球场。400米径赛跑道的运动场的平面布置如图14-13。

运动场跑道通常应铺置塑料等有弹性的面层。内场铺植耐践踏、致密的草坪(方法同于足球),面层下应设置排水和喷灌供水系统。

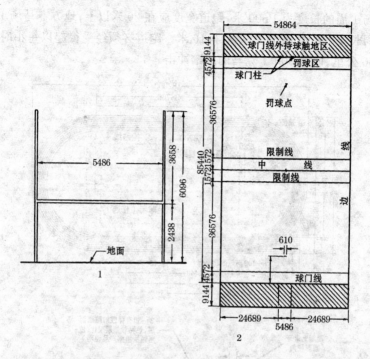

图 14-12 橄榄球场平面布置 （单位：毫米）（建筑师设计手册）
1. 球门柱 2. 比赛平面布置

十二、赛马场

赛马场是赛马和调教赛马的场地。赛马场根据场地表面缓冲层的材料和构造，可分为用于训练的沙马场和用于比赛的草坪马场，还有兼 2 项用途的中间型马场。赛马场必须具备能充分发挥赛马能力和保护人马安全的条件，赛马场还须使观众和工作人员都能清晰地看到比赛情况，赛马场应有足够的空间，从景观上给人以轻松畅快之感。赛马场平面布置见图 14-14。

在建赛马场时，首先要确定其周长、看台的长度与大小、弯道部的半径、起跑点的位置、总场地的大小等平面要素及纵剖、横剖面的坡度、高低等要求，然后进行计算和设计。按规定，国家级赛马场 1 周的长度为 1 600 米,跑道宽度应在 20 米以上;地方赛马场 1 周长 1 000 米,跑道宽应大于 16 米。跑道必须经受得起以每小时 60 公里、体重 500 千克马的践踏冲击。

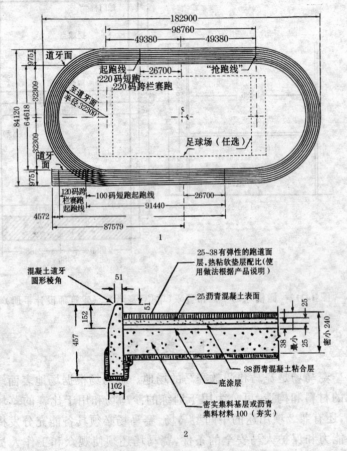

图 14-13 400 米径赛运动场平面布置　　单位:毫米
1. 400 米径赛的跑道平面布置　2. 标准跑道剖面图

设置赛马场应考虑到比赛的安全,跑道的曲线半径不能小于 100 米。赛马场草坪与其他草坪的区别,是跑道基层必须坚实,要

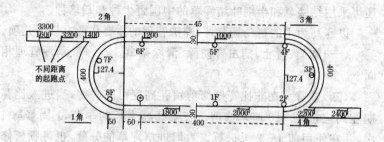

图 14-14　赛马场跑道平面设计模式　（单位：米）

（王铁权）

1周距离 1700 米，宽度 30 米，H.S 直线 450 米，
半面距离 400 米，曲线半径 127.4 米，曲线距离 400 米

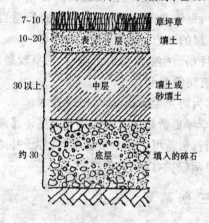

图 14-15　草坪赛马场的跑道剖面图
（单位：毫米）

能承受 10～30 匹体重在 500 千克以上的马，齐集以时速 60 公里行进的压力。赛马场的跑道结构见图 14-15。

赛马场跑道各层的特性如下：表层应是富含有机质的土壤，并加入适量的肥料和土壤改良剂，以适应草坪草的生长。路基宜采用壤土或沙土，分 1 层或 2 层夯实，要求达到排水良好，外形整齐，因此，需用 10 吨重的压路机碾压，做法与修筑公路的方法相同。

赛马场使用的草坪草在北方冷地型地区，通常多采用多年生黑麦草、羊茅、多年生草地早熟禾等。根据地域条件，比赛强度与举行时间，选用不同的草种（品种），不同的混播比例，不同的播种方式建植。在南方暖地型地带多采用狗牙根（T419，T57）。在过渡带，还可采用结缕草和半细叶结缕草的中国野生种和栽培种。

以赛马为主的赛马场草坪,养护管理的主要作业有以下几项。

(一)施肥、覆土、病虫害防除、清除杂草　与一般草坪管理相同。

(二)修剪　在非比赛期修剪留茬高度可高一些,当进入比赛期茬高应按7~10厘米修剪。在草旺盛生长的季节,1周修剪1次,并在使用前1~2天进行。为增进草坪草的分蘖,也可频繁修剪。

(三)滚压　由准备使用期到使用期,均应用2~3吨重的压路机滚压。特别是在使用期,1天应压2~3次。

(四)通气作业　赛马时的高速踏压,压路机的滚压使土壤板结,加之草皮及芜枝层的产生,每年春天应对赛马场草坪进行适当的透气作业,恢复表层和路基层的弹力,以适应赛马的需要。

(五)烧草　每年春季草坪草萌生前必要时可烧草。因草较高,烧草对草坪草的生长与病虫害防除有利。

(六)浇水　在赛马期间,为防止尘土扬起,应适量浇水。

(七)更新　每年赛马场草坪更新是很重要的作业。更新通常在春季或秋季使用结束后进行。更新可采用草皮块移栽、种子补播等多种方法。有必要时,应更新栅栏,以保护草坪。

十三、射箭场

射箭场应设在地面较为平整的场地上,赛场前面和两侧应为无障碍的空地,靶子后方最好有人造小山,作为保护性屏障,其方位在北±45°范围内选定。成年人用的标准轮为27.4~91.4米。少年用的标准轮则为18.3~45.7米,场内地面应铺植草坪,并保持一定的坡度,以利排水。射箭场的平面布置见图14-16。

十四、高尔夫球场

(一)高尔夫球运动简介　标准的高尔夫球场(图14-17,图

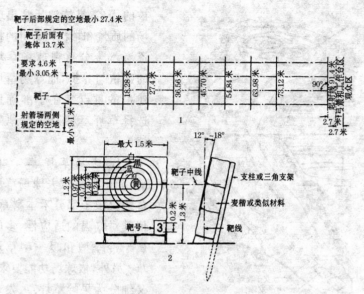

图 14-16 射箭场平面布置 （建筑师设计手册）
1. 射箭场平面布置 2. 靶子详图

14-18)有18个洞,标准杆数为72杆。球场占地面积50万～100万平方米,球道总长4572～6858米,球道宽32～55米。每洞以发球台为起点,中间为球道,果岭上的球洞为终点。设置有长草区、沙坑、水池等障碍。18洞中有4个长杆洞,4个短杆洞,10个中杆洞。长杆洞男子击球距离在430.7米以上,女子击球距离为366.7～525.8米。中杆洞男子击球距离为229.5～430.7米,女子击球距离为192.9～365.8米。短杆洞男子击球距离在228.6米以内,女子击球距离在190米以内。没有任何两个球道雷同,因此,充满了刺激和挑战的乐趣。每个球道的发球区又有3个不同的发球台,距果岭最远的是"蓝梯",即用于正式比赛;中间的是"白梯",为一般男性球员使用;近处的是"红梯",系女性及青少年使用。

（二）高尔夫球场草坪建植　草坪既是高尔夫球场这幅"风景画"的底色,又是这个露天运动场的载体。因此,高尔夫球场草坪植

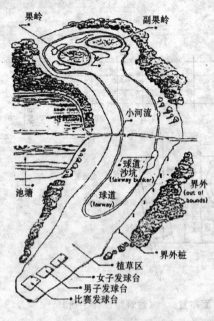

图 14-17 高尔夫球洞组成

被的优劣,具体地反映出球场的质量和档次。高明的投资者都十分重视球场草坪的建植与养护,而球场草坪建植的重点又在于准确地选择草坪草种及科学地建植。

1. 球场草坪草　目前,能用作高尔夫球场草坪草的仅限于部分禾本科草。依其对气温的适应性,多归属于冷季型和暖季型草坪草。另外,依球场功能要求,又细分为果岭草坪草、发球台草坪草、球道草坪草、障碍区草坪草。

(1)果岭草坪草　果岭是高尔夫球场的灵魂,果岭草坪是草坪中质量要求最高的一类。因此,对果岭草坪草的标准极高。一般来说,必须符合以下条件:多年生、寿命长、质地优良、色感好、茎叶致密、叶片纤细、耐践踏、恢复生长快、耐低剪。果岭草坪需经常维护在4~6.4毫米的高度,特殊情况下也可剪到3毫米。符合以上条件的草坪草不多,下面作简单介绍。

①果岭冷季型草坪草:这类草坪草又有以下几种:

a.匍茎翦股颖。匍茎翦股颖耐低剪,可低剪至3.5毫米,这一特性是做果岭草坪的最重要条件。因此,它是最多被选用的草种,其中普特(Putter)品种表现更为优异。

b.欧翦股颖。该草种具匍匐茎,剪草高度为5~10毫米。欧美及国内个别球场亦用之做果岭草种。

c.其他草坪草。国外一些球场将一些冷季型草种,如多年生黑麦草、一年生黑麦草、一年生早熟禾、细羊茅等,作为果岭冬季补播材料。

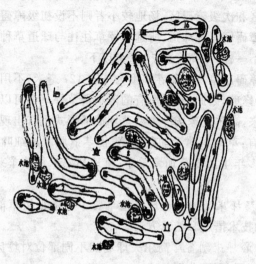

图 14-18　标准高尔夫球场平面示意图

②果岭暖季型草坪草:这类草坪草有以下两类:

a. 改良狗牙根。改良狗牙根中的矮生天堂草和天堂草 328,叶片纤细,可低剪至 5 毫米,是被较多选做暖季型果岭草的草种。

b. 结缕草属的部分草种。有一些球场选用沟叶结缕草、细叶结缕草作果岭草坪草,其特性是植株低矮、质地纤细、耐低剪。

(2)发球台草坪草　发球台草坪草修剪高度为 13 毫米,因此,选择的草种或与果岭相同,或稍次之。冷季型草坪草可选匍茎翦股颖、细弱翦股颖、多年生黑麦草、草地早熟禾等,暖季型草坪草可选天堂草 328、天堂草 419、天堂草 419Ⅱ、结缕草等。

(3)球道草坪草　高尔夫球场球道草坪修剪高度为 19 毫米,因此,草种选择的范围更宽一些。适宜的冷季型草坪草有草地早熟禾、一年生早熟禾、匍茎翦股颖、细弱翦股颖,甚至耐旱的质地较粗糙的扁穗冰草等也可入选。适宜的暖季型草坪草有天堂草 328、天堂草 419、天堂草 419Ⅱ、假碱草、结缕草、美洲雀稗等。

(4)障碍区草坪草　高尔夫球场均设障碍区,场地较大者还分初级障碍区和次级障碍区,场地较小者则不设初级障碍区。

初级障碍区紧邻球道,所选草坪草往往与球道草种一致,只是修剪高度不一样,其高度在 76 毫米以下。

次级障碍区草坪的留茬高度为 76～127 毫米,不用浇水,亦不施肥,很少修剪,因此,几乎所有的禾本科草坪草都可以入选。

近年来,高尔夫球场冷季型草坪混播形式也有出现。比较多的混播类型有:草地早熟禾加紫羊茅、匍茎翦股颖加细叶羊茅、草地早熟禾加多年生黑麦草加紫羊茅、草地早熟禾加紫羊茅加细弱翦股颖等。

2.球场坪床的制备　球场植草要十分重视植草前的坪床制备、植草的技术措施和植草方法。

(1)果岭坪床制备　高尔夫球场的不同部位对坪床制备工作的要求也不同,下面分别叙述。

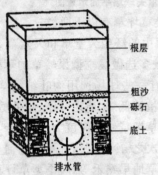

图 14-19　美国常用的果岭坪床设计

①美国型果岭坪床制备:果岭既要有平整、光滑、低矮、美观的草坪击球表面,还要能在除雷暴雨以外的任何天气状况下都可打球,并且坪面不能有积水。因此,果岭的排水和坪床结构标准很高。本书仅介绍美国、日本较常用的果岭坪床及国内一些球场所用的果岭坪床的制备工作。图 14-19 系美国常用的果岭坪床剖面。其施工方法如下:

a.挖排水沟。地基上挖深、宽各 15 厘米的排水沟,挖出的土运出果岭外。

b. 铺设排水管。沟底填3厘米高、直径为0.7厘米左右的砾石(砾石事先用水洗净),然后铺设直径为10厘米的排水管,并用砾石填埋。

c. 铺砾石层。在地基上铺10厘米厚的砾石。

d. 铺粗沙。在砾石层上铺5厘米厚、粒径为0.5~1毫米的粗沙。该层粗沙或砾石层形成高水位,积聚下渗的水分,使草坪草根系可以吸收,弥补根系层沙基质持水性差的缺陷。

e. 铺沙层。在上层粗沙层上再铺30厘米厚,粒径0.25~0.5毫米的沙子。

f. 配制营养层。在沙层上面数厘米中将泥炭等有机质均匀地掺合,做坪床营养层。

②日本型果岭坪床制备:做好的果岭坪床要高出周围地区,便于表面排水,也可扩大球员的视野。图14-20系日本常用的果岭坪床剖面。其建造方法如下:

a. 挖排水沟。在夯实的地基上挖深、宽各30厘米以上、斜度为0.5%~4%的排水沟,沟土运出果岭。排水沟整实后底部铺厚3厘米左右,粒径5~10毫米的粗砾石。

b. 铺设排水管。在沟底砾石上铺设排水管(主管直径15厘米,支管直径10厘米),然后用粗砾石回填。

c. 铺设防沙网。在排水管上面的砾石层顶铺防沙网(不可用无纺布或帆布),以防塞住土床透气孔。

d. 铺细砾石或粗沙层。在防沙网上铺设10厘米厚、粒径为1~2毫米的细砾石或粗沙,并且在其中混合一些木炭。木炭有吸收溶于该层的农药毒素的作用,从而可减少或避免场地排水中农药造成的污染。这个方法也值得其他设计借鉴。

e. 铺河沙层。在细砾石层上铺厚20厘米的河沙(粒径为0.02~2毫米,其中粒径0.25~0.7毫米的沙要占80%以上)。

f. 铺改良沙。最上层铺厚15厘米的改良沙。改良沙就是掺合了有机肥料和土壤改良剂的沙。与图14-19设计类似,按图14-20

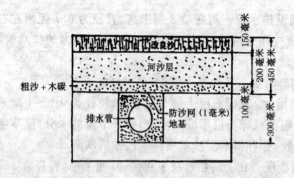

图 14-20 日本常用的果岭坪床设计

设计做成的果岭也要高出周围地区。

③国内常用果岭坪床制备:图 14-21,图 14-22 均系国内一些高尔夫球场果岭所用的排水结构设计。其施工方法如下:

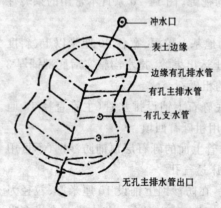

图 14-21 国内常见高尔夫球场果岭排水平面

a.挖排水沟。主排水沟深、宽均为 300 毫米,支排水沟深、宽均为 250 毫米,排水沟之间距离为 4.5 米,沟底铺 80 毫米厚的用水冲洗干净的直径为 20 毫米左右的碎石。

b.铺设排水管。主排水沟铺设管径为 110 毫米的有孔单壁波纹管,支排水沟铺设管径为 90 毫米的有孔单壁波纹管,然后用洗净碎石埋没排水管。

c.铺碎石层。在排水沟上再铺盖 200 毫米厚的洁净碎石层,并反复压实。

d.铺防沙网。碎石层上铺细目尼龙网布,以防在碎石上铺的沙漏下去。

e. 铺河沙。在尼龙网布上铺盖经清洗、过筛、粒径为 0.25~0.5 毫米的河沙 350~400 毫米厚,铺沙层需多次碾压紧实。

f. 铺营养层。在沙层上部将泥炭、有机肥、土壤改良剂等掺合,制配成营养土,铺数厘米高的营养层。

(2) 发球台坪床制备 发球台坪床制备因球场而异。若建设资金雄厚,则球场发球台的坪床结构可与果岭坪床相近,条件较差时,则与球道坪床一样标准,但位置要高出球道。

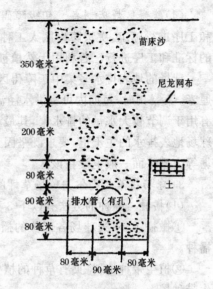

图 14-22 国内常见高尔夫球场果岭地下排水结构

(3) 球道坪床制备 在做球道坪床前先要建好地下排水及灌溉系统。地下排水系统中有一系列通过球道低地的单个排水管或者是鱼骨形、格形的综合管线。排水管铺设在 0.5~1 米深处,支管间距 9~18 米。在排水问题较少的球道可用盲沟来排、渗水。在被阻隔的凹地上可挖旱井,井内填满碎石,表层有粗沙,过多的地表水很快流入井内,然后渗入土壤;或者在井底部安装排水管,水从排水管中流出。排水系统建成后,可进行球道表土重铺。由于球道经过挖填,土壤类型复杂,改良困难,比较简单的措施是在土质的球道上堆铺 10 厘米厚的沙土,其中沙占 70%~75%,粉粒和粘沙占 25%~30%,石质丘陵或其他土壤母质构成的球道则堆铺 20 厘米左右厚的沙土。同时有机肥等物料也需按设计数量施入,这样便形成整齐一致的球道坪床。

(4)障碍区坪床制备 初级障碍区坪床按球道坪床一样标准和工序进行施工,次级障碍区人工种草的坪床也应参照球道坪床的标准和工序进行。若利用天然植被的场地则无需重建坪床。

球场的地表排水多集中于障碍区。排水道通常深度为25～60厘米。下暴雨时,短期内可将洪水泾流分散到较大的表层区域。还有用于调节较大水量的排水渠,其最浅的深度为1.2米。排洪沟是球场地表排水的主干道,要求既坚固又持久耐用。此外,深水池、水塘等大型水面一般也设在该区。

3. 球场植草 高尔夫球场草坪的植草可用播种和栽植。

(1)播种 播种的方法有以下3种:

①撒播:高尔夫球场各部位的播种可采用机械化或半机械化播种。

②植生带种植:将夹有草种的植生带平铺于坪床面上,叫做植生带种植。

③液压喷播:这是用液压喷播机将草坪草种和其他辅料混合,喷播于坪床面上。在地势陡峭的障碍区,用此法植草,有防止水土流失和保苗的效果。

(2)栽植 栽植的方法有以下4种:

①插枝:将含2～3节的营养枝(匍匐茎或根状茎)的一端插入坪床土壤中,土外仅留1/2节段至1/4节段,埋入土中的茎节处生根、长出幼苗。

②铺茎:把截成段的茎节撒于坪床面上,然后碾压入土,或在茎节段上覆1层表土。

③铺草皮或草坯:球场铺草皮块,可很快成坪。铺草坯是将草皮截成小块栽植,成坪时间比铺草皮块要缓慢。

④栽草塞柱:将球场打洞机取出的草塞柱再栽植于坪床上。

(3)播种和栽植后的处理 处理措施有以下几点:

①浇水:播种或栽植后要经常浇水,始终保持坪面湿润,以满足草种生根出苗对水的需要。

②滚压:为使草种、草苗和土壤紧密结合,在播种或栽植后应进行滚压,出苗后还需进行滚压,使坪床面平整。

③补播或补栽:若发生局部未出苗,应及时进行补播或补栽,以保全部出苗。

(三)高尔夫球场草坪养护和管理

1. 修 剪

(1)修剪高度　高尔夫球场草坪的不同部位,其修剪高度也不同。

①果岭修剪高度:为取得良好的击球面,果岭需经常维持 4～6.4 毫米的修剪高度,特殊情况下要求修剪到 3 毫米。草剪得越低,滚球速度越快,用相同力量击球时,滚动距离也较远。为了保持球场果岭能以相似的速度击球,需用专门仪器来测定,以确定剪草高度。美国高尔夫球协会研制了 1 种设备,用以测速。测定者把球放在该设备的凹槽里,然后使该仪器一端缓慢升高,直到球开始下滚。滚速则由球在草坪面上滚过的距离来表示。两个方向分别测 3 次,求其平均值。美国高尔夫球协会推荐的用于锦标赛的果岭区速度在中速以上,至少应该是 2.6 米,见表 14-1。

表 14-1　美国高尔夫球协会制定的果岭区速度

果岭区相对速度	平均滚动长度(米)	
	平常比赛	锦标赛
快	2.6	3.2
中快	2.3	2.9
中	2.0	2.6
中慢	1.7	2.3
慢	1.4	2.0

注:百慕大类草果岭的滚动长度减少15厘米

②果岭环修剪高度:紧邻果岭的果岭环一般宽 0.9～2.7 米,其草坪修剪高度为 9～10 毫米。

③发球台草坪的修剪高度:一般在 13 毫米以下。

④球道草坪的修剪高度:为 20 毫米左右,质量要求较高时为 13～19 毫米。

如果滚距短于该数,说明剪草高度还要下降。

⑤初级障碍区草坪:在比赛时要求剪到 38～76 毫米,次级障碍区可以不剪草,若要修剪可剪至 76～127 毫米。

(2)修剪频率　果岭草修剪频率随球场不同而不同,有的球场要求除下雨天外,天天都进行修剪。

发球台草坪草在生长旺季每周修剪 2～3 次。球道草坪草在生长旺季每周修剪 1.5～2 次。

(3)修剪机具　果岭草坪修剪有专用果岭剪草机。发球台草坪修剪用滚筒式剪草机。球道草坪修剪用大型滚筒式剪草机,这种剪草机有三、五、七、九联自走式和牵引式。沙坑附近的草坪用自走式旋转剪草机修剪,边缘用切边机剪切整齐,延伸到沙坑的草坪要清除去。

2. 施　肥

(1)施肥量和施肥时间　高尔夫球场草坪的施肥量很准确的确定比较困难,需要在实践中不断试验,积累经验,才能得到比较准确的数据。

①果岭草坪施肥量和施肥时间:根据平常的经验,需肥中等的果岭暖季型草坪全年的需肥量为:氮 22～30 克/平方米,五氧化二磷 20～27 克/平方米,氯化钾 22～30 克/平方米。喜肥的天堂草则要远高于此用量,其需肥量要高出 1.8 倍左右。冷季型的匍茎翦股颖同样是喜肥草种,其施肥量稍低于天堂草。果岭草坪在每个生长季中要施 1～2 次。

另外,还要根据果岭土壤分析结果,确定是否施用微量元素肥。为达到促进果岭草叶色浓绿,可适量地施一些硫酸亚铁,可收到良好的效果。

②发球台草坪施肥量和施肥时间:发球台草坪年施肥量为果岭草坪的 50%～70%。由于发球台草坪草与果岭相似或者相同,

其具体施肥时间可参照果岭的施肥时间。

③球道草坪施肥量和施肥时间:球道草坪的施肥量相对要少一些,年施肥量相当于果岭草坪施肥量的40%～50%。施肥量少,施肥次数也少,往往1年只施几次。相比较,冷季型草坪草的球道比暖季型草坪草球道需肥量要少,没有灌溉条件的球道施肥量又更少一些。

④障碍区草坪施肥量和施肥时间:障碍区草坪是球场管理最粗放的地域,如果施肥,其年施肥量只为果岭草坪施肥量的20%,有一些场地的次级障碍区可少施或不施肥,尤以天然草地做次级障碍区的可不施肥。

(2)施肥方法　施肥可撒施固体肥料和喷施液体肥料。通常是喷施液体肥料,因为喷施均匀,效果较好。

3.浇水　高尔夫球场草坪通常建有自动灌溉系统,其造价较高,是球场投资的重点之一。

(1)喷灌系统组成　高尔夫球场草坪的喷灌系统由水源、泵站、配水管线(包括闸门和排水阀)、控制阀、控制线路(包括相应的控制器)、喷头等组成,如图14-23。

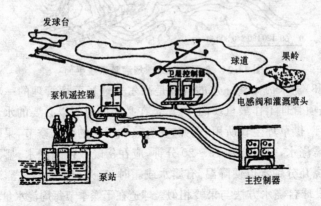

图14-23　高尔夫球场自动灌溉系统的主要组成

(2)喷洒器喷头的布局 球场喷灌系统的使用效果取决于喷洒器喷头的布局。经验证明100%的重叠比(指喷洒器喷头覆盖区域的半径与两喷头间距之比,用百分比表示)能提供最好的整体覆盖,换句话说每只喷头喷出的水应能达到相邻喷头的根部。20～21.3米间隔的等边三角形的布局产生的空白区最小。喷头一般选择自动弹起式。另外,在每块果岭和发球台的有水压管线上应安装快速耦合阀,在球道管线上每隔60～91.4米也应装1个快速耦合阀,用于局部区域浇灌和对幼树浇水,并可作后备水源和应急用水等。图14-24灌溉系统平面图,可供设计时参考。

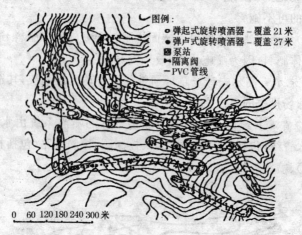

图14-24　9洞高尔夫球场灌溉系统平面

(3)浇水的方法 水的管理是高尔夫球场草坪管理的一项大事,该项管理工作最重要的一点,是在必要的时间以必要的水量浇灌草坪,供草坪生长所用。例如,在炎热和干旱的生长季节,果岭每天都需浇水,每次浇水15～20分钟,应在傍晚或夜间浇水。盛夏午间可浇几分钟水以便降温。有露水或霜时,应开启喷头洗去露珠或霜。发球台浇水方法与果岭相似。球道在干燥季节每周浇水量应在5厘米以上,砂质土球道每周浇2次。初级障碍区浇水同球道一致。

4.杂草防除　在球场草坪上,尤其是果岭和球道上若出现杂草,则十分显眼,不仅影响运动效果,而且还会有损球场声誉,因此,必须及时清除。可用人工拔除或用化学除草剂清除。应遵循"除小、除早、除尽"的要求。化学清除的方法可参照其他运动场草坪的除草方法实施。

5. 虫害防治 害虫也严重威胁球场草坪的使用命运。高尔夫球场草坪害虫防治的方法与一般运动场草坪相似。这里需要强调的是要设法减少或避免土壤污染。应选择残效期短(如药效在2周之内)、毒性较小的药剂。只要可能,应尽量采用生物防治的办法。据报道,美国有3年不使用防虫药剂的高尔夫球场草坪。

6. 病害防治 高尔夫球场草坪,尤其是果岭草坪,由于频繁低剪和施重肥,又系多水作业,加之人流多,而易发生病害。防治草坪病害是球场管理者最感棘手的问题之一。

(1)病害发生的环境因素

①气候、土壤因素:草坪生长发育受外界环境因素如气温、湿度、光照、风,还有土壤的温度、湿度、通气等物理性状的影响,同时也左右着草坪病害的发生、发展。如果多雨、光照不足、低温,或高温、多湿,或干旱等气候条件,草坪草生长缓慢,抗病力下降,常会诱发病害。另外,土壤温度与病原菌的生育温度和感染温度(表14-2)有着密切的关系。有时土壤的酸碱度也影响病害的发生。土壤酸性或碱性程度加大时,草坪正常的发育受到抑制,却助长了一些土壤微生物的繁殖、侵害,而引起病害发生。

另外,若土壤养分不足,草坪生长缓慢,对病原菌抵抗力下降,也容易感染病害。土壤肥力不足若同湿润、低温再联系起来,发生的病害往往较严重。

②栽培管理因素:不当的栽培管理也会促使草坪发病,主要表现在以下几方面:

a. 过度密植。单株所受光照不足,生长势弱,对病害抵抗力降低,容易发病。

表 14-2　草坪病原菌的生育温度和感染温度(℃)

病原菌	病害	最低生育温度	最适生育温度	最高生育温度	感染温度
丝核菌属	高温型褐斑	3～14	20～33	35～42	22～24
	低温型褐斑	0	20～25	35～40	20
腐霉菌属	高温型镰刀菌病	5	35	45	35
	低温型立枯病、春秃病	0～12	24～36	35～42	13～30
雪霉菌属	高温型镰刀菌病	0～10	15～28	32～38	20～30
	低温型立枯病、春秃病	0～7	20～21	32～33	15～20
长蠕孢属	凋萎病	5～15	20～30	33～38	28～32

b. 过度修剪。造成草坪草伤口多,极易诱发病原菌侵入而染病。

c. 在不适宜的时间进行不适量的浇水。引起草根系腐烂,而且助长了真菌孢子菌丝的发芽和伸长,造成病害。

d. 不适量的盖细土。使同化作用受阻,加之踏压的影响,即使在休眠之前进行,也会使地温上升,草坪草的抗性下降,诱发病害。

e. 杂草及虫害防治不彻底。也容易引发病害。

f. 土壤板结。造成草坪草生长势弱,而真菌却有良好的生育条件,也易发生病害。

(2)病害的病症类别　草坪草受到真菌、细菌侵害后,常发生如下几种病害。这里一一列举出来,以便于诊断和进行针对性防治。

①腐败病:症状以病原体侵入处为中心,向周围逐渐扩展,组织腐败。此病包括立枯病、根腐病、叶枯病、茎叶腐败病、枯损病、褐枯病等。

②斑点病：以病原体侵入点为中心，在其周围形成病斑。此病包括污斑病、炭疽病、黑点病、云纹病、条斑病等。

③菌体被覆病：在被害部，病原菌旺盛生长覆盖了受害组织。此病包括白粉病、锈病、粘菌等。

④新器官形成病：病原体的刺激作用，使细胞肥大增生。此病包括萎凋病、黑穗病、麦角病、黄化萎缩病等。

(3) 管理养护措施与病害发生关系

①施肥：若肥料中氮多钾少，会使草坪草嫩而多汁，易染病；但施氮量少也能引起另外一些病害，且饥饿的草抗病力弱。

②修剪：钝刀片剪草容易把草撕破和弄碎草的茎叶，病原菌易从伤口侵入。齐根剪草，削弱草的生活力，在其恢复期间，也会受病原体侵染。

③浇灌：若夜间浇水，如果喷药措施未跟上，也可能引发病害。在草坪上减少过多的水分有助于防病。

④枯草层处理：枯草层是产生病害的温床，厚的枯草层也使草坪草长势变弱，易受病原体侵染。

⑤其他管理措施：减少球场草坪的树荫，会增加草坪草的活力；减少非必要的人流活动，既减轻了对草坪的破坏又可减少病原体传播的机会。

⑥使用抗病品种：使用抗病品种是一种很好的带有根本性的防病措施。

7. 覆沙土及枯草层处理　覆沙土是草坪管理中经常性的作业。国内部分高尔夫球场果岭草坪每月覆沙1~2次，厚度每次0.8~1.5毫米。发球台每年覆沙3~4次，每次厚度3.2~6.4毫米。球道每年覆沙3~4次，每次厚度5毫米。覆沙土往往在打孔或垂直剪切作业之后进行。

当果岭草坪枯草层达到8毫米厚、球道草坪枯草层达到13毫米厚时，草吸收水、肥便显困难，此时即要进行枯草层处理。其方法主要为垂直剪切枯草层。垂直剪切机刀片间距为25~76毫米，切进深度为51~76毫米。

8. 草坪打孔透气　高尔夫球场使用一段时间后必然会出现土壤紧实的问题。对果岭和发球台的土壤用果岭打孔机,而对球道处的土壤则用大型打孔机。

9. 果岭修补球疤及更换球洞

(1)修补球疤　由于球的重力和旋转等作用,球落在果岭上时,会在坪面上出现凹陷的球疤,对此要及时进行修补。做法是先用专用维修工具或小刀在球疤中央打一个小洞,然后将小洞四周草挤向中央,直至平整一致。

(2)更换球洞　果岭球洞的直径为108毫米,深100毫米以上,圆形,内装有球洞套,球洞套材质为金属或塑料。为了避免球洞周围的草变坏,有时球洞位置要天天更换。新的位置应远离原来的位置,以便原球洞的草坪草能少受干扰,恢复生长。更换时用专门的工具(图14-25)进行操作。另外,球洞还须距果岭环4.6米以上。

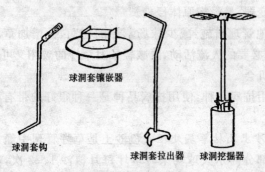

图14-25　更换洞的工具

10. 球场草坪质量的评价　为了对球场草坪进行科学的管理,高尔夫球场草坪需制订一套明确的草坪评价表格。其内容有草坪位置、建立时间及调查项目。调查项目一般有13项,其先后次序为:草坪覆盖度、密度、土壤化验结果、施肥计划、树荫、枯草层、剪草、土壤紧实度、水、杂草、虫害、病害、其他问题,后11项内容还要附管理人员的建议。

除质量评价之外,管理人员还要对草坪管理用工时数作书面记录。

详细的调查和记录有助于及时发现球场草坪出现的各种问题,以便及时采取措施,使球场草坪始终处于良好的状态。

(四)球场乔木、灌木、花卉、地被植物与草坪的和谐配置 高尔夫球场需要栽植多种乔木、灌木、花卉、地被植物,这些与占主体的草坪配置得好,可使球场景观更趋完善、优美。

1. 果岭周围的配置 果岭周围的乔木、灌木配置以不影响草坪生长为前提,所栽植的树木应是深根、常绿、树荫小,且不会有杂物飘落于果岭、不生害虫的树种。此外,其枝干外延须距果岭环10米之外。为保持果岭草坪的光照,果岭的南侧应避免种高大的乔木。从果岭到下一个发球台的沿线,配置灌木、花卉,可为球员指示方向,丰富场景。

2. 发球台周围的配置 发球台附近的乔木、灌木配置仍以不妨碍草坪接受阳光保持空气流通为前提,并为等待发球的球员提供避晒场所,所栽树木不应有碍球员观览球道的情况。在发球台周边适量地配置花卉,既能增添色彩和芳香,又能防止人员穿行。

3. 球道边的配置 球道边配置树木要体现造景的多种功能。例如,表现在建筑功能上,则要明显地分隔相邻球道,表明方向界限;表现在美学功能上,则高乔低草,植被高低错落有致,植物种类丰富多样;表现在工程功能上,球道边的乔木根深、株高、树荫稀、树形美,可有效地保持水土,并有良好的遮阳、防风、防球击等效果。另外,以树衬景能提高飞行中球的能见度。

4. 障碍区的配置 障碍区是集中种植乔木、灌木的地区,要选择透光、病虫害少、深根性的树种。灌木丛可起到指引打球路线、防止球出界等作用,还可用之遮掩球场中的不雅观的区域。行车道边可栽植绿篱,陡峭的山坡障碍区可栽植地被植物,既护坡又降低养护费用。

5. 水景边的配置　球场的池塘、溪、渠边应选择耐水湿、生长快、枝干矮、不易摇动、固结土壤能力强的树种,既保护堤岸,又陪衬水景,相映成趣。

6. 会馆周边的配置　会馆是一座建筑或一组建筑群,在其周围应配置乔木、灌木、花卉等,其设计原理与宾馆、别墅有相似之处。树种的选择以树形优美、常绿、有季相变化为好,还要顾及开花、色香、结果等欣赏效果。另外四季中至少有3季不可缺少花卉。

7. 其他地点的配置　除上述地区外,球场还设有进口处、小卖部、避雨点、网球场等场所。需根据其功能要求,配置乔木、灌木、花卉等。总之,要尽量营造一个清新怡人、步移景异的好环境,以吸引更多的客人,促进高尔夫球运动的发展。

第十五章　公路绿化

第一节　公路绿化概述

我国的公路按技术等级、年平均昼夜交通量、通达区域的重要程度等指标,以新的标准可划分为五级,即:高速公路、一级公路、二级公路、三级公路、四级公路。其中高速公路和一二级公路为通常所说的高等级公路,其余为普通公路,亦称一般公路。因此,公路绿化分为普通公路绿化和高等级公路绿化。

一、普通公路绿化

普通公路的绿化在形式上比较简单,但在实施中涉及面广,技术难度大。"有路就有树"、"一条路两行树",形象地说明了普通公路的绿化是以栽树为主要手段的,而边坡的绿化则是以草为主,或草、灌、乔结合。

当前,普通公路仍然是我国公路的主体,线路总长度占公路总里程的90%以上,担负着95%的交通运输任务,在今后的发展中,也具有不可替代的作用。因此,普通公路的绿化是现阶段公路绿化的重要内容。

二、高等级公路绿化

高等级公路从建设、绿化工程等的技术指标来看,高速公路是高等级公路的典型代表,高速公路的绿化可以包括高等级公路绿化的全部内容。

高速公路的绿化,在我国已经起步,随着生态环境建设步伐的加快和"秀美山川"再造工程的实施,以高速公路为主体的高等级公路绿化,在全国范围内业已大规模展开,高速公路绿化已成为公路建设不可分割的有机组成。

第二节 普通公路绿化工程

公路植树是行之有效的绿化手段。其主要功能有:①道路林荫化,形成绿色通道,具有引导视线、美化线路、降低车辆尾气和噪声污染、改善沿线生态环境。②对行车安全和线路畅通具有保障功能。

路树有乔木和灌木之分,乔木又有常青树(多为针叶)和落叶树(多为阔叶)。灌木可分为绿篱类(防护)和花灌木类(美化)。由于地域的不同,水文、地质、气候、土壤等自然条件的差异,树种的选择亦有很大的区别,正如通常所说,"北有杨树,中原有桐树,南有热带雨林树",有些树种具有广布性,如杨树、槐树、雪松在长江以北的公路上随处可见,堪称我国公路绿化的"种子选手"。

一、树种选择

(一)树种选择的标准

1. 易栽、易活、易管 公路绿化线路漫长,对绿化树的管理比较粗放,立地条件也较差,选择树种要从树木的生态型入手,必须适应当地的自然条件和公路绿化的特点,采用易栽、易活、易管的树种。

2. 耐旱、耐寒　我国北方属于大陆性气候,冬季寒冷,夏季干旱,选择耐旱、耐寒性强的树种可提高成活率,保持正常的生长发育。

3. 抗病虫、抗污染　病虫害多的树种,不仅养护投资大,亦会造成环境污染。所以要选择能抗病虫害的树种。抗污染树种可消除污染物,有利于改善交通环境。大多数的松柏类、大叶黄杨、女贞、海桐、杨、柳、槐、连翘等树种对二氧化硫(SO_2)有害气体抗性强,苹果、梨、雪松、落叶松、桦树、月季等对二氧化硫反应敏感,容易受害。杨树、槐树、柳树、榆树、榕树、樟树、女贞、青冈栎、石楠、大叶黄杨、泡桐等树种为抗臭氧(O_3)、抗烟尘和滞尘能力强,也是公路上栽植可选择的树木。

4. 深根性、耐瘠薄　深根性的树种护坡固土性能好,抗逆性强,根深叶茂,绿化效果好;普通公路植树,一般在土路肩或排水沟边,土壤贫瘠,建筑垃圾多,选择耐瘠树种有利于成活和正常生长。

5. 生长速度快、成材性好　在有灌溉条件的平坦路段,选择生长速度快、成材性好的树种,不但绿化效果好,而且有一定的经济效益,如三倍体毛白杨、新引进的速生杨就是典型的树种。

6. 多样性、轮栽　公路植树,尤其是大面积营造防风林带时,如选择单一树种,一旦病、虫蔓延,就会造成很大的损失。在同一条线路或同一个地方,在树木采伐更新时,几十年使用同一树种,容易引发病、虫害流行。选择树种时注意多样化和轮栽,有利于克服这些不足。

(二)树木的生态型　根据我国公路的分布范围、地域的气候条件,可将其绿化用树木划分为以下 5 个生态型。

1. 北方温带抗旱、耐寒型树种　适宜于西北的黄土高原、蒙新高原及其周边地带及东北平原、华北平原的大部分地区。树木的生长环境,冬季寒冷,春、夏季干旱少雨,空气干燥、降水量小、蒸发量大。

主要气候指标为:一般年降水量 150～500 毫米,蒸发量 1 500～2 700 毫米,是降水量的 5～10 倍;年均温 6℃～12℃,较为寒冷。年均湿度为 40%～60%,干燥度为 1.5～3。这些指标明显表现出干旱、较寒冷的气候条件。杨树、槐树、榆、杏、椿、柳、柏树类,还有柠条、沙棘、月季等多种灌木具有很强的适应性,属于代表性树种。

2. 西北沙漠戈壁超干旱型树种　主要分布在我国西北地区的巴丹吉林沙漠、腾格里沙漠、毛乌素沙漠的绿洲区及蒙新高原、阿拉善高原荒漠戈壁一带。这里的年降水量一般都在 100 毫米以下,个别地方不足 50 毫米。如沙枣、沙拐枣、沙蒿、胡杨、梭梭、羊柴、花棒等都是代表性树种。

3. 暖温带过渡型树种　主要分布于黄河流域、淮河流域和长江流域等广大中原地带。这一地区的年降水量(>500 毫米)、温度(年均温>10℃)、湿度(>50%)等气候条件适中,适宜各种植物生长,树木种类繁多,有南北过渡特点。如桐树、棕榈、玉兰、女贞、紫薇、木槿、马尾松、油松等。

4. 南方沿海热带、亚热带树种　主要分布于华南及沿海一带。气候特点以湿热为主,年均温为 15℃～22℃,年降水量为 800～2 200 毫米。生长的树木以亚热带常绿阔叶树和热带雨林树为主,植物资源十分丰富,多具经济价值。常绿阔叶树以壳斗科、樟科、木兰科、茶科、金缕梅科的树种居多,针叶树种主要有马尾松、云南松、落叶松、铁杉、云杉等。热带雨林树则以梧桐科、棕榈科、橄榄科和楝科树种居多,如棕榈、椰子、橡树、梧桐、银杏、毛叶泡桐、毛竹等。

5. 青藏高原抗寒型树种　自然条件是地势高、气候寒冷,一般海拔高度为 3 000～5 000 米,大部分地区的年平均温度在 0℃～5℃之间,绿化植物以常绿冷季型树种为主,如雪松、西藏红杉、西藏冷杉、喜马拉雅红杉等,在海拔较低的川道河谷地带,杨树的栽植也不少。

我国地大物博,气候资源复杂多样,植物资源十分丰富,不同类型的代表性树种见表 15-1。

表 15-1 不同区域、不同类型的代表性树种

区 域	类 型	代表性树种	种 类
东北、华北地区	北方寒温带抗旱、耐寒型	红松、樟子松、鱼鳞云杉、辽冬冷杉、紫杉、落叶松、红松	常绿针叶类乔木
		山杨、蒙古栎、水曲柳、紫椴、大青杨、木槭、白榆、沙柳	落叶阔叶类乔木
西北、华中地区	北方寒温带抗旱、耐寒型	华山松、马尾松、油松、冷杉、云杉、侧柏、桧柏、刺柏、圆柏	常绿针叶类乔木
		杨树、槐树、柳树、榆树、椿树、白蜡树、泡桐、山杏、酸枣	落叶阔叶类乔木
		女贞、龙柏、千头柏、卷地柏、阿桐、红叶李、大叶黄杨、石楠	常绿亚乔木、灌木类
		火棘、黄刺玫、紫穗槐、柠条、沙棘、酸枣、爬山虎、山乔麦	落叶灌木藤本
华北、华中西北地区	北方寒温带、暖抗旱、耐寒、过渡型	华山松、油松、赤松、白皮松、侧柏、桧柏类	常绿针叶类乔木
		白杨树、槐树、白榆、泡桐、白蜡树、元宝枫、栾树、楸树	落叶阔叶类乔木
华中、华北、西北地区	北方抗旱型、暖温带过渡型	雪松、黄山松、巴山松、马尾松、龙柏、铅笔柏、铁杉、水杉、竹类	常绿针叶类乔木
		杨树类、槐树类、柳树类、三角枫、栲树、椴树、大叶榉	落叶阔叶林类乔木
华南、华中区	沿海热带、亚热带、暖温带过渡型	南洋杉、罗汉松、苏铁、海桐、五针松、水松、竹柏	常绿针叶类乔木

续表 15-1

区域	类型	代表性树种	种类
西南区	暖温带过渡型、热带、亚热带型	玉兰类、橡皮树、柚木、柳子树、榕树、银桦、桉树、橄榄、棕榈、岭南青冈	常绿阔叶类乔木
		云南松、高山松、云南铁杉、苍山冷杉、红豆杉	常绿针叶类乔木
		栲树、漆树、油桐、珙桐、昆明榆、昆明朴、蓝桉、箭竹	落叶或不落叶类乔、灌木
青藏高原区	青藏高原抗寒型	雪松、乔松、西藏红杉、冷杉、西藏长叶松、巨柏、喜马拉雅红杉	常绿针叶类乔木
		大叶桐、羽叶楸、八宝树、红栲、罗青冈、西藏石栎	落叶阔叶类乔木
		杜鹃、忍冬、花楸、刺毛忍冬	落叶灌木

二、路树栽植

普通公路绿化的路树栽植,因没有中央分隔带而相对简单,主要是在路两边栽树。在正确选择树种的基础上,主要是通过合理确定栽植密度,正确选择栽植季节、栽植形式和栽植方法等,以获得好的绿化效果。

(一)栽植形式与栽植密度

栽植密度取决于树木的株(间)距,而株(间)距又取决于栽植形式,在不同的路段有不同的绿化目的和用途,就要应用不同的栽植形式。我国普通公路的植树多采用封闭式、半封闭式、开放式和自然式 4 种栽植形式,每种栽植形式又有单行、双行和多行之分。

1. 封闭式栽植 多在风沙沿线和险峻路段采用,绿化目的是防风固沙,保护路基和行车安全。特点是密植、封闭和树冠相连;以乔木为主,也可乔、灌间栽;可以单行、双行和多行。如线路穿越风沙线,地形空间允许多行栽植,以多行营造防风林带为好,以增强防风固沙能力,保障线路和行车安全。

株距与树冠直径(以下称树冠)相对应,如杨树成树后的树冠为2米,株距亦为2米,如双行或多行栽植,行与行之间均以三角状栽植,行距应略小于株距,以1~1.5米为宜。

2. 半封闭式栽植　多在山区公路,或穿越城镇和村庄的路段采用。我国北方的干线公路多采用这种形式。特点是单行(也可双行或多行)、疏植、树冠不相连;以乔木为主,具有一定的通透性,林荫化效果好。株距的确定依据是树木成树后冠径的大小,一般为株距是冠径的1.5~2倍;间距(树冠间距离)与树冠直径相同时效果最佳。如大叶女贞2年后的冠径是3米,则株距以4.5~6米、间距以3米为宜。

3. 开放式栽植　多在城市、港口、码头和风景旅游区的路段采用,特点是通透性强,透视效果好,有利于观光旅游和欣赏沿线风光。以单行栽植为主,选择树形好的矮形常青乔木,间栽花冠木点缀,美化效果颇佳。如西安兵马俑专用公路的绿化,采用马尾松间栽紫荆和大叶女贞间栽紫薇2种形式,达到了三季有花,四季常青的意境;兰州滨河路采用的桧柏间栽黄刺玫、紫丁香、连翘、榆叶梅、碧桃、丰花月季等花灌木,绿化和美化效果俱佳。此类栽植形式,乔木的株距以冠径的2.5~3倍为宜,如其间点缀1种或数种花灌木,株距还可放大。

4. 自然式栽植　讲究不规划、不对称形,这样的绿化特点是随意、浪漫,把人工绿化与周围沿线的自然景观融为一体,突出了自然美。例如宝(鸡)成(都)铁路线的绿化就是典型的自然式绿化。

关于路树的栽植方式远不止以上4种,在实践中完全可以创造出多种多样的更趋完美的绿化树栽植形式。株距、间距、行距等指标,在实际使用中,可根据不同树种、不同路段和不同的绿化目的而灵活掌握。

树木的栽植形式见图 15-1，图 15-2，图 15-3，图 15-4，图 15-5。

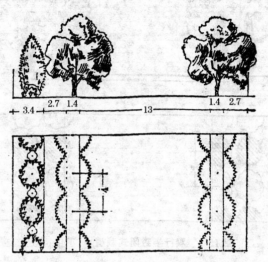

图 15-1 单双行封闭式栽植 （单位：米）

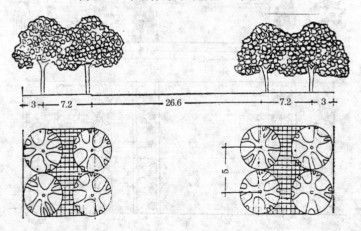

图 15-2 双行封闭式栽植 （单位：米）

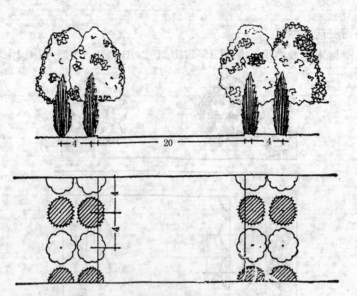

图 15-3 双行半封闭式栽植 （单位：米）

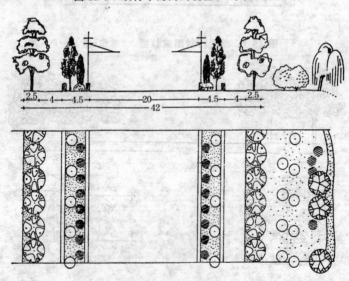

图 15-4 花灌木点缀开放式栽植 （单位：米）

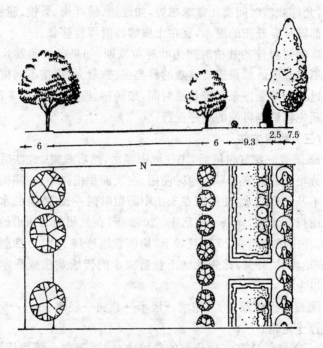

图 15-5 自然式栽植 （单位：米）

（二）**栽植季节** 春季造林绿化是适于全国的模式，3月12日植树节是根据北方地区的气候、季节而确定的。北方地区在1990年之前，一般都是春季植树，进入20世纪90年代，随着全球性的气候变暖和高温出现，秋季植树的越来越多，而且因秋季雨量充沛，成活率提高，可安全越冬，如京、冀、豫、晋、鲁、陕、甘、宁等地。在南方各地仍然是春、秋雨季植树，而时间有所不同，热带、亚热带和沿海地区是以树木休眠期移栽。

1. **常青树** 如松树类、柏树类、女贞、石楠、海桐等，在北方大多数地区的栽植时间是3月中旬至4月底，"五一"过后栽树成活率很低。如在本地小范围、近距离移栽，在带土坨完整的条件下，"六一"之前尚可移栽。

2. **落叶树** 落叶树春季萌发，要比常绿树的春季复苏返青时间早,允许栽植时间要比常绿树短,如连翘、榆叶梅、碧桃、迎春、丁香等都属早春开花的灌木,宜在土壤解冻时即行移栽。

落叶树最佳的栽植时间为叶芽萌发期,如果已经萌发长出小叶则不宜栽植。如果需要移栽的种类多、数量大,应按不同树种的萌发返青期的顺序来安排栽植时间,如杨树、槐树、柳树这3种树,应按照先柳后杨再槐的顺序进行。

(三)栽植方法

1. 灌栽　挖好树坑后,先往坑中灌水,然后栽树。此法适于土壤水分很差或极度干旱的地区使用。在大面积植树中,往往树栽好后来不及立即浇水,使树苗在干土中滞留时间一长,本身的水分因外渗而损耗太大,降低了成活率。2002年,在兰州南北两山的绿化中,大洼山试验站在20°的荒坡上,用灌栽法移栽了10万株刺槐树苗,成活率达90%,比先挖坑干栽后浇水的传统栽法成活率提高15%以上。

灌栽的操作顺序为:挖坑→灌水→栽树→浇水,过3~5天后再盖浮土定植。

2. 浇栽　这是一种传统的栽植方法,适于在土壤墒情好,浇水条件便利的地区采用,特点是栽植速度快,方法简单,易于操作。

浇栽的操作步骤:挖坑→栽树→浇水,适时用浮土盖坑定植。

3. 浆栽　适宜于较大的落叶须根系树苗移栽,方法是:挖坑→灌水,搅成泥浆后糊根→栽树→浇水。树坑表层土壤开始干裂时即松土定植。特点是树苗的须根能尽快和土壤、水分接合,提高成活率,在河南、陕西、四川多采用此法。这种方法还适于在树苗的长途运输中采用,从苗圃起苗后先用泥浆糊根,再包装根部,然后装车运输。这样可有效地保持树苗水分,降低损耗。

4. 带土坨栽植　也称带土栽植。对1米以上的树苗,都以带土坨栽植为好。基本要求是:直根系带土坨,须根系可不带;常青树带土坨,落叶树可不带;大树带土坨,小树可不带。如栽树季节偏迟,或在高温季节时补栽,带土坨是否完整,是栽植成功的关键。

三、养护管理

普通公路因线路长、沿途地形和自然条件复杂,对绿化树的养护管理可分为重点养护路段和一般养护路段,内容包括水肥管理、整形修剪、病虫害防治等几个方面。

(一)**浇水** 由于受自然条件的限制,我国北方地区公路绿化栽树,仅靠自然降水满足不了其生长的需要,必须借助人工浇水。

1. 浇水时期

(1)休眠期浇水 在初冬和早春进行浇水,在西北地区,降水量少,冬、春季寒冷干旱,在树木的休眠期浇水很有必要。在秋末冬初的浇水(11月上旬)称为浇"冻水"或"封冻水",冬季土壤中水分结冰,释放出的潜热可提高树木的抗寒越冬能力,并可防止早春干旱,特别是对刚植的树和幼树更为重要。在早春(2月中下旬至3月上旬),气温回升,树木地上部树液开始流动,而地下根部土温仍然很低,根部还处于封冻休眠状态,因而往往出现生理干旱,易引起"抽条"现象。在土壤即将解冻,树木发芽前的早春,浇1次"解冻水"或"返青水",有利于新梢和叶片的健壮生长。

(2)生长期浇水 在树木生命活动最旺盛的时期浇水。4～6月份是干旱季节,也是树木生长旺盛时期,需水量较大,在这个时期一般都需要浇水。浇水的次数和时间可根据树种、所处位置和气候条件来定。如定植2～3年的树,可浇水1～2次,刚植树和幼树浇水2～3次。7～8月份为雨季,降水较多,一般不需浇水,而遇大旱之年仍需浇水。9～10月份树木停止生长,应采取措施,使树梢组织生长充实,充分木质化,增强抗性,准备越冬,一般情况不再浇水,而过于干旱时,可适量浇水。

2. 浇水量 浇水量受树种、自然条件、定植年份和当年的降水量等因素的影响而有差别,每次浇水都要浇足,切忌"表皮水"和"半截水",即表土或浅土浇湿而底土仍然干燥,适宜的浇水量以达到土壤最大持水量的60%～80%为标准。浇水量可按下式计算。

$$T = S \times H \times r \times (P\text{-}d)$$

式中：T 为浇水量（吨）

S 为浇水面积（平方米）

H 为土壤浸湿深度（米）

r 为土壤容量（吨/立方米）

P 为田间持水量（%）

d 为浇水前土壤湿度（%）

田间持水量参考表 15-2 确定，土壤湿度参考值，见 15-3。

表 15-2　几种土壤的田间持水量

土壤性质	粘土	粘壤土	壤土	砂壤土	砂土
田间持水量（%）	25～30	23～27	23～25	20～22	10～14

表 15-3　土壤湿度参考值

湿度	砂性土壤（砂土、砂壤土、轻壤土）	壤性土壤（中性土、重壤土）	粘性土壤（轻粘土、中粘土）
干	无湿的感觉，干土块状或单粒，含水量约 3% 左右	无湿的感觉，土壤较结实，能捏得很碎，土壤含水量约为 4% 左右	无湿的感觉，土壤坚硬，捏时很费劲，手痛，含水量约 5%～10%
潮干	稍有潮湿感觉，干土多湿土少，土块一碰就散，含水量约 8%～10%。	微有湿的感觉，捏时易散，含水量约为 10%～12%	微有湿的感觉，捏碎土须稍用力，含水量 10%～15%
潮	捏土后手掌留有湿痕，可捏成较坚固的土团，含水量约 15%～20%	有塑性，能捏成球，落地不易散，含水量约为 20%～25%	能捏成条或球，土条上有裂纹，含水量约为 25%～30%

续表 15-3

湿度	砂性土壤 (砂土、砂壤土、轻壤土)	壤性土壤 (中性土、重壤土)	粘性土壤 (轻粘土、中粘土)
湿	土粘手,捏土后手掌留有积水,可免强捏成土条、土球,含水量约 15%～25%	土粘手,能捏成泥条,落地散开,含水量约 20%～30%	土很粘,可搓成光滑的泥球或长条,无裂纹,摔不碎,含水量约 35%～40%

应用公式计算出的浇水量,应结合树木品种、大小、密度和气温等因素进行调整,酌情增减,以更符合实际需要。根据经验数据和实际浇水量的统计,在年降水 500 毫米的地区,每 100 穴每年浇水 4 吨即可。

(二)施肥　　树木在生长发育过程中需要补充施肥,但我国公路树的施肥,仅限于城镇观赏性强的路段的灌木花卉。

1. 肥料的种类　　常用肥料有以下 4 类,即化肥、有机肥、微生物肥、矿物肥,其性能前面已介绍过了,可酌情选用。

2. 施肥时期　　路树施肥一般有 3 种方法,施肥时期各不相同。

(1)种植肥　　在树木栽植时施肥,将树坑挖好后施入农家肥(少量施化肥也可以)拌匀,即行栽树,并浇水。

(2)基肥　　秋施基肥,在树木停止生长后施肥入(10～11 月份),有利于树木翌年萌发返青。

(3)追肥　　生长期施肥,在 4～6 月份进行,化肥、有机肥均可。

3. 施肥量　　施肥量依树种、土壤肥力和肥料种类的不同而有所差异,但应力求做到适时适量。施肥量可用下式计算:

$$D=\frac{P-Q}{J}$$

式中:D 为施肥量(克/平方米)

　　　P 为树木吸收肥料元素量(克/平方米)

Q 为土壤供给量(克/平方米)

J 为肥料利用率(%)

4. 施肥方法　施肥效果与施肥方法密切相关。种植肥一般使用有机肥,如饼肥、厩肥等。先将肥料与树坑内土壤搅拌均匀,然后栽树、浇水。

基肥和追肥的施用与树木的根系分布特点相适应,把肥料施在根系集中分布稍远的地方,利于根系向纵深发展,以形成强大的根系,扩大吸收面积,提高吸收能力。

施肥的深度与范围与树种、树龄、土壤状况和肥料种类有关,可根据具体情况实施。

(1)穴施　为路树施肥最常用的方法。在单株树下施肥,可按树种的根系分布,在与树冠垂直的1/2处或外围挖坑,坑的直径、深度视树的大小而定,直径一般20～30厘米,深度以触及须根为宜。步骤为挖坑→投肥→拌匀→填土2/3,浇水→覆土,埋平后踏实。

(2)环状施肥　用于单株树施肥,在与树冠外围垂直的地面上挖一环状沟,沟深、宽各30厘米,将肥料均匀地撒入沟内,与土壤混匀,然后埋土踏实,并浇水。

(3)条沟施肥　一般在防护刺篱、绿篱带或连续栽植的灌木下使用,即在篱带下距基干30～50厘米处,与篱冠边缘平行的位置,开挖深、宽各30厘米的沟,将肥料均匀施入沟中,然后覆土埋平,再浇水。

(4)其他施肥方法　放射状沟施肥,是以树干为中心,向树冠外围以辐射状开沟施肥,多用于果园施肥。路树施肥一般不宜采用。

(5)施肥应注意的问题　适时、适量、方法正确和施后浇水。

(三)**整形修剪**　树木通过整形修剪,可有效地美化树形、调整树势、协调树体比例、改善树木通风透光条件和增强树体抗性。

1. 整形修剪时期

(1)休眠期修剪　在冬季树木落叶(落叶树)、休眠(常青树)后,至翌年春季,树液开始流动前施行(当年11月至翌年2月份)。

对抗寒力较强的树种可在冬季修剪,对抗寒力差的种树最好在早春修剪,以免伤口受寒风侵袭而难以愈合,影响正常生长。

(2)生长期修剪　在树木开始萌发至新梢停止生长前施行(3~10月份),时间不宜过迟,否则易促发新枝,消耗树体营养,不利于树木越冬。

2.整形修剪的方法

(1)乔木类　乔木有明显主干,树体高大粗壮,树冠展开,防风固土能力强,整形修剪应符合这些性状特点。所以修剪乔木一般保持自然树形,主干的高度根据路基的高度和绿化的需要而定。对常青树,如松柏类,除需对树干基部的枯枝和树体的病虫枝修剪外,一般不需修剪。落叶类树木,对枯枝、病虫枝、细弱枝和多余的枝条进行修剪,在春季萌发后,注意对树干基部的萌发芽抹芽和剪除新抽的枝条。

(2)灌木类　灌木无明显主干,多为丛生和簇生,抗性强,生命力旺盛。在公路边栽植的主要是刺篱防护(带刺灌木)、绿篱封闭和景观点缀(花灌木)。灌木类的修剪和乔木类有很大的不同,修剪时要突出绿化造景或造型的需要。

绿篱在定植成活后,每年都要留一定的高度,平茬剪平,形状要整齐美观。如以瓜子黄杨、大叶黄杨、侧柏、榆树等建植的绿篱,在城市道路和花坛的封边造景中普遍采用。

点缀性的花灌木(其中部分可列为乔木)宜按不同的树形修剪,使树木处于最佳的形态,如碧桃、连翘、迎春、紫薇、榆叶梅、紫荆等。黄刺玫是北方广泛栽种的带刺带花灌木,在栽植成活后,第一年0.2米高处剪平,第二年留茬0.5米,第三年和第四年为1米和1.5米,通过逐年修剪,增强了枝干的硬度和枝叶密度。在成形后,修剪时剔除枯枝,适当控制高度和宽度即可。

对密植造景或造型的花灌木,如月季、金叶女贞、紫叶小檗等,则要以造景、造型的需要来修剪。要求边缘整齐,高低错落有致,界限分明,层次清楚,突出景和型的景观特色。

对以防护为主的带刺灌木的修剪,主要是控制空间占有体积,使之既有防护作用,又具备绿化、美化效果。

(四)**病虫害防治**　树木的病害主要有真菌病、细菌病、病毒病等,虫害造成树营养与繁殖器官受害。

1. **病害防治**　公路绿化树木最常见的病害有白粉病、锈病、炭疽病、根腐病、萎蔫病,其次是褐斑病、桧柏梨锈病和霜霉病、落叶病等。

(1)白粉病　是公路上多种树木普遍发生的病害。发病初期叶片出现白色小点,以后变成白色粉斑,叶面如覆盖一层白粉,后变为灰色。防治方法:修剪疏枝,增加树体通风透光率;发病初期喷洒托布津、多菌灵等杀菌剂。

(2)锈病　为普遍发生的病害,主要危害树木的叶片和嫩枝。初期在植株的染病组织(叶、枝)上出现黄色小斑点,微肿,后期叶枝病部表皮开裂,呈咖啡色。在翌年春天冬孢子吸水膨胀胶化,呈黄色,似花朵状物,严重影响植株的生长发育。防治宜在春季3月中、下旬进行,喷洒粉锈宁、石硫合剂或波尔多液、五氯酚钠等。

(3)炭疽病　危害多种植物叶、花、果、鳞片和嫩枝,多发生处于较阴暗潮湿和通风透光差等环境中的树木。被害树木初期出现圆形、半圆形不规则褐色小斑,后期病斑中部呈灰白色,其上有许多小黑点,严重时叶片枯黑脱落。可用栽培和耕作措施加以预防,化学防治用苯并咪唑内吸性杀菌剂,如多菌灵和50%苯菌灵可湿性粉剂300~500毫米/升、70%甲基托布津可湿性粉剂500~700毫克/升,每隔10~15日喷1次药。

(4)根腐病　为树木常见病害之一。病初从根部开始出现溃疡状腐烂,进而危及株体,化学防治用百菌清、扑海因,以春季防治效果好。

(5)萎蔫病　这种病在树木、草本植物多有发生,是难以诊断的病害之一。发病初期植株叶片软化,嫩枝弯曲,根部及其他器官并无病变,与干热风和高温干旱所造成的危害并无两样,往往让人误认为是缺水。此病害属真菌病害,可用百菌清、放线菌铜或五氯硝基苯防治。

2. 虫害防治 公路上树木的常见害虫有蚜虫类、螨类、蝉类和红蜘蛛,此外还有啮齿动物。

(1)蚜虫 俗称植物虱子,是最常见的植物害虫之一。蚜虫具有刺吸式口器,吸食植物的汁液,影响植物的发育,并传播各种病毒病,使植物受害而变黄,继而枯黄,最后变为棕色而枯萎死亡。

蚜虫的危害率达到 10% 时需进行防治,常用药剂有杀螟松、毒死蜱、氧化乐果乳油、3911、敌敌畏和菊酯类杀虫剂。

(2)红蜘蛛 属于节肢动物门蛛形纲,螨目,常称为螨类害虫。绝大部分路树都程度不同地受此虫侵害,如遇雨后干旱高温,几天之内可大面积发生,严重时株体全部受到侵袭,如不及时扑灭,会造成很大的损失。

对红蜘蛛的防治主要用化学方法,常用药剂有 40% 的乐果乳油 2 000~3 000 倍液,喷雾 2 次即可杀灭,3911,敌敌畏,菊酯类农药亦有较好的防治效果。

(3)柏毒蛾 主要危害各种柏树类,以圆柏、侧柏、千头柏、沙地柏受害最重。幼虫食害叶的尖端,越冬幼虫在早春对新发嫩叶危害严重,被害针叶仅留基部,随后逐渐枯萎。大量发生时,1 株树上可有数千只幼虫,虫口密度很大,常造成灾害。

在 4 月中下旬,即幼虫盛发期,连续喷洒 2 次杀虫剂,即可杀灭。有效杀虫剂有敌百虫、敌敌畏、灭扫利等。

(4)柏小爪螨 主要危害柏树、松树、云杉等针叶类树种。可 1 年发生多代,成螨吸食叶内汁液,叶片受害后,鳞叶基部呈枯黄色,叶片间有丝网,严重时树冠发黄,生长停滞,乃至死亡。

在螨虫发生较多时,每隔 7~10 天连续喷药 2~3 次,即可有效的防止危害,药剂有三氯杀螨醇乳油、石硫合剂、敌敌畏等。

(5)蝉类害虫 是喜飞善跳的小型昆虫,所有的树木都可受其侵害,以阔叶树受害为主。危害方式是用刺吸式口器吸食植物汁液,叶片受害后,最初出现淡白色斑点,严重时连成块,乃至整个叶片苍白枯死。

蝉类害虫随处都有,如未造成危害可任其自然,如因气候或环境不良导致成群飞舞,笼罩树冠,进而影响到人的日常生活时,则必须将其杀灭。方法是可用灯火诱杀,也可用50%马拉松、杀螟松、叶蝉散等农药,配成100倍溶液,喷雾杀灭。

(6)啮齿类有害动物　主要是鼠类和野兔子,习性是喜打洞,在地上部活动。对树木的危害主要是环剥幼树基部树皮,造成大量树木死亡,在山区公路草深林茂路段最易发生,尤以早春危害最重。

防治方法有毒饵投放、器械捕杀、鼠道灌水等,如短期内控制不了其数量,则可对树体喷洒3911、氧化乐果,敌敌畏等农药2~3次,即可防止侵害。

四、草坪绿地建植

在普通公路绿化中,因路堤边坡很低或路基在同一个平面上,不存在边坡,所以草坪绿地的面积很小,主要集中在公路穿越城市道路的花坛、草坪和隔离带的建植上。

在个别高路堤路段的边坡防护中,以草护坡或草灌、草灌乔结合护坡,是行之有效的手段(关于草坪绿地建植参见本书相关内容)。

第三节　高等级公路绿化工程

一、高速公路绿化工程的特点

(一)高速公路绿化工程的概念

1. 工程含义　高速公路绿化,是指在高速公路用地范围内,以路为中心,通过相应的空间划分和绿化树木的合理配置,对路体各部位实施草、灌、乔、花的定位栽植。

2. 工程范畴　高速公路绿化是集草地学、草坪学、园林学、水土保持学和环境生态学为一体的生态工程,具有多重效应和综合效益。

3. **工程内涵** 高速公路绿化工程的基本内涵是"功能"与"景观"及其二者的相互协调统一。在工程的设计与施工中,这2个基本观点应该贯穿于始终。高速公路绿化,不是一般意义上的栽树,而是一项"多学科、流线型、大斑块"、欣赏价值很高的绿化、美化工程。

(二)绿化工程的组成及断面结构 高速公路绿化,各部位绿化的形式与功能不同,我国的高速公路绿化工程划分为7大组成部分,归纳为7种断面结构。

1. **绿化工程内容划分** 高速公路绿化工程内容见表15-4,基本要素见图15-6。

表15-4 高速公路绿化工程组成及工程内容

编号	工 程 组 成	工 程 部 位	工 程 内 容
1	中央分隔带防眩绿化	中央分隔带	防眩树、综合草坪、花灌木
2	路堤边坡防护绿化	两侧边坡	草、灌、乔
3	景观路树栽植绿化	边坡底部、排水沟外缘	乔木、灌木
4	刺篱植物封闭绿化	排水沟至护网内	带刺灌木
5	路堑土、石质坡面立体垂直绿化	堑道坡面	乔、灌、草、藤本
6	立交区景观再造绿化	立交环岛、上下匝道	草坪绿地、乔灌花卉
7	服务区、收费站环境绿化	服务区、收费站	小园林、草坪花坛

2. **绿化工程断面结构** 高速公路的绿化断面是对绿化工程内容与形式的归类总结,使其更加具体化,增强了可操作性。断面结构包括主干道和外围环境设施两个部分。因地形的不统一性,高

速公路在建设中自然形成了高路堤、低中堤、堑、壕、高架桥等建筑要素；又由于公路自身的建设与发展的需要，在漫长的线路上必须建设服务区、收费站、收费广场、监控中心等服务控制系统。通过对高速公路主干道和外围环境设施的归类分析，其绿化工程共有7种断面结构。

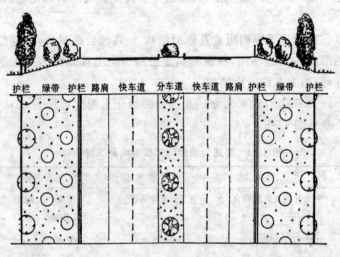

图 15-6　高速公路绿化工程基本要素

(1) 绿化断面组成　①高速公路绿化工程典型断面组成(图15-7)。②低路堤路段绿化断面组成(图15-8)。③高路堤路段绿化断面组成(图15-9)。④路堑石质坡面绿化断面组成(图15-10)。⑤路堑土质坡面绿化断面组成(图15-11)。⑥上、下匝道绿化断面组成(图15-12)。⑦收费广场绿化断面组成。

(2) 绿化工程断面结构图式　这七种绿化断面图，比较直观地反映了高速公路在不同线路条件下的绿化方式、绿化内容、绿化植物和所处的绿化部位，是高速公路绿化设计与施工的基础。

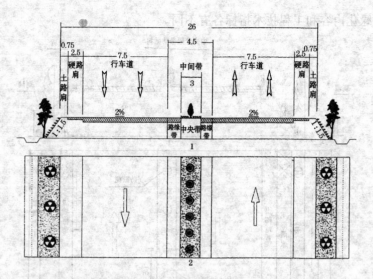

图 15-7 高整公路绿化程典型断面与平面结构 （单位：米）

1. 典型断面组成　2. 平面结构

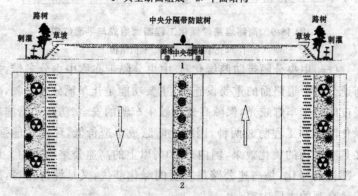

图 15-8 低路堤路段绿化工程断面组成与平面结构

1. 绿化断面组成　2. 平面结构

二、高速公路绿化工程的设计与施工

高速公路绿化工程的七大组成部分,其绿化工程的绿化部位、绿化内容和工程技术指标各有不同。

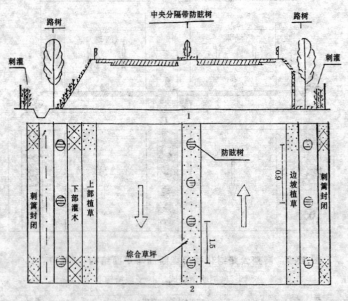

图 15-9 高路堤路段绿化工程断面组成与平面结构
1. 绿化断面组成　2. 平面结构

（一）**中央分隔带防眩绿化**　中央分隔带亦称中央分车带，是高速公路干道路面的重要设施带，主要功能是让车辆分道行驶，减轻夜间行车车灯眩光，保障高速行驶中车辆的安全。防眩光措施有绿化防眩和工程防眩两种，因绿化防眩成本造价低，环保性能强，又具有独特的美化效果，国内外90%以上的高速公路均采用。这个部位的绿化，是高速公路最重要的绿化部位，又是评价路容,路貌最直观的主要内容。

1. 主要技术指标　①选择适宜的绿化树种，耐粗放管理，四季常青。②确定经济合理的株（间）距，达到防眩要求。③采用有效的栽植形式，绿化效果好。④地表建植多年生综合草坪，环保性能强。⑤花灌木间栽点缀，三季有花，美化效果好。

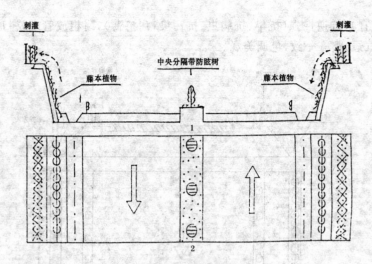

图 15-10 路堑石质坡面绿化工程断面组成与平面结构
1. 石质坡面绿化断面组成 2. 平面结构

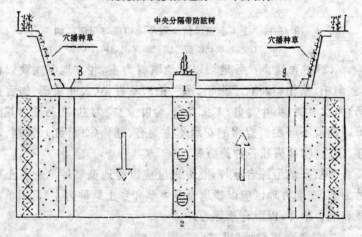

图 15-11 路堑土质坡面绿化工程断面组成与平面结构
1. 土质坡面绿化断面组成 2. 平面结构

2. 适宜的绿化树草

（1）基本要求 四季常青,低矮缓生(高度以 1.2～1.5 米为宜),抗逆性强(抗旱、抗病虫、抗污染,耐瘠薄),耐粗放管理,树形(冠)整齐一致,色调美观。

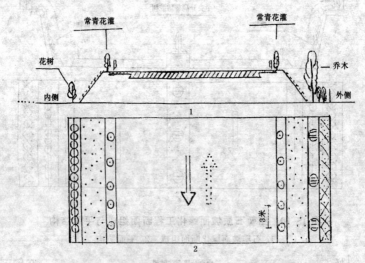

图 15-12 上下匝道绿化工程断面组成与平面结构
1. 匝道绿化断面组成　2. 平面结构

(2)树种选择　各地均以就地取材为主,北方地区主要以柏类(刺柏、桧柏、侧柏、千头柏、翠兰柏)、冬青类(大叶黄杨、雀舌黄杨)和女贞类(小叶女贞、多头女贞、金叶女贞)为主。在防眩树其间等距离或不等距离点缀的花灌木主要有:紫薇(百日红)、紫荆、木槿、丁香、榆叶梅和各种蔷薇等。

建植寒地型综合草坪,北方地区应以冷地型草坪草和乡土草种为主,在南方地区应以暖地型草坪草和乡土草种为主。可用单条播和混合草坪,以混合草坪为好。

3. 经济合理的株(间)距

(1)基本要求　根据实际使用的绿化树种,需经实地测试和理论推算,定出防眩效果既好,又经济合理的株距(间距的可变因素多,变幅大,不作为计算依据)。

(2)确定株距　因高速公路是供车辆高速行驶的线性环境,对

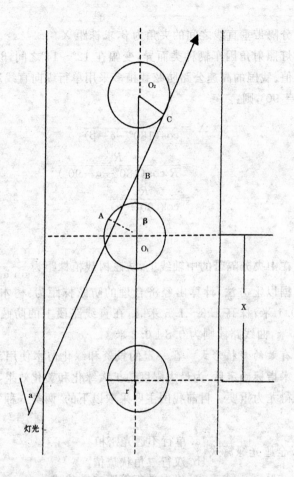

图 15-13 中央分隔带防眩株距计算示意图

绿化树的间距目前各地采用的计算方法不尽一致,而总的要求是依据车灯光的扩散角、人的动视觉和行车速度三者之间的函数关系计算而得。据我们研究,用"函数法"计算较为可行,特点是方法简单,便于实际应用(图 15-13)。

在大多数路段,高速公路的线形环境是由直线组成的。假设车辆行驶在直线路段上,冠径为 R,车灯照射角为 α,树木中心连线

· 423 ·

与中央分隔带垂直线之间的夹角为β,求株距 X。

车灯照射角因车辆种类而异,变幅在 12°～14°之间,β值是一个可变值。我国的高速公路防眩栽植多采用单行纵向直线形栽植,这时 β= 90°,则:

$$X = \frac{R}{\cos(180°-\alpha-\beta)}$$
$$= \frac{R}{R\cos(180°-\alpha-90°)}$$
$$= \frac{R}{\cos(90°-\alpha)}$$
$$= \frac{R}{\sin\alpha}$$

即在中央分隔带的中轴线上,防眩树栽植株距为 $\frac{R}{\sin\alpha}$

根据以上方法,计算出经济合理的防眩株距为:树木冠径为 0.4±0.1 米,株高 1.3～1.5 米时,在直线路段上的防眩株距为 2±0.5 米,曲线路段则为 0.8±0.2 米。

4. 有效的栽植形式　在一定的投资和绿化苗木使用范围内,其他技术指标确定后,为最大限度地扩大绿化和美化效果,栽植形式就显得尤为重要。目前我国主要采取以下的"两类 6 种"栽植形式:

A. 全遮光绿篱式 {　a. 单行不透光密植
　　　　　　　　　 b. 双行三角状疏植

B. 半遮光散栽式 {　c. 纵向单行等距离散栽式
　　　　　　　　　 d. 集团簇状等距离散栽式
　　　　　　　　　 e. 整形连续"Z"字形散栽式
　　　　　　　　　 f. 整形不连续"//"字形散栽式

全遮光绿篱式的特点是全封闭、不透光、绝对防眩,造价高,上下车道不能通透,影响路容路貌。半遮光散栽式的特点是造价合理,形式灵活多样,技术要求较严格。如综合考虑,在特殊路段因特殊需要可采用全遮光栽植,一般路段则以半遮光散栽式为好。各种栽植形式如图 15-14。

  5. **建植多年生综合草坪**   在中央分隔带的空间地表建植多年生综合草坪。

  (1) **技术指标**   建成 90 天后覆盖度≥90%，根颈以上距地表 5 厘米处草层盖度不低于 40%；所选草种以低矮缓生的下繁草为主，北方暖温带地区的全年青绿期 250～300 天。

  (2) **草种及组合选择**   在北方地区，各种早熟禾、䶊股颖、高羊茅，多年生黑麦草和三叶草等常规草坪草均可使用，但以 Touchdown 早熟禾、puter 䶊股颖、Cutter 多年生黑麦草、匍匐紫羊茅等几种草单播或各种混播组合为好，特点是低矮、剪刈次数少和青绿期长；其次为白三叶单播、红豆草单播效果也很好，但要在结籽前剪刈，对其他草也要注意定期剪刈，以免生长过高，影响路容，或结籽后出现短暂的枯黄现象。

  (二) **路堤边坡防护绿化**   这一部位的绿化面积最大，功能最强，对稳定路基、保障安全，保土、保水，防止冲刷具有直接作用，但因不具备灌溉条件，立地条件差，若草种选择不当和绿化技术不规范，会造成绿化失败。在草种选择上，当地土生的栽培草优于进口的草坪草，本地适宜绿化的野生草优于栽培草，条播优于撒播，在陕西关中地区秋播优于春播。

  1. **技术指标**   种植多年生下繁低短型草坪绿地，90 天或翌年覆盖度≥80%，根颈以上距地表 5 厘米处草层盖度不低于 30%；降雨强度≤4.42 毫米/时时，减少径流量≥82.6%，减少冲刷量≥90.1%；全年青绿期达 280 天以上。

  2. **适宜的绿化草种**   路堤边坡的绿化主要是护坡，因此，应根据高速公路所采用的排水方式来选择绿化草种。如果路面采用集流排水，对边坡的冲刷侵蚀相对较小，可选深根系、寿命长、缓发、当年播种翌年覆盖地面的草种（如小冠花）；如果采用散排水，绿化要尽快覆盖地表，起到保水、保土，防冲刷的作用，则要选用速生、早发和出苗率高的草种，如红豆草、多年生黑麦草和其他适宜

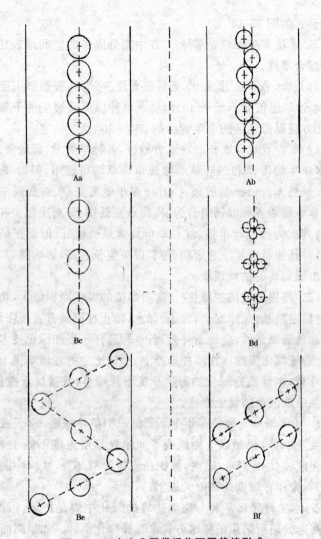

图 15-14 中央分隔带绿化不同栽植形式
Aa. 单行不透光密植　Ab. 双行三角状疏植
Bc. 纵向单行等距离散栽式　Bd. 集团簇状等距离散栽式
Be. 整形连续"Z"字形散栽式　Bf. 整形不连续"//"字形散栽式

的禾本科草种等。经甘肃农业大学草业研究所筛选的8种可护坡草种,其主要性能指标的测定结果见表 15-5。

表 15-5 适宜路堤边坡绿化草种的主要性能指标

草种名称	密度(株/平方米)		生长速度(厘米/天)	覆盖度(%)	根量(克/平方米)	越夏率(%)	越冬率(%)	青绿期(天)
	理论	实际						
红豆草	476	405	0.281	96.33	817.28	88.0	97.0	286
小冠花	156	37	0.281	98.67	288.33	86.33	89.0	265
多年生黑麦草	1668	845	0.414	91.33	668.77	69.67	90.33	299
草地早熟禾	3504	917	0.060	81.00	635.54	49.33	93.33	314
无芒雀麦	859	542	0.433	96.33	696.76	75.67	91.67	293
紫羊茅	2674	1160	0.422	94.67	472.57	34.0	89.33	283
匍茎翦股颖	1045	367	0.160	97.33	374.29	54.67	91.67	316
高羊茅	1031	803	0.472	97.67	586.81	50.0	94.0	309

3. 混播组合方案的设计与选择 一般来讲,混播优于单播,尤其豆禾混播有两方面的作用,即土壤养分的互补作用(如红豆草加其他禾草)和先锋种对主要种的保护作用(如小冠花加多年生黑麦草)。在北方地区的边坡绿化中推荐以下6种混播组合方案,见表 15-6。

表 15-6 路堤边坡绿化混播组合方案

组合方案	草种组合比例
1	红豆草60%+无芒雀麦20%+多年生黑麦草20%
2	小冠花60%+无芒雀麦20%+多年生黑麦草20%
3	小冠花70%+多年生黑麦草30%
4	多年生黑麦草40%+草地早熟禾20%+匍茎翦股颖20%+紫羊茅20%
5	垂穗披碱草30%+多年生黑麦草40%+无芒雀麦30%
6	白三叶60%+多年生黑麦草40%

(三)景观路树栽植绿化 景观路树主要栽植在护网内,路堤下方(边坡角下)。

1. **技术指标** 依据高速公路的特点,可按低路堤路段和高路堤路段制订不同的标准,路树栽植的主要技术参数见表15-7。

表15-7 路树栽植主要参数 (单位:米)

内 容	路堤垂直高度		
	1米以内	1~3米	3米以上
株 距	6	6	8
主干高度	1.0~1.5	1.5~2.5	2.5~3.0
树木高度	2.0~3.0	4.0~6.0	5.0~8.0
树木冠幅	1.5~2.0	2.5~4.0	3.5~5.0

注:存活率要求达85%以上

2. **景观路树栽植的一般要求和设计标准** 高路堤路段栽植高大乔木,低路堤路段栽植矮乔木或高大灌木(包括花灌木),在此基础上做到"三个结合"、"三个避免"和"两个协调一致",即:

(1)三个结合 常青树与落叶树结合,有利于四季见绿,避免冬季一片枯黄;乔木与灌木结合,有利于美化路容路貌,更符合自然景观;乔、灌木与花木结合,有利于3季有花和旅游观光。

(2)三个避免 避免单一树种,以利于病虫防治和养护管理;避免千篇一律,利于与线路环境和外部环境的景观协调一致;避免封闭式绿化,有利于高速公路优美的线性环境和司乘人员观赏田园风光。

(3)两个协调一致 树种、树形的选择与线路环境协调一致,即路树、路堤、中央分隔带防眩树相互协调;树木株距与外部环境协调一致,即一般路段要有通透效果,特殊路段采取遮蔽绿化、防噪隔声绿化和降污染绿化。

3. **不同路段的栽植绿化** 在高路堤路段宜选用高大乔木实施绿化,但难度较大,树种选择严格,如垂柳加刺柏组合。低路堤路段选用矮乔木、高大灌木、花灌木结合的绿化方式,方法灵活多样,树种容易选择,如西(安)临(潼)高速公路采用垂柳加冬青加黄刺玫的组合,西宝高速公路采取刺柏加红花蔷薇的组合,西(安)铜(川)高速公路又采用了雪松加红花蔷薇或野蔷薇的组合,效果都比较好(表15-8)。

表 15-8 路树栽植模式表

路堤垂直高度(米)	栽 植 模 式	简 称
低于 1.5	灌木+木本花卉	灌木型
1.5~2.5	小乔木+灌木间栽	乔灌型
2.5 以上	常绿乔木+落叶乔木	乔木型
堑道景观路树	乔木+灌木+木本花卉	乔、灌、花结合型

(四)刺篱植物封闭绿化 在封闭网内 0.5~1 米处栽植带刺灌木,以绿篱状形成植物封闭围栏,作为高速公路的第二道屏障,几年后金属护网锈蚀便有替代作用。

1. **技术指标** 栽植抗逆性强、易繁殖、易管护、移栽成活率高、成篱封闭快和外形美观的多年生带刺灌木,两年以上的定植苗。当年存活率达 60% 以上,经补栽和管理养护,第三年成篱,郁闭度达 70%,高度 1 米以上,4 年内形成刺篱植物封闭网。

2. **树种选择** 在北方地区带刺灌木品种较多,可选择余地大,目前应用于高速公路绿化的种类不多,以下 10 种刺灌可供选择使用:黄刺玫、刺蔷薇(野蔷薇)、红花蔷薇、火把果(火棘)、沙棘、柠条锦鸡儿、酸枣、花椒、紫穗槐、枸橘。

3. **栽植方式** 在封闭网内 50 厘米处开双行沟,沟距 30 厘米,宽、深各 40 厘米,沿两沟内侧三角状栽植,株距 30 厘米,如单行栽植则以 5 株/米为宜,以利成篱快,封闭早。

(五)路堑土、石质坡面立体垂直绿化

1. **绿化的方法** 公路堑道,即路基低于地平面,在公路建设中人为形成的行车通道,通道两侧的土质或石砌而成的斜坡面或直立面称路堑。国内外目前主要采取机械绿化和人工绿化。机械绿化是以专用的机械设备,将种子、肥料、营养素和粘结剂混于水中,用高压喷射于土质坡面,以达到绿化目的。此法的特点是快速高效,技术先进,但成本高,局限性大,对50°以上的坡面、年降雨500毫米以下地区成功率低,只适宜在湿润、半湿润气候条件的地区使用。北方地区多用人工绿化,称为点穴绿化,即以穴播种植或栽植适宜的草本或小半灌木。此法的特点是成本低,但速度慢,对高路堑坡面绿化有一定的难度。

2. 主要技术指标　在坡比1:3,坡度65°以下的路堑土质坡面,翌年的绿化成活率达到70%以上,覆盖率达80%;坡比1:3以上,坡度75°以上者,成活率达50%,覆盖度达60%。3米以下的石砌路堑坡面,藤本植物上爬或下垂式的立体垂直绿化覆盖率达到60%;3～6米范围内达到40%。

3. 土质堑道坡面绿化技术　采用人工绿化的技术措施:

(1)梅花状挖穴　穴的直径、深度均为10厘米,穴、行距50厘米,操作过程为:挖穴→投种→覆土→浇水。

也可将种子直播改为种包投放。种包制作:取营养土350～400克,将100粒种子混合于其中,用粗质纤维纸包裹成球形。操作过程:挖穴→投包→覆土压实→浇水。

(2)水平沟种子直播　开沟深度10厘米,覆土厚2～3厘米,行距10厘米,操作过程:开沟→撒种→覆土压紧→浇水。

4. 石质堑道坡面绿化　主要有上、下垂直式绿化和植树屏障式绿化两种方式。前者是在坡面上部或下部栽植多年生攀援性和吸附性藤本植物,形成下垂式或上爬式的立体垂直绿化;后者是在坡角定点栽植高大乔木或矮乔木、灌木,并点缀一定的花灌木,形成立体交叉的绿色屏障,来改善视觉环境。

在北方地区使用爬山虎和山荞麦(酸蓼)绿化堑道石质坡面,如西临高速公路,栽植2～3年后的爬山虎,总成活率达92%,3.5米以下的坡面覆盖度达41%,部分生长旺盛的路段已达60%。

另有凌霄和常春藤几种攀援植物在北方亦可使用。

(六)立交区景观再造绿化

1. 目前的发展趋势　这一部分的绿化,依地理位置和所处部位不同随意性很大。在美、英、日、德等高速公路发展最快的国家,多称为"公路园林"或"开放式的人造景点"。结合我国的国情,目前主要有两大发展趋势:即开放或半开放式的公路园林景观绿化和封闭式的大斑块流线型的环境绿化。例如首都机场高速公路的立交区,多采用开放式或半开放式,游人可进入观光游览或小憩散步;青岛环海高速公路立交区的绿化,也采用这种方法,已成为旅游的一道独特风景线。有些高速线路上的立交区只能采用封闭式的绿化。例如,山西省的太(原)旧(关)高速公路,穿越太行山,是我国典型的一条山区高速公路,绝大多数的立交区不具备开放或半开放的园林式景观绿化的条件。陕西省的高速公路大型立交区,在设计上是以封闭式的环境绿化为主,而在城镇附近和人口密集地区,往往有不少人进入游览,事实上形成了半开放式的人工景观。

2. 绿化类型

(1)园林式　在高速公路穿越市区、人口密集地区以及旅游线路上广泛采用,符合高速公路旅游的特点。这种形式以首都机场高速公路的互通式立交区为代表,其内部有造型小品点缀,乔、灌、花、草的配套与园林景观类似。

(2)古典式　以陕西西宝高速公路为典型代表,全线路10座立交区的绿化设计和造型结构,大多与当地的历史或名胜古迹有关,以绿化植物组成的抽象变形的图案表达一种内涵和寓意。在临渭高速公路新丰互通式立交区的景观再造设计上,则主要反映当地的历史人文景观和具有代表性的自然风光,将4大块绿化地带分别设计为"石榴园",反映临潼的特产;"项王剑"植物造型反映当地为古鸿门宴的遗址;"太极图"植物造型,取材于临潼华清池的太极祥和图;自然风光配以森林、草原、湖泊,则寓意地处西北,并将其间的渗水池作为景观,巧妙地利用了起来。

(3)随意式　结合已有的地形地貌,从环境的统一协调入手,以不同的绿化方式,适当点缀构成图案,但无一定规则或格式,为一种景观式绿化。我国以这种形式的居多,特点是灵活多样,造型选景简单,就地取材,易于管护,还可降低绿化成本。如西安的南二环路,属城市道路,在中间宽15米的绿化隔离带和立交区的绿化,可作为典型代表。还有西(安)铜(川)高速公路的草滩立交,在大面积的圆形匝道环岛上全部建植高质量的草坪,中间按凸起的地形,以常青矮灌木造景,构成公路路徽图案,给人以美感和高速公路生机勃勃的印象。

(七)服务区、收费站环境绿化　　如果说高速公路其他部位的绿化是"行驶中观赏",而服务区、收费站的绿化便是"停车后观赏",这就决定了这部分只能以园林景观来绿化了。通过空间划分和植物配置,以建筑物为主体,形成与周围环境相协调的一种风格。其绿化标准是审美性的模糊概念,是欣赏与批评性的标准,只能定性,不能定量。

1. 空间划分　　应根据绿化对象的主要功能着手布局,目前国内高速公路的收费站和服务区正由单一功能向多功能方向发展。例如山东济(南)青(岛)高速公路的济南收费站服务区,占地约15公顷,是集收费、修理、加油、餐饮、娱乐、旅游、住宿和广告业为一体的综合性大型服务区。这种多功能的性质与特点本身就决定了绿化空间的划分原则与标准。首先根据功能划分绿化小区,在小区内依建筑物的位置与风格及交通要求等要素再次划分与分隔,从而达到划分有序、疏密得体、布局合理、功能突出的现代园林景观的标准。

2. 植物配置　　在园林艺术的造园理论上,植物配置从来就是比较复杂的课题,从传统园林艺术到现代园林艺术,是借鉴、发展与完善的过程,一般在理论原则指导下,植物按需要配置。总而言之,空间的划分即决定了植物的配置与栽植形式,目前在国内主要是在传统园林的基础上,结合现代园林的表现手法,以植物配置为主,并以亭和石的小品及广告点缀,草坪绿地和庭院花坛结合而成。

三、高速公路绿地的养护管理

高速公路绿化的养护管理属于公路养护管理的一部分,是一项十分繁杂和技术性很强的工作。高速公路绿化的养护管理包括树木的养护管理和草坪绿地的养护管理。

(一)树木的养护管理　具体内容参照本章第二节,普通公路绿化的养护管理。

(二)草坪绿地的养护管理　草坪从建植起,为了保持其绿化效果,要经常进行养护管理。

草坪绿地的养护管理分为一般养护管理和特殊养护管理。根据高等级公路的绿化特点与内容,有剪草、施肥、浇水、杂草防除和病虫害防治等几项。

1. 剪草　剪草是草坪养护管理中最基本的工作内容。因为,首先是观赏性的需要,还有利于草坪草的旺盛生长,提高草坪草的致密性和覆盖度,合理的修剪还可延长青绿期。有关高等级公路草修剪的指标见表15-9。

表15-9　高等级公路草坪绿地的修剪频率和周期

类　型		4月	5月	6月	7月	8月	9月	10月	全年	留茬高度（厘米）
草坪（立交区、服务区、收费站、中央带）	粗叶类	1	2	3	3	3	2		14	3～5
	细叶类		1	1	1	1			4	3～5
	混合类	1	2	2	3	3	2	1	14	3～5
绿地（护坡绿地及其他）			1				1		2	6～8
新建（半年至1年）					可以不修剪					
未成熟（1至1.5年）					修剪次数和修剪量均减1/3					

2. 施肥　草坪施肥以化肥为主，每年春季(3~4月份)施1次，秋季(8~9月份)施1次。春季以施氮肥(尿素、硝酸铵等)为主，秋季以施磷、钾肥(磷酸二铵、氯化钾)为主。尿素施用量幼坪为15克/平方米，成坪35克/平方米，氯化钾施用量为20克/平方米。施肥方法为均匀撒施后再浇水。有机肥施用每2年进行1次，每次施用量为1千克/平方米。施用方法是将肥料腐熟、过筛，并在草坪完全干燥时撒施，施完应拖平浇水。边坡绿地由于用水困难，施肥最好在下雨前进行，以增强肥效。

对一些特殊化学肥料的使用，包括植物生长调节剂、微量元素肥料等，应严格掌握施用量，施后配合浇水，在施用前应做小面积试验。

3. 浇　水

(1)浇水时间　判断是否需要浇水，可用仪器测定。用土壤水分速测仪测定草根层土壤含水率，含水率小于田间最大持水量的70%时就需浇水。也可采用土层剖面法。新建幼坪土壤表层2~5厘米深的土壤完全干燥、成坪10~15厘米的土壤完全干燥时，需立即浇水。

(2)浇水次数与时间　北方地区的新建幼坪需早晚浇水，经常保持表土湿润，以利出好苗出全苗；成坪(1~1.5年)在春季每15天浇水1次，夏季5~10天浇水1次，秋季1个月浇水1次，冬季冬灌1次，在气温稳定降至1℃时进行，使20厘米深的土层完全湿透为宜。

中央分隔带草坪浇水结合防眩树浇水同时进行，浇水次数根据降水情况每年进行6~8次；景点浇水要利用喷灌或地面浇水随时进行。边坡浇水要采用不致引起边坡冲刷的喷灌方式，用汽车拉水喷灌，反复进行，直至浇透，详见表15-10。

4. 杂草防除　高等级公路草坪绿地防除杂草可采用人工防除和化学防除。

(1)人工防除　对混有一二年生杂草的草坪,在杂草未开花前施行重刈割,多次低刈可使杂草养分耗尽,直至死亡。对一些明显高大、散生的杂草,可进行人工拔除。

表 15-10　高等级公路草坪绿地浇水次数及浇水量

类	型	浇水次数(次/月)				水深度(厘米)	全年浇水次数
		春	夏	秋	冬		
草坪	立交区、服务区、收费站	2	3	1	1	10～15	不少于 15 次
绿地	中央分隔带	1	1.5～2		1	15	6～8 次
	边　坡		1～2			10	不少于 4 次
	其　他	1	2		1	15～20	不少于 10 次

(2)化学防除　结合高等级公路绿化面积大,草坪绿地类型多的特点,常用的除草剂有:①2,4-D 类,主要种类有 2,4-D 丁酯、二甲四氯等,是典型的选择性除莠剂,能杀死双子叶杂草,对单子叶植物无害。②西马津、扑草净、敌草隆,药物均匀分布于地面时,可抑制杂草的萌发和杀灭刚萌发的杂草,对土壤有"封闭"作用,主要用于坪床"预留处理"。③草甘膦、百草枯,是灭生性除莠剂,对任何植物具有杀伤作用,主要用于建坪时的土壤消毒。

草坪杂草的种类和农田类似,种类繁多,目前使用的各类除莠剂亦有很多,关键在于"对症下药",严格按使用说明施用。在北方地区野生狗牙根和黄香附子恶性杂草难以防除,关键是在建坪时做好土壤消毒处理和坪床"预留处理"。

5.病虫害防治　高等级公路草坪绿地发生病虫危害时,要使用药物及时防治。

公路草坪绿地常见的病虫害与防治方法,见表 15-11,表 15-12。

表 15-11 公路草坪绿地常见害虫及防治

害虫名称	危害形式	防治方法
蝗虫	咀嚼禾草叶片和嫩茎,5~9月频发	用0.1%的敌百虫液或0.1%的敌敌畏液喷洒,也可在早晨露水未干时捕杀幼虫和成虫
小地老虎	专食嫩茎嫩叶,严重时造成草坪秃斑	小地老虎夜出觅食,用0.1%的敌百虫液喷洒,也可在凌晨进行化学诱杀
蝼蛄	夜间出来觅食,嚼断近地面的根茎,使草坪草枯黄	同上
蛴螬	嚼食禾草根部,严重时使草坪产生秃斑	同上
粘虫	危害嫩茎叶	用0.1%敌百虫喷洒
金龟子	将草根齐地切断,使草坪成块死亡	用毒饵或灯光诱杀

表 15-12 公路草坪绿化常见病害及防治

病害名称	症状	危害	防治
白粉病	叶表面出现白菌丝斑块,呈灰白色,面粉状	叶片变浅而后死亡	用多种杀菌剂杀灭
锈病	茎叶产生红褐色斑疮或条纹,后变为深褐色	严重时使植株枯萎,乃至大片死亡	用敌锈钠、石硫合剂、代森锌、萎锈灵等农药防治
草坪褐斑病	叶片上产生大小变异形圆斑或死斑	危害叶面,影响草坪外观。	使用波尔多液或杀菌剂
幼苗猝倒病	发病时开始出现斑点	幼苗萎蔫倒伏	使用波尔多液
赤霉病	感病时先产生粉红色霉斑,以后长出紫色小粒	严重时全株死亡	使用多种杀菌剂杀灭

6. 抚育更新　我国北方地区的草坪为冷地型草坪,在正常情况下使用寿命为5~6年,公路上的草坪因条件严酷,在第三年后便会出现退化现象,表现为草坪色度变浅,呈灰绿或白绿色,生长不均匀,高低不平,色度深浅不一,生育期提前,植株茎秆几厘米便开花结实,局部出现"秃斑"乃至大片死亡。在正常的养护条件下,如出现这些现象,应及时采取抚育更新措施,一般可延长使用2~3年。

(1)打孔　2~3年草坪的地下根层的通透性很差,打孔有利于改善草坪地下层的通透性,促使根颈处新芽再生。时间以春、秋两季为好,密度每平方米20~40个孔,深度15~20厘米,孔口直径1~2厘米。

(2)施表土　结合打孔进行,根据经验,在草坪低剪后(3厘米)使用干净、不含杂质的种植土70%加30%的有机肥,撒施后轻压,随即喷水。这种方法简单易行,效果好。施表土的时间可在早春、秋季进行,北方地区在越冬前进行,有利于草坪越冬,翌年返青早,生长健壮。

(3)其他措施　有补植、补播等措施,详见其他章节相关内容。

第十六章　草坪绿地工程质量监理

第一节　草坪绿地工程质量监理的作用

草坪绿化工程与其他工程一样,在施工过程中要经历规划、设计、施工、监理、维护管理、竣工验收等环节。与其他工程相区别的是它还是一项生物工程,不仅包含了床土制备、造型、给排水这些工作因素,还包括草坪、树木等有生命的生物因素,因此,这给工程设计的实现,草坪质量的保护增加了难度。同时其中还有很多在外观上看不到的将来会影响工程质量的隐含因素(如土壤的质地、肥力、病虫害等),因此,严把工程的每一个环节,确保设计要求和技术规程的实现,是实现草坪绿化工程高质量的根本保证。这就是草坪绿化工程质量监理的任务和职责。监理在草坪绿化工程的作用主要体现在4个方面:①确保工程设计思想实现和效果体现。②实现科学、有序地施工。③保证工程质量。④是草坪绿地工程必不可少的机构与管理环节。

第二节 草坪绿地工程质量监理的内容及方法

一、施工图的管理

施工图是草坪绿化工程施工的主要文字依据,也是施行项目管理的重要内容与手段,因此,施工图的管理是监理工作的重要内容。作为草坪绿化工程现场管理,对施工图应进行以下管理:①督促设计单位按照合同规定,及时提供配套、完整的施工图书,并建立施工图书使用、保管的完备制度。②组织图纸的会审与设计单位向施工单位的技术交底会。对图纸不足之处应对设计者提出质疑和合理化建议。

二、审查施工组织设计

施工组织设计是由施工单位按照设计要求与自身的特长编制的优化施工方案,是指导和组织施工的技术经济文件。施工组织设计的质量,直接关系到工程的正确与有效地完成,为此,监理的第二项任务是对施工单位编制的施工组织设计进行审查。施工组织、设计内容见表16-1。

依据施工组织设计的内容,应从以下方面对施工组织设计进行审查:

①是否符合国家或地方颁布的相关法规、技术规范和标准。②是否符合工程承包合同的规定。③是否具有可操作性。④是否符合应遵守的原则。⑤施工时间及顺序安排是否符合客观存在的

施工技术和施工工艺要求。⑥选择的施工方法与采用的施工机械是否相协调。⑦是否考虑了施工组织和保证工程质量的要求。⑧是否考虑了当地的气象条件。⑨是否符合安全施工的要求。⑩是否在一切重大措施中及各个施工方案中考虑了保证质量这一重要前提。⑪施工安排是否合理和综合平衡。⑫对工程使用的材料、设备是否有严格的检验制度。⑬整个工程建设是否有健全的质量保证体系和质量责任制。⑭是否有严格的竣工验收检查制度。

表 16-1　草坪绿地工程施工设计内容

项　目	内　容
工程概况	建设单位、建设地址、工程性质、工程造价、工期等
施工条件	场地的地形、地貌、地质、土壤状况，气象条件，交通运输条件，物质供应条件，水、电、路、场地及周围环境条件
施工方案	通过施工方案的技术经济分析，从中选出的最佳方案
施工进度和供应计划	确定施工进度计划的合理性，物资、材料供应计划的可行性
施工图	施工图是否完整，使用、保管制度是否建全
主要技术及组织措施	指包括保证工程质量、降低工程成本及安全施工的技术与组织措施
主要技术经济指标	包括劳动力均衡指标、劳动生产率、机械化程度、机械利用率、用工量、工程质量优良率等

三、工程质量监理

（一）工程质量监理内容　工程质量监理要贯穿于从项目可行性研究、项目规划、勘察、设计、施工和验收全过程。在施工阶段，主要通过督促承建单位建立健全质量保证体系和严格依据标准和合同规定进行施工，从这两个环节来进行工程质量监理。对工程质量的监理内容有：①是否按经审定的施工组织设计施工。②对隐藏工程进行预检。③对进场材料和设备把好质量关。④随机对现场施工质量进行巡查。⑤对工程中主要部分进行质量抽检。⑥收集技术资料(文字、图片),作为工程质量评价的依据。⑦参与事故的调查与处理。⑧检查施工的原始记录,并予以评估。⑨参与竣工验收的质量评价工作。

(二)对质量问题的处理 在草坪绿化工程实施中,均不可避免地出现各种质量问题。在工程质量监理中,一旦发现有质量问题就要及时处理。

1. 处理程序 当监理发现工程质量问题后,应以质量单的形式及时通知施工单位停止该部分及下道相关工序的施工。施工单位应向监理提交"质量问题报告",说明质量问题的性质、严重程度、造成的原因及处理的具体方案,监理在接到报告后,在调查和研究的基础上作出处理决定,通知施工单位,并及时改正。

2. 处理方式 监理可根据出现质量问题的具体情况与需要,进行如下处理:

(1)返工重做 凡工程质量未达到合同规定标准,且通过修补得不到纠正的,应返工重做。

(2)修补 虽然某部分工程质量未达到合同标准,但质量问题不甚严重,在结构、功能和外观上未产生不良影响的,可作修补处理。

3. 质量问题的处理方法 监理处理工程质量问题需持科学与慎重态度,为做到处理合理,在处理前可采用如下方法进行确认:

(1)定期观察 对一些尚未稳定的质量问题,应进行一定时期的观测,依据观测结果及分析,作出处理决定。

(2)实验验证 对出现质量问题的部分,通过合同规定的常规试验以外的试验方法作进一步论证,在对所取得的数据进行分析之后,再作出处理决定。

(3)专家论证 对一些难于确定的工程质量问题,视情况可邀请有关专家进行论证,然后依据合同条件与专家意见做出处理决定。

4. 工程质量监理的手段 可采用如下手段,对工程质量进行监理。

(1)旁站监理 监理人员在施工期间,视工程施行程序,对各项工程活动进行跟踪监理,一旦发现问题,及时指令施工单位予以纠正。

(2)测量 贯穿于工程的全过程,随时可通过测量控制工程质量。

(3)试验 以试验数据为依据,控制、评价工程质量。

(4)严格执行监理程序 通过严格监理程序的管理手段,强化施工单位的质量管理意识,达到控制、提高质量的目的。

(5)指令性文件 是监理对施工单位提出并要严格履行的书面指令性文件,如不合格工程项目通知、停工单、返工或修补单等。

(6)拒绝支付 为进行质量控制所采用的经济手段,即工程质量以计量支付为保障,施工单位任何工程款项的支付要经监理确认,并出具证明方可施行。

第三节 草坪绿地工程质量监理标准

在草坪绿化建植工程的质量监理中,要依据建植地的条件与所建草坪绿地的类型,制定工程质量监理标准。

我国于1999年经天津市园林管理局主编,由中华人民共和国建设部颁布了《城市绿地工程及验收规范》。规范包括:1.总则;2.术语;3.施工前准备;4.种植材料和播种材料;5.种植前土壤处理;6.种植穴、槽的挖掘;7.苗木运输与假植;8.苗木种植;9.树木种植;10.大树移植;11.草坪、花卉种植;12.屋顶草坪;13.绿化工程的附属设施;14.工程验收等技术内容。该规范作为部颁行业标准,可供草坪绿化工程施工质量监理使用。

国家质量技术监督局于2000年发布了《主要花卉产品等级》,分第一部分:鲜切花;第二部分:盆花;第三部分:盆栽观叶植物;第四部分:花卉种子;第五部分:花卉种苗;第六部分:花卉种球;第七部分:草坪。该国家标准可作草坪绿地工程质量监理的依据。

一、草坪绿地工程质量监理实例

在草坪绿化工程中,我国尚未形成正式的施工规范和监理标准,而各个专业部门和地市,已制定了一些试行标准,对草坪绿化工程的正确施工和提高质量起到了积极的作用。现将兰州市东方红广场《草坪绿地工程质量监理标准》的技术内容介绍如下,供参考。

兰州市东方红广场草坪绿地工程质量监理标准

第一条:清场　施工前必须在全面调查的基础上,按设计图书要求对建植现场进行彻底清理。设计确定不予保留的建筑物、地物与植物应清出场外,建筑垃圾及有害物质必须清除,不宜植草的土壤必须改良或更换。

第二条:土壤

1. 种植土肥力指标
   - 有机质 2%～3%
   - 全氮 0.1%～0.15%
   - 速效磷 5～10 毫克/100 克干土
   - 速效钾＞30 毫克/100 克
   - 阳离子代换量 10～20 厘摩/1000 克干土
   - 速效铁 5～10 毫克/千克
   - 土壤质地 轻质土壤(含沙量 40%～60%)

2. 床土盐分含量指标　全盐量＜0.3%,氯＜0.02%,碱化度＜25%,pH 值＜7.6。

3. 床土容重指标　＜1.35 克/立方厘米。

4. 有机肥质量标准　充分腐熟并进行消毒处理;用过量石灰

消毒的厩肥不得使用。

第三条：灌溉用水水质标准

1. 矿化度　＜0.5克/升。

2. SAR（钠吸附比）　＜10（碱化程度）。

3. 生活废水和工业废水　不得直接用于草坪灌溉。

第四条：坪床制备　按要求进行。种植土层不得少于30厘米。

第五条：草坪草种

1. 草种的选定与组合　以设计方案为准。

2. 草种质量　采用蓝标签等级以上新种子。

第六条：草坪播种

1. 播种量　大粒种子单播量不得少于20～40克/平方米；小粒种子不得少于10～20克/平方米。

2. 播种　使用专用工具，按规程进行。

第七条：成坪草坪质量标准

1. 色泽　色泽浓绿，均一，无色斑。

2. 盖度　盖度95%～100%。

3. 床面　床面平滑，无明显凹凸。

4. 绿期　在280天以上。

5. 夏枯　无明显夏枯现象。

6. 杂草　不含杂草（杂草化率＜3%～5%），不含秃斑、色斑、病斑，无明显病虫危害。

二、草坪绿地建植技术规程举例

草坪绿地建植技术规程是草坪绿地施工的技术性文件，它提出了建坪施工中的技术要点和质量要求，是施工方在施工中必须达到和做到的客观标准，也是监理实施监理职能的依据，因此，制订好技术规程是极其重要的。现将某市草坪绿化工程的建植技术规程举例如下，供参考。

草坪绿地建植技术规程

1 总则

1.1 为了确保新建草坪质量,充分发挥草坪在城镇绿化中的作用,特制订本技术规程。

1.2 本规程适用于本市的公共绿地及专用绿地中草坪的建植。

2 草坪建植前准备

2.1 设计:由具资质设计部门根据建植地状况与使用要求,依据有关政策、法规与标准进行设计,作为草坪建植的依据。

2.2 场地准备

2.2.1 草坪建植前对场地必须进行全面调查,建筑垃圾必须清掉,不宜种草的土壤必须改良或更换。

2.2.2 场地进土严禁使用建筑垃圾土、化学污染土、废渣和僵土。

2.2.3 根据设计要求对场地与废土进行改造和处理。

2.2.4 土地平整与镇压。

2.2.4.1 全面翻耕场地,深度30厘米以上,边翻边耙,边拣除恶性杂草的草根、草茎及砖石等杂物。大的土块必须敲碎,土块直径不超过1厘米。翻耙2~3遍。

2.2.4.2 草坪建植地应平整,排水须良好,场地坡度不小于0.5%,地形起伏的草坪建植地,曲面须平滑。

2.2.4.3 草坪建植土应按设计要求制备,并做到充分利用原有优质的表土。对高要求绿地草坪建植,表层土的组成应:有机土的含量不低于40%,园田土40%,粗沙20%,地表30厘米以下的必须是园田土。

2.2.4.4 当草坪建植表土为粘性土时,应适当掺入粗沙或有机质,以增加土壤疏松度。

2.2.4.5 对草坪建植表土为粘性土时,应适当掺入粗沙或有机肥料或复合肥料。施肥量根据土壤肥力状况、草坪植物特性与草坪类型确定。

2.2.4.6 回填客土应在坪床外混匀,按设计要求分层填入,并适度镇压。对回填土的场地应进行1~2次渗水和镇压。

2.2.5 排灌设施铺设。

2.2.5.1 草坪建植地必须有供水充足的水源。

2.2.5.2 根据设计要求设置喷灌装置和排水设施。

2.2.5.3 排灌设施的安置必须在整地前完成。

2.3 草种选择

2.3.1 根据设计要求选用不同的草坪植物。

2.3.2 种源的质量要求。

2.3.2.1 草皮:草皮必须生长健壮、无杂草、无病虫害。

2.3.2.2 草籽:草籽必须是色泽正常,无病虫害,纯净度90%~97%以上的新鲜或低温冷藏的种子。种子发芽率要求:草地早熟禾80%以上,高羊茅、多年生黑麦草85%~95%以上,匍茎剪股颖85%以上,结缕草60%以上,狗牙根80%以上。

3 草坪建植方法

3.1 草皮块铺植法

3.1.1 满铺法:草皮块按1:1铺植,铺距2厘米以上,铺植要平整。

3.1.2 拆铺法:草皮块按1:2以上撕开铺植,间距要均匀。拆铺比例大小视草种生长特性、铺植季节与草坪建成要求时间而定。

3.1.3 草皮块铺植进行时间:除炎热夏天与严寒冬天外均可。

3.2 草坪植物营养枝铺植法

3.2.1 铺植要求:均匀、平整、覆土1~2厘米。

3.2.2 铺植时间:暖季型草种为初夏,尤以梅雨季为更好;冷季型草种于春季或秋季,而以秋季为好。

3.3 种子直播法

3.3.1 播种要求:均匀,覆土不宜过深(1～1.5厘米)。

3.3.2 单播种量

3.3.2.1 冷季型草种:大粒种子单播种量20～40克/平方米;小粒种子10～20克/平方米。

3.3.2.2 暖季型草种:结缕草20～30克/平方厘米,狗牙根5～10克/平方厘米。

3.3.3 播种时间:冷季型草种早春至中春;暖季型草种春末夏初,具体时间应视温度而定(冷季型草坪草发芽适宜的温度15℃～25℃,暖季型草为20℃～35℃)。

4 建植期的养护管理

4.1 浇 水

4.1.1 草皮块铺植法:铺植后须立即浇水,次日待稍干,用碾碌进行滚压,然后再浇透水。之后,要求土壤必须保护湿润,直到草坪植物长出新根后可逐步减少浇水次数,转入正常养护。

4.1.2 营养枝铺植法:须边铺植边浇透水,之后,应保持土壤湿润,晴天宜每天喷洒叶面水1次,待根系长出,减少浇水次数,逐步按正常养护要求养护。

4.1.3 种子直播法:种子播种后须浇1遍透水,灌水强度应小于床土渗水速度,然后须保持土壤湿润(表土不能发白),待苗出齐后可减少浇水次数。

4.2 杂草清除:在未形成致密草坪前,易孳生杂草,必须及时清除。

4.3 施肥:采用草块和营养枝铺植法建植的草坪,当草坪植物新根系长出后,为了加速形成致密草坪,应施以氮肥为主的肥料;用种子直播法建植的草坪,应在草籽发芽基本出齐后进行施肥,施肥量6～10克/平方米(分2～3次施用)。

4.4 病虫害防治:应根据气候情况与病虫的预测、预报,注意草坪植物种植后与种子出苗后病虫害情况。病虫害防治贯彻以防为主、综合防治的方针。

4.5 草坪修剪：新植的草坪植物在长出新根后,当其地上部分长到修剪高度时,应依据"1/3原则"及时修剪。修剪后残留在草坪上的草屑应清除。

5 验收

5.1 验收时间：草坪建植后进行竣工验收,越冬返青后再次验收。

5.2 验收要求

5.2.1 土壤不含建筑垃圾、化学污染物、废渣与杂物。

5.2.2 地坪平整、排水良好,无明显低洼与积水。

5.2.3 草坪植物生长健壮,色泽正常,无明显病虫害与杂草。

5.2.4 草坪植物覆盖率要求80%～95%以上。

5.2.5 杂草含量应低于2%～5%。

5.2.6 不应含秃斑、病斑和色斑,其盖度不应大于3%～5%。

第十七章 园林绿地工程施工

第一节 园林植物的配植方法

一、园林植物的配植原则

在进行园林植物栽植设计与施工时,植物的配植一定要符合下述要求。

(一)**满足园林绿地的综合功能要求** 在进行种植设计与施工时,应全面均衡地考虑园林绿地的综合功能。

(二)**满足园林植物的生态要求** 植物的生长需要适合的生态环境,种植设计与施工时,必须因地制宜,适地适树,并充分考虑人的活动对植物生长的影响。

(三)**尽量反映民族风格和地方特色** 园林绿地创造的是一种

美的艺术,即园林艺术。运用园林艺术的手法,效仿自然、浓缩自然,强调生活情调,突出地方特色和民族习俗,以满足人们游憩的需要。

(四)处理好整体与局部、远期与近期的关系　植物是有生命的个体,存在着生长、强盛、衰老、死亡这一自然现象,在其生长季节中,又有丰富的季相变化。因此,在进行种植设计与施工时,应处理好整体与局部、远期与近期、速生树种与慢生树种、常绿与落叶树种的关系,使园林绿地的综合功能能够长远地维持。

二、园林植物的配植方法

在园林绿地植物中乔、灌木是骨干树种,起着骨架作用。乔、灌木具有较长的寿命、独特的观赏价值及卫生防护功能。其种类繁多,既可孤植,又可片植或丛植,还可与其他树种配合组成丰富多彩的园林景色。乔木体型高大,树冠占据上部空间比较大。灌木寿命较乔木短,体型矮小,占据下部空间大,要求空间小、土壤浅,可增加竖向层次感。在进行园林树木配植时,应充分考虑乔、灌木不同的生物学特征。

(一)孤植树　孤植是指单株栽植乔木,或二三株同一树种紧密地栽植在一起。

1. 孤植树栽植位置的选择　孤植树在规则式或自然式园林中均可应用,并各显其特色。孤植树的具体栽植位置取决于它的功能和周围的环境,要求地势比较开阔,能保持树冠有足够的生长空间、最佳观赏视距及观赏位置。尽可能用天空、水面、草地等色彩单纯又有丰富变化的景物环境作背景衬托,以突出孤植树在体形、姿态、色彩方面的特色,并丰富风景天际线的变化。一般在园林中的空地、岛、半岛、岸边、桥头、转弯处、山坡的突出部位、休息广场、树林空地等都可考虑栽植孤植树。

2. 孤植树的类型

(1)主景树　一般放在构图的重心上,视距是树高的 4~10 倍。

(2)中心栽植树　规则式广场花坛的中央多采用。

(3)诱导树　自然式园林中,在道路转弯、河岸溪流的拐弯处的视线焦点上,种植1株树,能吸引游人,引导游人观赏。

(4)过渡树　指树群、树丛、树林、草地、池塘、广场等不同的景观空间之间的过渡树种。

(5)遮荫树　常在庭园前、建筑物前面的广场上栽植,主要起遮荫作用。

(6)配景树　在巨石旁、建筑物附近栽植的孤植树,主要起配景作用。

(二)对植树　对植树一般是2株或2丛乔、灌木按照一定的轴线关系,左右对称或均衡地种植。主要用于公园、建筑物前,道路、广场的出入口,起遮荫和装饰美化作用,在空间构图中做配景使用。对植树在规则式或自然式的设计中都有广泛的应用。

对植树的选择不太严格,无论是乔木、灌木,只要树形整齐美观均可采用。对植树附近根据需要还可配置山石花草。对植的树木在体型大小、高矮、姿态、色彩等方面应与主景和环境协调一致。

(三)行列树　行列树的栽植是乔、灌木按一定的株行距或有规律地变换株行距,成行、成排地栽植。行列栽植形成的景观比较单纯、整齐,它是规则式园林绿地中广泛应用的种植形式。行列栽植可以是单行,也可以是多行,株行距的大小取决于树种的成年冠径。要在短期内产生绿化效果,株行距可小些、密些,待成年时采用间伐来解决株行距过密的问题。

(四)丛植　丛植是由数株乔木或灌木组合而成的种植类型。丛植的树木整体称为树丛。树丛是园林绿地配置中的一种重要类型,以反映树木群体美的综合形象为主。这种群体美的形象又是通过个体之间的组合来实现的,彼此间既有统一的联系,又有各自的变化,它们之间互相对比、互相衬托。

(五)树群的配植　多数乔木或灌木与地被植物混合栽植,这种方式称为群植,群植的树木称为树群,一般数量为20～30株。树群与树丛不仅在规格、姿态、颜色上有差别,而且在表现的内容方面也有差异。树群表现的是整体植物的群体美,主要是观赏它的层次、外缘和林冠等。园林植物高度比较图参考见图 17-1。

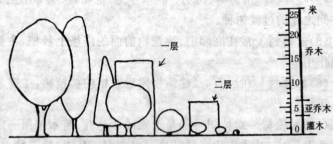

图 17-1　城市园林植物高度比较参考

树群的外貌应注意季相变化,栽植时要求有大片开阔的场所。

(六)**树林的配植**　树林是用大量的树木、大面积栽植而成的树木群落。主要突出群体关系,常为混交林。树林在园林绿化中用途很广,在园林绿地面积较大的风景区中应用较多。树林以成片、成块栽植的乔、灌木构成,一般可分为疏林和密林。

1. **疏林**　郁蔽度在 40%~60%之间,草地与其结合称为"疏林草地",广场与其结合称为"疏林广场"。一般为单纯林,给人单纯简洁的感觉。树种通常选择树冠散开的大乔木,种植时以丛植为基础。

2. **密林**　郁蔽度在 70%~100%之间,一般为混交林。其间常修道路和广场。

第二节　城镇街道绿地

一、街道绿地种植设计中的几个问题

(一)**街道宽度与绿化的关系**　街道宽度对绿化起决定性作用。要根据不同的情况采取不同的绿化形式,在可能的条件下,绿化带以占道路面积的 20%以上为好,也要根据城市不同情况来决定,不能强求比例一致。

植物种植所需最小宽度为：小灌木0.8米，大灌木1.2米，单行乔木1.25~2米，草皮1米，双行乔木2.5~5米。

（二）**街道走向与绿化的关系** 为了让行人和建筑物内部避免受强烈阳光的照射，应根据街道的走向来配置行道树。在东西走向的道路上，行道树种植在道路南侧效果较为理想，在南北走向的道路上，行道树种植在道路的东侧效果较为理想。

（三）**城镇设施与绿化的关系** 在街道绿化中如何解决好绿化与各种管线及设施的关系，是决定绿化成败的关键，必须要按照国家城市建设的有关规定，留足距离，确保植物的生长发育。

二、街道绿地树种的选择

街道的栽植条件较差，土质比较瘠薄、辐射温度高、空气干燥、有害烟尘气体多，还要受到人为的和机械的损伤。能适应这种环境条件下生长的行道树种不多，在选择时应注意：①对病虫害抵抗力较强，成活率高的树种。②树龄长，树干通直，树姿端正，冠大荫浓，发芽早，落叶迟。③花果无臭味，无飞絮、飞粉，落花落果不打伤行人，不污染环境。④耐强度修剪，愈合能力强。⑤不选择带刺的或浅根性树种。

三、街道绿地的几种布置形式

（一）**行道树** 行道树的种植方式有树池式和种植带式。

1. 树池式 在人行道狭窄或行人过多的街道上采用。形状可方可圆，其边和直径不得小于1.5米。

2. 种植带式 在人行道和车行道之间留出1条不加铺装的种植带。种植带栽植草坪、花卉、灌木、防护绿篱，还可以种植乔木，与行道树共同形成林荫小径。

（二）**林荫道** 林荫道绿带较宽，除了供人们散步、游憩外，还能在改善城市环境卫生、顺畅城市交通、保障行人安全、丰富城市建筑艺术、组成城市绿地系统等方面发挥作用，也是其他道路绿化无法与之相比的。游憩林荫道在街道平面上的布置位置,可以有3种:①设在道路中央纵轴线上,能有效地组织交通,方便居民使用。②设在道路一侧的林荫道,缺乏对称感,因此,在要求庄严、整齐、雄伟的主干道上不常采用,多沿滨河或山体布置。③设在道路两侧的林荫道,是以交通为主的干道上常采用的布置形式。用以防止和减少机动车所产生的废气、噪声、有毒烟尘和震动等公害的污染。

(三)**交通岛** 一般设在几条道路比较宽阔的交叉口的中心,主要是组织交通,约束车道,限制车速和装饰道路之用。绿化的配植,通过以嵌花草坪花坛为主或以常绿灌木组成简单的图案花坛。花坛中心部分可用雕塑或体形优美、观赏价值较高的乔灌木(如雪松)加以强调。

(四)**街旁绿地** 是临街建筑和道路红线之间的绿化地带。由于建筑后退红线多少不同、建筑性质不同等,街旁绿地的布置形式也各异,但是同一条街道上的气氛应该统一。由于街旁绿地处于道路红线和沿街建筑之间,设置时必须考虑到地下管网分布情况。为了方便管网的埋设和翻修,可少采用乔木,多用灌木、草坪、花坛相结合的形式。在较窄的街旁绿地上,应以草坪为主,周边适当种些花期较长的宿根花卉或常绿观叶草本植物。较宽的街旁绿地除种草坪、花卉外,还可点缀开花美丽的花木,周边种植矮绿篱。在公共建筑前面,街旁绿地的草坪中可以布置花坛群或把草坪改为铺装地面,上面再布置花坛、水池等,既具有装饰作用又便于游人集散。

第三节 工矿区及居住区绿地

一、工矿区绿地

(一)**生产区绿化** 生产区的绿化应根据生产性质的不同而分别种植花草树木。

1. **实验室、精密仪器车间** 要求车间周围空气清洁,环境安静。在工厂周围可设防护林带,车间外围设绿带,以形成封闭的环境,车间与道路有绿带隔离,车间外的空地尽可能建植草坪。车间四周的树木栽植与建筑要有足够的距离,以保障车间采光的要求。为了保证产品质量,所用树种应是不产生绒毛、飞絮及多花粉的种类。

2. **噪声车间**　为了减少噪声污染,可选择阔叶乔木在车间周围种植。叶面越大,枝叶越密,减噪声能力越强。自然式的树丛种植要比规则式的减噪声效果好。

3. **高温车间**　在工人休息点可开辟绿地,种植的树木要高大冠浓,树下可形成遮荫避暑的凉爽小气候,以调节工人情绪。树种宜选用叶不反光、叶色暗淡、花色淡雅清香的乔、灌木。不宜用针叶树或其他含油脂较多的树种,以免引发火灾。

4. **容易产生污染的车间**　这类车间的绿化,在种植树木的布局上应考虑气象条件,如风向、风速等因素。在车间的上风向不宜种植过密过高的树,以免影响空气的流通,车间周围的树木不宜栽植过密,以免污染物滞留在车间周围。在车间的下风向,可适当种植多层次林带,以过滤污染物。在选择树种时应根据植物的抗性、适应性进行选择。

(二)**行政区绿化**　行政区绿化是反映厂矿精神面貌的一个方面,因此是绿化的重点。绿化与建筑平面要紧密配合,才能取得一致的效果,绿化布局应具有开朗、明快的外貌,给人以朴实、大方、美丽的感觉。

二、学校及医院绿地

(一)**幼儿园、托儿所的绿化**　幼儿园、托儿所的绿化应根据儿童生理特点进行合理布局。可在外围种植成行乔木或灌木绿篱,以保环境安静、空气清新。在儿童活动场地不宜种植灌木丛,可铺设草坪。临窗不宜种植高大乔木。避免种植多刺、有臭味、有毒以及容易引起过敏的植物。

(二)**中、小学校的绿化**　形式以规则式为好,临窗的以种植小灌木为主,其高度不宜超过底层的窗口,在建筑物5米之外才可种植高大乔木。校园的道路绿化,以遮荫为主,体育用地与教育建筑之间要设置林带,以免上课受室外场地活动的干扰。种植配置可以精细一些,分布有层次。

(三)**医院的绿化** 医院绿化,应根据医院的功能区进行合理布局。门诊部的绿化不必过于精细,在空地周围可种植高大乔木遮荫。住院部绿地布置,面积较大的可采用自然式布局,树木配置要有明显的季节性,树种要丰富多彩,落叶与常绿交替,花灌木要与乔木保持一定的比例。

医院中的传染病房一般为单独的部分,为了防止交叉传染,传染病房周围可设置绿篱进行隔离。

三、居住区绿地

(一)**居住区小型公共绿地** 公共绿地的布局方式以自然式和规则式相结合,绿地内要有一定的活动场地,植物要选择易管理,株形优雅的树种,采用乔、灌相结合的手法配植。

(二)**居住区宅旁绿化** 宅旁绿化的布置方式可分为周边式和行列式。树种以落叶乔木为好,并应无臭、无刺,灌木配置不宜过多,以免引起底层光照不足,通风不良和宅旁活动场地减少。

(三)**居住区道路绿化** 居住区道路绿化可采用规划区的等距栽植,根据道路宽度可选择一侧种植或两侧种植,一般不采用绿篱形式,以免造成闭塞,影响居民的出入及儿童游玩。

第四节 园林种植图的识别

园林种植图纸是施工的依据,它比用语言和文字所表达的意思更加精确和形象,能使园林种植工程有计划、有秩序地进行。

一、图纸的幅面与规格

图纸一般没有严格的大小的限制,通常有 5 种规格(表 17-1)。如地形过长,图纸可以由几张拼接而成,将其内容全部表达出来。

表 17-1 园林种植设计图纸规格表 （单位：厘米）

基本幅面代号	A_0	A_1	A_2	A_3	A_4
b×l	841×1188	594×941	420×594	297×420	210×297
c	10	10	10	5	5
a	25	25	25	25	25

二、图纸的标题栏

图纸的标题通常在图纸的右下角，注明工程名称、设计单位、设计者、设计日期、图号、比例等。

三、比例关系

绿地规划可采用1:2000,1:1000,1:500的比例。种植设计可采用1:500,1:250,1:200的比例，有时也视具体情况采用特殊比例。

比例的表示方法，如果一张图纸均为同一比例，可在图标后面注明比例，以阿拉伯数字表示。当一张图纸中有不同比例时，应在各图名右侧或图名下面注明比例，也用阿拉伯数字表示。

四、标高的注写方法

标高数字一律用米为单位，一般注至小数点以后两位。正数标高前一律不加（+）号，负数标高数字前必须加（-）负号。在断面图或立面图上，标高符号的尖端，可向上或向下指。

五、指北针及图例

指北针、图型一般放在平面图的右上角。指北方向均用 N 表示。

六、图纸上植物的表示

(一)植物 图纸上的植物一般用下列方法表示(图 17-2)。

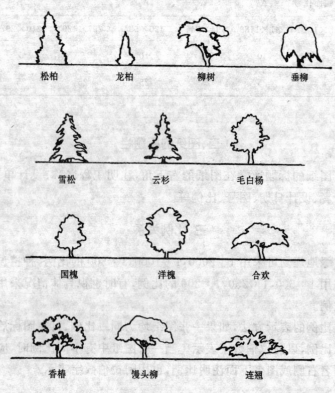

图 17-2 城市园林植物形态图

(二)图例 园林设计常用图例见图 17-3。

(三)植物平面图 大比例植物平面图表示方法,参考图 17-4。

图例要根据习惯来表示,总的要求是使图纸上所表达的符号清楚、明了、简捷,方便识图与施工。由于图纸的比例不同,总体设计一般比例较小,图案复杂,树木符号的大小,一般以成龄树种树冠的冠径比例制图。在图纸上对树种的表示可采用直接在符号边

落叶针叶乔木	常绿针叶乔木	落叶阔叶乔木	常绿阔叶乔木
花灌木丛	草坪	绿篱	花架
落叶针叶树林	常绿针叶树林	步石	假山山石

图 17-3 园林设计常用图例

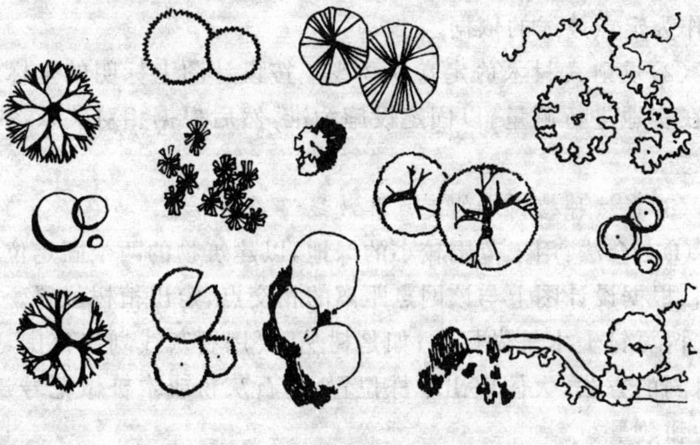

图 17-4 城市园林绿地设计植物平面图例

注明树种,如果树种繁多,可用编号表示,另在图纸上列表说明,同时注明树木的规格、数量、图例。

第五节　城市绿地工程施工与养护

一、树木栽植技术

(一)植树前的准备工作

1. 绿地现场调查　①施工现场的土质调查。②施工现场地下管网调查。③施工现场交通及水源状况调查。

2. 施工计划的编制　①确定施工进度计划。②编制施工预算。③安排劳力。④安排材料、工具及机械和运输设备。

3. 施工场地的准备　①清理障碍物。②改良土壤。

(二)树木种植施工

1. 定点和放线

(1)行道树的定点和放线　栽植行道树时,要求位置准确,株行距相等,可以路牙为依据,如无路牙,则应找出准确的道路中心线,作为定点放线的依据。

(2)规则式树木的定点和放线　按设计图上标明的坐标和地物,在实地进行测量,以固定设施为准,然后根据相对关系逐一确定位置。

(3)自然种植树木的定点和放线

①交会法:用于范围较小的绿地,以建筑物的两个固定位置为依据,根据设计图上与该网点距离的相交点,定出植树位置。如是孤立树可钉上木桩做标志;如是树丛,要用石灰线划出范围,然后用目测的方法,大体定出单株位置,用石灰粉或木桩做记号,写明树种和数量。

②网格法:这种方法适用范围比较广,对于地势比较平坦的绿地,先按比例在设计图上和现场分别划出等距离的方格(一般以20米×20米为好)。定点时,先在设计图上量出树木对其方格的纵横坐标距离,再按现场放大的比例,定出现场相应的方格位置,钉上木桩标志,标明树种。

2. 挖穴　挖穴的质量对树木的生长有很大影响。穴的大小应根据苗木土球、根系大小和土质情况来决定，一般穴比土球或根系大 20～30 厘米，宁略大，勿太小；穴的深浅要根据根系类别来确定，一般比树木栽植深度稍深些，以备穴底填土。

(1) 操作方法　以定点标记为圆心，以规定的穴径在地面上划 1 个圆圈，沿圈的四周垂直向下挖掘，直至规定深度，再将穴底刨松弄平，栽种裸根苗时，坑底中央最好堆一小土堆，以利根系自然舒展。

(2) 注意事项　挖穴时应注意以下几点：①挖出的表土与底土应分开堆放，填土时先填表土，底土填于上部，若为客土，则无此要求。②如土壤已被污染或有较多的建筑垃圾、工业垃圾，则要将受到污染的土壤和垃圾全部清除，并将穴径适当扩大，以利于将穴中的有害物质彻底清除。③挖穴时，如遇地下电缆、管道，应立即停止操作，通知有关部门，并与设计人员协商，进行设计变更。

3. 苗木装、运　应注意裸根苗与带土球苗的合理装运。

(1) 装运裸根苗　①装运乔木苗应将树根向前，树梢向后，顺序排码整齐。②装运冠径比较大的苗木时，应用草绳把枝条围拢。③树梢不要拖地，必要时用绳子围绕。④苗木装车不要超高，不要过多。⑤苗木装好后用湿草垫把根部盖严，以免树木失水而降低成活率。⑥长途运输要用棚布将苗木覆盖，防止风干。

(2) 装运带土球苗　①装运 2 米以下带土球苗，可在车箱内立放。2 米以上带土球苗，必须斜放或平放，土球朝前，树梢朝后。②土球要放稳、码紧，小于 40 厘米的土球最多码 3 层，40 厘米以上的土球只能装 1 层。③树干过长，可在汽车后挡板上加垫草片，防止擦伤树皮。

4. 栽植后的管理

(1) 栽后立即灌透水　这是栽植成活的关键。灌水量以灌到土壤不再渗水为止，在干旱的地区，一般 10 天内连续灌水 3 次。

(2) 扶直、封堰　在浇透水后，树苗经常会发生歪斜现象，需要及时扶正,并用细土将灌水堰填平,使土堆稍高于地面。秋季植树时,应在树干基部堆成30厘米高的土堆,以减少土壤中的水分蒸发,确保安全越冬。

(3)立支架 这是栽后管理的一项重要工作,应根据当地气候和苗木大小决定采用的支架形式。常用的支架有以下4种。

①单支架:适用于树干不太粗的苗木。用木棍或竹竿斜立于下风方向,深入土中20~25厘米,支架和树干之间用草绳隔开,然后用草绳将支架和苗木一起捆紧。

②双支架:一般用于中等干径苗木。将2根支架平行栽列于树干两侧,支架地上部分高1.5~2米,插入地下部分25~30厘米,支架顶用横杠相连,并缚住树干,或2根支架相互交叉,交叉部位支持苗木主干,并立于下风方向。

③三支架:在双支架基础上增加1根斜柱,它能支撑大规格苗木。支架地上部分高2~2.5米,地下部分不超过40厘米。

④四支架:4根支架两两平行倾斜,地上部高2米以上,插入地下部分35~50厘米,在柱上相对绑2个横杠,然后在2个横杠上扎2根紧靠树干的横杠。这种方法用材料较多。

立支架要用草绳将支架与树干隔开,防止擦伤树皮,而且一定要捆紧,否则支架滑动或移动,容易造成树木歪斜,根部松动,影响树木成活。行道树立支架不要影响交通。

二、大树移植技术

(一)大树移植前的准备工作

1. 树种准备 干径在10厘米以上,高度在4米以上的高大乔木,称为"大树"。选择大树应在移栽前1年做好准备工作。首先要选适地适树,选择能适应于栽植地区环境条件的适宜树种,在背阳处要选择耐阴树种,以免栽植后发生生长不良,甚至死亡。尽可能选用经过移栽的实生苗,因实生苗寿命长,对不良环境条件的抵抗力强。树种选定后,在树木的北侧胸高处,用彩漆标明区号,有利于移栽时对朝向的识别。并将树木品种、高度、干径、分枝点、树形及观赏面等情况分别记在卡片内,以便进行分类排队。然后对要掘取的大树的立地土质壤体、周围环境、交通路线、障碍物等进行调查,确定能否移植。同时应调查了解移植地的各种地下管线情况,以免在掘苗和栽植时发生事故。掘苗前应准备好所用工具、材料、机械、运输车辆以及运输通行证。

2. 大树养根法 在大树移植工程中,对一些移栽较难成活的树木,则应采取养根措施,促进侧根及毛根生长,以保移栽成活。

(1)围根法 在移栽前2~3年的春、秋季,以树干为中心,按树干胸径的2.5~3倍为半径,在干基周围的地上挖沟迹,将沟迹分为4段,以便分期开挖。圆形或方形的沟(沟宽30~40厘米,深度50~80厘米),挖掘时遇到较粗的侧根时,应用锋利的修枝剪或小刀将根靠沟内壁切断,切口要求平滑,并与内沟壁齐平。挖完后用肥沃的土壤填平,踏实,定期浇水。为了安全起见,切根、挖沟可分数年完成,第一年在春、秋先挖掘1段和3段,第二年春、秋再挖掘2段和4段,在正常情况下,第三年沟中就生满了须根,以后挖掘大树时就从沟的外线开挖,尽量保护须根。

(2)多次移植法 速生树种从幼树开始,每隔1~2年移栽1次,待胸径长到6厘米以上时,可每隔3~4年移栽1次。慢生树木每隔1~2年移栽1次,待胸径达到3厘米以上时,每隔3~4年再移栽1次,胸径长到6厘米以上时,每隔5~8年移栽1次。采用此法培养的大树,出圃时能带较多的根系,土球的尺寸也可缩小,移栽后成活率高,生长健壮。

(二)大木箱移植方法

1. 掘苗 掘苗带土球的大小,应根据树木的品种、干径和种植的株行距来定,一般为树木胸径的7~10倍。

掘树前以树干为中心,按规定的尺寸大10厘米划出正方形线,作为土球的规格。以线为准,在线外开沟挖掘,沟的宽度为60~80厘米,以能容纳1人操作为准。土球要修得平整,侧面中间比两边稍微凸出,如遇较大的侧根,应用手锯或剪刀将根切断,切口应在土球内。在修正土球时,上端要符合规定的尺寸,下端比上端略小,在修正时,应用箱板随时支护,直到合适时为止。切不可使土球小于木箱板。

2. 装箱　土球修好后,应立即上箱板,不能拖延。上箱板时,箱板中心与树干必须成1条直线。

3. 装车　吊装时,先用1根较短的钢丝绳将木箱围起,钢丝绳两端扣在木箱一侧,绳的长度为两端能相接,围好后用吊钩钩好钢丝绳,缓缓起吊,树木即可躺倒。树木在躺倒前,要选好躺倒方向,以不损伤树干、树枝及便于装车。装好车后,必须用紧线器将木箱固定在车厢内,树木应捆在车箱后的尾钩上,树冠用绳系紧,以防拖地。

4. 运苗　运苗时必须仔细检查苗木装车情况、捆绳是否牢固、树梢是否拖地、有无过高和过宽与过长现象。必须随车携带挑杆,以备中途使用。途中应有人在树干附近,切不可坐在树箱上,以便随时检查运行中的情况。

5. 卸车　卸车前应先将围拢树冠的小绳解下来,对损伤的树枝进行修剪,卸车与装车时的操作基本相同。

6. 苗木假植方法　苗木运到工地15天之内不能栽植时,应进行假植。假植地点应选光照条件好、水源较近、排水良好、交通方便之处。苗木假植时应在木箱下垫土,木箱周围培土为箱体的1/3~1/2高,树干上捆绑支柱,然后去掉上底板,在土球上培成堰,以便浇水。搬运前1个月停止浇水。

7. 木箱大树的栽种　在大树吊入坑时,应注意周围的环境和树木的姿态,应将观赏面对准主要方向。树木放稳后,进行1次检查,无问题时拆去木箱上板,即可填土。当土入填1/3时,再拆四周箱板,以防塌坨,然后继续填土,每填入20~30厘米,均应夯实,直到填满为止。如施基肥,可在填土1/3时,再将肥料施入。填好土后,应围土筑堰。

(三)带土球大树移植法 大树带土球移植,适用于油松、白皮松、雪松、华山松、松柏、云杉等针叶树以及银杏、柿树等落叶乔木。

1. 掘苗准备工作 准备草绳、蒲包片、塑料等软质材料。

2. 挖掘 土球的大小确定之后,以树干为中心,按比土球直径大3~5厘米的尺寸划一圆圈,然后沿着圆圈挖一宽60~80厘米操作沟,其深度与确定的土球高度相同,挖掘树体较大的苗木,如土质不坚硬,应在开挖前先用粗杆将树干捆住支稳。

3. 修坨(土球) 当挖至应挖深度的1/2时,应随挖随修整土球。修坨时要注意坨的"肩"部要修得圆滑,不可有棱角,自"肩"部向下修到一半时,就要逐渐缩小,土球底部直径是上部直径的1/3。在修土球时如遇粗根,要用修枝剪或手锯锯断,切不可用锹断根,以免散球。

4. 缠腰绳 为增加草绳牢度,在捆包土球前,应先行浸湿。土球修好后,用浸湿的草绳将土球腰部系紧,每圈草绳紧靠,操作时1人将草绳围绕全球腰部并拉紧,另1人随时用木锤敲打草绳,使草绳略嵌入土球,这样可使草绳收得更紧。

5. 打包 土球缠好腰绳后,先用蒲包把土球表面盖严,然后用草绳稍加围拢,使蒲包固定,用双股浸湿的草绳一头拴在树干基部,通过全球上部往下绕过土球底部,从土球底部再绕上去,呈顺时针方向缠绕,每圈都要经过树的基干。这样反复缠绕,直到把整个土球包住,缠绕时随时敲打草绳,使绳略嵌入土中,以拉得更紧。这项工作一般需3人同时操作。

在纵向草绳捆好后,再在内腰绳稍下部,密集横捆十几道草绳,然后再用草绳将内外一股腰绳与纵向草绳穿连起来绑紧。

打包的最后一道工序是封底,即在倒树方向沿土球外沿挖一弧形沟,将树轻轻推倒,用蒲包将土球底部包牢,并用草绳与土球上纵向草绳串联系牢。

吊装运输时,要确保土球完好,树皮、树枝无损伤。栽植按常规方法进行,栽后及时浇水。

(四)休眠期大树裸根移植法

1. 挖苗　挖苗前对树冠进行重剪,容易发芽的树更适于重剪。挖苗时遇大侧根,要用剪枝剪或手锯锯断,不可用铁锹铲,以免造成劈裂。

2. 运输　对树苗要轻抬轻放,不要擦伤树皮、碰伤树根,用火车运输时,树根朝前、树梢朝后放入车厢内。远途运输应用草袋、蒲包盖好,防止风吹日晒。若气候干燥,在途中还要对根部洒水,保持湿润。

3. 假植　树木挖起后如不能及时装运,可在原坑内用土埋严根部。树木运到现场如不能及时栽植,要用湿草袋、蒲包或湿土将树根盖严或埋住,必要时还要向根部洒水,裸根大树移植时,假值时间不能太长,否则会降低成活率。

4. 栽植　栽前检查树根有无损伤,劈裂处要再修剪 1 次,较大剪口要涂防腐剂。

栽植时要按事先设计好的图纸定位和确定标高,穴的规格略大于树根,在穴底中心垫 20~30 厘米厚的好土,将苗木放入穴内扶直,使根自然舒展,再回填表土,栽植深度较原土痕深 3~5 厘米,随填土随踩实。

5. 立支架　高大乔木栽后要及时立支架,以免被风吹歪或被人和机械碰撞倒。

6. 栽后管理

(1)灌水　树木栽下后即开堰灌水,2~3 天后灌第二次水,1 周后再浇第三次水,然后松土封堰。

(2)修剪　树木发芽后选择有用枝梢,培养整理树形。

(3)看管与围护　为防止损伤,应加强看管与围护。

(五)冻土球移栽法　利用严寒冬季,土壤封冻较深的条件,进行冻土球移栽。这样土球结实,不易散坨,也免去包装材料,节省人力、物力。为了避免挖冻土球困难,可在大冻到来之前,先挖好土团。等大冷到来之时,进行人工浇水,使其冻成坚硬土团,不用包装即可搬运。

三、花坛及立体绿化工程的施工技术

(一)花坛施工技术 凡具有一定几何轮廓的植床内,种植各种不同观花、观叶的园林植物,可构成具有鲜艳色彩和华丽图案花坛。花坛富有装饰性,可以成为局部构图的主景,也可以为衬景,它的比重虽小,而在城市绿化美化中却起着"画龙点睛"的作用。

1. 平面花坛的施工 从表面观赏其图案与花色的花坛,称平面花坛。花坛本身呈简单的几何形式,一般不修饰成具体的形体。

(1)整地 栽培花卉的土壤,必须深厚、肥沃、疏松。开辟花坛时先整地,根据土壤肥瘠情况,适量施加经充分腐熟的有机肥料作底肥。

平面花坛的表面不一定呈水平状,花坛地面可有一定的坡度,为便于观赏和利于排水。可根据花坛所在位置,决定坡的形状。若从四面观赏,可处理成尖顶状、台阶状、圆凸状等形式;如果只单面观赏,则可处理成一面坡的形式。外围应做护栏。

(2)定点、放线 栽花前,按照设计施工图,先在地面上准确地划出花坛位置和范围的轮廓线。平面花坛的式样可做成简单规整式、模纹式、连续式等。

①图案简单的规整式花坛:根据设计图纸,直接用皮尺量好实际距离,并用灰点、灰线作出明显标记。

②模纹花坛:图形整齐、图案复杂、线条规则。要求图案、线条准确无误,放线要求极为严格,可以用较粗的铅丝,按设计图纸的式样,编好图案轮廓模型,检查无误后,在花坛地面上轻轻压出清楚的线条痕迹。

③有连续和重复图案的花坛:为了使图案准确,可用较厚的纸板按设计图剪好图案模型,在地面上连续描画出来。

(3)施工时应该注意的几个问题 ①独立花坛应按由中心向外的顺序栽植;一面坡式的花坛,应由上向下栽。②高低不同品种花草混栽,应先栽高的,后栽低矮的。宿根与球根花卉及一二年生花卉混栽的,应先栽宿根花卉,后栽一二年生草花。③模纹式花坛应先栽好轮廓线,再栽图案内部。大型花坛,可分区、分块栽植。

2. 立体花坛　立体花坛先用砖、木或钢材做成结构骨架,骨架形成花篮、鸟、兽等形状。然后填入土壤或其他栽培基质,并将其固定。栽植花草时(如五色草),将其沿预留的缝隙中插入,栽植密度应稍大一些。栽植后及时浇水,经常修剪使之形成设计造型。浇水可用喷洒法,水点要细,避免土壤被冲刷流失。

(二)屋顶绿化的施工技术　屋顶绿化是一种不占用土地、不增加建筑面积,而能有效提高绿化覆盖率的绿化形式。这对绿地少的单位来说,更有其重要意义。有些单位利用结构好的平屋顶种植花草、树木,以及布置水池、喷泉、花架等,成为1个景点,有的还可供职工休息娱乐。临近城市干道的屋顶花园,可成为街景的组成部分,增加了城市的景观。设计施工屋顶花园的基本条件和要求是:

1. 先审定屋顶的最大允许负载量　根据房屋的结构形式、构造材料和建筑的年限等,准确计算屋顶层可能再增加的承重量和动荷载,然后决定花园的布置内容和形式,进行花园的结构设计、防水设计和防冻设计等。

2. 要安全,能防晒　根据楼层周围的环境条件,考虑风向、附近建筑物的遮挡等,按风向、安全及防晒的要求进行设计。

3. 用轻质材料　选用轻质新型建筑材料和轻质改良土壤或栽培基质,尽量减轻屋顶花园的自身重量。

4. 矮化花木　选择适宜的植物材料,合理布置矮化乔木、灌木,控制树木的数量和基础层的厚度,选种须根系的乔灌木或培育和选择矮化的乔灌木。

5. 要有排灌系统　应备排灌设备,其施工和养护管理要方便,外形要美观,且经济、耐用。

(三)垂直绿化工程的施工　垂直绿化是绿化与建筑有机结合并向空间多层次发展的一种新的绿化形式。随着我国城市现代化建设工程的发展,它的应用将越来越普遍。

1. 树种的选择

(1)墙面绿化 应选择具有吸盘或不定根发达的、攀援和吸附能力强的蔓性植物。如爬山虎、常春藤、凌霄、五叶地锦等。

(2)棚架绿化 应选择攀援能力强、缠绕茎发达的植物,主要有葡萄、紫藤、山荞麦等。

(3)墙垣绿化 理想的植物有金银花、山荞麦等。

2. 植物种植方法 垂直绿化可靠建筑物墙边砌宽25～30厘米、深30～40厘米的种植沟,并向下挖去20～30厘米的建筑垃圾土,然后调换无杂质的园土,并施入腐熟的基肥。一般于春季2～4月份种植,株距1米左右,种植点距离墙面20厘米,苗稍向墙面倾斜,种植后将土夯实,浇透水。苗木成活后施2～3次薄肥。生长过程中应及时修剪缚扎。

四、园林树木的养护管理

定植在城市公园、绿地、街道、院落中的树木,需要加强养护管理,才能保持树木健康地生长发育。各类园林树木中,行道树所处的环境条件最差,而养护管理的要求较高,因此,本节重点介绍行道树及古树名木的养护管理技术。

(一)园林树木养护的质量要求

1. 无病虫害 树上无病虫害,树叶无食叶害虫为害;树枝和主干无蛀干害虫为害;生长期不黄叶、焦叶。

2. 土壤状况良好 根部要养护好,水肥要适当。要适时灌水、中耕、除草。要经常保持树木周围地面土壤疏松、通气,防止板结。树坑内无碴土和白灰。

3. 树形美观 及时修剪整形,保持树形整齐美观,高大乔木远离架空电线;分枝点要高,不挡车辆,不碰行人头,不妨碍司机视线。

4. 设栏护树 认真采取保护性措施,如立支柱、设保护栅或栏杆等,防止人、畜、车辆损坏树木。

(二)园林树木的养护管理技术

1. 浇水　对新栽植的树木,必须连年灌水,才能使树木成活并正常生长发育。一般乔木,最少要连续灌水 3~5 年,灌木为 5~6 年,常绿树也要 3~5 年。对于栽植在土质较差和保水能力差的土壤上的树木,应该延长其灌水年限 1~2 年。杨、柳类要多灌水,勤灌水;松、柏类则不宜勤灌。每次的最低灌水量,均以将树堰灌满为准。树堰的土埂高 15~25 厘米;树堰直径,可按树的胸径或树木的高度来确定。

栽植路旁和广场附近的树,常设有 150 厘米×150 厘米或 200 厘米×200 厘米的树池,灌水量应以灌满树池为准。

小型街头公园、街头绿地、庭院中的老龄的乔木、灌木和藤本树,一般在开春后灌水 1 次,夏季干旱时灌水 2~3 次,雨水多时应注意排水,冬季上冻前灌 1 次冻水,每次均应灌足、灌透。

2. 中耕除草　小型街头公园、绿地中的树木和行道树,应在杂草生长季节多次中耕和除草。对于适合使用化学除草剂的地段,可用除草剂除杂草,但必须严禁将药液喷在树木和花卉的枝叶上。

3. 施肥　通常情况下将堆肥、河泥(经过冰冻风化)撒于地表,结合冬季翻土,把肥料压入土中。如为腐熟的厩肥,且肥源充足时,可在松土后进行全面浇灌,使肥料渗入土中。如肥源不足,可采用耙松土层,筑好"树堰",一棵一棵地施肥。对重点的树木和较大的树木,可在离树根颈一定距离的地方开掘约 20 厘米深和宽的小沟,将粪尿等肥料灌入沟内,待肥料渗入土后,将土覆上。开沟施肥的方式有环沟施(在离干基直径 3 倍处开沟)、断续环沟施、放射状沟施、散点穴施等(图 17-5)。

施肥的时间应在树木最需要肥的时候,使有限的肥料能被树木充分吸收利用,以收到事半功倍的效果。具体时间要看树木生长和季节来定。发现树木叶色变淡、植株细弱时,就要及时施肥,这是看树。还要看天,一般天气转冷,树木进入休眠时,可于冬季施 1 次腊肥,这对翌年树木的生长发育大有好处。天气转暖,在树木生长

环沟施　　　断续环沟施　　　环放射状沟施　　　散点穴施

图17-5　开沟施肥

高峰到来之前可施追肥。花灌木可在开花前和开花后施肥。花前施肥可以促使开花旺盛,花后施肥可及时补充开花时消耗的养分,利于花芽分化,促使翌年开花繁茂。施用追肥时要注意以下几点:

(1)要选天气晴朗、土壤干燥时施肥　阴雨天由于树根吸收水分慢(养分必须溶解在水里才能被树木所吸收),不但养分不易吸收,而且肥分还会被雨水冲失,造成浪费。

(2)施用有机肥必须充分腐熟　这样的肥树木吸收快,不致"烧"死树。施用腐熟的肥料,已在腐熟的过程中杀死了有害的病菌和杂草种子,不致于带来杂草。

(3)肥料施于根的四周　由于树木的根群分布广,吸收养料和水分全在须根部位,因此,施肥要在根部的四周,不要太靠近树干。

(4)注意卫生　对城市中的树木施肥,特别是施厩肥时,以沟施为好,这样更为卫生。

4.修剪　修剪是园林、绿地、街道和庭院中树木抚育管理中的重要措施之一。在树木定植之后的5~6年内,要通过修剪使树都形成理想的树形,以后就不需要大量修剪了。现将行道树修剪的要求和方法简介如下。这些要求和方法也可供其他树木整形修剪时参考。

(1)整形修剪的要求

①整形修剪应适应树木的自然树形及其分枝习性:除绿篱及有特殊要求的树形之外,一般应适应其自然树形。自然树形的形成

与其分枝习性有关,其树冠的形状大致有三种类形。

圆柱形或圆锥形树冠:凡中央领导干(或称主轴、主干)强的树种,其中央领导干粗于和长于主枝(即侧枝),如新疆杨、毛白杨等。

卵形或倒卵形树冠:凡中央领导干不强的树种,在幼树期就易形成这类树冠,如刺槐等。

圆头形或伞形树冠:凡中央领导干不明显的树种,易形成此类树冠,如馒头柳、国槐、栾树、朝鲜槐、龙爪槐等。

形成某种树形的原因,除与中央领导干的强弱有关之外,还与主轴上枝条分布的疏密及其开张的角度有关,也与枝条的粗细、软硬有关。总之,欲使树木生长好和有利于形成美观的树冠,整形修剪须适应树木的自然(天然)习性,保持其主轴的优势,符合自然规律,才能辟弊为利。

②整形修剪须适应栽培的环境:如行道树遇上架空电线时,则不应栽植中央领导干强的树种,而应选择中央领导干不强或不明显的树种,并在定植时剪除中央领导干(即抹头),使其向侧方生长粗壮主枝。定植行道树的初期,应将树冠修剪成圆头形或扁圆形,待3~4年后接近电线时,再逐渐剪去其向电线方向生长的枝条,使其成为杯状树形。这样可使骨干枝(即主枝、侧枝)在电线的两边生长,也能形成大的树冠。因此,在上有电线的地方定点栽植行道树时,应该使树恰好在电线的正下方,以免树木长大之后剪不成两侧对称的树冠(即正杯状形),而形成偏冠,不仅难看,而且需要经常修剪。如行道树上方无架空电线,还是以栽植中央领导干较强的树种(如毛白杨)为好。

(2)树的修剪方法 树的修剪可分为有主轴(即中央领导干)树木修剪、无主轴树木修剪、常绿乔木修剪、灌木修剪和绿篱修剪等5类。现分述如下。

①有主轴树木的修剪:中央领导干强的(如杨树)树或中央领导干不甚强的(如立树柳),在上方无架空电线的情况下,应促进中央领导干生长,使树木高大,树干通直,其修剪措施有:

a. 定分枝点。第一次修剪应在栽植前进行,主要是定分枝点。分枝点的高低,要看苗木的大小和下层分枝的情况。如在离地2米处有较好的分枝(即侧枝的分布较均匀),即可开始选留,否则也可以把分枝点留高一些,但不要超过2.5米,而且不必强求一律均为2.5米;因为这个分枝点是临时性的,以后随着树木增高、增粗,可陆续将分枝点提高。在郊区栽植高大的乔木,分枝点最后可提高到4～6米,以利多出木材。

b. 保持主尖。即中央领导干强的杨树、白蜡树,其主尖顶芽完好时可以保留。如顶芽已损坏,可在主尖上选留1个壮芽,将壮芽上方的枝条剪去,把壮芽下方附近的二三个芽抠去,以免形成竞争枝而出现两个头(主尖)。柳树的主尖细弱,刺槐的主尖易干枯(抽条),则应将上部剪去,但剪后仍应保持主干(中央领导干)的绝对优势,即要比最上一层(轮)主枝(侧枝)长两倍以上。

c. 选留主枝。主轴强的杨树,在主轴上每年形成1轮(层)枝条,每轮有几个或十几个枝条不等。每轮可留枝3个(分布要均匀),全树共留9个主枝。这9个主枝应尽量错开,并从下而上依次将这些主枝分别在长30～35厘米、20～25厘米、10～15厘米处短截。经过这样修剪,全株就可形成圆锥形树冠。所留的主枝与中央领导干形成40°～60°角。上中层既直立又粗壮的枝条,易与中央领导干形成竞争枝,应齐根疏去,所留各轮主枝最好形成下强上弱(图17-6)。

② 无主轴树木的修剪:中央领导干不明显或不强的树木,一般用作架空电线下的行道树。其修剪方法可以槐树为例。

a. 定干。即定分枝点的高度。在架空电线下的行道树,其分枝点一般为2～2.5米,最高不可超过3米。

b. 选主枝。一般情况下,苗木出圃时已初步定干,并留下几个主枝。苗圃苗留的分枝点,一般在2.5米以下,可不必再改,但需另外选3～5个健壮、分布均匀和斜向生长的枝条(侧枝)作主枝,将其余的侧枝全部剪去。所留的主枝,最后还要短截(留10～20厘

图 17-6 有中央领导干树的修剪方法

图 17-7 定干和主枝短截

米）。行道树的主枝上端最好剪齐（如图 17-7），即在距地面 3 米处短截。这样修剪，虽然每株树分枝点的高度不十分一致，但树木总的高度还是基本一致的，仍可显得整齐美观。

c. 剥芽。在短截后的主枝上，翌年应根据主枝的长短与苗的大小，第一次留 5～8 个芽，第二次留 3～5 个芽。

d. 留枝与短截。第二年每株选留向外斜生的侧枝 6～10 个，并按一定长度短截，使它发枝整齐，形成丰满的树形。至于以后的修剪，可按一般树木修剪的方法进行。

③常绿乔木的修剪

a. 培养主尖。桧柏、侧柏、白皮松有时有 2～3 个主尖，从长远考虑，这不是理想的主干（绿地、庭园中的装饰树除外）。对于多主尖的树（如在苗圃时未修剪），应选留理想的主尖，对其余的竞争枝进行 2～3 次回缩（方法同苗木在苗圃抚育管理的修剪），就能形成 1 个主尖，如图 17-8。

油松、云杉、雪松等幼树，因枝条轮生，如因机械损伤或受虫害而丧失主尖时，就不能形成良好的树冠，从而失去观赏价值，这时，可采用以下办法补救。首先，从最上一轮主枝中选 1 个健壮的扶直。扶直的方法是在中央领导干上绑 1 根木棍，将选作代替主尖的枝条绑在棍上，使之伸直向上，并将顶轮其余的枝条重短剪（回缩），这样就能培养出 1 个新主尖（图 17-9）。

b. 整形。对于偏冠的（即树冠偏斜）或树形不整齐的树木，也可用上述方法修剪。对一侧生长太强的主枝或倒枝，可去大留小，或者截去强的领导干，以向外的侧枝代替。如系因一面枝条缺少而造成的偏冠，可以用绳索牵引两侧枝补其缺陷，也能逐渐纠正偏冠的现象。

图 17-8　常绿树培养 1 个主尖的修剪

c. 提高分枝点。作行道树的松类，在树长大后往往需要提高分枝点。由于松类的主枝轮生，如将一轮几个主枝一次去掉，会在整个树干上形成一环状伤口（即环状剥皮），有碍观赏，应先隔一个去一个，待伤口初步愈合之后再去掉其余的几个。

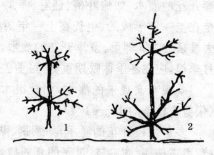

图 17-9　常绿树培养新主尖

④灌木的修剪

a. 新栽灌木的修剪。有主干的灌木，如榆叶梅、碧桃等，除保留主干外，还应保留 3～5 个主枝。保留的主枝应截 1/2 左右。较大的苗木，如主枝上有侧枝，也应疏去 2/3，剩余的侧枝短截，只留 1/3。修剪时，应注意使树冠保持开展、整齐和对称，以便形成丰满的树冠。

b. 无主干的灌木。如玫瑰、黄刺梅、珍珠梅、连翘等，常自地表处长出许多粗细不等的枝条，对此应选留 4～5 个分布均匀的侧枝作主枝，将其余的齐根剪去。保留主枝，应短截 1/2，并使各主枝高矮一致。

c. 灌木的养护修剪。对于栽植多年的灌木,养护修剪是为了保持外形整齐美观,枝膛内通风透光,以利其生长。修剪方法,不外疏枝与短截两种。总的要求是多疏少截。

对于无主干灌木,应注意更新修剪。可用自地表处生出的强壮徒长枝(即壮枝)代替部分衰老的主枝,即将衰老的主枝齐根剪去,逐年换用一部分自地表生出的强壮徒长枝。一般宜轻短剪,即剪去突出树冠的顶尖。对在当年生枝条上开花的灌木,如木槿、紫薇等,应重剪,即剪去枝条的1/2左右,以促生新枝。

开花灌木的修剪时间,依开花早晚及花芽着生的部位而定。早春开花的灌木,如榆叶梅、迎春、海棠、连翘、丁香、碧桃等,花芽都是在上一年形成的,生长在上一年的枝条上,应在开花后轻剪,剪去枝条的1/5即可。夏季开花的灌木,如木槿、紫薇、玫瑰、珍珠梅、月季等,应在冬季休眠期重剪,可剪去枝条的2/3。

既观花又观果的灌木,如金银木等,可以在冬季休眠期轻剪(仅剪去枝条的1/5~1/4)。

多年生枝开花的灌木,如紫荆、贴梗海棠等,则应保护培养老枝,剪去枯枝、病虫枝、过密的衰弱枝。

⑤绿篱的修剪:绿篱的形状有圆顶形、矩形、梯形等(图17-10)。

圆顶形　　　矩形　　　梯形

图17-10　绿篱修剪形状

a. 定植时修剪。定植后应及时剪去部分枝叶,以利于成活和篱垣的形成。为了促进基部分枝叶的生长,最好将树苗主尖截去

1/3以上,并以此标准定出第一次修剪的高度。对于主干,要在规定高度以下5~10厘米处的分枝以上短截,以使粗大的剪口不致暴露在篱面上。主干短截后,再用太平剪(水平横剪绿篱的专用剪)按规定形状修剪。

b. 养护期修剪。基本方法同上。应注意的是每次修剪不应太轻,尤其是对向上或向侧发枝条,应严加控制。

c. 修剪的时间。最好1年修剪2次(兰州地区)。第一次在"五一"节前,第二次在"十一"前。用玫瑰、黄刺梅栽植的绿篱,应在开花之后修剪,并对老枝进行更新修剪,即疏去老枝,以徒长枝(壮枝)代替。

⑥截除大枝的注意事项:在树木修剪中,常因整形需要截除部分大枝。为了不影响树形和树的生长发育,截除大枝时,需注意以下几点:a. 为避免大枝劈裂,应先在截口前方自下向上锯一切口,锯口的深度,直立枝为其直径的1/5左右,斜生枝或平伸枝为其直径的1/3,然后再从截口位置由上向下将大枝锯断。截口要平整,不劈不裂。为防止水分蒸发和病虫侵害,应在截口处涂抹防腐剂。b. 在建筑物和架空电线附近截除大枝,应先用绳子将被截枝吊在较高的其他不截的枝干上,等截断后再慢慢松绳放下,以免砸坏建筑物、砸伤行人。c. 截去分生的2个大枝之一者,或截去的枝条与着生枝粗细相近者,不可一次齐根截掉,应先从大枝基部第一个侧枝以上截断(即留一段),截后2~3年待着生枝长大粗壮之后,再将剩下的一段齐根截去。否则,一次截下伤口过大,不易愈合。

(3)修剪的程序　修剪的程序是"一知,二看,三剪,四拿,五处理"。

①一知:修剪人员必须了解修剪的质量要求和技术操作规程,以及对该地区、该树木的特定要求。

②二看:修剪前对每株树应细致观察,做到心中有数,对于先剪什么,后锯什么,剪后树形如何等,都应清清楚楚。

③三剪:通过"一知、二看"之后,再根据因地制宜、因树修剪的

原则,做到合理修剪。

④四拿:修剪后要将挂在树上的断枝随时拿下,集中处理。

⑤五处理:剪下的枝条应随时集中处理,尤其是病虫枝应及时烧掉,以免病虫害扩大蔓延。

5. **伐树**　对需更换的树种,对枯朽、衰老以及对建筑物有影响的树木,经有关部门批准后可伐除。伐除大树应做到以下几点。

①锯伐的锯茬,应尽量降低,以与地表平齐为好。必要时(当影响新栽植点时),应刨出树根。②要注意安全,有专人保护现场,不得砸伤工作人员、行人及车辆等。③伐倒的树身,不得随意短截,应合理留材,避免大材小用。

6. **调整补缺**　园林树木栽种以后,有些树木会死亡,造成缺株,因此,每年冬、春季在缺株的地方要进行补种。补种的树木可以从生长过密的地方移植来,或由苗圃提供大小相仿的苗木。对死亡的树木,应该认真查明死亡原因,如土壤质地、树木习性、土壤干湿、种植深浅、地位高低、病虫危害、有害气体、人为损伤或其他情况,在弄清了树木死亡原因并采取改进措施后,再行补种。这样才能确保补种的树木生长茂盛。

7. **防寒、防风**　园林树木防寒、防风的主要措施是灌冬水、根颈培土、覆土、架风障、涂白、卷干包草、积雪等。

(三)古树名木的养护管理　应根据树木衰老期向心更新的特点来进行养护。

1. **不要随意改变环境条件**　古树已生活了几百年,甚至上千年,说明这种环境条件对它是合适的,因此,不要随意改变。

2. **养护管理措施必须符合树木本身的生物学特性**　不同的树种,必须采取不同的措施管理,力求精细。

3. **防止土壤板结**　应采取改善土壤通气状况的措施,最好于适当部位挖沟,施入腐熟的粗质有机肥,以利于通气和好气菌类的繁衍。在树周围一定的范围内设栅栏,隔离游人,防止踩实树根际土壤。

4. 改善肥水条件　古树长期生长在1个点上,经多年选择吸收,土壤中的营养素已枯竭,若无外来补充,土壤肥力及其理化性状变差。为改善古树的生长条件,应按其物候期进行施肥、灌水,保护树木正常生长。

5. 防治病虫　古树的株体衰老,常与受病虫危害有关。树木衰老之后更易受病虫害的侵袭。所以对古树应及时防治病虫害,避免被病虫侵袭致死。

6. 治伤、补残　在古树漫长的生长过程中,难免遭受到一些人为的或自然的损伤。由于伤部腐烂,伤口会不断扩大,以致危及树木的生命。因此,对于损伤的部位要及时采取救治措施。

7. 更新修剪　对具潜芽且寿命长的树种,树冠外围枝条衰老枯梢时,可以用回缩修剪来更新。有些树种根颈处有潜芽,树木死亡后仍然能萌发生长者,可将树干锯除,进行树体更新,但对有观赏价值的干枝,可采用喷防水剂等维护措施,加以保留。对无潜芽或寿命短的树种,可结合深翻改土,修剪根系,刺激发生新根,再加强肥水管理,即可很快复壮。

8. 支撑保护　一些古树,树姿奇特,枝干横生,别有情趣。但由于树冠生长不平衡,容易引起根部负荷不平衡,发生倾斜或倾倒。古树名木高大且树干空朽,易导致被风吹倒树身,造成死亡或扭裂。所以对生长不均衡古树的主干、延伸较长的枝杈,都应架设支柱,或树干适当部位打桩支撑,以防风折。

9. 立档建卡　对古树名木,应建立档案,每年记清养护管理措施及生长情况,供以后养护管理参考。

10. 巧做根景　对于已经枯死而根深不易倒伏的古树,可加以修饰整理,用以观姿态,或于根旁栽植缠绕藤木,使之成为有特殊艺术效果的桩景,供人观赏。

第十八章　草坪绿地灌溉排水设计与施工

第一节　草坪绿地需水量

草坪绿地植物需水量是在正常情况下,整个绿期内水分的蒸散量或1年内的蒸散量,以毫米表示。影响草坪绿地需水量的主要因素有:①环境气候条件。气温、空气相对湿度、风速、光照条件均会影响草坪绿地的需水量。气温高、空气干燥、风速大、辐射强烈,草坪绿地需水量大,而有时风速过大,往往会引起植物叶片的气孔关闭,反而抑制蒸腾。②土壤条件。坪床土壤肥力状况和土壤有效水分含量,影响草坪植物的生长量、叶面积、生根深度和范围,自然也就影响草坪植物的需水量。③草坪绿地植物种类及其生长发育状况。生长期长、叶面积大、生长速度快、根系发达的草坪绿地,需水量大。一般 C_3 类草坪草需水量大于 C_4 类草坪草。④管理养护水平。草坪修剪会影响草坪绿地需水量。修剪高度低、修剪周期短,可以减少草坪需水量;要求草坪均匀整齐,需水量就大;草坪生长繁茂,需水量也会增大。灌溉会影响草坪的需水量。因为灌水量越大,灌水次数越多,坪床土壤湿度高,草坪绿地的蒸散量也会随之增大。

一般情况下,草坪绿地的需水量大约为 2.5~7.5 毫米/日。需水量在不同草种之间变化较大。典型草坪绿地需水范围为水面蒸发量的 50%~80%,在主要生长季中,冷地型草为 65%~80%,暖地型草为 55%~65%。

确定草坪绿地需水量应当以实际测定的草坪绿地蒸散量为基础,也可以用潜在的或最大的蒸散量乘以作物系数,来计算草坪绿地的实际蒸发蒸腾量。即:

$$ET_a = K_c ET_p$$

式中:ET_a 为在正常供水条件下的草坪绿地蒸散量。

ET_p 为草坪绿地潜在蒸散量,也就是草坪绿地在供水完全充足条件下的蒸散量。

k_c 为草坪绿地的作物系数,也就是实际蒸散量与潜在蒸散量的比值。暖地型草坪草的作物系数 0.5~0.7,冷地型草坪草的作物系数 0.6~0.8。不同气候带草坪绿地的潜在蒸散量参考值见表 18-1。

表 18-1 不同气候带草坪草的潜在蒸散量

气候类型	日蒸散量(毫米)
冷湿气候	2.54~3.81
冷干温湿	3.81~5.08
温干气候	5.08~6.35
热湿气候	5.08~7.62
热干气候	7.62~10.16

第二节 草坪绿地喷灌设备及系统组成

一、草坪绿地喷灌系统类型

草坪绿地喷灌系统是由喷头、干、支管道、控制闸阀、加压水泵、水源等组成的压力喷水系统。

草坪绿地喷灌的自动控制系统有:由若干个喷头用管道连结组成的灌水单元,用电磁阀控制灌水单元的喷灌,将全部喷灌区的灌水单元分组编成轮灌组,用田间分区控制器控制若干个灌水单元,用中央控制器控制若干个田间分区控制器。另一种是采用带阀喷头,即喷头内带有电磁阀,每个喷头可以作为单独的灌水单元的喷灌系统,还带有土壤水分、气象因素监测系统,将监测到的信息经过计算机分析计算,确定具体的单元用水量,并自动控制阀门开关的自动喷灌水系统。在大面积的草坪绿地喷灌中,前一类控制系统应用较为广泛(图 18-1)。

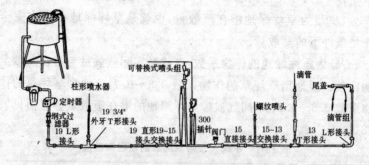

图 18-1 园林灌溉系统模式

不使用电磁阀而靠人工开启闸阀进行喷灌的系统均为手动控制系统。这种系统比较适合于小面积草坪,人工费用低,可移动喷灌。

二、喷 头

喷头是一种根据射流和折射原理设计制造的水动力机械,通过喷头的喷嘴、折射和分散机构,将压力水流经喷嘴高速喷出,通过分散机构使水股分散、雾化,应用折射机构使分散的水流尽可能喷射到较远的距离,最后依靠空气阻力使高速运动的水流进一步分散成细小水滴,以较小的速度降落在草坪或灌溉的土地上。管道水压力为喷头的转动、升降提供了动力,并润滑了转动部件。用于喷灌的喷头类型很多,可以根据喷头的安装位置、喷洒方式、喷洒范围等,将喷灌喷头分为几大类。

(一)**喷头类型** 根据喷头的安装位置与地面的相对关系,喷头可分为地埋弹出式喷头和地上式喷头两大类。

1.**地埋弹出式喷头** 就是除喷头盖以外,其余全部埋入地下。在非工作状态下,喷头顶部与地面同高,在地面上运动、行走不产生障碍,不影响景观效果,不妨碍草坪修理机械作业,是一种草坪绿地专用喷头。对不同草坪绿地可以选用不同弹出高度的地埋式喷头(图 18-2)。

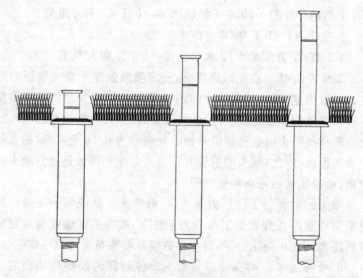

图 18-2　不同升降高度的地埋式喷头

2.地上式喷头　安装在地面以上一定的高度的喷头。其与地埋式喷头不同的是:没有保护外壳,也不具备喷嘴弹出机构,因此,不能安装于地下。常用的地上式喷头类型主要是摇臂式喷头。

(二)**喷头性能**　喷头的性能包括水力性能、机械性能和经济性能三方面,这三方面均会影响喷头的基本性能。

喷头的水力性能是喷头选型中最重要的参数。这些参数包括喷头工作压力、喷洒范围、喷头出流量、喷灌强度、喷雾效果和水滴打击强度,以及喷灌均匀度等。

1.**喷头工作压力**　喷头的工作压力并不是喷灌水源系统的压力,而是喷头达到设计射程和出流量时需要的工作压力、这是喷灌系统设计中确定的最小工作压力。

喷头工作压力常用的单位为国际单位制中的帕[斯卡](简称帕,Pa)、巴(bar)、大气压等,工程单位制中常用千克/平方厘米表示,这些单位在工程中的换算关系为:

1 千帕(kPa)=1000 帕(Pa)
1 兆帕(MPa)=1000 千帕(kPa)=10 千克/平方厘米
1 巴(Bar)=1 千克/平方厘米
1 千克/平方厘米=10 米水柱高=1 个工程大气压

2.**喷头射程** 在无风条件下,一定喷灌强度下喷头喷洒的距离。一般规定,喷头流量为≥0.25立方米/时,喷头射程是在雨量桶收集水量为0.3毫米/时的点到喷头的距离。喷头流量为＜0.25立方米/时,喷头射程是指雨量桶收集雨量为0.15毫米/时的点到喷头的距离。因此,喷头的射程并不是实际喷洒的最远点到喷头的距离,而是比最远距离略短。

喷头的射程与工作压力有关,一般喷头产品说明书中给出的喷头射程就是在规定的工作压力条件下,按喷头试验规范确定的喷洒距离。在相同压力下,射程参数就是喷头布置的惟一依据。

3.**喷头流量** 喷头流量是喷头单位时间内经喷嘴喷出的水量,一般用立方米/时或升/分钟表示。喷头出流量一般由喷嘴尺寸控制,喷嘴尺寸越大,出流量就越大。喷嘴有圆形、方形、三角形等多种形式。

4.**喷灌强度** 是单位时间内地面上喷洒的水深。喷灌强度可分为单喷头喷灌强度和组合喷灌强度。在设计喷灌系统时组合喷灌强度不应大于草坪土壤入渗速率,否则地面就会产生积水或径流。

三、喷灌管道与管件

管道及其管道连接件在喷灌系统中用量大、规格多、造价高。作为喷灌系统的压力管道,必须满足规定的要求。

(一)管道管件的质量要求

1.**能承受一定的水压力** 喷灌系统是压力系统,要求各级管道能承受一定的压力。在选用管道时,要明确管道需要承担的最大压力,按这一压力选用适当的管道和管件。

2.**耐腐蚀抗老化** 喷灌系统管道的使用条件:一是埋入地

下,要适应地下的土壤、水文地质条件;二是置于地面,要经受风吹日晒,同时管道内部输送水流,要求耐腐蚀、抗老化性能好。

3.规格齐全、管件配套 管道的品种规格齐全、管件配套是喷灌系统选用管道的一个重要条件。如果管道的规格不全,管件又不配套,就会增加喷灌系统的造价,也增加安装工作的难度。

4.管道及管件符合规定标准 喷灌系统选用的管道及管件应符合国家规定的技术标准,在外观上还应当管壁平整光滑、无裂纹、无凹陷,管道及管件接口处无毛刺等现象。

5.便于运输和安装 各种管道都按定尺长度生产,一般为4米和6米,这样方便运输和安装。

喷灌系统常用的管道有硬聚氯乙烯塑料管(UPVC)、聚乙烯管(PE)、钢管等,只有在局部的特殊地段才使用钢管,如穿过道路、河道、水泵出口等。

(二)聚氯乙烯给水管道与管件 硬聚氯乙烯塑料管(UPVC)具有重量轻,搬运、装卸、施工、安装便利,不结垢,不堵塞,水流阻力小,其粗糙系数仅为 0.009,远小于其他管材,耐腐蚀,机械强度大,耐内水压力高,不影响输送水体的水质,使用寿命长等优点。因此,UPVC 塑料管是喷灌系统主、干、支输水管道的首选管材。表 18-2 为给水用硬聚氯乙烯管道产品规格标准。

表 18-2 硬聚氯乙烯给水管道规格标准

外径（毫米）	0.6 兆帕		0.8 兆帕		1.0 兆帕		1.6 兆帕	
	壁厚（毫米）	重量（千克/米）	壁厚（毫米）	重量（千克/米）	壁厚（毫米）	重量（千克/米）	壁厚（毫米）	重量（千克/米）
16	1.6	0.115			1.9	0.135	2.00	0.14
20	1.6	0.143			1.9	0.173	2.00	0.18
25	1.6	0.188			1.9	0.221	2.00	0.23
32	1.6	0.244			1.9	0.237	2.40	0.35
40	1.6	0.296	1.8	0.350	1.9	0.364	3.00	0.54

续表 18-2

公称外径（毫米）	0.6 兆帕		0.8 兆帕		1.0 兆帕		1.6 兆帕	
	壁厚（毫米）	重量（千克/米）	壁厚（毫米）	重量（千克/米）	壁厚（毫米）	重量（千克/米）	壁厚（毫米）	重量（千克/米）
50	1.6	0.389	2.0	0.466	2.4	0.574	3.70	0.84
63	2.0	0.605	2.5	0.704	3.0	0.879	4.70	1.33
75	2.3	0.804	2.9	1.010	3.6	1.250	5.60	1.88
90	2.8	1.160	3.5	1.460	4.3	1.800	6.70	2.7
110	3.4	1.690	4.3	2.190	5.3	2.690	8.20	4.03
125	3.9	2.190	4.8	2.750	6.0	3.440	9.30	5.19
140	4.3	2.932	5.4	3.420	6.7	4.437	10.4	6.49
160	4.9	3.540	6.2	4.500	7.7	5.630	11.9	8.46
180	5.5	4.322	7.0	5.710	8.6	7.406	13.4	10.72
200	6.2	6.040	7.7	7.020	9.6	9.180	14.9	13.21
225	6.9	7.000	8.7	10.80	10.8	11.11	16.7	16.66
250	7.7	9.370	9.7	11.00	11.9	14.24	18.6	20.61
280	8.6	10.73	10.3	13.70	13.4	17.07	20.8	25.79
315	9.7	13.50	12.2	17.60	15.0	21.50	23.4	32.65
355	10.9	17.20	13.7	21.90	16.9	27.26	26.3	41.35
400	12.3	21.71	15.4	27.60	19.1	34.68	29.7	52.54

硬聚氯乙烯给水塑料管的管件类型有：弯头、三通、直接头、异径接头、螺纹接头、法兰接头和堵头。

1. 弯头　包括 90°和 45°两种类型，规格与管道公称外径相同。弯头用于管道在水平或垂直方向上的转弯。

2. 三通　三通是管道上的分流管件。三通包括等径正三通和异径正三通两类。等径正三通就是三通的三个管径均相同，异径三通为垂直于 2 个管轴线的一端管径与其他 2 个管径不同。一般是从大管径向小管径分流。三通的表示方法为：Φ63×32×63，Φ110×63×110等。还有一种三通称为鞍形旁通接头，使用这种接头时，首先要在管道准备分流的位置上打孔，然后安装鞍形卡座，将鞍形卡座与管道固定就形成了分流三通。

3. 直接头 直接头也叫管箍，是两段管道同一轴线方向连接的管件。一般情况下管道在同一轴线方向可直接承插或粘接，不用管箍。管箍主要用于维修或无扩口的管段的连接。

4. 异径接头 异径接头也称大小头，是管道变径时采用的管件。

5. 螺纹接头 螺纹接头包括外螺纹接头和内螺纹接头两种，并且一端为螺纹接口，另一端为承插或粘接接口。利用螺纹接头就可以有效地连接螺纹接口的金属制闸阀。

6. 法兰接头 法兰接头是用来连接较大管径上闸阀的管件。因为大型闸阀一般为法兰连接，用塑料法兰接头就可以解决塑料管与铁制闸阀的连接问题。

7. 堵头 堵头为管道末端的封闭管件。

（三）聚乙烯管道与管件 聚乙烯管分为高密度聚乙烯（High density polyethylene，HDPE）和低密度聚乙烯（Low density polyethylene，LDPE）管两种。

HDPE塑料管材具有优良的耐腐蚀性、耐严寒，可在-40℃～60℃之间使用，有弹性，耐冲击，耐磨，化学稳定性好，不结垢，水流阻力小，具有一定的刚性。

LDPE塑料管除上述性能外，还具有材质轻，韧性好，可生产成卷材，一次安装长度长，对地形的适应性好。聚乙烯管多用在地面以上可移动的和压力较低的喷灌管道。为提高聚乙烯管材的抗老化性和防止管壁透光引起的藻类等微生物在管内的孳生，在制管时加入一定比例的炭黑，使聚乙烯管为黑色。

聚乙烯管的管件，种类与UPVC管类似，而连接方式多为螺纹连接。

（四）钢管 钢管种类繁多，主要有低压焊接钢管和无缝钢管。用于喷灌的是低压焊接钢管。这种钢管按镀锌与否分为焊接钢管(黑管)和镀锌钢管；按壁厚分为普通钢管和加厚钢管。焊接钢管的长度通常为 4~10 米，镀锌钢管的长度为 4~9 米。

（五）控制闸阀

1. 手动控制闸阀 手动闸阀按压力高低来分类，有高、中、低压闸阀；按闸阀的结构来分类，有普通直板闸阀、截止阀、逆止阀、球阀、蝶阀等；按闸阀材料来分类，有铸铁闸阀、铸铜闸阀、不锈钢闸阀和工程塑料闸阀等。

（1）普通闸阀 有内螺纹连接和法兰连接等结构形式。螺纹连接闸阀适用于较小管径的管道，如铁制闸阀，公称直径 DN≤65 毫米，工作压力 PN≤1 兆帕；铜制闸阀 DN≤100 毫米，工作压力 PN≤1.6 兆帕。大于以上公称直径的闸阀用法兰连接。

（2）球阀 球阀是喷灌系统广泛使用的一种阀。球阀结构简单，体积小，水流阻力小。球阀的材料有铁制、铜制和塑料制 3 类，一般为内螺纹连接，也有法兰连接的球阀。球阀适用于喷灌系统的支管及支管以下管道。目前，塑料球阀已大量用于喷灌系统中，其连接方式有内螺纹和粘结两种。

（3）截止阀 截止阀的特点是结构简单，密封性能好，维修方便，但对水流的阻力大，在开启和关闭时的用力也大。

（4）逆止阀 逆止阀也叫止回阀，主要作用是防止水倒流。在喷灌系统中，需要在市政供水管与喷灌管道的接口处安装逆止阀。如果加压泵站位置低于喷灌管网，在水泵出口也要安装逆止阀。

（5）蝶阀 喷灌系统中蝶阀一般用在支管以上管道。蝶阀的特点是密封性能好，开启容易。蝶阀的连接形式为法兰连接。

2. 自动控制闸阀——电磁阀 电磁阀是自动控制喷灌系统的主要控制设备，具有工作状态稳定、使用寿命长、对工作环境无特殊要求等特点。

电磁阀由阀体、阀盖、橡胶隔膜、电磁包和压力调节装置等部分构成。阀体上有1个细小孔,叫导入孔,它连接着橡胶隔膜上室、下室以及电磁包底部的空间。电磁包由磁芯和线圈组成,在磁芯柱底部装一与磁芯柱同样大小的橡胶垫,起止水作用。在电磁阀正常关闭状态时,磁芯柱及橡胶垫紧紧压住电磁包底部的导入孔,电磁阀橡胶隔膜处于关闭状态。当电磁阀有电流通过时,电磁包内的线圈通过电流产生磁场,在电磁感应的作用下,磁芯柱及橡胶垫离开电磁包底部的导入孔,导入孔开启,压力水流从导入孔进入电磁阀橡胶隔膜的上室,这样就破坏了隔膜上室、下室之间的压力平衡,从而使电磁阀隔膜向上移动,打开电磁阀工作(图18-3)。

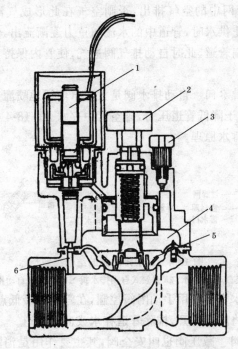

图 18-3 电磁阀结构示意图 (据李光永,2001)
1. 电磁头 2. 流量调整手柄 3. 外排气螺丝
4. 电磁阀上腔 5. 橡皮隔膜 6. 导流孔

· 487 ·

电磁阀有常开型和常闭型两种,一般草坪绿地用常闭型电磁阀,可以承受 0.151787.5~1.063912.5 兆帕(1.5~10.5 个大气压。)

任何电磁阀均有两条接线,其中任何 1 条均可作控制线(火线),另 1 条作公共线(零线)。每条控制线单独接入控制器相应站的接线端子上。全系统只有 1 条公共线,将其接入公共端子上即可。

3. 自动排气阀　自动排气阀的工作原理是:管道开始输水时,管网中的空气受到压缩而向管网中位置较高处运动,在此处安装排气阀,把管网中的空气排出,否则空气在此形成气泡而产生气阻。系统停止供水时,管道中的水流随重力逐渐流出,使管道内产生负压而吸扁管道,此时自动排气阀进气,使管内保持与外界平衡的压力状态。

4. 自动排水阀　自动排水阀是大型草坪绿地喷灌系统管网排水的阀门,用于降低管道压力,排空管中存水。图 18-4 标示几种自动排水阀的排水原理。

图 18-4　自动排水阀的结构类型
1. 橡胶球式自动排水阀　2. 弹簧式自动排水阀　3. 活塞式自动排水阀

管网排水也可以用手动闸阀控制,在管网的最低点安装闸阀,需要排水时将闸阀打开,排除管道存水或冲洗管道。

5. 减压阀　减压阀也叫安全阀,其主要作用是消除管路中超过设计要求的压力,保证管道运行安全。管网中超压的情况是经常发生的。

四、水源处理设备

（一）**水源类型** 园林绿地、草坪灌溉的水源通常可分为清洁水（由市政供水系统提供）、原水（来源于河流、水库、湖泊、地下水井以及蓄集地表径流和雨水的蓄水池等）、中水（来源于城市污水经简单处理后的水源）。

在原水和中水中，由于存在各种杂质，可能引起喷头不转动、磨损或堵塞，必要时要进行处理。杂质有：有机物和无机物。

1. **有机物** 来自供水水源中漂浮的植物枯枝、茎叶、水藻类。

2. **无机物** 沙子、碎石等其他杂质，由于其粒径过大无法通过喷头流道，从而引起堵塞或造成喷头旋转机构的磨损。

（二）**水源处理方式** 灌溉水源的处理方式有沉淀和过滤两种。喷灌系统中的水源处理设备包括拦污栅、沉淀池、水沙分离器、网状过滤器、沙石过滤器等。

1. **拦污栅** 用于河流、湖泊等含有大量漂浮杂物的灌溉水源，使进入灌溉水源中的水得到初步过滤，可在水泵吸水管进口处安装网式拦污栅拦污。

2. **沉淀池** 用于对沙粒、淤泥等污物含量高的浑浊地表水源，进行净化处理。通过重力作用，使水中的悬浮固体在静止的水体中自然下沉于池底。沉淀池多为开敞式，难以彻底清除灌溉水中的污物与其他杂质。

3. **水沙分离器** 又称离心式或涡流式水沙分离器。由进口、出口、旋涡室、分离室、储污室和排污口等部分组成。其工作原理是当压力水流由进口沿切线方向进入旋涡室后，使水流形成旋转运动，水中的沙粒在重力作用下沿壁面向下沉淀。旋流式水沙分离器能连续过滤高含沙量的灌溉水，但它不能消除灌溉水中相对密度小于1的有机污物。因此，同沉淀池一样，水沙分离器只能作初级过滤。

4. **网式过滤器** 是一种结构简单、过滤效果比较好的过滤设备。网式过滤器的主要零部件有筛网、外壳、压盖、密封垫圈、冲洗闸阀和进出水管接头等。过滤网一般有两级或多级，分别用不同目数的滤网。网式过滤器的清洗分人工清洗和自动清洗两类。

5. 沙石过滤器　用级配沙石作为过滤介质，能过滤含量多而极细的沙粒和有机物，具有较强的截获污物的能力。如果在沙石过滤器和网式过滤器联合使用，过滤效果将更好。

喷灌对水源过滤的要求取决于喷嘴大小、水质清洁程度等。一般情况下如果采用地表水源，都需要进行过滤等初步处理。

五、系统加压设备

（一）**水泵的种类**　水泵种类很多，主要有离心泵、轴流泵、混流泵、井泵等类型。

离心泵根据进水方式可分为单吸泵和双吸泵；还可以根据叶轮级数分为单级泵和多级泵；以泵轴的位置来分，有立式泵和卧式泵。立式泵的泵轴与地面是垂直的，其特点是占地面积小；卧式泵安装需要较大的占地面积。如果以能否自动吸水来分，有普通离心泵和自吸离心泵。普通离心泵需要在进水管安装底阀，水泵启动前需要将进水管灌满水；自吸离心泵不需要底阀，只要将泵体里灌满水就能启动，启动后先将进水管内的空气抽完，然后就自动抽水了。单级单吸离心泵扬程较高，流量较小，结构简单，使用方便；单级双吸泵扬程较高，流量较大，泵体积较大，结构笨重。单吸多级泵弥补了单级单吸离心泵扬程较高，流量较小的不足，使泵扬程增大，相应的泵结构也比较复杂。

轴流泵、混流泵一般是低扬程、大流量水泵，很少用于压力灌溉系统。

井泵有深井泵和浅井泵。根据结构不同，又可分为深井泵和潜水泵。深井泵是指扬程在50米以上的长轴井泵，多用于井径较小的机井中。动力电动机一般在井上，通过传动轴将埋在深井中泵体的叶轮带动旋转。这种泵结构紧凑，性能较优，使用方便，可在深井、陡峭的山坡河边提水，出水量和水泵扬程的选择范围广，运转可靠，但安装、检修比较困难，而且对机井的要求比较严格。

潜水泵是把水泵和电动机直接连结在一起的水泵，水泵工作时电动机完全浸在水中，不像长轴井泵需要很长的传动轴，因此，机组效率较高。潜水泵结构简单，体积小，重量轻，对井的要求不严格，安装使用方便，适应性强，因为电动机长期浸没在水中，对电机的绝缘和防潮性能要求较高。

(二)水泵的性能参数

1. 扬程　扬程是水泵能够提水的高度。在一般情况下，离心水泵的扬程以泵轴线为界分为两部分，一部分是在泵轴线以下水泵吸水的高度，叫吸水扬程，另一部分是在泵轴线以上水泵的压水高度，称为压水扬程。不管压水扬程是多少，吸水扬程总是在2.5～8.5米之间。吸水扬程是确定水泵安装高度的重要参数。实际上，任何水泵产品的标牌上都标有扬程数据，其扬程并不是指水泵从进水池水面将水提高到出水池水面的垂直高度，通常将这一几何高度称为实际扬程或几何扬程。由于水流经过管道时由于摩擦阻力要产生水头损失，也就是说一部分扬程被摩擦阻力损失掉，这部分扬程叫损失扬程。所以，水泵标牌上的扬程是指实际扬程和损失扬程的和。即：

$$H = H_S + h_w$$
$$= H_Y + h_{wY} + H_X + h_{wX}$$

式中 H 为水泵扬程(米)；H_S 为实际扬程(米)；h_w 为损失扬程(米)；H_Y 为压水扬程(米)；h_{wY} 为压水管水头损失(米)；H_X 为吸水扬程(米)；h_{wX} 为吸水管水头损失(米)。

在水泵选型时，如果以实际扬程来选择水泵，水泵扬程就会偏低，有可能降低水泵的效率，同时减少出流量，甚至抽不上水。

2. 流量　流量就是水泵在单位时间内抽出的液体数量。流量有2种表示方法，一是用单位时间内的液体体积表示，如升/秒、立方米/时等；一是用单位时间内的液体重量表示，如吨/时等。2种表示方法的换算关系为：
$$G=rV$$

式中 G 为液体的重量；V 为液体的体积；r 为液体的容重。

3. **功率**　功率是水泵在单位时间内所做的功。通常用千瓦(kW)或马力(hp)来表示，1 马力＝750 瓦。

水泵的功率可分为有效功率、轴功率和配套功率3种。有效功率是水泵在单位时间内对流经泵的液体所做功的大小，用下式计算：
$$N_e=rQH$$

式中 N_e 为水泵有效功率；Q 为水泵流量（升/秒）；H 为水泵扬程（米）。

从上式可以看出，有效功率与所抽送的液体容重有关。轴功率是动力机传给水泵的功率，由于水泵内总是存在能量损失，因此，轴功率一般总比有效功率大，它们之间相差一个泵的效率，即：

$N_S=\dfrac{N_e}{\eta}$　式中 N_S 为水泵轴功率；η 为水泵效率。

配套功率是带动水泵的动力机功率，由于动力机在向水泵传输功率中会产生功率损失，同时要考虑到水泵工作的安全性，总要留一部分富裕功率，因此，配套功率一般要大于轴功率。

4. **效率**　动力机传给水泵的轴功率不可能全部变成水泵的有效功率，因为水泵在工作时，水流在叶轮、泵体中流动，会产生摩擦、涡流等，这些需要消耗一定的功率，因此，水泵的效率就是：
$$\eta=\dfrac{N_e}{N_S}$$

5. **转速**　水泵的转速是叶轮每分钟的转数。转速是水泵性能的重要参数。转速改变，水泵的流量、扬程、功率和允许吸上真空高度都会发生变化。在高尔夫球场草坪或大面积草坪喷灌系统中，常常采用变频调速水泵，以适应喷灌轮灌组开启和关闭时水泵的压力变化。在水泵的标牌上一般都要注明水泵的额定转速。在实际使用时,实际转速不能超过额定转速的10%,也不能低于额定转速,否则,动力机械就会过载而烧坏电机,或使水泵效率下降。

6. 允许气蚀余量　水泵在运转时,若由于一些原因使泵内局部位置的压力降低到水的饱和蒸气压力时,水就会产生气化形成气液流。从水中离析出来的大量气泡随水流运动到高压区时,受周围液体的挤压而溃灭,气泡内的气体又重新凝结成水,这种现象称为水泵的气蚀现象。在产生气蚀的过程中,水流中含有大量气泡破坏了水流的正常流动规律,改变了流道内的过流面积和流动方向,因而叶轮与水流之间能量交换的稳定性遭到破坏,能量损失增加,从而引起水泵的流量、扬程和效率迅速下降。由于气泡在消失时,周围的水以很高的速度来填充气泡空间,从而引起水流质点相互撞击,产生强烈的水锤。观察表明,产生的这种撞击频率很高,每分钟可达几万次,并集中作用在水泵叶片或泵壳微小的金属表面上,瞬时局部压力可达几十兆帕到几百兆帕。在如此高的压力下,金属表面就会产生塑性变形和局部硬化,性质变脆,并产生金属疲劳现象,以至金属表面产生蜂窝状的麻面孔洞,造成水泵叶片的机械剥蚀而破坏。

水泵当转速、流量一定时,由于气蚀的产生限制了水泵的吸水扬程。因此,当水泵不发生气蚀,水泵进口处允许的最低压力(这个压力低于大气压,用真空度来表示)称为水泵的允许吸上真空高度。所谓气蚀余量是指在水泵进口处,单位重量的水所具有的大于该水温下气化压力的剩余能量,其大小以水泵基准面上的水头来表示。允许气蚀余量是保证水泵正常工作而不发生气蚀的气蚀余量。在水泵产品标牌上,都标明了允许气蚀余量这个参数。显然,允许气蚀余量与允许吸上真空高度有一定的关系,即:

$$H_s = 10 - \triangle h + \frac{V_s^2}{2g}$$

式中:

　　H_s 为水泵允许吸上真空高度(米);V_s 为水泵进口断面

的平均流速(米/秒);Δh 为水泵允许气蚀余量(米);10(米水柱)为标准大气压,实际上根据水泵安装地点有一定变化。

(三)变频调速水泵 在草坪喷灌中,根据灌水单元划分的轮灌组进行轮灌。在1个轮灌组关闭,下1个轮灌组即将开启的过程中,喷灌系统管网的流量就会发生变化,特别是在人工手动控制的喷灌系统中,这种情况更为突出。管网流量变化将会引起管道水压力发生变化,如果压力变化过大将对管网造成危害。变频调速系统采用压力检测装置,将检测到的压力变化值转变成相应的电信号,传送给控制器,控制器对信号进行处理后送给变频调速器,以控制水泵电动机的交流电压和频率,使电动机的转速随着用水量的变化而变化,从而保证了管网水压力的稳定。

变频调速水泵的特点是采用全自动控制,设备保护功能齐全,运行安全可靠,与恒速水泵供水和气压罐供水相比,节能效果明显,一般都在15%以上。当然,采用变频调速系统需要增加一套变频调速器,相应增加了投资。

变频调速水泵的工作原理见图18-5。

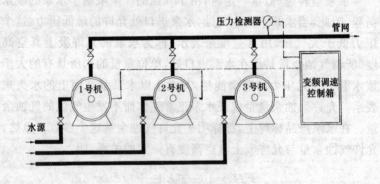

图18-5 变频调速水泵工作原理

第三节　草坪喷灌系统规划设计需要收集的资料

一、地形资料

草坪绿地的喷灌系统规划设计同其他各类场地规划设计相同,首先必须具备规划区的地形图,图中应当包括规划区内的永久性建筑、道路、水系、地下构筑物等现状及位置,还应当包括规划的建筑物、硬化路面、地下管线等资料。地形图应有等高线或地面高程点数据,并在规划区内或临近规划区有1~2个已知水准点和坐标点,以便为喷灌系统管道、喷头放线提供依据。

地形图的比例尺应当满足规划设计的需要。一般情况下,进行喷灌系统的平面规划,包括喷头布置、管线布置等,需要1/500~1/2 000的地形图。如果规划区域面积较大,地形图比例尺可小一些,而一般不小于1/2 000,否则喷灌系统规划的一些平面布置就不能清晰地反映在图上。许多情况下,草坪绿地建设者往往从测绘管理部门取得该地区的航测图,这类地形图比例尺等于或小于1/10 000,然后将所在规划区域按比例绘制或复印放大成1/1 000或1/2 000的地形图。实际上将地形图放大以后,等高线之间的距离拉大,等高线之间的地形变化被忽略了。因此,这种地形图就存在一定程度的不准确性。

二、水文气象资料

（一）**风速、风向资料**　喷灌是一种节水灌溉方法,但最容易受到风的影响。在草坪喷灌系统规划设计时,掌握风向、风速以及风力的时间分布情况,是必要的。风力的大小和主风向直接影响喷头的布置。

需要注意的是,气象站观测的风速资料是距地面10米高的风速,喷灌系统规划只考虑近地面风速,一般考虑距地面2米的风速,10米高的风速V_{10}与2米高风速V_2的换算关系是:

$$V_2 = 0.7 V_{10}$$

式中风速的单位是米/秒。

(二)**降水、蒸发资料** 在园林、草坪喷灌、排水规划设计中,需要收集的降水资料有两个:一是多年平均降水量及其年内的分布,二是暴雨强度及其发生的频率。

(三)**冻土深度** 有季节性冻土的地区,还必须收集最大冻土层深度的资料。冻土层深度资料主要用于确定喷灌系统管道的埋设深度、各类地下固定设备和设施的防冻措施以及冬季管道存水的排泄方式等。此外,了解当地各月平均气温、最高和最低气温、无霜期天数以及其他灾害性天气资料也有助于综合考虑草坪的水分管理。

(四)**水源资料** 在园林草坪喷灌规划设计中收集水源资料时,应当了解以下几点内容:

1. 水源类型 如地表水、地下水、市政供水或处理的废水等。
2. 取水点 含取水点与喷灌区的距离、取水管道的走向、线路、管道途经和各种障碍等。
3. 水质 应了解水源泥沙、杂质含量和水的物理性状、化学成分及满足农田灌溉水质标准(GB5084—92)的要求。
4. 水源使用权限 这也是影响喷灌系统规划设计的重要资料。
5. 水费 水作为一种重要资源,用户都需要交纳一定的资源费和水费,因此,水费也是喷灌系统选型和制定喷灌系统灌溉计划的重要资料。
6. 供水方式 主要是取水加压方式,如果从水源到草坪绿地规划区为自流引水,需要在草坪绿地规划区建设加压泵站;如果水源取自城市供水管网,需要计算或测量水源输送到草坪绿地规划区时的剩余压力,如果压力不足,需要增设加压泵。如果直接从规划区域内开采地下水,需要了解地下水埋深、可开采量。水文地质或水利部门一般掌握这些资料。如果利用废水进行喷灌,需要了解废水的物理化学性质及其主要化学成分,弄清这些化学成分对环境的影响,以便采取必要的处理措施。

三、土壤资料

土壤资料主要是在喷灌系统控制区域内,地表层以下 40~60 厘米深度的土壤质地、土壤结构、土壤容重以及土壤水分特性等资料。在草坪喷灌系统规划设计中,收集这些资料的目的主要是研究喷灌形成的降水强度与土壤持水、保水、渗透性能的配合,以便选择合适的喷头,同时,了解土壤性质也是为草坪排水设计提供依据。

土壤质地分类常用包括沙粒、粉粒和粘粒含量百分比 3 个坐标的三角形图来表示。只要将土样在实验室内进行粒径分析,就可以确定土样的质地。

虽然土壤质地分类方法很多,分类时分别考虑了沙粒、粉粒和粘粒的含量百分比。而工程中常根据土壤颗粒粒径的分析,用更为简单的方法将土壤从岩石到粘土分为多种(表 18-3)。根据这种分类,结合实际经验,可以现场判定土壤的质地范围。

表 18-3 土壤质地分类

土壤质地	粒径(毫米)
块 石	>8
粗砾石	8~4
细砾石	4~2
特粗砂	2~1
粗 砂	1~0.5
中 砂	0.5~0.25
细 砂	0.25~0.125
粉 砂	0.125~0.060
粉 土	0.060~0.020
细粉土	0.020~0.002
粘 土	<0.002

土壤结构是土壤颗粒在空间的排列结构方式,直接影响到土壤的保水性和透水性。

土壤质地和结构对灌溉水的入渗率有较大的影响。沙土孔隙大,入渗率很大,而粘土孔隙小,入渗率也小,介于沙土和粘土之间的砂壤土,入渗率中等,团粒结构良好的砂壤土还具有良好的保水性能。掌握草坪种植土壤的这些特性,在草坪的灌溉、排水中就可以充分考虑土壤性质。

四、园林规划资料

与地形图资料相同,园林规划资料就是园林绿地的总体规划图或种植规划图,其中包括建筑、景观、树木、花卉和草坪的平面位置、树木种类、树龄、花草种类等内容,掌握这些资料对于合理设计灌溉系统是非常重要的。例如,对于灌木,就不宜采用地埋式喷头;对于乔木,要考虑树干对喷射水流的阻挡作用,在设置喷头时应尽可能考虑其影响;对于花卉,要考虑喷灌水滴的打击强度;对于不同植物,要考虑植物根系深度,以便确定合理的湿润深度。

根据种植资料还可以选择不同的灌溉方法。如对于间距较大的乔木等可以采用更为节水的滴灌;对于花卉、小面积或窄幅草坪带可采用微喷灌、滴灌等方式。另外,还应当掌握规划区不同树种、不同花卉、草坪草的需水规律及其对灌水的要求等资料。

在进行园林、草坪喷灌系统规划时,还要考虑周边人文环境的影响,不同区域的草坪有不同的服务功能,在规划时要了解草坪周围的人文环境与草坪的功能,使设计的喷灌能完全融入环境之中,成为一种与草坪绿地、园林树木相协调的景观。

不同用途的草坪,预期有不同的投资效果。有的草坪为了景观需要,有的草坪是为了防尘、护坡、水土保持及生态环境需要,有的草坪是为了运动的需要。因此,在进行草坪灌溉系统规划设计时了解建设者的投资期望是重要的。具体应了解建设者建植草坪的目的、投资规模、预期效果以及管理养护条件等。

第四节 喷头与管道布置

一、喷头的水力特性

在讨论喷头间距布置之前,我们先了解一下单个喷头的水量分布,将喷头置于固定的点上,沿着湿润面积的半径等间距地放上盛水容器(图18-6),喷洒一定时间完后,测量每个容器中水的深度,即可绘出水量分布图。

图 18-6 喷头水量分布特性的测定

喷头的水量分布图可从制造厂家获得,该图反映了喷头的水量分布特性,是表征喷头质量的重要指标。

单个喷头土壤中的水量分布(图 18-7),从喷头处向两边成30°的斜坡,即像1个楔形。对于全圆喷头,其图形像1个锥体,喷头在中间,向四周倾斜的斜坡,随着与喷头距离的增大,盛水容器中得到的水量越来越少。最后,在喷灌半径的最远段的容器,由于距喷头比较远,几乎没有收集到水。

在喷灌半径 50%～60% 的范围内,即使各喷头水量不重叠,灌水量也能充分满足植株生长的需要。而在 60% 以外,即喷头射程的后 40% 部分,随着距离的增大,水量越来越小,便不能满足植物的生长需要(图 18-8)了,需要用相邻的喷头重叠喷灌的方法来增加灌水量,提高灌水均匀度。

所以,建议相邻喷头的最大间距是各自喷洒半径的 60% 之和(图 18-9)。在土壤质地粗糙、风速大、低湿度、高温等情况下,建议喷头间距要更小一些。

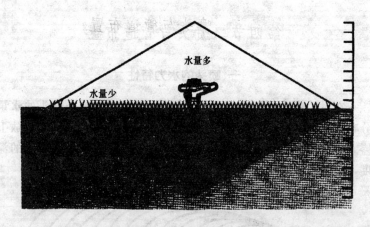

图 18-7　单个喷头土壤中的水量分布

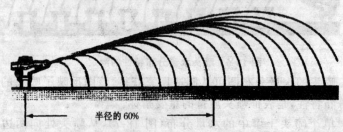

图 18-8　喷头射程的 60% 的位置

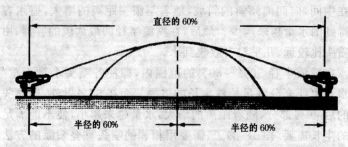

图 18-9　喷头间距为喷洒直径的 60%

　　在草坪灌溉中,喷头间距常选用喷射直径的 50%。当有风时,可以用更小一些的间距,如 40%。当喷头间距过大时,草坪上会有灌溉不到的干地。这些灌溉不到的草坪会出现缺水的症状,枝叶暗绿或枯死。

二、草坪喷灌喷头布置形式

在选定喷头以后,就可以根据喷灌区的形状布置喷头。对于不同用途的草坪,喷头布置方式是不同的。尽量不要使水量喷洒在非喷洒区,这样一方面节约喷灌水量,另一方面避免对周边区域的干扰。

(一)、正方形喷头布置　正方形布置喷头时,如果喷头的射程为 R,根据正方形布置的几何关系,最大喷头间距以正方形心点为控制,则:

$$S=\sqrt{2}R=1.414R$$

式中 S 为喷头间距,也等于喷头行距 L。

最小喷头间距应当是:

$$S=R$$

因此,在正方形布置时,喷头间距可调整的范围是:

$$S=1\sim 1.414R$$

例如,喷头射程为 $R=20$ 米,则最大喷头间距为 28.284 米,而最小间距为 20 米,在不同间距时喷头喷洒的覆盖面积如图 18-10 所示。

(二)三角形喷头布置　喷头布置为正三角形时,根据喷头布置的几何关系,最大喷头间距为:

$$S=\sqrt{3}R=1.732R$$

最小喷头间距为:

$$S=R$$

因此,在三角形布置时,喷头间距可调整的范围是:

$$S=1\sim 1.732R$$

喷头的行距为:

$$L=1.5R$$

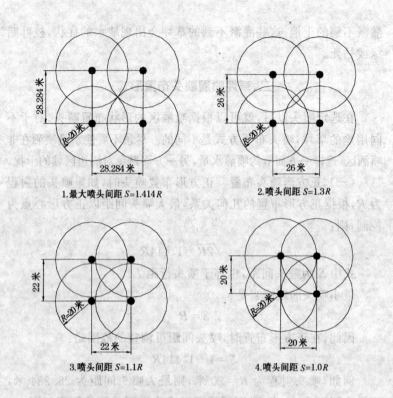

图 18-10 正方形喷头布置

三角形喷头布置不同间距时的喷洒覆盖范围如图 18-11 的实例所示。

比较正方形与三角形喷头布置的间距,可以发现在同等条件下,三角形喷头间距大于正方形喷头间距,这说明三角形布置比正方形布置节省喷头。

(三)草坪喷头布置步骤　草坪绿地喷头的布置要考虑各点均能喷到,又不能将水喷洒到草坪区域以外,因此,草坪的喷头布置应当遵循的是:一角,二边,三中间。具体应用如图 18-12。

图 18-12-1 为一绿地草坪,首先应在折角处选择可调角度的喷头,如图 18-12-2,因为折角、拐点处比较难以喷洒。在折角处确

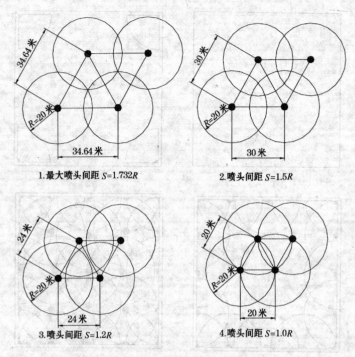

图 18-11 三角形喷头布置

定喷头并确定了喷洒角度及覆盖范围以后,在各边均匀布置喷头,这些喷头尽量与拐角喷头型号一致,一般边线喷头的调整角度为180°,如图 18-12-3。在拐角和边缘均布置喷头以后,中间地带再安排喷头,根据中间地带的形状和大小,可以采用正方形布置(图 18-12-4),也可以采用三角形布置,如图 18-13。

三、草坪喷灌单元管道布置形式

草坪绿地喷灌系统管网水力计算之前,应做好以下各项准备工作:①选定喷头,确定喷头工作压力、喷嘴流量等参数。②布置喷头,确定各喷头之间的间距。③布置管道系统,确定控制闸阀的位置,并确定各级管道各段长度。④划分轮灌组。

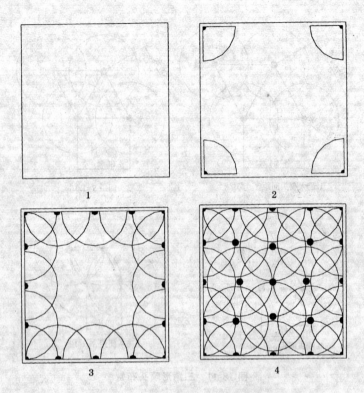

图 18-12 绿地草坪喷头的布置步骤

如果 1 个控制闸阀开启,就有 1 个或若干个喷头同时开始喷洒,将这个闸阀控制下的管道以及喷头称为喷灌单元或灌水单元。喷灌单元是喷灌系统的基本组成部分,也是喷灌系统水力计算和管理运行的基础。

(一)串联喷头的喷灌单元 图 18-14 为单向供水串联喷头的灌水单元,只要闸阀开启,串联的全部喷头就会工作。这种单元简单,便于施工安装,所需管件少,是草坪喷灌中常用的布置形式。串联喷头的数量取决于喷头流量和单元输水管道的直径。如果距离闸阀最近的喷头与最远喷头之间的压力差过大,就会影响灌水单元的喷灌均匀度,在管径一定的条件下,喷头流量越大,管道水头

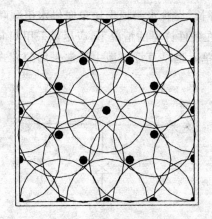

图 18-13　中间喷头的三角形布置

损失增大,首末之间的压力差就会增大,如果流量不变,管径越小,压力差也会增大。因此,喷灌设计均匀度是控制串联喷头数量的重要指标。

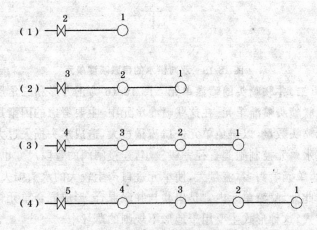

图 18-14　单向供水的串联喷灌单元

图 18-15 为双向供水串联喷头灌水单元。其特点是通过供水管的流量在配水支管处双向分流,减小了每侧支管的流量,也减小了每侧支管的水流长度,因为计算水头损失的支管长度是从分流

节点到最远喷头之间的管长,支管水头损失比单向供水串联喷头的支管大为减小。因此,在条件许可的情况下,应尽量采用双向供水的灌水单元,这种灌水单元也是草坪喷灌中经常采用的方式之一。

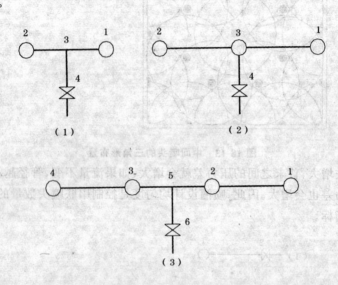

图 18-15　双向供水的串联喷灌单元

（二）**并联喷头的喷灌单元**　图 18-16 为正方形和三角形布置的并联喷头喷灌单元。在这些喷灌单元中,主要考虑的因素是控制单元喷头数量,以避免单元进口流量过大,造成水头损失过大。由于灌水单元控制闸阀直径一般较小,连接闸阀的管段尺寸也较小,因此,单元喷头多,流量大,使单元进口产生较大的水头损失。

此外,喷灌单元内常是串联与并联混合,形成混合单元管道布置形式,这种形式主要用于地形不规则的草坪中。

四、草坪喷灌单元流量推算

（一）**单元流量推算**　喷灌单元流量推算,以图 18-14 为例来说明单元流量推算方法。

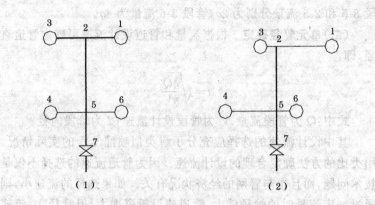

图 18-16 并联喷灌单元

在管网中,多段管道连接点上的水流出现分流或汇流现象,称这一分流点或汇流点为节点。在节点上,根据质量守恒原理,流出节点的流量一定等于流入节点的流量,这就是流量节点平衡原理,依此写出的方程就是流量节点平衡方程。在图 18-14 中,设喷头设计流量为 Q,则各管段及单元进口流量推算如表 18-4。

表 18-4 喷灌单元流量推算表

喷灌单元	喷头流量	管段流量			
		1—2	2—3	3—4	4—5
①	Q	$1q$			
②	Q	$1q$	$2q$		
③	Q	$1q$	$2q$	$3q$	
④	Q	$1q$	$2q$	$3q$	$4q$

在图 18-14(1)中,单元进口流量为 q,图 18-14(2)单元进口流量为 $2q$,图 18-14(3)单元进口流量为 $3q$,图 18-14(4)单元进口流量为 $4q$。

同理,对于图 18-15(1),管段 1-3 和 2-3 流量分别为 q,管段 3-4 流量为 $2q$。在图 18-15(2)中,管段 1-3 和 2-3 流量分别为 q,管段 3-4 流量为 $3q$。在图 18-15(3)中,管段 1-2 和 4-3 流量分别为 q,管

段 3-5 和 2-5 流量分别为 $2q$,管段 5-6 流量为 $4q$。

(二)**单元管径确定** 根据流量和管道设计流速可确定管道直径,即:

$$d=\sqrt{\frac{4Q}{\pi V}}$$

式中:Q 为管段流量;V 为管段设计流速;d 为管段内径。

其中设计流速的选择应充分了解类似喷灌工程的实际情况,用类比的方法确定合理的设计流速。因为管道流速的选择不仅是技术问题,而且也与管网的经济状况有关。如果选择的流速小,则通过一定流量时的管径就大,管道建设投资增大,但管径大,流速小,水头损失就小,能量损失就少,管网运行成本低。一般情况下,喷灌系统管网的设计流速不宜超过 2.5 米/秒。

五、草坪喷灌系统管网布置

喷灌系统管网布置就是将各个喷灌单元用不同直径的管道连接起来,也就是从水泵到灌水单元形成一个压力供水系统。喷灌系统管网布置形式分枝状管网和环行管网。

(一)**枝状管网** 枝状管网是草坪绿地常用的管道连接布置形式,主干管道向各个喷灌单元供水,主干管道布置呈树枝状,从水源加压水泵出发分向各供水点(图 18-17,图 18-18)。

(二)**环行管网** 环行管网的主干管道闭合,形成环行水流。其特点是管网压力比较均衡,供水可靠性好,常用于高尔夫球场等大型重要草坪的喷灌系统。

第五节 草坪绿地喷灌系统施工
注意事项与喷头安装

喷灌系统施工安装应严格按设计进行,必须修改设计时应先征得设计单位同意并经主管部门批准。涉及到有关建筑物的施工,应符合现行规范的要求,如《给排水建筑物施工及验收规范》、《地下防水工程施工及验收规范》等。

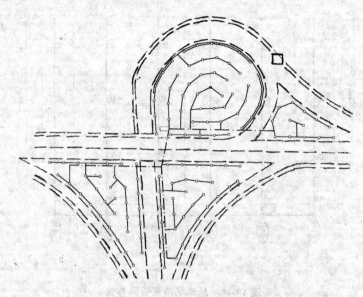

图 18-17　高速公路立交区花坛喷灌管网布置

一、喷灌系统施工注意事项

针对草坪喷灌系统的特点,在施工与安装时,应注意以下问题。

(一)**妥善处理弃土**　在已有草坪的地块内施工,除尽量保护现有草坪外,要特别注意管沟弃土的处理。弃土须分层放置,埋管时须按与开挖时相反的顺序分层回填,以保持沿管线种植层内的土壤与原有土壤一致。

(二)**在干管和每条支管上应安装放水装置**　安装放水装置为便于冲洗管道以及冬季防冻。即使在无冻害的南方地区,在非灌溉季节一般也应放空管道,防止水长期滞留在管道中产生微生物而附着在管壁和喷头上,影响喷灌效果。放水装置除常用闸阀、球阀外,还有自动泄水阀,可在灌水停止后自动排出管道中的水。

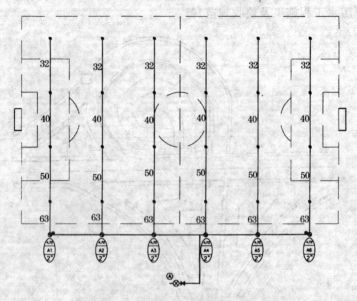

图 18-18　足球场喷灌管网布置
(据李光永,2001)

(三)使用压力调节设施　对于系统压力变化较大或地形起伏较大的情况,支管阀门处应安装压力调节设备,如雨鸟公司生产的与电磁阀相配套的 PRS-B 型压力调节器,使支管进口处压力均衡,保证系统的喷洒均匀度。另外,在必要的管段还应安装进排气阀、泄压阀等,用以保护系统的安全。

(四)装设快速取水阀　为便于临时取水,或对喷灌不易控制的边角地段进行人工灌溉,在主管道上一般需安装一定数量的快速取水阀(方便体),如雨鸟 P-33 型快速取水阀(图 18-19)。这种快速取水阀与所配套的钥匙配合使用,插入钥匙,阀门即可自动开启供水。若要停止灌水,只需取下钥匙,阀门会自动关闭。

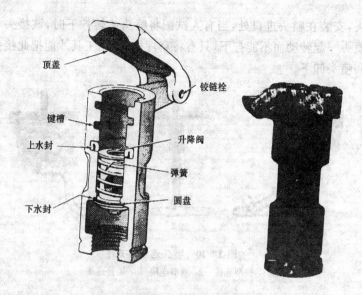

图 18-19 快速取水阀

二、地埋式草坪喷头的安装

（一）**安装前须对喷头进行预置**　喷洒扇形角度的可调喷头，出厂时大多设置在 180°，因此在安装前应根据实际地形对喷洒扇形角度的要求，把喷头调节到所需角度。另外，有的喷头，如雨鸟 R-50，还应将滤网进水口号设置与喷嘴标号一致。

（二）**喷头的顶部应与地面相平**　这就要求在安装喷头时喷头顶部要低于松土地面，为以后的地面沉降留有余地，或在草坪地面不再沉降时再安装喷头。

（三）**喷头与支管的连接**　最好采用铰接接头（Swing Joint）或柔性连接（图 18-20）。可有效防止由机械冲击，如剪草机作业或人为活动而引起的管道和喷头损坏。同时，采用铰接接头，便于施工时调整喷头的安装高度。

（四）**采用防盗配件**　在管理不便的地区，可安装与喷头配套的防盗配件，以防止喷头的丢失。如雨鸟 PVRA 喷头专用防盗接头,安装在喷头进口处,当有人试图将喷头旋转拧下时,该接头与喷头一起转动而不能拧下,只有将草坪挖开,用工具才能把此接头和喷头卸下。

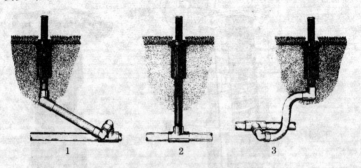

图 18-20 喷头连接方式
1. 铰型连接 2. 刚型连接 3. 柔性连接

第六节 草坪用水的管理

用水管理是草坪喷灌系统管理工作的核心。草坪喷灌系统建成后,用水管理的好坏,直接关系到喷灌系统能否发挥其应有的作用。用水管理的基本任务是,根据喷灌系统的规划设计和当地气候、草坪种类、植物生育阶段、土壤水分、水源供水等状况,合理组织草坪喷灌作业,达到提高灌溉效率、保持草坪最佳生长状态的目的。其具体内容包括以下几个方面。

一、制定灌水计划

喷灌系统一般是按最不利条件下满足供水需要设计的,可满足草坪最大的需水要求。而在系统运行时,应根据实际情况确定灌水量,包括灌水时间、灌水延续时间、灌水周期等。

(一)**灌水时间** 在灌溉季节,1天内的大部分时间均可灌水,但应避免炎热夏季在中午灌水,以防烫伤草坪,而且此时蒸发量最大,水的利用率低。夜间灌水可避免上述问题,但往往担心草坪草叶面湿润时间太长,引发病害。夜间灌水的这一弊端可通过施用杀菌剂来解决。清晨灌水,阳光和晨风可使叶面迅速变干,是较为理想的灌水时间,而对于非自动控制的喷灌系统,夜间和清晨灌水操作人操作起有些不便,因此,傍晚灌水也是较好的选择。

灌水时间还受到人为活动的限制,如高尔夫球场,基本上都应在夜间灌水,这样不会影响白天打球。足球场草坪应在比赛前1天灌水完毕,以减轻比赛时对场地的损坏和影响运动员的比赛成绩。

(二)灌水延续时间 灌水延续时间的长短,主要取决于系统的组合喷灌强度和土壤的持水能力,即田间持水量。当喷灌强度大于土壤的渗透强度时,将产生积水或径流,水不能充分渗入土壤中;灌水时间过长,灌水量将超过土壤的田间持水量,造成水分及养分的深层渗漏和流失。一般的规律是,砂性较大的土壤,土壤的渗透强度大,而田间持水量小,一次灌水的延续时间短,但灌水次数应多、间隔短,即需少灌勤灌。对粘性较大的土壤则一次灌水的延续时间长,灌水次数少。

采用测定土壤水分的仪器,可以更加科学地确定灌水延续时间。目前在工程上常用的仪器有电子土壤水分测试仪和张力计。

(三)灌水周期 灌水周期,即灌水间隔或灌水频率,这除与上述提到的土壤性质有关外,主要取决于草坪本身。灌水过于频繁,会增高草坪发病率,根系层浅,抗践踏性差,生长不健壮;灌水间隔时间太长,草坪会因缺水使正常生长受到抑制,影响草坪质量。

灌水计划不是一成不变的,应根据不同季节,按旬或月为单位制定灌水计划,在实际执行时还需参照实际灌水效果和天然降水情况随时加以调整。

二、建立系统运行档案

对喷灌系统的运行情况,包括开机时间、灌水延续时间、用水量、用电量等,应进行详细记录、存档,及时分析这些数据,为进一步改进灌水管理和监测系统运行状况提供依据。

三、灌水效果评价

在喷灌系统投入使用后,可以直观地对草坪生长状况、绿色期的延长以及节水、节省人工的情况进行评价。也可以通过实际测试,对系统的喷洒均匀度、灌溉水的利用率等加以评估,以便及时修正灌水计划,并为提高以后喷灌系统的规划设计水平提供参考。

第七节 草坪绿地排水

一、草坪绿地排水的类型与特点

草坪中的水分主要来自灌溉水和天然降水,包括雨和雪。因此,草坪排出的水分也由两部分组成,一部分为灌溉下渗水,一部分为降水量大时形成的地面径流水。为了及时排出这两部分水分,草坪绿地排水系统也有两种类型,即地表雨水排水和地下根层积水的排水,分别称为地表排水系统和地下排水系统。二者的区别在于:地下排水的目的是排出根系层土壤过多的水分,其特点是排水入渗点或入渗面以及排水通道均埋设在地下根系层底部;地表排水则是从草坪草根部附近迅速排出未能入渗的多余水分,其特点是通过地表微地形起伏,将地表水汇集在地势低洼处,在此处设置排水汇集入口(雨水井),通过地下输水管道或沟渠将水排出。在城市绿地草坪中,地表排水是排出天然降水的主要方式。而在专用的草坪绿地中,如足球场草坪、网球场草坪、高尔夫球场草坪等,则无论南方还是北方,都必须设置地下排水系统,以免影响草坪的正常使用功能。

二、草坪绿地的地表排水系统

草坪绿地地表排水有地表排水和管道排水两种方式。

(一)**地表排水** 在建植草坪之前,通过地面微地形改造,即地面造形,利用地表起伏,将地表水排出场外,也就是通过一定的地表坡度使降雨时来不及下渗的水分沿地表自然流出草坪绿地,汇集到场地周围的河、湖、排水沟、渠或雨水井中。地表排水设计的特点是将地表起伏的景观设计与排水设计相结合,通过地形起伏,将较大的汇水区变成分散的小汇水区,从而减小了降雨径流对地表的冲刷。

草坪绿地地表排水,需要进行整体排水流向的规划。规划地表排水时应考虑:汇水区面积不宜太大,以免汇集的水过多,产生冲刷;汇水的流程不能太长,尽量将地表水分散,向就近的容泄区排放;草坪为平地的,尽量做成龟背式,使水流呈放射状流向周围边界;草坪为倾斜坡面,应在中部顺坡略有起伏,不要形成中部低洼的汇水区,足球场草坪的地表排水多采用此种形式,面积较小的草坪,倾斜坡面排水流向可向一侧边界。

需要注意的是,地表排水中的坡度既不能太大也不能太小。太小起不到汇集降水的作用,而太大则会对地面产生冲刷。

(二)**管道排水** 如果地表排水汇水区面积大、汇水流程长、汇集水量多等情况,为了减小汇水流程,应将大汇水区分隔成较小的汇水区,其间汇集的水量利用雨水井和地下输水管道排出场外,这种方式就是地下排水,也就是地表汇流与雨水井、地下排水管道相结合的排水系统。

在规划设计草坪绿地管道排水系统时,首先需要取得以下资料:当地最大暴雨强度、汇水区面积、草坪绿地地面径流系数、排水设计的标准和排水区的地形资料,以及草坪绿地的排水时间等资料。设计时,首先在地形图上规划布置雨水井的位置、排水管连接方式和排水走向,然后根据暴雨强度、径流系数,并按雨水井分段确定汇水面积、确定排水时间,计算排水流量。最后根据管道坡度从上游到下游逐段确定管径。

需要注意的是,在排水管网的起始段,一般收集水量很小。如果按设计流量进行计算,往往求得的管径很小,管径较小的管道容易发生淤塞,而且难于疏通。在同等条件下,管径为150毫米的管道堵塞次数是管径200毫米管道的2倍。而在同等埋深条件下，上述两种管径的管道造价却基本相当。由此可见，即使在设计流量很小的情况下，也不宜采用很小管径的管道。基于这一原因，对排水管网的最小设计管径就要有所限制。

三、草坪绿地的地下排水系统

一般来说，当降水量较大时，足球场、网球场以及高尔夫球场草坪等仅靠地表排水难以满足草坪的排水要求。据测定，当地表坡度为1.5°的足球场草坪，要使水从中间部分土壤层排到四周边界需4个小时。对于标准足球场，其排水标准应达到如下要求：降水强度＞10毫米/时，地表应无积水；日降水量＞100毫米时，应在12小时内排净；地下水位若超过1.5米应排水至1.5米以下。因此，对于排水要求较高的场地，须设地下排水系统。

地形、土壤质地和草坪用途是影响草坪地下排水选型和规划设计的主要因素。而影响地下排水系统质量的因素有2个，即排水的有效性和排水系统的持久性。因为地下排水系统已经安装铺设，就不容易检修，因此，所有地下排水类型的选型和设计，都是围绕着排水的有效性和排水系统的持久性而进行的。

（一）地下暗管排水　这种排水方式需要利用多孔排水管，通常为管壁有波纹、在波纹的谷底开孔的聚氯乙烯塑料管，有一定的柔软性，按一定间距和坡度埋设在需要排水的草坪根系层底部。也有其他类型的管道材料，如各种纤维制成的均匀透水管，横断面有圆形、长方形等。多孔波纹排水管的埋设有多种方式，大多数情况下在管壁外包裹一层土工防沙布，其作用是防止土壤中的沙粒通过渗水孔进入管道，在土工防沙布外管沟内填充砾石（或豆石），砾石外填粗沙，这样在管道外层就形成了一个反滤层，可以有效地阻止土壤根系层中的土壤颗粒进入排水管道。还有一种方式是在波纹排水管周围直接填充砾石及粗沙，在粗沙层与土壤根系层相接的部位铺设一层土工防沙布，因土工防沙布网目较细，使土壤水经过细、中、粗三种反滤结构层的过滤，只允许水流通过，而不能让泥沙进入管道。

地下暗管排水系统的有效性取决于管道铺设的密度、数量、坡度和布局以及反滤层的结构。其中，管道的密度是 1 个重要因素。土壤中水的运动是比较缓慢的，土壤中的自由水在重力作用下由高处向低处流动，多孔排水管道安装在根系层土壤下部，并且在管道内部有水流易于流动的自由空间，因此，土壤层的水总是向排水管流动，但如果排水管间距很大，即管道密度低，水流运动的路程长，从最高点的水向最低点的管道运动时需要很长的时间；而许多运动草坪对排水时间有特别的要求，在一定的时间内排除土壤中的积水或在一定的时间内将地下水位降低到规定的深度，需要根据土壤水的运动特征来确定排水管的间距。目前这方面的研究尚不充分，一般情况下，根据经验，管径为 110 毫米的排水管，草坪暗管排水的铺设间距为 3～4 米。

排水系统的持久性则受土壤类型、排水体（即排水管道和反滤层材料）、铺设方式以及铺设坡度的影响。因为有些土壤，其中粉沙和粘土含量较高，运行时间越久，这些细颗粒土壤就会慢慢渗透到排水管中，如果安装坡度平缓，最终会淤积在管道中。因此在安装排水管道前，必须先调查土壤条件，并考虑到土壤对排水系统持久性的影响，尽可能地延长其使用寿命。

为了使草坪地下排水系统流畅，排水管的铺设必须有一定的坡度，以保持水在重力作用下能自由流动。一般情况下排水管坡度要≥0.5%～1%。对于足球场草坪，主排水管道的管径依当地最大降水量而定，一般直径为 110 毫米左右。

排水管的铺设方式有鱼骨形、平行布置等（图 18-21）。鱼骨形的排水管分干管和支管，干管位于中间，支管位于两侧，并从两侧分别向主管倾斜，支管与干管的连接角度为 45°左右，尽量防止 90°安装。另外，为了便于检修，在排水干管的最高处应预设检修孔，必要时用压力水管冲洗排水管，以防堵塞。在排水管出口处预设检查井,以检查排水管的工作情况。

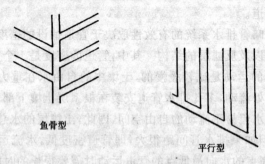

图 18-21 排水管道布局方式

(二)地下渗沟排水 这种排水方式与暗管排水的不同之处在于它不使用排水管道,而是按一定的间距开挖具有坡度的排水沟,沟内先填一层较厚的粗砾石,利用砾石孔隙作为水流的通道,在粗砾石上面再铺设类似于暗管外层的反滤层,反滤层之上才是草坪根系层。渗沟排水如果间距适当、反滤层设计良好,其排水效果和使用寿命也是很好的。

还有一种拦截式渗沟排水,用于坡度较大以及坡面较长的草坪的渗水拦截。尤其是在园林中起伏较大的草坪以及高尔夫球场的山坡地带,为防止坡面过多的地表水和土壤水向下游流动,形成较大的汇流,在坡面适当的部位或山腰部设置截渗沟,使地表水流到截渗沟顶部时能快速下渗到截渗沟,截流土壤水向低洼区域的流动。截渗沟以适当的坡度将水排出场外。截渗沟的断面一般为梯形或矩形,断面尺寸可大可小,主要根据截渗的水量来确定。

对于零散的、面积较小且比较分散的低洼地,不宜采用埋设地下暗管或开挖渗沟来排除地表及土壤中的积水,可以采用渗水井排水。渗水井又称为旱井,其建造方法是,在草坪内面积较小且地表排水不畅的低洼地,挖一深坑,最好挖到砂砾石层,然后在坑底铺设粗砾石,再铺碎石及粗沙,表层铺 20~30 厘米的细沙种植层,并在上面种植草坪。水汇集到低洼地的渗水井位置时,由于沙层具有很强的透水性,水可以通过沙层进入到砾石层,快速渗入到渗水井底部,然后通过底层较强透水性的土壤,使井中的水逐渐渗透到地下。渗入渗水井中过多的水可以利用底部粗砾石的大孔隙存储一定的水量,缓慢下渗。渗水井的深度根据现场的土壤剖面结构确定,其大小取决于低洼地的汇水面积与要求的排水速度。

(三)**土壤基层排水** 草坪根系层以及底部的土壤具有较好的透水性,就可以直接由土壤基层将根系层中的积水渗入地下,而不需要设置暗管排水或渗沟排水。这就需要改良表层土壤的排水条件,以便为草坪创造排水、通气良好,又具有持水、保肥能力的土层。通过改良表层土壤的透水性,将草坪中局部无法通过地表造形排走的低洼地的积水,渗透到地下。实际上,无论是暗管排水或渗沟排水,草坪根系层土壤都应具有良好的透水性。

草坪根系土壤层是草坪草根系生长的主要层次,由直径 0.25~0.5 毫米的沙粒、泥炭土、有机肥等按一定比例混合成的混合土,铺设厚度为 30 厘米,混合层下面是粗沙层,再下就是砾石层和排水管道。这种坪床结构的优点是具有良好的渗水性能,草坪中多余的水分可快速排出,同时,该坪床还具有良好的持水和保肥能力,为草坪的生长保存必要的水分和防止肥力的流失,为草坪草根系的生长发育创造良好的条件。

对于运动场草坪,为了排水迅速,常要加大混合层的含沙量,在考虑渗透速度的同时,还需要考虑土壤的保水能力,若渗水过快,土壤容易干旱,从而影响草坪草正常生长,同时沙粒过粗容易使土壤养分流失,因此,应大部分采用中沙和细沙,少部分用粗沙,特别是高尔夫球场、草坪网球场等场地。

第十九章 草坪绿地基况判定

第一节 草坪植物的识别

草坪绿地植物的识别和鉴定是一项十分重要的工作,其识别与鉴定主要是根据草坪植物的种子、幼苗、营养器官、生殖器官等不同生长期的一系列形态学、解剖学特征来完成的。

草坪绿地植物种类很多,按属性讲,数量最多、用途最广的是禾本科和豆科植物。

一、禾本科植物

禾本科草坪植物是草坪建植中最大的类群,是草坪植物的主体和核心。

(一)禾本科植物的一般特征 一年生、越年生或多年生草本,少数为木本。秆有明显的节,节间中空或实心。叶互生,双行排列,由包于秆上的叶鞘和通常狭长的叶片组成,叶片与叶鞘间有呈膜质或纤毛状的叶舌,叶片两侧常有叶耳。花序由小穗排列组成,有穗状、总状、指状、圆锥状等花序。小穗含1至多数小花,2行排列于小穗轴上,基部常有2枚颖片(即不孕的苞片),在下的1枚称为第一颖(外颖),在上的1枚称为第二颖(内颖),颖有时退化。花小型,退化、两性、单性或中性,位于外稃及内稃之间,通常有两枚极小而透明的膜质鳞片物(即花被片),称为鳞被或浆片,3(6)枚雄蕊及1枚雌蕊组成,雌蕊由2~3心皮合生。子房1室,1胚珠,柱头常为羽毛状。果实为颖果。其羊茅亚科、画眉草亚科和黍亚科草坪植物形态和解剖特征见表19-1。

表 19-1 羊茅、画眉草和黍亚科植物形态和解剖特征

器官	羊茅亚科	画眉草亚科	黍亚科
根	长和短的表皮细胞交替存在,只有短的细胞长出根毛	所有的表皮细胞相似,每个都能长出根毛	所有的表皮细胞相似,每个都能长出根毛
茎	茎中空,被维管束包围,在节间基部没有分生组织隆起,隆起位于叶鞘基部	茎间实心,髓内分散着维管束,节间基部具分生组织隆起,在叶鞘的基部有很小或没有隆起	茎实心,在髓内分散着维管束,节间基部具分生组织隆起,在叶鞘基部有很小或没有隆起
叶	具双层维管束鞘,鞘的细胞小而壁厚,外鞘的细胞大,叶肉组织排列松散,细胞间隙大,没有小纤毛	维管束鞘外层具有大细胞,某些禾草内鞘细胞小而壁厚,叶肉细胞围着维管束放射状排列,具细小纤毛,叶舌通常具纤毛边缘	维管束鞘是典型的大细胞单层鞘,叶肉细胞间隙小,具有细小纤毛,叶舌膜状
花序	小穗具有 1 个或几个能孕的小花,浆片伸长到达顶部	小穗具有 1 个或几个能孕小花,浆片小	小穗具 1 个能孕的小花,下面有一退化小花,浆片短而平截
胚	中胚轴无节间,有外胚叶,胚小,大约是颖果的 1/5	中胚轴具节间,有外胚叶,胚大,约为颖果的 1/2 或更大	中胚轴具节间,无外胚叶,胚大,约是颖果的 1/2 或更大
染色体	染色体基数 x=7,染色体大	染色体基数 x=9 或 10,染色体小	染色体基数 x=9 或 10,染色体小到中等大

(二)禾本科草坪植物种子的识别与鉴定

禾本科植物为草坪建植材料的主体成分,其种类和品种数量相当多,对于这类植物种子的识别与鉴定应从属、种两级进行。

1. **属间识别与鉴定方法**　属间的识别与鉴定要比种、品种间

容易得多,而要真正熟练地掌握和应用并非易事。其识别和鉴定主要是根据种子形态特征来进行(图 19-1)。具体方法为:

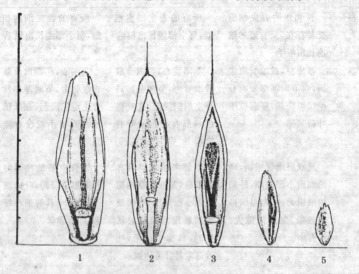

图 19-1 禾本科草坪草种子比较
1. 多年生黑麦草 2. 高羊茅 3. 紫羊茅 4. 草地早熟禾 5. 匍茎剪股颖

选择色泽光亮、饱满的种子,置于有计算纸的载玻片上,在实体显微镜下观测。将颖果着生花柱的一端称为先端,颖果着生小穗轴或穗轴的一端称为末端;对着外稃的一面称为背后,对着内稃的一面为腹面,夹于背面和腹面之间两侧的面称侧面。观测时统一以背面向上,腹面向下放置。具体观测特征内容:

(1)种子的长度　即种子先端至末端的长度,不同属的植物种子的长度差异较大。

(2)背腹扁　种子宽大于厚,为背腹扁。

(3)两侧扁　种子厚大于宽,为两侧扁。

(4)腹面形状　不同种类的植物其种子腹面各不相同,大体有平凸、凸、平坦、具沟、凹陷等类型之别(图 19-2)。

(5)中部横切面形状　种子中部用刀片横切,其横切面的形状在不同种类植物中也不同,大体有新月形、马蹄形、双凸透镜形和圆形等。

(6)立体轮廓 立体轮廓有梭形、长梭形、鱼身形和棱形等(图19-2)。

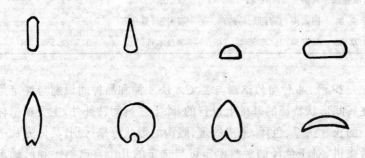

图 19-2 部分禾本科植物颖果中部横切面轮廓模式

(7)芒 有的属植物种子在外稃具芒,其芒的长短亦不同,有的属则无芒。

常见属植物种子观测记录表见表 19-2。

表 19-2 禾本科草坪植物种子属间主要形状

属名	腹面	中部横切面	立体轮廓	果长(毫米)	果端茸毛
野牛草属	微凸	倒扇形	宽橘瓣型	2	—
结缕草属	微凸	双凸透镜形	鱼身形	1.3～1.4	—
雀稗属	平坦	半椭圆形	扁梭形	1.2～2	—
马唐属	平坦	半椭圆形	菱形	1.4～2.5	—
狗尾草属	平坦	大半圆形	半椭圆形半卵形	1.8～2.5	—
狼尾草属	平坦	大半圆形	菱形、半椭圆形	1.5～3.5	—
蜈蚣草属	平坦	半圆形	宽菱形	2.1～2.3	—
早熟禾属	凹	底边内曲三角形	三棱柱形,三棱锥形	1.3～2.1	＋
羊茅属	凹	新月形、马蹄形	覆舟形	2.5～4.3	＋ —
碱茅属	具沟	弦内曲之大半圆形	(宽)棱形	1.1～1.4	＋
鸭茅属	具沟	半月形	稀三棱柱形	2.5～2.7	＋

续表 19-2

属 名	腹面	中部横切面	立体轮廓	果长(毫米)	果端茸毛
黑麦草属	具沟	新月形	覆舟形	4~6	+
鹅股颖属	具沟	半月形	棱形	0.9~2.3	+
雀麦属	凹或沟	新月形、马蹄形	覆舟形、鱼身形	5~9	+
冰草属	具深沟	马蹄形	覆独木舟形	3.5~4.5	+

2. 种、品种间的识别与鉴定方法　种和品种间识别与鉴定是在属间形状特征的基础上进行的,除上述属间特征外,主要根据种子的长、宽、厚、色泽,果皮纹理,腹沟的形状等来区别。具体方法一般来讲,对于色泽的观察鉴定可与选定的几个自己熟悉和已确定的品种的种子进行实物比较为宜;对于长、宽、厚需要用计算纸、计算尺来测定。方法是选取饱满、干净、质量好的种子每组 10 粒,紧密横排置于粘有计算纸的载玻片上,在实体显微镜下测定,可以是一组也可是多组重复,取其平均值或相对值即可。在品种间也可以用千粒重作为一个衡量特征。

(三)禾本科草坪植物幼苗期的识别与鉴定方法　幼苗期是指从第一片到第四片叶生成期。具体操作方法是选择成熟度好、饱满干净的种子,分别在田间播种育苗和放在培养皿中曝光无土培养,这样可以观察幼苗的地上器官和地下器官的发育变化过程。

1. 地下器官的识别与鉴定　地下器官的观察主要是观察种子吸水萌发后胚轴的发育类型、胚芽鞘的长短、胚根的发育以及主根和不定根的形成过程等形态变化。具体内容如下:

(1)胚轴　种子萌发时胚轴便开始发育,胚轴的发育在结构上有上胚轴、中胚轴和下胚轴。下胚轴发育形成胚根,逐步发育生长,并产生分枝,构成根系。习惯上把禾本科胚和实生苗的盾片与胚芽鞘节之间的部分称为中胚轴,胚芽鞘节与第一幼叶之间称为上胚轴(图 19-3)。不同的植物种类其胚轴发育的类型是不一样的,有中胚轴伸长和上胚轴伸长之别,这是不同植物地下器官识别最为重要的一点。

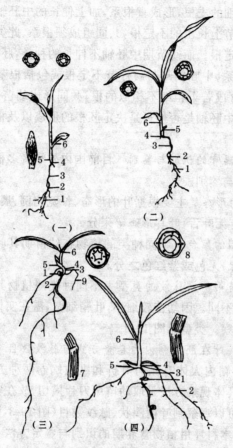

图 19-3　种子萌发至幼苗期

(中胚轴伸长类)地下、地上器官结构　(仿王世金图)

(一)黍　(二)小米　(三)黑穗画眉苗　(四)盖氏虎尾草

1.颖果　2.种子根　3.中胚轴　4.胚芽鞘节　5.胚芽鞘　6.第一幼叶
7.第一幼叶叶鞘脉纹　8.第一幼叶在胚芽鞘内的卷叠方式及叶鞘的脉纹数
9.中胚轴不定根

(2)胚根　胚根的发育类型与胚轴的发育类型密切相关。凡幼苗期中胚轴伸长的种类,胚根也发达。胚根发育成主根,主根上可产生若干较细的支根,形成直根系,加上伸长的中胚轴上长出的不定根和分蘖节上长出的不定根,共同组成须根系。此类植物其盾片节处不生不定根。而幼苗期中胚轴不伸长的种类,胚根也不发达,不形成直根系,中胚轴却与盾片节不定根或包括根茎过渡节不定根一起,发育成若干粗细不相似的根,共同形成幼苗的须根系(图19-4)。因此中胚轴是否伸长是决定胚根的形成以及根系类型的关键。

2. 地上器官的识别与鉴别　目前国内外学者多根据以下几个特征来识别与鉴别。

(1)叶的形态　主要根据叶的形态、长宽比例、展开与内卷、绿色的差别、有无叶舌、叶耳形态等来分。

(2)叶鞘的颜色　不同种类的植物在幼苗期其叶鞘的颜色可有深绿、浅绿、无色或紫红色之分。

(3)幼苗第一鞘脉纹的类型　不同种类的植物其叶鞘的脉纹亦有疏密之不同。因幼苗较细小,叶鞘细微,需在实体显微镜下或放大镜下观察。类型见图19-3。

(4)第一叶在胚芽鞘内的卷叠方式与脉纹数目　草坪植物的幼叶在胚芽鞘内大体有纵向对折和纵向蜗卷两种方式(图19-3,图19-4)。具体观察方法是取幼苗用刀片横切,放在实体显微镜下观察,同时可以观察到叶内圈状、脉纹数目(图19-3,图19-4)。

(四)禾本科坪用植物营养期的识别与鉴定方法　营养期是指植物生长到4~7片叶以后至抽穗期的时期。这一时期株体及各个器官均已长大,极便于识别和鉴定。其鉴定方法和内容主要有:

1. 地下器官鉴定　地下器官主要是指根和茎的变态器官根状茎。此时期随着植物的生长,在幼苗期由种子的胚根发育而形成的根系已经枯萎,因此根已不重要了,取而代之的是后继形成的根茎节和分蘖节上产生的不定根。分蘖是草坪植物中共有的特点,其分

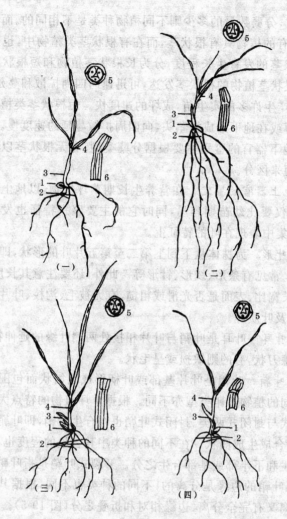

图 19-4 种子萌发至幼苗期(中胚轴不伸长类)地下、地上器官结构

(一)羊茅 (二)蓖股颖 (三)雀麦 (四)冰草

1. 颖果 2. 种子根 3. 胚芽鞘 4. 撕开的胚芽鞘
5. 第一幼叶叶鞘脉纹 6. 第一幼叶在胚芽鞘内的卷叠方式及叶鞘的脉纹数

蘖的方式、分蘖数量的多少则不同植物种类是不相同的。而根状茎则不然,有的植物具有根状茎,而在有根状茎类植物中,也还须根据其根状茎的发育生长程度,分为长根状茎植物和短根状茎类植物。长根状茎植物的根状茎发达,可迅速向四周扩散和蔓延,茎节也长,可产生许多的实生苗,成坪的速度快。短根状茎类植物其根状茎很短或在地下形成根茎头,向四周扩散蔓延的速度慢。因而,此时期地下器官的鉴别主要根据分蘖类型、有无根状茎以及根状茎的长短来区分。

2.地上器官的鉴定 在营养生长期草坪植物,以地上器官来鉴定,不仅要比幼苗期容易,同时它的主要鉴别特征也发生了变化,较为集中表现在叶的特征上。

(1)叶形 为株体从下到上第二至第五片叶的形状,即叶的外部形状。常见有条形、线形、针形等。此外,还要注意其长度、宽度以及其长宽比、表面是否光滑或粗糙、有无被毛、沟棱、叶片扁平或内卷,以及叶质等。

(2)叶耳 叶耳是叶鞘与叶片相接处两侧叶缘的延伸物,多呈耳状或镰刀状,有的则缺损或呈毛状。

(3)叶鞘 叶鞘是叶片基部或叶柄形成圆筒状而包围茎的部分。不同的植物叶鞘类型亦不同。根据草坪植物的特点大体可分为开裂式与封闭式两类。封闭式叶鞘也叫合生叶鞘,即叶鞘紧抱茎秆,边缘合成生成筒状。在不同的种类中其合生的程度也不同,有完全合生和下半部或基部合生之分。开裂式叶鞘是指叶鞘虽紧抱茎秆,但叶鞘的边缘是分离的,不同的种类也不同,根据其叶鞘边缘间距离又有完全分离、边缘相对和折叠之分(图19-5)。

(4)叶舌 叶舌是叶片与叶鞘交界处内侧的膜状突起。叶舌的有无、长短和形状随植物种类不同表现出各种各样,主要类型见图19-6。

(5)叶颈 也叫颈片、叶领。是叶片与叶鞘相接处颜色比叶片浅的部分,有宽窄、连接和分开呈倒三角形等类型(图19-7)。

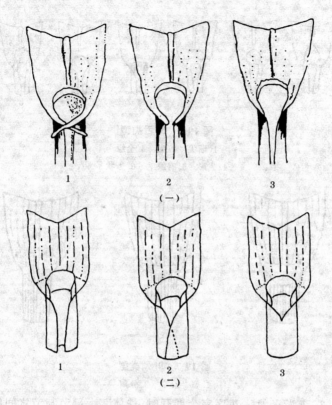

图 19-5 叶鞘、叶耳结构

(一)叶耳:1. 爪状 2. 短 3. 无叶耳

(二)叶鞘:1. 分离 2. 分离,边缘重叠 3. 合生

(五)禾本科坪用植物生殖期的识别与鉴定方法 生殖期的鉴别主要是针对种子田和一些特殊草坪草而言。这一类草坪植物属种间的鉴定较为容易,采用通常所用的形态学分类方法可鉴定出来。品种间主要依以下特征来鉴别。

1. 旗叶的长宽度 花序出现时,旗叶的长宽度和旗叶最宽处的宽度。

2. 茎秆长度 花序完全展开时,株体中最长枝条的绝对长度。

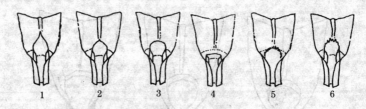

图 19-6 叶舌类型
1. 渐尖 2. 尖 3. 全缘
4. 截形 5. 有缘毛 6. 齿状

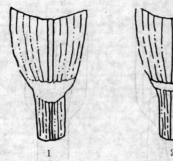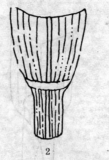

图 19-7 叶颈类型
1. 宽 2. 窄 3. 分离

3. 茎节长度 花序完全展开时,株体茎上部节与节之间的距离长度。

4. 花序颜色 花序全部展开期,花序及小穗的颜色,通常是根据小穗的颖和小花的颜色来决定。

5. 穗轴的形状 花序全部展开时,花序下侧产生分枝处主轴的形状,即有直和弯之分。

6. 花序轴颈圈的形状 花序轴(节)下颈圈的形状有闭合和开放之别。

7. 花序侧枝伸展方式 根据分枝与主枝形成夹角可有直立、斜升、水平、下垂等区别。

8. 小穗结构 小穗结构包括内外颖的有无、脱节方式、压扁方式、小穗内含几朵小花以及稃体是否有芒、基盘有无毛等。

部分常用草坪草的特性,见表 19-3。常见草坪草的形态识别,见表 19-4。

表 19-3 部分常用禾本科草坪草的特性

名称	学名	叶舌	叶耳	生长习性	叶面	种子	土壤状况	应用
细弱翦股颖	Agrostis tenuis Sibth.	钝圆	无	丛生,具匍匐枝	深绿,无茸毛	小,0.5毫米左右	适应除干旱土壤	以外的各类土壤精细草坪,滚木球场
普通翦股颖	Agrostis canina L.	尖,0.2~4毫米	无	丛生,具匍匐枝	叶面边缘齿裂,深绿至浅绿	很小	潮湿地	精细草坪,实用性草坪
匍茎翦股颖	Agrostis stolonifera L.	膜状钝圆	无	多年生,丛生型,具匍匐茎	绿色至蓝绿,无茸毛	中等,1.5毫米	各种类型	运动场、实用性草坪
细弱羊茅	Festuca rubra L.	短而圆	小且圆	具根状茎	绿至灰绿,被茸毛	颇大,3~5毫米	各类土壤,砂壤最好	运动场及某些精细草坪
羊茅	Festuca ovina L.	短而钝圆	圆形	丛生,具根状茎	绿或浅绿,无茸毛	颇大,3~5毫米	酸性湿润土壤和轻壤	实用性草坪,如网球场
草地早熟禾	Poa pratensis L.	膜状,呈盔顶状	无		绿或浅绿,叶鞘光滑	中等,2毫米	较广泛,以轻壤为佳	运动场
普通早熟禾	Poa triuialis L.	长尖形,长约4~10毫米	无	疏状丛生,具匍匐枝	浅绿或紫红色,无茸毛	中等	各种土壤	荫蔽处或运动场

续表 19-3

名称	学名	叶舌	叶耳	生长习性	叶面	种子	土壤状况	应用
林地早熟禾	Poanemoralis L.	膜状,0.55毫米左右	无	疏状丛生,无根状茎	叶绿,无茸毛	中等	湿润土壤	荫蔽处
多年生黑麦草	Lolium perenne L.	钝圆且小	小而窄	多年生,疏松到密集丛生	绿,无茸毛	大型,5毫米	湿润肥沃土壤	运动场及低水平草坪
洋狗尾草	Cynosurua crisutus L.	钝圆且大	无	丛生	暗绿	中等,2毫米	湿润的粘土为佳	运动场
梯牧草	Phleum pratyense L.	大而粗糙	无	疏松到密集多年生	绿到浅绿无茸毛	中等2毫米	湿润粘土	运动场和实用性草坪

表 19-4 常见草坪草的形态识别

名称与形态	识别特征
 一年生早熟禾(Poa annua L.)	幼叶折叠。叶舌膜状,长0.8~3毫米,光滑,无叶耳,茎基宽,全裂,叶片扁平或"V"字形,宽2~3毫米;叶边平行或船形,叶尖逐渐变细,两边光滑,在生长季或冬季为浅绿色,许多浅色线平行于叶脉。小而疏松的圆锥花序,在早春和仲春花序特别多

续表 19-4

名称与形态	识别特征
 草地早熟禾(*Poa pratensis* L.)	幼叶对叠。叶舌膜状,长 0.2～0.6 毫米,呈平截形,无叶耳茎基宽,全裂,叶片"V字"形或扁平;背、腹面光滑,两条浅色线在中心叶脉的两侧,叶尖船形。开放的圆锥花序
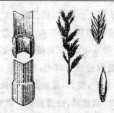 细羊茅(*Festuca rubra* var. *commutata* Gauol)	幼叶折叠。叶舌膜状,长 0.15 毫米,平截形,无叶耳,根茎狭窄,连续,无茸毛,叶片近轴面深脊状,近轴面和边缘光滑,宽 1.5～3 毫米;具收缩的圆锥花序
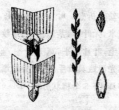 多年生黑麦草(*Lolium perenne* L.)	幼叶折叠。叶舌膜状,长 0.5～2 毫米,平截到圆形;叶耳形小,质软,茎基宽,全裂,叶片扁平,宽 2～5 毫米,近轴面有脊,具光泽,有龙骨。具无芒小穗的扁穗花序
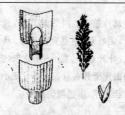 匍茎翦股颖(*Agrostis stolonifenra* L.)	幼叶旋卷。叶舌膜状,长 0.6～3 毫米,细齿状或完全圆形,无叶耳,茎基狭到宽,倾斜,叶片扁平,宽 2～3 毫米近轴面有脊且光滑,边缘具鳞片。具收缩的圆锥花序,灰白或紫色

续表 19-4

名称与形态	识别特征
 小糠草（*Agrostis albra* L.）	质地粗糙,灰绿色,具根茎。幼叶旋卷。叶舌膜状,长 1.5～5 毫米,圆形,无叶耳,茎基宽,分裂,叶片扁平,并向前端逐渐变尖,宽 3～10 毫米,边轴面有脊,边轴面光滑,边缘具鳞片。红色松散的圆锥花序
 高羊茅（*Festuca arundinacea* Schreb.）	质地十分粗糙,疏丛型。幼叶折叠。叶舌呈膜状,长 0.4～1.2 毫米,平截形,叶耳短而钝,有短柔毛,茎基部宽,分裂的边缘有茸毛,叶片宽 5～10 毫米,扁平,挺直,近轴面有脊且光滑,具龙骨,稍粗糙,边缘有鳞。收缩的圆锥花序
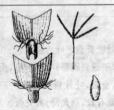 狗牙根（*Cynodon dactyloncl* L.）	幼叶折叠。叶舌边具茸毛,长 2～5 毫米,无叶耳,茎基狭窄,连续,边缘具茸毛,叶片扁平,宽 1.5～4 毫米,两面都光滑或具茸毛,向叶尖渐渐变尖。花序具 4～5 个穗状分枝
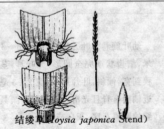 结缕草（*Zoysia japonica* Stend）	幼叶旋卷。叶舌具茸毛,长 0.2 毫米,无叶耳,茎基宽而连续,具长的茸毛,叶片扁平,宽 2～4 毫米,挺直,近轴面光滑并布有长茸毛。短小收缩的总状花序,小穗两侧压缩

二、豆科植物

豆科植物的坪用种类很多，常用的有三叶草属、苜蓿属、草木犀属和百脉根属的一些种类。主要用于高速公路和铁路两侧及边坡的固土护坡、水土保持，贫瘠地改良、厂矿污染严重地区防尘、防污以及街道、公园等特殊用途绿地建植。

(一)**豆科植物的一般特征** 有乔木、灌木或草本。根具根瘤，羽状复叶或三出复叶，少为单叶，有时具有卷须，有托叶。花两侧对称，花萼有5齿，花冠蝶形，最上方一片最大，在外为旗瓣，两侧两片为翼瓣，最里面两片常连合为龙骨瓣；雄蕊10，成二体或单体，少分离。荚果有各种形状，开裂或不开裂，有时形成横断开裂的节荚。

(二)**常用草坪豆科植物的识别特点**

1. 三叶草属(*Trifolium* L.) 草本。叶为掌状三出复叶，少为5～7小叶。花小，排列成头状、穗状或短总状花序，凋萎后不脱落。荚果小，几乎完全藏于萼内。本属常见的有4种，其识别特征主要有：

(1)白三叶(*Trifolium repens* L.) 茎匍匐，花白色或淡红色。

(2)红三叶(*Tr. pratense* L.) 茎通常直立，小叶上面有白斑，花红色。

(3)杂三叶(*T. hybridum* L.) 头状花序，小花具花梗，花红色或紫红色。

(4)绛三叶(*T. incarnatum* L.) 一年生草本，花序圆筒状，花绛红色。

2. 苜蓿属(*Medicago* L.) 一年生或多年生草本。羽状三出复(与三叶草属区别)，小叶上端具锯齿(与草木犀属区别)。短总状或头状花序，花黄色或紫色。荚果弯曲成马蹄形或卷成螺旋形、小镰刀形或肾形，不开裂，含种子1至数粒。本属常用作草坪植物的有 2 种。

(1)紫花苜蓿(*M. sativa* L.)　多年生草本,羽状三出复叶,小叶上端具锯齿。花紫色。荚果螺旋形。

(2)天蓝苜蓿(*M. lupulina* L.)　一生年草本。花黄色。荚果肾形。

3.草木犀属(*Melilotus* Mill.)　一年生或二年生草本。全株有香气。羽状三出复叶,小叶全部具锯齿。花小,组成细长而疏松的总状花序(与苜蓿属区别),花黄色或白色。荚果小,不开裂,含种子 1~2 粒。本属常见的有 4 种。

(1)草木犀(*M. suaveolens*)　小叶倒卵形至倒披针形,边缘疏锯齿。花冠黄色,旗瓣长于翼瓣。荚果卵球形,有网纹,含种子 1 粒。

(2)黄香草木犀(*M. officinalis*)　与上种近似,其旗瓣与翼瓣等长,荚果被柔毛。

(3)细齿草木犀(*M. dentatus*)　小叶边缘具细密的锯齿,荚果椭圆形,含 2 粒种子。

(4)白花草木犀(*M. albus*)　花白色。

4.百脉根属(*Lotus* L.)　多年生草本。叶具 5 小叶,其中 3 小叶生于叶柄顶端,其余 2 小叶生于叶柄基部,类似托叶。伞形花序,少单生;萼钟状,花冠黄色、白色或紫色。荚果圆柱形,2 瓣裂。常见的有 2 种。

(1)百脉根(*L. corniculatus*)　小片不等大,花 4~5 朵组成伞形花序,黄色。

(2)细叶百脉根(*L. krylovii*)　与上种近似,花序具 1~3 朵花,花较小,黄色,干后变红。小叶较细而尖。

第二节　草坪植物群落特性测定

草坪是具有特别功能的植物群落,其植物种类与组成特性,决定着草坪的适应性及其应用功能。因此,测定草坪群落的特性,对草坪的建植与维持品质评定是十分必要的。草坪群落植物特性的测定,可用传统植被调查的方法进行。

一、草坪群落植被调查方法

(一)**抽样** 草坪植被调查的面积一般较大,不可能进行全体调查,应进行科学取样。

1. 确定抽样的最小面积 最小面积是指这个面积能基本上包括草坪内所有植物种类的草坪面积。其方法是在草坪内建立2个垂直的标尺,然后以10厘米×10厘米、20厘米×20厘米、30厘米×30厘米……的面积进行草坪草种调查,直至取到不出现新的草种为止。这样,以此面积反复取样3~5次,找出平均数,作为取样的最小面积。

2. 确定最小取样数 依据同一思路,随着样方数量的增加,草坪内植物种类也增加,到一定的取样数量时,再增加取样数量,植物种类也不再增加了,这时的样方数量即为最少取样数。

3. 取样位置 取样位置要避免由主观意识选择,要尽量做到随机确定位置。定下第一位置后,下边就可按一定的间距和方向,依次决定各个取样点。

(二)**草坪植被调查方法**

1. 样方法 草坪多用正方形样方法。按抽样最小面积,在随机确定的样点处,用绳子或直尺固定一正方形的样地,然后在样方范围内进行调查和测量。该法的优点是便于统计和使用。

为了长期定点调查,有时可将样方在一定时期内固定在特定位置上,这种样方法叫永久(固定)样方。样方依据其作用又可分为记名记样方(只记植物名称)、记名记面积样方、记名记数样方、记名记重量样方等。

2. 样带法 样带法适宜面积较大、环境条件差异较大的草坪调查。在草坪上用2条平行线做成1米宽的长方形带状样方,长度随调查目的而定。

其调查方法和内容与样方法相同,主要是记录草坪植物种类、盖度、密度等,亦可对床土进行调查。

3. 样线法　样线法是样带法的简化,把样带缩成1条线,调查记录线上所接触的植物,以1米为观测基本单位。主要记录草坪内各种植物出现的频度。

4. 横断切线法　将样线法进一步改进成为横断切线法。这种方法不是了解随着环境的变化草坪植被发生的变化情况,而是了解草坪植被全体的构造。

具体做法与样线法略同,特点是记录线所接触的植物种类及所占的长度。

在中等复杂的草坪上,以长10厘米的样线重复做15次,长15厘米样线重复做10次,就可得到相当高的可信率。

5. 剖面法　主要调查草坪植被立体结构。剖面法对了解微地形变化和植被配制更有意义。

根据调查目的,拉1条水平的调查线(10米长),然后分别以1米为单位,作为观测点进行观测。首先测定调查线到草坪床面的深度,以厘米为单位,调查完了就能测出地形断面,然后在方格纸上正确地绘出地形断面图。接着调查与地形变化相应的植被配置和特定植物分布状况,把代表植物的主体情况绘在图上。

6. 点测法　以样点为调查对象,较适宜草被低的草坪植被调查。

点测法调查方法是以1个尖锐的铁针为工具,记录针尖所接触的植物。如无植物,则按裸地处理。

调查器的构造是针与针间间离10厘米,1个样点并列10根针,针装在1个铁架上,每根针能自由地上下移动。调查时将调查器放在草坪上,然后从一侧开始把10根针依次提起,使之从上向下落,记录针所接触的植物名称。距地面10厘米以上为上层,以下为下层。对上层和下层碰到的植物要分层列表记录,这样就能查明草坪植被的多层结构。

二、调查的内容和项目

（一）**种群大小**　种群的大小或种群的数量,是种群内各草种个体数量的多少。种群的数量或大小的变化,决定草坪草出生率和残废率的对比关系。种群的大小决定种群的出生率、死亡率和起始种群的个体数目,在一定时间内群落的大小(N_t),等于该时间开始时种群的个体数目(N_0),加上该时间间隔内出生的个体数目(B)和死亡个体数目(D)的差,即 $N_t = N_0(B-D)$。

种群大小的变化深受环境条件的影响,草坪养护管理的根本任务就是保持草坪中草坪草相对的动态平衡,最大限度地保持种群的延续和繁盛,进而达到维持高质草坪及其利用年限的目的。

（二）**密度**　单位面积内种群的个体数目,以单位面积内种群个体数与单位面积的比率来表示。在草坪中由于个体的草难于区分,通常以枝条数作为计数单位。

$$D(密度) = \frac{N(单位面积内某群体的个体数目)}{S(单位面积)}$$

有人认为密度是每个个体所占的单位面积,也有学者认为是个体所占的平均面积,实际上前者是指密度的倒数,即：ma(平均面积) $= 1/D$(密度)。

在草坪植物群落研究中,通常较为重视全部种群的所有个体的密度和平均面积,并在此基础上得到相对密度($D\%$)以及个体间的平均距离,即：

$$MD(平均距离) = \sqrt{\frac{S(单位面积)}{N(所在个体数目)}} - d(平均基径)$$

（三）**多度**　或称丰富度。表示1个种群在群落中个体数目的多少或丰富程度,是群落中种群个体数目的1个数量上的比率。

种群多度的测定,通常是在样地内记名记数直接统计,或是目测估计(表19-5)。

表 19-5　常用的几种多度等级

胡氏法 (Hult)	史氏法 (Schiw, Deude)	克氏法 (Clements)	布氏法 (Braun-Blanguet)
5 很多	Soc. (Sociales) 极多	D(Dominant) 优势	5 非常多
4 多		A(Abundant) 丰盛	4 多
3 不多	Cop. (Copiosae) { Cop^3 很多 / Cop^2 多 / Cop^1 尚多 }	F(Frequent) 常见	3 较多
2 少		O(Occasional) 偶见	2 较少
1 很少	Sp. (Sparsae) 少		1 少
	Sol. (Solitariae) 稀少	R(Rare) 稀少	+ 很少
	Un. (Unicun) 个别	Vr(Very rare) 很少	

目测法多用于草坪群落,可按已制定的多度等级来进行估测。

(四) **盖度**　或称覆盖度。是种群在地面上所覆盖的面积比率,表示种群实际所占据而利用的水平空间的面积。一般分为投影盖度和基部盖度。

1. **投影盖度**　亦称植冠盖度,亦即通常所指的盖度,是植物枝叶或植冠所覆盖的地面面积的比率,即:

$$C(盖度) = \frac{S(植冠遮蔽地面面积)}{a(样地面积)} \times 100\%$$

投影盖度还可用目测法估计,按盖度级(表 19-6)以百分数表示。

投影盖度与叶面指数有关。叶面积指数是单位土地面积内的叶片表面的总面积,即:

叶面指数 LAI = 总叶面积表面积/单位土地面积,这是十分有效的等级标准,反映了正在利用着有效光能的程度。

表 19-6 常用的几个盖度级

等级	道氏法 (Domin)	布氏法 (Braun-Blanquet)	胡氏法 (Hult, Serlander)	纳氏法 (Lagerberg, Raunkiaer)
+	惟一的个体	<1%	—	—
1	1~2个个体	1~5	0~6.25	0~10
2	盖度<1%	6~25	6.5~12.5	11~30
3	1~4	26~50	13~25	31~50
4	4~10	51~75	26~50	51~100
5	11~25	76~100	51~100	—
6	26~33	—	—	—
7	34~50	—	—	—
8	51~75	—	—	—
9	76~90	—	—	—
10	91~100	—	—	—

2. 基部盖度 又称基面积或底面积,是植物基部实际所占的地面面积,在草坪测定中,因其较为稳定,较常采用。

(五)频度 表示种群的个体在群落中水平分布的均匀程度,是表示个体与不同空间部分的关系,是种群在群落中出现的样地的百分数,或称为频度指数,即:

$$F=\frac{\sum S(某种植物出现的样地数)}{N(全部样地数)}\times 100\%$$

因此,频度大的种群,其个体在群落中分布是较均匀的,反之,频度小的种群其个体在群落中的分布是不均匀的,从而反映种群在群落中的水平格局。

频度测定的方法有多种,常见的有:

1. 扎根频度 是计数那些茎或丛的中心位于样地内的植物。
2. 覆盖度频度 考虑的是在样地内具有植冠覆盖度的任何植物。

3. 底面积频度　只计数被包括在样地内的底面积。

4. 生活型频度　只计数进入样地内的多年生芽的植物。

5. 样点频度　由样点法测定的频度。

频度是密度的函数,在随机分布的情况下,其关系可表示为:

$$D(密度) = -1oge[1 - \frac{F(频度)}{100}]$$

(六)存在度　某种植物在同一群落类型的、在空间上分隔的各个群落中所出现的百分率,即:

$$P(存在度) = \frac{n(某种植物出现的群落数)}{N(同一类型群落的总数)} \times 100\%$$

存在度通常将同一类型的各个群落的所有种类,按其出现的次数比率划分为 5 个等级,即:

Ⅰ　1%～20%,稀少

Ⅱ　21%～40%,少有

Ⅲ　41%～60%,常有

Ⅳ　61%～80%,多数有

Ⅴ　81%～100% ,经常有

三、调查结果的分析与总结

(一)优势度　总结的第一步是判断优势度。优势度表示某种草坪草在草坪群落上占有优势的程度。草坪草种的优势度可用几种方法求得。

1. 图解法　在草坪草群落里,从群丛的外观可以推测出优势种,但不能知道其优势占多大程度,必须用图或数值来表示。

如已测定得知某种草坪群落草种 a,b,c,等的特征值 F'(频度)C'(盖度)D'(密度)H'(高度)(表 19-7)。

根据表 19-6 中的 F', C', D', H' 四项目测定,绘制优势图。其方法是以 O 为圆心绘出直角坐标系,再绘出单位圆,并把圆以 H', F', C', D' 分成四等分,以半径为 100%,按上表数值分别标定在直角坐标内,按 H',F',C',D' 标定点,顺次连接成四边形,从圆内四边形的形状与面积就能直观地看出草坪草种的优势度(图 19-8)。

表 19-7 草坪植被群落草种调查资料

草坪草种名	F'	C'	D'	H'
a	100	100	100	100
b	100	25	50	80
c	50	50	25	100

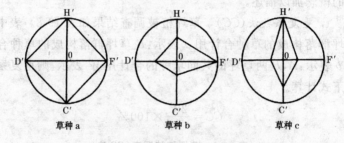

图 19-8 草坪草 a,b,c 优势度

在时间少调查工作量大时,也可只调查 F',C',D' 3 项,依上法制成三角形图解。

2. 算术优势度法(SDR 法) 这种方法除 F',C',D',H' 4 项数值外,还可以加入重量(P')等特征值,其计算公式如下:

$$SDR_5 = \frac{F' + C' + D' + H' + P'}{5}$$

如果不用重量,也可用公式 SDR_4 计算:

$$SDR_4 = \frac{F' + C' + D' + H'}{4}$$

(二)裸地率、植被率、杂草化率

1. 裸地率 在草坪点测法调查中,根据调查点数和调查总数记录,依下式求出该草坪的裸地率,即:

$$\text{裸地率} = \frac{\text{裸地点数设计}}{\text{调查总点数}} \times 100\%$$

2. **植被率** 同理可算出草坪的植被率。

$$\text{植被率} = \frac{\text{全植物接触点数总计}}{\text{测点点数}} \times 100\%$$

3. **杂草化度** 草坪杂草化率可用上述点测法的结果加以计算，即：

$$\text{杂草化率} = \frac{\text{杂草接触点数总计}}{\text{调查总点数}} \times 100\%$$

（三）**相似度** 在两草坪间,为确定其相似程度,可用草坪相似度的概念加以描述。

1. **重复系数法（CC）** 草坪植被调查结果如表 19-8。表中 A 草坪群落构成的草种合计用 a 表示；B 草坪群落构成的草种合计用 b 表示；A,B 两草坪的共同草种的合计用 W 表示,则重复系数按下式计算。

$$CC = \frac{2W}{a+b} \times 100\%$$

表 19-8 草坪植被调查（CC 法）

草种	A 草坪	B 草坪
s	+	+
t	+	+
x		+
z	+	
合计	3	3

表中：$a=3$；$b=3$；$W=2$。如果 2 块草坪的草种出现完全一致的情况,此时 $CC=100\%$。这个方法很简单,但这个方法完全忽视了草种在草坪中的优势程度,因此,这个方法该改进。

2. **频度指数群落系数法（F/CC）** 这个方法重视了草种的频

度,其方法如下。草种调查结果如表 19-9。

表 19-9　草坪植被调查(F/CC 法)

草种	A 草坪群落频度(%)	B 草坪群落频度(%)
s	10	30
t	50	30
x		80
z	70	
合计	130	140

如表 19-9 所示,A 草坪群落中出现,而 B 草坪群落中没出现的草种的合计用 a 表示;同样在 B 草坪群落中出现,而在 A 草坪群落中未出现的草种的合计用 b 表示;在 A,B 两草坪群落共同出现的草种的 F 值合计用 W 表示(但在 A,B 两草坪群落里 F 不同时,取最小值),然后代入公式下计算:

表中:$a=70, b=80, W=10+30=40$。

$$F/CC = \frac{2W}{a+b} \times 100\%$$

因此,上述表 19-8 资料运算结果为:

$$F/CC = \frac{20}{150} \times 100\% = 13.3\%$$

用两草坪群落的相同草种和不同草种的对比来表示其相似度,这种做法仍有缺点,为了弥补这个缺点,可采用以下做法:

$a=$ A 草坪群落出现的全部草种 F 的合计;
$b=$ B 草坪群落出现的全部草种 F 的合计;
$W=A,B$ 两群落共同出现草种 F 的最小合计值。

其公式为:

$$F/CC = \frac{2W}{a+b}(\%)$$

如果有 A,B,C 3 个以上草坪时,在计算中可以排列组合的方式,两两进行比较。

(四)演替度(DS) 草坪从建成之后,由于利用和养护管理强度等因素的变化,处于不断的变化之中,有时向好的方向发展(进展演替),有时向坏的方向发展(逆行演替)。为了确定草坪的发展变化状态,为草坪的利用与管理提供依据,通过演替度来确定其演替阶段是十分有益的。

草坪从建植前的裸地开始,到形成稳定的群落(项极)为止,各种草坪不同,其经过的时间和演替过程是千变万化的。各具有自己的演替序列,具体的草坪在一定的时刻的演替中所处的阶段,可用演替度进行量化描述其计算式:

$$DS = \frac{\sum S(I \times d)}{N} \times U$$

式中:I 为构成种的寿命;d 为构成种的优势度;N 为构成种的种数;U 为植被率(%)(如为 100%,则为 1)。

第三节 草坪绿地杂草危害判定

一、草坪绿地杂草种类分布调查

(一)调查目的 了解代表性地区、不同建坪措施下杂草的种类、组合、分布状况,为除草规划提供资料。

(二)调查内容 ①草坪杂草的主要种类、密度、盖度。②优势种的多度、频度系数。③主要恶性杂草和杂草组合。④主要恶性杂草的优势种和主要恶性杂草分布型。

(三)调查方向

1. 路线踏察 调查前通过资料收集、动向的了解,对所在地区的环境、水文、气象、土壤、耕作、栽培制度、前作、土地面积、生产水平等情况,要先获得轮廓性了解,后确定调查点,并沿着一定路线进行调查。其要求是识别各种草害和重要草害组合(群落)的外貌组成结构,结合地形变化、生态环境,了解其分布特点和界限。

2. 重点调查 在路线调查的基础上,可根据调查目的,有重点地选择一些项目进行调查。如对不同地理环境条件、不同耕作、不同建坪制度下的主要恶性杂草的分布、发生、危害程度的调查。重点调查可根据资料的用途选择以下内容:①杂草种类组合(群落)与发生季相(杂草发生随季节的动态分布)。②密度,即单位面积上杂草发生的数量。可按下式计算:

$$D(密度) = \frac{N(株数)}{S(单位土地面积)}$$

$$D_1(相对密度) = \frac{N_1(一个种的密度)}{N(所有种的总密度)} \times 100\%$$

3. 分布型 即分布的区域性和分布特点。通过调查并计算杂草的变量和平均数的比率,来测定杂草在草坪间分布的类型。分布型指示环境差异与个体间的正负作用,帮助分析草害侵入草坪的过程,追溯其发生和发展的状况,为制定防治对策和选择化学除草剂配方、防除方法提供依据。分布型按以下公式计算:

$$C(扩散系数) = \frac{S^2(杂草植株株数变量)}{X(杂草株数平均值)}$$

当 $C=1$ 时均匀分布,$C>1.5$ 时为随机分布,$C=1.5\sim 5$ 间时为核心分布或嵌纹分布。

4. 多度 即杂草的个体数占样地中全部个体数的百分数。

$$T_1(某个种的多度) = \frac{N_1(该种的个体数目)}{N(样地中全部的个体数)} \times 100\%$$

5. 频率系数(相对频度) 即在特定范围内各种杂草出现的百分率,计算频度应在样地大小相同的基础上,按调查点进行计算。

$$R(频率系数) = \frac{N_1(某种杂草出现次数)}{N(小样地数)} \times 100\%$$

6. 盖度 即植株叶所覆盖的面积。盖度分为投影盖度和基部盖度,可作为杂草荫蔽草坪草的指数。

$$C(盖度) = \frac{S_1(枝叶覆盖面积)}{S(地表面积)} \times 100\%$$

7. 杂草高度　指相对高度和绝对高度，相对高度可更确切地说明杂草对空间的占领。

二、草坪绿地杂草危害的判定

(一)判定目的　了解草害，尤其是恶性杂草优势种的分布、发生危害情况及其与生态环境的关系。

(二)判定内容　恶性杂草优势种的分布和区系分布特性，发生面积危害程度(危害面积，严重危害面积及造成生育受阻与坪用性状的下降)的调查，发生危害与生态环境的关系。

(三)判定方法

1. 调查重点　首先是调查发生数量大、难以防除的恶性杂草及优势种。还可结合本地区、单位的特殊杂草种类进行调查，如杂草混杂较大，难于区分优势种或主要恶性杂草，则可按混生主次划为群落。

2. 取样技术　样本取得的估计值能否有代表性，在很大程度上取决于取样技术的正确与否。

(1)代表面的确定　1个草坪单位究竟要调查多少面积才有代表性？主要取决于杂草分布均匀度及调查工作所要求的精度。草害调查的代表面积应根据草害类别、分布、危害特性以及造成损失的情况而定。建议在 1:10~20 之间，随着草害发生的加重和分布不均匀性的增加，调查面积相应增大。

(2)样本含量　即样本的大小。取样误差是和取样数的平方根成反比，样本愈大，样本中所含的取样单位愈多，由样本所估得的值就愈为准确，误差也就愈小。样本含量应根据植物密度的大小和分布情况而定。样地(样方)应有足够大，应包括有足够的个体数；但也要有足够小，以便于区分、计数和测定现有的个体数，这才能避免重复或遗漏个体而产生混乱。

(3)样地形状　以长方形为好，且长向应与环境梯度(或密度分布梯度)相平行。

(4)取样方法

①简单随机取样：即利用随机数字或田间非主观地抽取随机样本。应用此法抽取的样本个体，是分别以相等的概率单独求得的。这适用于草害分布均匀的地段。

②系统抽样法：即在调查区内按一定间隔抽取1个取样单位。

③分层抽样法：先把总体划分为若干部分，称层次。如一类、二类、三类等，再在各部分中用随机抽样法或系统抽样法来抽取样本。后根据各部分（类别）样本数值计算总体的估计值。

3. 调查时间　多在草害发生基本定型（发芽高峰之后）和危害最大时间及成熟前易鉴别时进行，且以草坪草生育期为调查时间，这样可以得出杂草危害是全期性或短期性的结论。

4. 草害分级标准

(1)目测法

①密度分级：先有计数经验再行目测分级。

②盖度分级：先有盖度调查经验再目测分级。

③密度、盖度、相对高度、综合指标分级。

(2)计数法

①密度：计算单位面积上的杂草数。

②杂草鲜（干）重比：以地上部分的鲜重、干重表示。

③杂草、草坪草（干）重比：以每平方米为单位计算。

④杂草、草坪草相对高度：以百分数表示。

三、草坪绿地杂草危害发生及消长规律的判定

(一)判定目的　了解恶性杂草优势种的发生消长规律，摸索在一定条件下发生始期、高峰期和终止期，为正确使用除草剂和制订农业防除措施提供依据。

(二)判定内容　调查草害在草坪草生长期发生量的动态分布、调查发生高峰期、记载主要生育期及记载降水、气温等主要气象资料。

(三)判定方法

1. 选点 选择具有代表性的地段、草坪绿地类型,进行定位观察。每个观察样方为 0.25~1 平方米,在整地后即定点调查,每隔 5 天或 5 的倍数天,观察记载发生数 1 次,直到杂草不再发生为止。

2. 绘制消长曲线 通过对草坪杂草生育周期的观察后,把所有结果(株数或鲜草重)按日期顺序加以整理,以横坐标表示调查日期,纵坐标表示发生量(相对发生或绝对发生量),连结成线即为消长曲线。

3. 记载生育期 在草害消长规律调查的同时,对草害群体进行生育期记载,分别以营养期 V,花蕾期 B,结实期 Fr,开花期 FL,休眠期 D 表示。还可观察与除草剂使用有密切关系的物候期,如三叶期、开花期和休眠期各类杂草情况,还应根据杂草形态特征与生物学特性的不同,对各杂草分别进行观察。

第四节 草坪绿地病害的判定

草坪绿地病害的判定是较为复杂的问题,其诊断技术包括症状的识别和病原物的鉴定,需要较高的专业知识和一定的试验检测设备,因此,需要专门的技术人员和机构来完成。对于多发和常见的病害,已做了大量的研究工作,积累了丰富的经验,根据直观的症状和发病特点,就可以作出判定,最常用的方法是利用草坪草病害检索表进行检索、判定(见表 19-10)。

表 19-10 普通草坪草病害检索表

选择 1a 或者 1b,根据选择的 1a(1b)右栏的阿拉伯数字 2(3),再从该数字对应的 a、b 两行 2a,2b(3a,3b)中选择正确的 1 个,如此直到查出该病为止。

1a 晚秋、冬季或者早春发病 ·· 2
1b 春季、夏季或秋季发病 ·· 3
2a 叶子上有白色-粉红色的真菌。此后,死去的叶子变白,并且 1 小片 1 小片地缠结起来··· 粉红雪腐病

2b 有淡黄斑,叶片灰白色并彼此缠绕,棕色菌核包埋于叶内或根颈上
　　……………………………………………………………… 雪腐病
3a 伴随着疾病的发生,出现了许多清晰的受害草皮斑 ………… 4
3b 除了病斑外还有其他疾病症状 ………………………………… 11
4a 春季过渡期,狗牙根草丛中有直径 30～120 厘米的死斑,叶片呈稻草色,根和匍匐茎变黑腐烂 ………………………………… 春季死斑病
4b 症状出现在同时,草皮正旺盛地生长 ………………………… 5
5a 疾病发生于又热又湿条件下 …………………………………… 6
5b 疾病发生于凉爽－中温条件下 ………………………………… 8
6a 有形状不规则的小而水浸润斑点,斑点合并成大条斑或圆斑
　　……………………………………………………………… 腐霉枯萎病
6b 有环状、新月状、大圆圈状的斑 ……………………………… 7
7a 有淡黄褐色-稻草色的斑痕,边线呈红棕色,直径从 6～120 厘米不等。可能出现在一块草皮的中央,侵蚀斑出现在草的全叶上 ……… 镰孢枯萎病
7b 有凹凸不平的大棕斑,边缘呈紫色 …………………………… 褐斑病
8a 在受影响的草皮上有可见的真菌生长 ………………………… 9
8b 在枯萎的草皮上有压平的环状斑,直径从 6～12 厘米不等,斑中央经常挤有别的草种 ………………………………………………… 全蚀病
9a 枯萎的叶片由黄色变成红棕色到黄褐色,有微小的黑色球状真菌,带突起的黑色刺 ……………………………………………………… 炭疽病
9b 草丛中围绕着病斑出现一些真菌或叶有侵蚀斑 ……………… 10
10a 在死叶的两端有粉红色的真菌菌丝体存在 ………………… 红丝病
10b 有银元大小的褪色变白的斑存在,有露水时,还能看见白色绵状体
　　……………………………………………………………………… 币斑病
11a 叶上有斑点或侵蚀斑是突出的症状 ………………………… 12
11b 除斑点和侵蚀斑外,还有其他症状 ………………………… 17
12a 斑点呈红色 …………………………………………………… 13
12b 斑点不呈红色 ………………………………………………… 14
13a 斑点是真菌的脓疱 …………………………………………… 锈病
13b 叶上有铜色孢子存在,进一步发展为红色侵蚀斑 ………… 铜斑病
14a 斑点呈灰色 …………………………………………………… 15
14b 斑点不呈灰色 ………………………………………………… 16

15a 叶尖端有灰色侵蚀小斑,侵蚀斑后来褪色为黄色,并覆盖整个叶片
.... 壳针孢叶斑病
15b 叶上有不规则的棕色-灰色的斑点。1个叶片上斑点数目可达30个
.... 灰斑病
16a 叶片上、叶鞘上、茎秆上有环形的、细长的、略呈紫色的、棕色的斑点,中心呈稻草色 .... 长蠕孢叶斑病
16b 叶上有黄绿色-灰色的条斑,随后表皮破裂暴露出黑色的孢子群
.... 黑粉病
17a 快速生长的草丛构成12～40厘米宽的深绿色带状草皮,草皮带又构成1个直径1～6厘米的环圈。带上可能有蘑菇出现,圈内可出现棕色或白色 .... 磨菇圈
17b 草皮上可见真菌 18
18a 发病区草皮表面覆盖有亮白色到暗绿色的半透明的真菌敷瘤;后来敷瘤呈灰色,结构不变化 .... 粘菌病
18b 叶上有白色真菌团 19
19a 叶子上尤其是老叶、低部叶片完全覆盖有浅灰白色粉斑,褪绿侵蚀斑可以扩展,使叶子变黄 .... 白粉病
19b 白色条斑平行于叶脉,叶上表面被白绒毛 .... 霜霉病

附　录

附录一　温度与草坪作业

温度(℃)	项　目
冷 地 型 草 类	
32	幼苗停止生长
25	根停止生长
21	根生长的最高极限温度
21	晚夏种草的时机
5～23	幼苗生长的最适温度
10～18	根生长的最适温度
4	幼苗停止生长
0.5	根停止生长
－6	如温度迅速降至－6℃以下，可使草类死亡
暖 地 型 草 类	
48	幼苗停止生长
43	根停止生长
26～35	幼苗生长的最适温度
23～29	根生长的最适温度
23	秋季将黑麦草加种于狗芽根草上的最适时机
18	春季种草的最适时机
	春根可能开始衰落，根可能在1～2天内变黄，变褐后死亡
10	在此温度以下根生长开始变慢

续附录一

温度(℃)	项 目
10	由于寒冷的伤害,可能导致草叶变色
-4	温度太低草类可能死亡
	杂 草 防 治
10	入冬开始使草变色
16～8	土壤接近此温度时,大戟草及猪殃殃等开始发芽,因此应当使用早期防治剂
12～14	当土壤接近此温度时,蟋蟀草开始发芽,因此应当施用早期防治剂
	虫 害 防 治
13	防治白蛴螬及蟋蟀之最低温度

附录二 常见草坪绿地植物名录 (以中文笔画为序)

名 称	学 名
	三 画
1. 土麦冬	*Liriope spicata* Lour
2. 弓果黍	*Cyrtococcum patens* (L.) A. Camus
3. 小冠花	*Coromilla varia* L.
4. 小糠草	*Agrostis alba* L.
	四 画
5. 中华结缕草	*Zoysia Sinica* Hancw.
6. 中华苔草	*Carex Chinese* Retz.
7. 无芒雀麦	*Bromuas inermis* Leyss.
8. 牛尾草	*Festuca elatior* L.

续附录二

名 称	学 名
9. 毛花雀稗	*Paspalum dilataum*
10. 巴哈雀稗	*Paspalum notatum* Flugge.

五 画

11. 白三叶	*Trifolium repens* L.
12. 长芒薹草	*Carex davidii* Franch.
13. 白顶早熟禾	*Poa acroleuca* Steud.
14. 百脉根	*Lotus corniculatus* L.
15. 加拿大早熟禾	*Poa compressa* L.
16. 白颖薹草	*Carex rigescens* (Franch) V. Krec

六 画

17. 红三叶	*Trifolium pratense* L.
18. 竹节草	*Chrysopogon aciculatus* (Retz) Trin
19. 多年生黑麦草	*Lolium Perenne* L.
20. 多花黑麦草	*Lolium mulitiflorum* Lam
21. 羊茅	*Festuca ovina* L.
22. 多变小冠花	*Coronilla Varia* L.
23. 红狐茅	*Festuca rubra* L.
24. 冰草	*Agropyron cristatum* (L.)
25. 亚柄薹草	*Carex Subpediformis* (Kukenth) Sutet Suzuki.
26. 地毯草	*Axonopos compressus* (Swarts) Beaduv.
27. 早熟禾	*Poa nnua* L.
28. 异穗薹草	*Carex heterostachya* Bga.

续附录二

名　称	学　名

七　画

29. 麦冬　　　　　　　　　*Ophiopogon japonicus* (L. f.) Ker-Gawl
30. 沟叶结缕草　　　　　　*Zoysia matrella* (L.) Merr.
31. 韧叶紫羊茅　　　　　　*Festuca rubra commutata*
32. 两耳草　　　　　　　　*Paspalum conjugatum* Bergius
33. 苇状羊茅　　　　　　　*Festuca arundinacea* (Schreb.)
34. 苇陆薹草　　　　　　　*Carex wiluica.*
35. 卵穗薹草　　　　　　　*Carex duriuscula* C. A. Mey.

八　画

36. 细叶早熟禾　　　　　　*Poa angustifolia* L.
37. 细叶结缕草　　　　　　*Zoysia tenuifolia* willd. Ex Trin.
38. 狗牙根　　　　　　　　*Cynodon dactglon* (L.) Pars.
39. 林地早熟禾　　　　　　*Poa nemoralis* L.
40. 虎尾草　　　　　　　　*Chloris virgata* Swartz.
41. 金线钝叶草　　　　　　*Stenotaphrum secund* Variegatum
42. 细弱剪股颖　　　　　　*Agrostis tenuis* Sibth.
43. 垂盆草　　　　　　　　*Sedum sarmentosum* Bunge.
44. 青绿薹草　　　　　　　*Carex Leucochlora* Bge.
45. 披碱草　　　　　　　　*Eiymus dahuricus* Turcz.

九　画

46. 绒毛剪股颖　　　　　　*Agrostis canina* L.
47. 弯叶画眉草　　　　　　*Eragrostis curvula* (Schrdd.) Nees
48. 草地早熟禾　　　　　　*Poa pratensis* L.

续附录二

名　称	学　名
49. 胡枝子	*Lespedeza bicolor* Turcz.
50. 洋狗尾草	*Cynosurus ctistutus* L.
51. 匍茎剪股颖	*Agrostis stolonifera* L.
52. 匍匐委陵菜	*Potentillia reptans* L.
53. 结缕草	*Zoysia japonica* Steud.
54. 扁穗牛鞭草	*Hemarthria compressa* (L. f.) R. Br.
55. 扁穗冰草	*Agropyron cristotum* (L.) aertn

十　画

56. 高山梯牧草	*Phleum alpinum* L.
57. 高大剪股颖	*Agrostis gigantea* L.
58. 格兰马草	*Bouteloua curtipendula* (Icx) Ovc.
59. 狼尾草	*Pennisetum alopecuroides* (L.) Spreng.
60. 高原早熟禾	*Poa alpigena.* (Blytt) Lindm.
61. 准噶尔薹草	*Carex souaorica*

十一画

62. 野牛草	*Buchloe dactyloides.* (Munro) Hack.
63. 鸭茅	*Dactylis glomerata* L.
64. 梯牧草	*Phleum prayense* L.
65. 假俭草	*Eremochloa ophiuroides* (Munro) Hack.
66. 宿根黑麦草	*Lolium prenne* L.

十二画

67. 紫羊茅	*Festuca rubra* L.
68. 硬羊茅	*Festuca ovina var duriscula* (L.) Koch.

续附录二

名　称	学　名
69. 黑麦草	*Lolium perenne* L.
70. 硬质早熟禾	*Poa sphondylodes* Trin. ex. Bunge.
71. 萹蓄	*Polygonum aiculare* L.

十三画以上

72. 矮生薹草	*Carex pumila* Thunb

附录三　草坪草生产特性一览表

草种名	每克种子粒数（粒/克）	种子发芽适宜温度(℃)	单播种子用量（克/平方米）	营养体繁殖面积比（平方米/平方米）
冷 地 型 草				
小糠草	11088	20～30	4～6(8)	7～10
匍匐翦股颖	17532	15～30	3～5(7)	7～10
细弱翦股颖	19380	15～30	3～5(7)	5～7
欧翦股颖	26378	20～30	3～5(7)	5～7
草地早熟禾	4838	15～30	6～8(10)	7～10
林地早熟禾			6～8(10)	7～10
加拿大早熟禾	5524	15～30	6～8(10)	8～12
普通早熟禾	5644	20～30	6～8(10)	7～10
早熟禾		20～30		
球茎早熟禾		10		
紫羊茅	1213	15～20	14～17(20)	5～7
匍匐紫羊茅	1213	20～25	14～17(20)	6～8
羊茅	1178	15～25	14～17(20)	4～6
苇状羊茅	504	20～30	25～35(40)	8～10
高羊茅	504	20～30	25～35(40)	8～10

续附录三

草种名	每克种子粒数（粒/克）	种子发芽适宜温度（℃）	单播种子用量（克/平方米）	营养体繁殖面积比（平方米/平方米）
多年生黑麦草	504	20～30	25～35(40)	8～10
一年生黑麦草	504	20～30	25～35(40)	
鸭茅		20～30		
猫尾草	2520	20～30	6～8(10)	6～8
冰草	720	15～30	15～17(25)	8～10
暖 地 型 草				
野牛草	111	20～35	20～25(30)	10～20
狗牙根	3970	20～35	5～7(9)	10～20
结缕草	3402	20～35	8～12(20)	8～15
沟叶结缕草		20～35		
假俭草	889	20～35	16～18(25)	10～20
地毯草	2496	20～35	6～10(12)	10～20
两耳草		30～35		
双穗雀稗		30～35		
格拉马草	1995	20～30	6～10(12)	7～10
垂穗草		15～30		

注：1. 括弧内是指为特殊建坪目的加大了的单播种量。若用于种子生产时，播量应适当减少

2. 野牛草是指头状花序量

附录四 主要运动场草坪建植的要求一览表

场地类别	一般面积（平方米）	主要规格（米）	场地方位	地面	排水	其他
羽毛球	150	单打5.2×13.4，双打6.1×13.4，四周各留宽1.5米的无障碍带	长轴为南北向	草坪或混凝土	混凝土地面允许保持8%的坡降草坪面允许坡降为2%	
槌球	280	比赛场11×12，外围四周每边加0.8宽的边带	无严格要求，视地形而定	为短修剪的草坪	地面最好水平，最大坡度为20%	
草地滚木球	1207～1618（六道场）	正方形草坪边长34～38，周边沟槽及保护坡宽0.6～1.1，球场宽4～5.8，球场长34～38	无严格要求，可任选	致密耐修剪的草坪或沙质粘土	应具有良好的地面排水	沟槽在草坪床面以下，深度50～200毫米，宽度为200～375毫米
草地网球	669	比赛场地11×24 两侧加3.6 两端加6.4	长轴方向经南北为好	混凝土、沥青材料、沙粘土和草坪	含地下排水系统的地面允许有0.83%的坡降	场地四周可设置3米高的围网

续附录四

场地类别	一般面积（平方米）	主要规格（米）	场地方位	地面	排水	其他
棒球	12147～15589	垒线27,投球距离18,投手板应高出本垒254毫米,至犯规线距离为98～107,外场垒场中心距离为120	从本垒穿过投球区的土墩和二垒的连线应为东北偏东向	铺植草坪	从投手区到球场边缘可保持1%～2%的坡降,呈龟背形	本垒后面要设挡网,青少年棒球从本垒至外场挡网各点的距离为11米,正式棒球场本垒至挡网各点距离为12～18米
垒球	5860～8361	垒球线:男子和女子为18.2,少年为13.7,投球距离:男子为14,女子为12,少年为10.7,从本垒到犯规线之间的半径:快速男子和女子为68.6,慢速男子为83.8,慢速女子为76.2	投球方向与太阳照射面垂直	铺植草坪		在本垒后应设置后挡网,最小距离为7.6米
曲棍球	5945	赛场:宽55米,长9.1,四边无障碍空地宽不少于3	场地长轴线应取西北-东南向为准,一般应取南北向	塑料或草坪	允许以脊线为准:向两边方向保持坡度	应设置暗沟排水

续附录四

场地类别	一般面积（平方米）	主要规格（米）	场地方位	地面	排水	其他
木球	169~261	宽3.9~5.9，长23.8~28，两侧每边加0.9，两端各加2.7的无障碍空地	长轴为南北向，但要求不甚严格	以草坪为好，亦可用细沙和粘土混合材料	草坪场可以保持10%的排水坡度，沙和粘土质场则利用地面渗透排水	场地四周均可设置低木围栏
槌球	280	宽11，长21，四边周边地带宽0.8	方位无严格要求，可以依地形确定	修剪整齐的草坪	允许最大的坡降为20%	应设置地下排水设备
足球	男子：6990~8640，女子：3381~5946	男子：宽59~69，长101~110，女子：宽36.6~54.8，长73~91	长轴取东南-西北向为最佳，一般可取南北向	草坪	从场地中点向两边可保持1%的坡降	应设立良好的排水和供水系统
橄榄球	3382~7060	宽55，长91，场地两端各设1个0.9×54的球门线以外的地区，其四周设3宽的无障碍空地	长轴以西北-东南向为佳，利用时间较长的场地可采取南北向	草坪	纵向中脊线至两边的坡度为1%	应具有良好的暗沟排水系统

续附录四

场地类别	一般面积（平方米）	主要规格（米）	场地方位	地面	排水	其他
运动场	17410	侧面的内转弯处半径为270，跑道宽度9.6，分成1.2宽的8条分道，场地总宽84，总长183	跑道定位必须使长轴外于从南北向至东南向的扇形幅度内。终点处设在直边的一端	跑道最好使用塑料	跑道的坡度：弯道中心处坡斜为2%，直线道向里斜1%，跑道方向纵坡为0.1%	须具备良好的排水系统
赛马场	39000～67000	跑道长度一般1600，最小400，最大2400，跑道宽度20～30，场中空地面积10万平方米	草坪跑道最好，具有良好的摩擦力和弹性，但不能天天使用；沙地跑道，不怕蹄践踏，但表面滑动；锯末跑道，有很好弹性，便于更换和染色造型塑料跑道，雨天可以利用，但价格较高	跑道斜面为2%～2.5%的倾斜		跑道两侧应设高120厘米的栅栏

续附录四

场地类别	一般面积（平方米）	主要规格（米）	场地方位	地面	排水	其他
射箭场	最小面积为2632	射箭场长91，箭靶间距3～4.6，靶地两侧空地每边9，靶子后空地不少于27.4	运动员朝向正北方±45°范围内	草坪	要求北面平整，各处标高一致	靶场两侧应有明显标牌示警

附录五 有关草坪方面的部分信息网站

站　名	网　址
国 际 草 坪 网 站	
1. 国际草坪信息中心	http://www.lib.msu./tgif/index.htm
2. CORNELL 草坪信息中心	http://www.cals.cornell.edu/dept/flori/turfpage
3. 佐治亚州草坪站点	http://www.turfgrass.org
4. 俄亥俄州立大学开发公告	http://ohioline.ag.ohio—state.edu/1187/1187—6.html
5. 草坪草种公司信息网	http://www.turfseed.com
6. 美国草坪花卉林木种子公司网	http://www.seedland.com
7. 草坪喷灌公司信息网	http://landscapeandsprinklers.com
8. 高尔夫协会信息网	http://www.golfcourse.com
9. 草坪病害信息网站	http://www.lawndiseases.com/info/diseases./htm

续附录五

站　名	网　址
国内草坪网站	
1. 中国林木种子公司	http://www.chinaforest.com
2. 中国绿色时报	http://www.greentimes.com
3. 中国种子集团公司	http://www.chinaseeds.com.cn
4. 中国农业信息网	http://www.agri.gov.cn
5. 中国农业科技信息网	http://www.
6. 中国北方种子信息	http://www.agri.net.cn
7. 中国种子信息网	http://www.netease.com
8. 中国农业科学草原研究中心	http://www.cei.go.cn
9. 特　福	http://www2.ami.ac.cn
10. 百　绿	http://barenbrug.com.cn
11. 中国草业信息网	http://www.grassinfo.net
12. 中农草业	http://www.caasgrass.com
13. 北京绿洲	http://www.oasislandscape.com.cn
14. 宏日草业	http://www.chinahengri.com
15. 北京绿冠	http://www.topgreen.com.cn
16. 北京中种草业	http://www.grassonline.com.cn
17. 西部草业	http://www.e-chinagrass.com
18. 丹　农	http://www.dlf.dk
19. 宁夏绿洲草业	http://www.cn-oasis.com
20. 克劳沃	http://www.bjclover.com

主要参考文献

1. 孙吉雄主编. 草坪学. 中国农业出版社,1995
2. 刘发民等主编. 草坪科学与研究. 甘肃科学技术出版社,1998
3. 韩烈保等主编. 草坪草种及品种. 中国林业出版社,1999
4. 赵美琦等. 草坪病害. 中国林业出版社,1999
5. 首都绿化委办公室. 草坪病虫害. 中国林业出版社,2000
6. 国家质量技术监督局发布. 主要花卉产品等级. 中国标准出版社,2001
7. 胡叔良等. 高尔夫球场及运动场草坪设计建植与管理. 中国林业出版社,1999
8. 罗伯特·爱蒙斯著,冯钟粒等译. 草坪科学与管理. 中国林业出版社,1992
9. 胡自治编著. 英汉植物群落名称词典. 甘肃科学技术出版社,2001
10. 孙吉雄主编. 草坪绿地规划设计与建植管理. 科学技术文献出版社,2002
11. 任继周主编. 草业科学研究方法. 中国农业出版社,1998
12. 韩烈保主编. 草坪建植与管理手册. 中国林业出版社,1999
13. A. J. Torgeon. Turggrass Management. Prentice Hall, Inc., 1996
14. Robert D. Emmons. Turfgrass Science and Management. Delmar Publishers, 1995
15. 北村文雄等. 公共緑地の芝生. 東京(日):ソフトサイエンス社,1994
16. 江原薫著. 芝草と芝地. 東京(日):養賢堂,1967
17. 京阪園芸. 芝生の手れ. 東京(日):ひガりのくに株式会社,1987
18. 中原久和等. サッカー場の芝生造成と管理,東京(日):ソフトサイエンス社,1994

金盾版图书，科学实用，
通俗易懂，物美价廉，欢迎选购

苹果柿枣石榴板栗核桃山楂银杏施肥技术	5.00元	荔枝高产栽培	4.00元
		杧果高产栽培	4.60元
柑橘熟期配套栽培技术	6.80元	香蕉菠萝芒果椰子施肥技术	6.00元
柑橘良种选育和繁殖技术	4.00元	大果甜杨桃栽培技术	4.00元
柑橘园土肥水管理及节水灌溉	7.00元	仙蜜果栽培与加工	4.50元
		龙眼早结丰产优质栽培	7.50元
柑橘丰产技术问答	12.00元	龙眼枇杷梅李优质丰产栽培法	1.70元
柑橘整形修剪和保果技术	7.50元	龙眼荔枝施肥技术	5.50元
柑橘病虫害防治手册（第二次修订版）	16.50元	杨梅丰产栽培技术	6.00元
		枇杷高产优质栽培技术	5.00元
柑橘采后处理技术	4.50元	橄榄栽培技术	3.50元
柑橘防灾抗灾技术	7.00元	油橄榄的栽培与加工利用	7.00元
南丰蜜橘优质丰产栽培	8.00元	樱桃高产栽培	3.50元
中国名柚高产栽培	6.50元	樱桃保护地栽培	4.50元
沙田柚优质高产栽培	7.00元	无花果栽培技术	4.00元
甜橙优质高产栽培	5.00元	无花果保护地栽培	5.00元
锦橙优质丰产栽培	6.30元	人参果栽培与利用	7.50元
脐橙优质丰产技术	14.00元	猕猴桃栽培与利用	6.50元
椪柑优质丰产栽培技术	9.00元	猕猴桃高效栽培	8.00元
温州蜜柑优质丰产栽培技术	12.50元	沙棘种植技术与开发利用	4.50元
橘柑橙柚施肥技术	7.50元	落叶果树害虫原色图谱	14.20元
柠檬优质丰产栽培	8.00元	落叶果树病害原色图谱	14.90元
香蕉优质高产栽培（修订版）	7.50元	南方果树病虫害原色图	

谱	18.00元	观花类花卉施肥技术	7.50元
石榴高产栽培	4.00元	花卉化学促控技术	5.00元
桑树良种苗木繁育技术	3.00元	花卉病虫害防治(修订版)	12.00元
桑树高产栽培技术	5.00元	保护地花卉病虫害防治	15.50元
桑树病虫害防治技术	5.20元	园林花木病虫害诊断与防治原色图谱	40.00元
茶树高产优质栽培新技术	6.00元	盆景苗木保护地栽培	8.50元
茶园土壤管理与施肥	6.50元	庭院花卉	10.00元
茶树良种	7.00元	阳台花卉	12.00元
无公害茶的栽培与加工	9.00元	室内盆栽花卉(第二版)	18.00元
茶树病虫害防治	9.00元	盆花保护地栽培	7.50元
无公害茶园农药安全使用技术	9.00元	家庭养花指导	12.00元
茶桑施肥技术	4.00元	中国南方花卉	24.00元
中国名优茶加工技术	5.00元	月季	7.00元
果园除草技术	4.80元	切花月季生产技术	9.00元
林果生产实用技术荟萃	11.00元	杂交月季的繁育与种植	7.50元
林木育苗技术	17.00元	菊花	4.50元
杨树丰产栽培与病虫害防治	11.50元	盆栽菊	24.00元
杉木速生丰产优质造林技术	4.80元	杜鹃花	5.80元
		茉莉花的栽培与利用	6.00元
		桂花栽培与利用	8.50元
马尾松培育及利用	6.50元	山茶花盆栽与繁育技术	11.50元
油桐栽培技术	4.30元	中国名优茶花	18.50元
竹子生产与加工	6.00元	兰花栽培入门	6.00元
芦苇和荻的栽培与利用	4.50元	中国兰与洋兰	30.00元
城镇绿化建设与管理	14.00元	中国兰花栽培与鉴赏	24.00元
花卉无土栽培	12.50元	君子兰栽培技术	10.00元
叶果类花卉施肥技术	4.50元	中国梅花栽培与鉴赏	23.00元

以上图书由全国各地新华书店经销。凡向本社邮购图书者,另加10%邮挂费。书价如有变动,多退少补。邮购地址:北京太平路5号金盾出版社发行部,联系人徐玉珏,邮政编码100036,电话66886188。